软件开发人才培养系列丛书

# SSM （Spring+ Spring MVC + MyBatis）

# 开发实战 视频讲解版

李兴华 马云涛 王月清 / 编著

人民邮电出版社

北 京

**图书在版编目（CIP）数据**

SSM（Spring + Spring MVC + MyBatis）开发实战：
视频讲解版 / 李兴华，马云涛，王月清编著. -- 北京：
人民邮电出版社，2023.7
（软件开发人才培养系列丛书）
ISBN 978-7-115-61463-6

Ⅰ. ①S… Ⅱ. ①李… ②马… ③王… Ⅲ. ①软件开
发—教材 Ⅳ. ①TP311.52

中国国家版本馆CIP数据核字(2023)第053144号

## 内 容 提 要

SSM 是当今 Java 项目开发中使用的官方开发框架的整合，其在 Spring 框架的基础上进行了有效的功能扩充，可以轻松地实现企业级系统平台的搭建。本书在《Spring 开发实战（视频讲解版）》的基础上继续深入，除了包含基础的 SSM（Spring+Spring MVC + MyBatis）整合开发，还将 SSM 开发的技术范围扩展至 Spring Security、MyBatis-Plus、Spring Batch。

读者要想充分地掌握和使用主流开发技术 SSM，必然要进行大量的实战训练。因此本书后 3 章为 3 个综合实战案例，利用这些案例详细地介绍 Spring MVC、SSJ（Spring + Spring MVC + JPA）框架整合应用以及 SSM 框架整合应用。本书还在配套视频中为读者安排了一个综合性项目，这个项目所使用的技术架构为 Bootstrap + jQuery + Spring + Spring MVC + Spring Security + MyBatis + MyBatis-Plus。

本书附有配套视频、源代码、习题、教学课件等资源。为了帮助读者更好地学习，作者还提供在线答疑。本书适合作为本科、专科院校计算机相关专业的教材，也可供广大计算机编程爱好者自学使用。

◆ 编　著　李兴华　马云涛　王月清

责任编辑　刘　博

责任印制　王　郁　陈　犇

◆ 人民邮电出版社出版发行　　北京市丰台区成寿寺路 11 号

邮编　100164　电子邮件　315@ptpress.com.cn

网址　https://www.ptpress.com.cn

三河市祥达印刷包装有限公司印刷

◆ 开本：787×1092　1/16

印张：23.25　　　　　　　　2023 年 7 月第 1 版

字数：648 千字　　　　　　　2023 年 7 月河北第 1 次印刷

定价：99.80 元

读者服务热线：(010)81055256　印装质量热线：(010)81055316
反盗版热线：(010)81055315
广告经营许可证：京东市监广登字 20170147 号

# 自　序

从最早接触计算机编程到现在，已经过去 24 年了，其中有 17 年的时间，我都在一线讲解编程开发。我一直在思考一个问题：如何让学生在有限的时间里学到更多、更全面的知识？最初我并不知道答案，于是只能大量挤占每天的非教学时间，甚至连节假日都给学生持续补课。因为当时的我想法很简单：通过多花时间去追赶技术发展的脚步，争取教给学生更多的技术，让学生在找工作时游刃有余。但是这对我和学生来讲都实在过于痛苦了，毕竟我们都只是普通人，当我讲到精疲力尽，当学生学到头昏脑涨，我知道自己需要改变了。

技术正在发生不可逆转的变革，在软件行业中，最先改变的一定是就业环境。很多优秀的软件公司或互联网企业已经由简单的需求招聘变为能力招聘，要求从业者不再是培训班"量产"的学生。此时的从业者如果想顺利地进入软件行业，获取自己心中的理想职位，就需要有良好的技术学习方法。换言之，学生不能被动地学习，而要主动地努力钻研技术，这样才可以具有更扎实的技术功底，才能够应对各种可能出现的技术挑战。

于是，怎样让学生以尽可能短的时间学到最有用的知识，就成了我思考的核心问题。对我来说，"教育"两个字是神圣的，既然是神圣的，就要与商业运作有所区分。教育提倡的是付出与奉献，而商业运作讲究的是盈利，盈利和教育本身是矛盾的。所以我花了几年的时间，安心写作，把我近 20 年的教学经验融入这套编程学习丛书，也将多年积累的学生学习问题如实地反映在这套丛书之中，丛书架构如图 0-1 所示。希望这样一套方向明确的编程学习丛书，能让读者学习 Java 时不再迷茫。

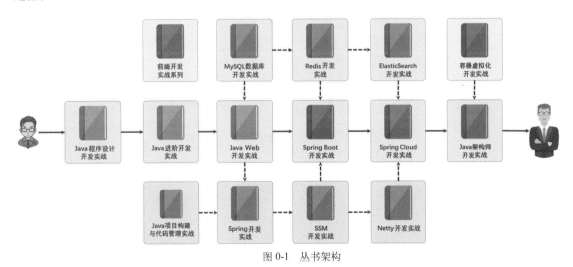

图 0-1　丛书架构

我的体会是，编写一本讲解透彻的图书真的很不容易。在写作过程中我翻阅了大量图书，在翻阅有些图书时发现部分内容竟然是和其他图书重复的，网上的资料也有大量的重复内容，这让我认识到"原创"的重要性。但是原创的路途上满是荆棘，这也是我编写一本书需要很长时间的原因。

仅仅做到原创就可以让学生学会吗？很难。计算机编程图书中有大量晦涩难懂的专业性词语，不能默认所有的初学者都清楚地掌握了这些词语的概念，如果已掌握概念，可以说就已经学会了编程。为了帮助读者扫平学习障碍，我在书中绘制了大量图形来帮助进行概念的解释，此外还提供了与章节内容相符的视频资料，视频讲解中出现的代码全部是现场编写的。我希望用这一次又一次的编写，帮助大家理解代码、学会编程。本套丛书所提供的配套资料非常丰富，可以说抵得上一些需要支付高额学费参加的培训班的课程。本套丛书的配套视频累计上万分钟，对比培训班的实际讲课时间，相信读者能体会到我们所付出的心血。我们希望通过这样的努力给大家带来一套有助于学懂、学会的图书，帮助大家解决学习和就业难题。

沐言科技——李兴华

2023 年 7 月

# 前　言

经过 4 个月的图书编写，本书终于完工了，这也是我在两年的创作生涯中完成的第 7 本图书，而之所以将这些培训的内容全部都编写成书，也是为了帮助大家更好地解决学习和就业问题。

这本介绍 SSM 技术的图书的完结，其实也标志着"Java 程序员"自学体系的完成，而后我将投入"Java 架构师"自学体系的图书创作。"Java 程序员"自学体系从基础讲起，逐步深入且完整地讲解 Java 语言的各项开发技术，并通过一系列的课后习题和项目案例带领读者掌握完整的 Java 就业技能。

SSM（Spring+Spring MVC+MyBatis）技术是当今主流的 Web 开发技术。Spring MVC 因其稳定性与安全性在 Java Web 开发中使用较多，不仅可以用于实现标准 MVC 设计架构，也支持当前流行的前后端分离架构设计，掌握其与 Java Web 开发之间的关联是学习 Spring MVC 的核心方法。本书分析前后端分离架构中的数据传输模式，以及 Spring MVC 核心源代码的组成，可满足读者代码开发与技术面试方面的需求。

认证与授权是所有系统的核心话题，也是数据安全的核心表现，Spring 中的 Spring Security 提供了认证与授权开发标准。本书采用单 Web 实例的方式讲解 Spring Security 的使用以及各个组成单元的配置。读者可以在《Spring Boot 开发实战（视频讲解版）》中继续学习 Spring Security 的前后端分离设计技术以及 OAuth2 单点登录技术。

MyBatis 是与 JPA 齐名的 ORM 开发组件，由于开发环境的需要，许多互联网公司都会大量地采用该组件进行代码的编写，因此掌握 MyBatis 的开发机制与实现原理是对 Java 开发者的硬性要求。本书通过 MyBatis 的官方文档指引，详细地解释 MyBatis 组件的使用，不仅可以满足读者的代码开发需求，也可以满足读者的技术面试需求。同时，考虑到 Spring Data JPA 技术的影响，本书还深入讲解了 MyBatis-Plus 插件的使用。

随着"数据时代"的到来，批处理已经成为行业中的技术开发标配。本书介绍 Spring Batch 批处理开发技术，该技术会采用特定的逻辑结构实现数据处理，同时保证对异常的有效管理，这是对账系统相关行业的重要技术保障。

本书的具体内容如下。

**第 1 章　Spring MVC**　本章通过 XML 与 Bean 两种配置方式讲解 Spring MVC 的使用，在讲解时基于 Jakarta EE 标准进行横向对比与实现分析，考虑到当前前后端分离架构的设计需求，重点讲解 Jackson 依赖库以及 JSON 数据接收与响应处理问题，并对 Spring MVC 的核心源代码进行解读，厘清其与 Spring 框架之间的联系。

**第 2 章　Spring Security**　完善的项目需要有效的资源防护，安全的核心就在于认证与授权，考虑到 Spring 的原生开发，可以直接使用 Spring Security 进行安全管理。本章进行 Spring Security 开发结构的完整梳理，并基于 JPA 框架实现数据持久化管理。

**第 3 章　MyBatis**　MyBatis 是轻量级的 ORM 开发组件，本章就该组件的基本使用方法与内部实现结构对该组件进行分析，同时讲解动态 SQL、数据缓存、拦截器、鉴别器、数据关联等核心技术，并且基于 Spring 框架实现 MyBatis 整合。

**第 4 章　MyBatis-Plus**　MyBatis-Plus 是 MyBatis 中著名的开发插件，可以有效地提高数据层代码的开发效率。该插件提供了大量丰富的配置支持，不仅简化了数据层开发，也简化了业务层的开发，是开发中必不可少的一项技术支持。

**第 5 章　Spring Batch**　Spring Batch 提供了数据批处理支持，还提供了完善的数据批处理操作流程。本章对 Spring Batch 的每一个技术项进行完整的拆分，并给出完整的批处理操作模型。

**第 6 章　Spring MVC 拦截器与数据验证案例**　考虑到在 Spring Boot 和 Spring Cloud 项目开发中会出现大量的安全处理逻辑，对于拦截器的使用就需要做进一步的应用扩展。本章提供了完整的项目构建流程，从项目搭建，一直到项目的模块化设计，都进行详细定义，并基于自定义注解的方式实现数据验证的处理操作。

**第 7 章　SSJ 开发框架整合案例**　本章基于 Spring+Spring MVC+JPA 开发框架实现完整的数据 CRUD 处理，考虑到与实际项目开发的联系，还使用了 Spring Cache + Memcached 缓存技术进行分类项的梳理，同时分析缓存穿透问题及其所带来的影响。本章是一个应用案例，所以使用 Bootstrap 进行了完整的前端页面设计。

**第 8 章　前后端分离架构案例**　Spring MVC 本身带有前后端分离架构支持，所以本章基于 Vue.js + ElementUI 进行前端项目的编写，并且使用标准 SSM（Spring + Spring MVC + MyBatis）开发后端接口。本章可以衔接《Spring Boot 开发实战（视频讲解版）》一书的内容。

本书还提供了一个综合性项目，该项目使用的技术框架为 Bootstrap + jQuery + Spring + Spring MVC + Spring Security + MyBatis + MyBatis-Plus。该项目以本书配套视频的形式给出。

## 内容特色

本书的内容特色如下。

（1）图示清晰：为了帮助读者轻松地跨过技术学习的难关，更好地理解架构的思想及技术的本质，本书采用大量的图形进行分析，平均每小节 0.8 个图示。

（2）注释全面：初学者在技术学习上难免有空白点，为了便于读者理解程序代码，书中的关键代码注释覆盖率达到了 99%，真正达到了为学习者扫平障碍的目的。

（3）案例实用：所有的案例均来自实际项目开发中的应用架构，不仅方便读者学习，还可为工作带来全面帮助。

（4）层次分明：每一节的技术知识都根据需要划分为"掌握""理解""了解"三个层次，便于读者安排学习顺序。

（5）关注就业需求：框架的源代码一直都是技术面试的重要内容，所以本书在讲解过程中对于核心的开发框架都会进行核心源代码解读。这样的讲解方式不仅可以帮助读者进行有效的学习，还可以帮助读者提升面试成功的概率。

（6）视频全面：除了"本章概览""课程案例""综合项目实战"，每小节都包含一个完整的视频，读者通过手机扫码可以观看视频讲解，解决学习中出现的各种问题。

（7）结构清晰：按照知识点的作用进行结构设计，充分地考虑读者认知模式的特点，降低学习难度。

（8）架构领先：基于 Gradle 构架工具与 IDEA 开发工具进行讲解，符合当今企业技术的使用标准。

（9）无障碍阅读：对可能产生的疑问、相关概念的扩展，都会通过"提示""注意""问答"进行说明。

（10）教学支持：高校教师凭借教师资格可以向出版社申请教学 PPT、教学大纲，以及教学自测习题。

（11）代码完整：每一节均配有代码文件或项目文件，并保证代码可以正常运行。

由于技术类的图书所涉及的内容很多，同时考虑到读者对于一些知识存在理解盲点与认知偏差，编者在编写图书时设计了一些特色栏目和表示方式，现说明如下。

（1）提示：对一些核心知识内容的强调以及与之相关的知识点的说明。这样做的目的是帮助读者扩大知识面。

（2）注意：点明在对相关知识进行运用时有可能出现的种种"深坑"。这样做的目的是帮助读者节约理解技术的时间。

（3）问答：对核心概念理解的补充，以及对可能存在的一些理解偏差的解读。

（4）分步讲解：清楚地标注每一个开发步骤。技术开发需要严格的实现步骤，本书不仅要教读者知识，更要给读者提供完整的学习指导。由于在实际项目中会利用 Gradle 或 Maven 这样的工具来进行模块拆分，因此本书在每一个开发步骤前会使用"【项目或子模块名称】"这样的标注方式，这样读者在实际开发演练时就会更加清楚当前代码的编写位置，提高代码的编写效率。

## 配套资源

读者如果需要获取本书的相关资源，可以登录人邮教育社区（www.ryjiaoyu.com）下载，也可以登录沐言优拓的官方网站通过资源导航获取下载链接，如图 0-2 所示。

图 0-2  获取图书资源

## 答疑交流

为了更好地帮助读者学习，以及为读者做技术答疑，我也会提供一系列的公益技术直播课，有兴趣的读者可以访问我的抖音（ID：muyan_lixinghua）或"B 站"（ID：YOOTK 沐言优拓）直播间。对于每次直播的课程内容以及技术话题，我也会在我个人的微博（ID：yootk 李兴华）上进行发布。同时，欢迎广大读者将我的视频上传到各个平台，把我们的教学理念传播给更多有需要的人。

本书中难免存在不妥之处，如果发现问题，欢迎读者发邮件给我（E-mail：784420216@qq.com），我将在后续的版本中进行更正。

最后我想说的是，因为写书与做各类公益技术直播，我错过了许多与家人欢聚的时光，内心感到非常愧疚。我希望在不久的将来能为我的孩子编写一套属于他自己的编程类图书，这也将帮助所有有需要的孩子。我喜欢研究编程技术，也勇于自我突破，如果你也是这样的一位软件工程师，也希望你加入我们这个公益技术直播的行列。让我们抛开所有的商业模式的束缚，一起将自己学到的技术传播给更多的爱好者，以我们的微薄之力推动整个行业的发展。就如同我说过的，教育的本质是分享，而不是赚钱的工具。

沐言科技——李兴华

2023 年 7 月

# 目　　录

第1章　Spring MVC ............................ 1
1.1　Web 开发与 MVC 设计模式 ................1
　　1.1.1　搭建 Spring MVC 项目 ................2
　　1.1.2　配置 Spring MVC 开发环境........6
　　1.1.3　Spring MVC 编程入门 .................8
　　1.1.4　ModelAndView ......................10
1.2　WebApplicationContext ....................12
　　1.2.1　WebApplicationInitializer ...........14
　　1.2.2　AbstractAnnotationConfig
　　　　　 DispatcherServletInitializer ........16
1.3　路径与参数接收 ..........................18
　　1.3.1　Spring MVC 与表单提交............20
　　1.3.2　@RequestParam ......................21
　　1.3.3　@PathVariable ........................22
　　1.3.4　@MatrixVariable......................23
　　1.3.5　@InitBinder...........................24
　　1.3.6　@ModelAttribute......................26
　　1.3.7　RedirectAttributes.....................27
1.4　对象转换支持 ............................29
　　1.4.1　@RequestBody .......................31
　　1.4.2　@ResponseBody .....................32
1.5　Web 内置对象 ............................35
　　1.5.1　@RequestHeader .....................36
　　1.5.2　@CookieValue ........................37
　　1.5.3　session 管理..........................38
1.6　Web 开发支持............................40
　　1.6.1　文件上传支持.........................40
　　1.6.2　Web 资源安全访问 ...................43
　　1.6.3　统一异常处理.........................45
　　1.6.4　自定义页面未发现处理................46
　　1.6.5　拦截器...............................47
　　1.6.6　WebApplicationContextUtils.......49

1.7　DispatcherServlet 源代码解读 ..........51
　　1.7.1　初始化 Web 应用上下文...........52
　　1.7.2　HandlerMapping 映射配置........54
　　1.7.3　HandlerAdapter 控制层适配 ......56
　　1.7.4　doService()请求分发 ............ 61
　　1.7.5　doDispatch()请求处理 ............ 62
1.8　本章概览 .............................. 66
1.9　课程案例 .............................. 67

第2章　Spring Security ............................. 68
2.1　Web 认证与授权访问 ....................68
　　2.1.1　Spring Security 快速启动 .......... 70
　　2.1.2　UserDetailsService ..................... 72
　　2.1.3　认证与授权表达式 .............. 75
　　2.1.4　SecurityContextHolder .............. 75
　　2.1.5　Spring Security 标签支持 ......... 77
2.2　Spring Security 注解支持 ................. 78
2.3　CSRF 访问控制 ........................ 81
2.4　扩展登录与注销功能 ................... 83
2.5　过滤器 ................................ 85
　　2.5.1　session 并行管理 ................. 86
　　2.5.2　RememberMe ...................... 87
　　2.5.3　验证码保护 ...................... 91
2.6　投票器 ................................ 95
　　2.6.1　本地 IP 地址直接访问 .............. 96
　　2.6.2　RoleHierarchy ...................... 98
2.7　本章概览 ............................. 100

第3章　MyBatis ............................. 101
3.1　MyBatis 编程起步 .................... 101
　　3.1.1　开发 MyBatis 应用 .............. 102
　　3.1.2　MyBatis 连接工厂 .............. 105
　　3.1.3　别名配置 ...................... 107
　　3.1.4　获取生成主键 .............. 107

3.2　MyBatis 数据更新操作 ...................... 109
　　3.2.1　MyBatis 数据查询操作 ............112
　　3.2.2　ResultHandler ...........................114
3.3　动态 SQL ...........................................115
　　3.3.1　if 语句 ......................................115
　　3.3.2　choose 语句 .............................117
　　3.3.3　set 语句 ....................................118
　　3.3.4　foreach 语句 ............................119
3.4　数据缓存 ............................................ 121
　　3.4.1　一级缓存 ................................. 121
　　3.4.2　二级缓存 ................................. 123
　　3.4.3　Redis 分布式缓存 ................... 124
3.5　拦截器 ................................................ 128
　　3.5.1　Executor 执行拦截 ................. 130
　　3.5.2　StatementHandler 执行拦截 ..... 131
3.6　ResultMap ......................................... 134
　　3.6.1　调用存储过程 ......................... 135
　　3.6.2　鉴别器 ..................................... 137
　　3.6.3　类型转换器 ............................. 140
3.7　数据关联 ............................................ 143
　　3.7.1　一对一数据关联 ..................... 144
　　3.7.2　一对多数据关联 ..................... 147
　　3.7.3　多对多数据关联 ..................... 150
3.8　整合 Spring 与 MyBatis ................... 156
　　3.8.1　使用注解配置 SQL 命令 ........ 161
　　3.8.2　SQL 命令构建器 ..................... 162
　　3.8.3　MyBatis 代码生成器 ............... 164
3.9　本章概览 ............................................ 167
3.10　课程案例 .......................................... 167

第 4 章　MyBatis-Plus ............................. 168
4.1　MyBatis-Plus 数据操作 ..................... 168
　　4.1.1　MyBatis-Plus 编程起步 ........... 170
　　4.1.2　BaseMapper 接口 ..................... 172
　　4.1.3　条件构造器 ............................. 174
4.2　GlobalConfig ...................................... 177
　　4.2.1　逻辑删除 ................................. 177
　　4.2.2　数据填充 ................................. 178
　　4.2.3　主键策略 ................................. 181

4.2.4　SQL 注入器 ................................. 184
4.3　MyBatis-Plus 插件 ............................ 186
　　4.3.1　分页插件 ................................. 188
　　4.3.2　乐观锁插件 ............................. 190
　　4.3.3　防全表更新与删除插件 ......... 191
　　4.3.4　动态表名插件 ......................... 192
　　4.3.5　多租户插件 ............................. 194
　　4.3.6　SQL 性能规范插件 ................. 195
4.4　数据安全保护 ..................................... 196
4.5　AR ...................................................... 199
4.6　通用枚举 ............................................ 200
4.7　IService .............................................. 201
4.8　MyBatis-Plus 逆向工程 ..................... 203
4.9　本章概览 ............................................ 204
4.10　综合项目实战 ................................... 205

第 5 章　Spring Batch .............................. 206
5.1　Spring Batch 快速上手 ..................... 206
　　5.1.1　Spring Batch 数据存储结构 ..... 207
　　5.1.2　Spring Batch 编程起步 ........... 210
　　5.1.3　JobParameters .......................... 214
5.2　作业配置 ............................................ 215
　　5.2.1　作业参数验证 ......................... 217
　　5.2.2　作业监听器 ............................. 218
　　5.2.3　作业退出 ................................. 219
5.3　作业步骤配置 ..................................... 221
　　5.3.1　作业步骤监听器 ..................... 222
　　5.3.2　Flow ......................................... 224
　　5.3.3　JobExecutionDecider ................ 225
　　5.3.4　异步作业 ................................. 226
　　5.3.5　Tasklet ...................................... 227
5.4　批处理模型 ......................................... 228
　　5.4.1　LineMapper .............................. 229
　　5.4.2　FieldSetMapper ........................ 231
　　5.4.3　ItemReader ............................... 233
　　5.4.4　ItemProcessor ........................... 235
　　5.4.5　ItemWriter ................................ 237
　　5.4.6　创建批处理作业 ..................... 240
　　5.4.7　操作监听 ................................. 241

5.5 Chunk ....................................243
  5.5.1 ChunkListener ....................244
  5.5.2 Chunk 事务处理 ....................246
  5.5.3 异常跳过机制 ....................247
  5.5.4 错误重试机制 ....................249
5.6 Spring Task ....................................251
  5.6.1 Spring Task 间隔调度 ....................252
  5.6.2 CRON 表达式 ....................253
  5.6.3 Spring Task 任务调度池 ..........254
5.7 本章概览 ....................................255

第 6 章 Spring MVC 拦截器与数据验证
    案例 ....................................257
6.1 拦截器案例实现说明 ....................257
6.2 搭建案例开发环境 ....................260
6.3 请求包装 ....................................266
6.4 定义基础数据验证规则 ....................268
6.5 获取验证规则 ....................................274
6.6 数据验证处理 ....................................278
6.7 错误信息展示 ....................................281
6.8 上传文件验证 ....................................285
6.9 本章概览 ....................................290

第 7 章 SSJ 开发框架整合案例 ..............291
7.1 SSJ 案例实现说明 ....................292

7.2 搭建 SSJ 开发环境 ....................293
7.3 分类数据列表业务 ....................304
7.4 强制刷新分类数据缓存 ....................307
7.5 分类数据增加业务 ....................308
7.6 图书业务的 CRUD 操作 ....................310
  7.6.1 增加图书数据 ....................315
  7.6.2 显示图书详情 ....................318
  7.6.3 修改图书数据 ....................320
  7.6.4 删除图书数据 ....................322
7.7 本章概览 ....................................324

第 8 章 前后端分离架构案例 ..................325
8.1 前后端分离技术架构 ....................326
  8.1.1 搭建案例开发环境 ....................328
  8.1.2 后端业务改造 ....................331
  8.1.3 HTTPie 工具 ....................336
8.2 图书分类管理 ....................................337
  8.2.1 增加图书分类 ....................339
  8.2.2 强制刷新分类数据缓存 ..........341
8.3 图书数据管理 ....................................343
  8.3.1 增加图书数据 ....................345
  8.3.2 编辑图书数据 ....................350
  8.3.3 删除图书数据 ....................353
8.4 本章概览 ....................................355

# 视频目录

0101_【掌握】Web 开发与 MVC 设计模式....1

0102_【掌握】搭建 Spring MVC 项目............2

0103_【掌握】配置 Spring MVC 开发环境.....6

0104_【掌握】Spring MVC 编程入门............8

0105_【掌握】ModelAndView....................10

0106_【理解】WebApplicationContext..........12

0107_【掌握】WebApplicationInitializer........14

0108_【掌握】AbstractAnnotationConfig
DispatcherServletInitializer ................16

0109_【掌握】@RequestMapping 注解 ........18

0110_【掌握】Spring MVC 与表单提交.......20

0111_【掌握】@RequestParam ...................21

0112_【掌握】@PathVariable ...................22

0113_【掌握】@MatrixVariable.................23

0114_【掌握】@InitBinder ......................24

0115_【理解】@ModelAttribute .................26

0116_【掌握】RedirectAttributes................27

0117_【掌握】请求参数与对象转换 .........29

0118_【掌握】@RequestBody ...................31

0119_【掌握】@ResponseBody .................32

0120_【掌握】RequestContextHolder...........35

0121_【掌握】@RequestHeader ................36

0122_【掌握】@CookieValue ...................37

0123_【掌握】session 管理 ....................38

0124_【掌握】文件上传支持 ...................40

0125_【掌握】Web 资源安全访问 ...........43

0126_【掌握】统一异常处理 ...................45

0127_【掌握】自定义页面未发现处理 .......46

0128_【掌握】拦截器 ............................47

0129_【掌握】WebApplicationContextUtils...49

0130_【理解】DispatcherServlet 继承结构...51

0131_【理解】初始化 Web 应用上下文...52

0132_【理解】HandlerMapping 映射配置 .... 54

0133_【理解】HandlerAdapter 控制层适配... 56

0134_【理解】doService()请求分发 ............. 61

0135_【理解】doDispatch()请求处理 ........... 62

0201_【掌握】Spring Security 简介 ............ 68

0202_【掌握】Spring Security 快速启动....... 70

0203_【掌握】UserDetailsService ................. 72

0204_【掌握】认证与授权表达式............... 75

0205_【掌握】SecurityContextHolder............ 75

0206_【理解】Spring Security 标签支持........ 77

0207_【掌握】Spring Security 注解支持....... 78

0208_【掌握】CSRF 访问控制 ................. 81

0209_【掌握】扩展登录与注销功能........... 83

0210_【掌握】过滤器 ............................ 85

0211_【掌握】session 并行管理 ............... 86

0212_【掌握】RememberMe ..................... 87

0213_【掌握】验证码保护 ...................... 91

0214_【掌握】投票器概述 ...................... 95

0215_【掌握】本地 IP 地址直接访问......... 96

0216_【掌握】RoleHierarchy ................... 98

0301_【掌握】MyBatis 简介 ................... 101

0302_【掌握】开发 MyBatis 应用............ 102

0303_【掌握】MyBatis 连接工厂 ............ 105

0304_【掌握】别名配置 ....................... 107

0305_【掌握】获取生成主键 ................. 107

0306_【掌握】MyBatis 数据更新操作 ...... 109

0307_【掌握】MyBatis 数据查询操作........112

0308_【掌握】ResultHandler ....................114

0309_【掌握】if 语句 ...........................115

0310_【掌握】choose 语句....................117

0311_【掌握】set 语句 .........................118

0312_【掌握】foreach 语句.....................119

0313_【理解】一级缓存..................121
0314_【理解】二级缓存..................123
0315_【理解】Redis 分布式缓存 ..........124
0316_【理解】拦截器简介..................128
0317_【理解】Executor 执行拦截 .............130
0318_【理解】StatementHandler 执行
拦截..................................131
0319_【理解】ResultMap ..................134
0320_【了解】调用存储过程..................135
0321_【理解】鉴别器..................137
0322_【理解】类型转换器..................140
0323_【理解】一对一数据关联..................144
0324_【理解】一对多数据关联..................147
0325_【理解】多对多数据关联..................150
0326_【掌握】整合 Spring 与 MyBatis........156
0327_【理解】使用注解配置 SQL 命令......161
0328_【理解】SQL 命令构建器 ..................162
0329_【理解】MyBatis 代码生成器.............164
0401_【理解】MyBatis-Plus 简介 ..........168
0402_【掌握】MyBatis-Plus 编程起步 .......170
0403_【掌握】BaseMapper 接口 ............172
0404_【掌握】Wrapper 条件构造器..............174
0405_【掌握】逻辑删除..................177
0406_【掌握】数据填充..................178
0407_【掌握】主键策略..................181
0408_【掌握】SQL 注入器 ..................184
0409_【理解】MyBatis-Plus 插件..........186
0410_【掌握】分页插件..................188
0411_【理解】乐观锁插件..................190
0412_【理解】防全表更新与删除插件 ......191
0413_【理解】动态表名插件..................192
0414_【理解】多租户插件..................194
0415_【理解】SQL 性能规范插件 ..........195
0416_【理解】数据安全保护..................196
0417_【理解】AR ..................199
0418_【理解】通用枚举..................200
0419_【理解】IService ..................201
0420_【理解】MyBatis-Plus 逆向工程 .......203

0501_【理解】数据批处理简介..................206
0502_【理解】Spring Batch 数据存储
结构..................................207
0503_【掌握】Spring Batch 编程起步.........210
0504_【掌握】JobParameters..................214
0505_【理解】JobExplorer ..................215
0506_【掌握】作业参数验证..................217
0507_【掌握】作业监听器..................218
0508_【掌握】作业退出..................219
0509_【掌握】作业步骤配置..................221
0510_【掌握】作业步骤监听器..................222
0511_【掌握】Flow ..................224
0512_【掌握】JobExecution Decider ..........225
0513_【掌握】异步作业..................226
0514_【掌握】Tasklet ..................227
0515_【掌握】批处理模型..................228
0516_【掌握】LineMapper ..................229
0517_【掌握】FieldSetMapper ..................231
0518_【掌握】ItemReader ..................233
0519_【掌握】ItemProcessor ..................235
0520_【掌握】ItemWriter ..................237
0521_【掌握】创建批处理作业..................240
0522_【理解】操作监听..................241
0523_【掌握】Chunk ..................243
0524_【掌握】ChunkListener ..................244
0525_【掌握】Chunk 事务处理 ..................246
0526_【掌握】异常跳过机制..................247
0527_【掌握】错误重试机制..................249
0528_【理解】Spring Task ..................251
0529_【掌握】Spring Task 间隔调度 ..........252
0530_【掌握】CRON 表达式 ..................253
0531_【掌握】Spring Task 任务调度池 ..........254
0601_【掌握】拦截器案例实现说明.........257
0602_【掌握】搭建案例开发环境..................260
0603_【掌握】请求包装..................266
0604_【掌握】定义基础数据验证规则.......268
0605_【掌握】获取验证规则..................274
0606_【掌握】数据验证处理..................278

0607_【掌握】错误信息展示 .......................281

0608_【掌握】上传文件验证 .......................285

0701_【掌握】SSJ 案例实现说明 .............292

0702_【掌握】搭建 SSJ 开发环境 .............293

0703_【掌握】分类数据列表业务 .............304

0704_【掌握】强制刷新分类数据缓存 .......307

0705_【掌握】分类数据增加业务 .............308

0706_【掌握】图书数据分页列表 .............310

0707_【掌握】增加图书数据 .......................315

0708_【掌握】显示图书详情 .......................318

0709_【掌握】修改图书数据 .......................320

0710_【掌握】删除图书数据 .......................322

0801_【理解】前后端分离技术架构 ...........326

0802_【理解】搭建案例开发环境 ...........328

0803_【掌握】后端业务改造 .......................331

0804_【掌握】HTTPie 工具 .......................336

0805_【掌握】图书分类管理 .......................337

0806_【掌握】增加图书分类 .......................339

0807_【掌握】强制刷新分类数据缓存 .......341

0808_【掌握】图书数据分页列表显示 .......343

0809_【掌握】增加图书数据 .......................345

0810_【掌握】编辑图书数据 .......................350

0811_【掌握】删除图书数据 .......................353

# 第1章

# Spring MVC

**本章学习目标**

1. 掌握 MVC 设计模式与 Spring MVC 框架之间的关联；
2. 掌握 Spring MVC 的基本配置与核心开发结构；
3. 掌握 Spring MVC 与 Java Web 开发之间的关联；
4. 掌握 Spring MVC 文件上传技术的使用方法，并可以实现单个文件与批量文件的接收；
5. 掌握 Jackson 依赖库的使用，并可以基于 Jackson 实现 RESTful 数据展示；
6. 掌握 Spring MVC 拦截器的使用方法，并可以实现请求数据验证处理。

Spring MVC 是基于 Spring 框架构建出来的 Web 开发框架，也是当今 Web 开发中常见的前端开发框架。本章将对 Spring MVC 的使用进行全面分析。

## 1.1　Web 开发与 MVC 设计模式

Web 开发与 MVC
设计模式

**视频名称** 0101_【掌握】Web 开发与 MVC 设计模式

**视频简介** Web 是互联网开发中较为常见的服务机制，在长期的技术发展中，Web 开发架构不断地发生着改变，在 Java 开发行业中主流的 Web 开发全部都基于 MVC 设计模式。本视频对基于 MVC 的设计模式与 Web 开发进行总结。

　　Web 开发是现在程序开发之中较为常用的处理形式，不管采用的是传统的单机 Web 运行模式，还是前后端分离开发模式，都需要提供完善的 Web 服务端。所有的 Web 客户端基于 HTTP（Hypertext Transfer Protocol，超文本传送协议）通过 Web 服务端获取所需要的数据，最终的数据会基于 PC 端或移动端进行展示，如图 1-1 所示。

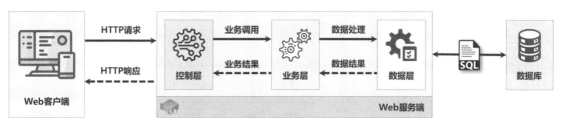

图 1-1　Web 开发

　　考虑到项目的设计与维护，在进行服务端应用开发时，往往都会采用 MVC（Model-View-Controller，模型-视图-控制器）设计模式，有效的分层设计有利于代码的开发与维护。考虑到代码的维护管理，实际项目开发中，也会采用 MVC 框架进行项目的实现，如图 1-2 所示。

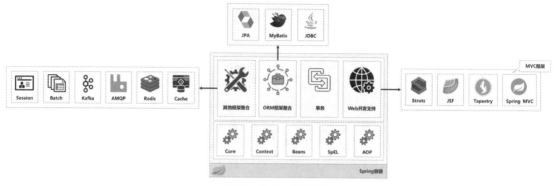

图 1-2　Spring 框架整合

伴随着 Java 技术的发展，出现过许多的 MVC 开发框架，如 Struts、JSF、Tapestry、Spring MVC 等，而现在国内使用较多的 MVC 框架是 Spring MVC，因为其可以与 Spring 实现更好的整合，而且没有出现过任何安全漏洞。但是一个完整的应用项目的开发不仅仅需要使用 MVC 开发框架，也可能需要用到各类的 ORM（Object Relational Mapping，对象关系映射）组件、消息服务以及各类第三方服务整合，而这些组件都可以基于 Spring 框架实现统一整合。

> 💡 提示：回顾历代技术整合名词。
>
> 　　Spring 一直伴随着 Java 技术的发展而发展，为了便于技术的开发实现，曾经出现过很多的技术整合名词，如 SSH（Spring + Struts 1 + Hibernate）、SSH2（Spring + Struts 2 + Hibernate）、SSM（Spring + Spring MVC + MyBatis）。（至于曾经风光无限的 Struts，由于最初的 Struts 1.x 的设计结构"臃肿"，阿帕奇（Apache）公司收购了 WebWork，推出了封装版的 Struts 2.x。Struts 2.x 暴露出了大量的系统漏洞，导致很多应用 Struts 2.x 的系统都产生了大量的数据泄露问题，即便 Apache 已经修复了这些漏洞，现在也很少会有新的项目继续使用 Struts 开发框架，它们转而开始全面使用 Spring MVC。最初的框架整合是围绕着 Struts 开发框架展开的，但是 Struts 1.x 设计较早，且结构"臃肿"不易扩展，于是阿帕奇（Apache）公司收购了当时流行的 WebWork 开发框架，并基于 WebWork 推出了封装版的 Struts 2.x。原本人们以为 Struts 2.x 已经可以满足各类开发需求，没有想到 Struts 2.x 暴露出了大量的系统漏洞，导致很多应用 Struts 2.x 的系统产生了严重的数据泄露问题。即便 Apache 已经修复了这些漏洞，可是由于其影响较为恶劣，现在也很少会有新的项目继续使用 Struts 开发框架，开发者转而开始全面使用 Spring MVC。

### 1.1.1　搭建 Spring MVC 项目

搭建 Spring MVC 项目

**视频名称**　0102_【掌握】搭建 Spring MVC 项目

**视频简介**　Spring MVC 是在 Spring 框架的基础上构建的 Web 应用架构，要在项目中使用 Spring MVC，就需要保证项目内部已经提供了 Spring 的基础依赖库。本视频通过 IDEA 工具和 Gradle 构建工具搭建 Spring MVC 项目的基础环境以及所需的核心依赖配置。

Spring MVC 项目在开发时需要引入 Spring 相关的依赖库，同时在进行具体的应用实现时还需要考虑到其他各类依赖库的配置，所以需要在项目中引入构建工具进行依赖库的管理。考虑到技术应用的发展，本节将通过 IDEA 工具进行项目开发，并使用 Gradle 构建工具实现依赖管理。项目的具体构建步骤如下。

（1）【IDEA 工具】创建一个 SSM 项目，该项目的构建基于 JDK 17，并使用 Gradle 构建工具，如图 1-3 所示。

（2）【SSM 项目】在当前项目中创建 gradle.properties 配置文件，定义当前项目所需的环境属性。

```
project_group=com.yootk
project_version=1.0.0
project_jdk=17
```

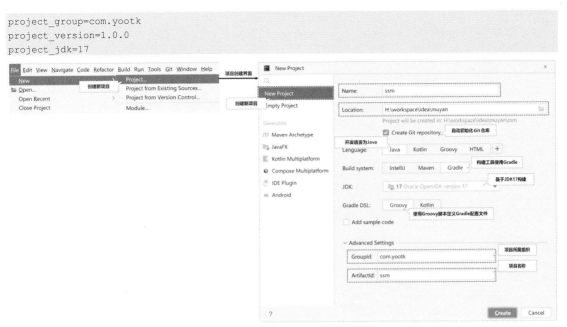

图 1-3　创建 SSM 项目

（3）【SSM 项目】修改 build.gradle 配置文件，在公共模块中引入 Spring 的基础依赖库。

```
group project_group                                          // 组织名称
version project_version                                      // 项目版本
def env = System.getProperty("env") ?: 'dev'                 // 获取env环境属性
subprojects {                                                // 配置子项目
    apply plugin: 'java'                                     // 子模块插件
    sourceCompatibility = project_jdk                        // 源代码版本
    targetCompatibility = project_jdk                        // 生成类版本
    repositories {                                           // 配置Gradle仓库
        mavenLocal()                                         // Maven本地仓库
        maven{                                               // 阿里云仓库
            allowInsecureProtocol = true
            url 'http://maven.aliyun.com/nexus/content/groups/public/'}
        maven {                                              // Spring官方仓库
            allowInsecureProtocol = true
            url 'https://repo.spring.io/libs-milestone'
        }
        mavenCentral()                                       // Maven远程仓库
    }
    dependencies {                                           // 公共依赖库管理
        testImplementation(enforcedPlatform("org.junit:junit-bom:5.8.1"))
        testImplementation('org.junit.jupiter:junit-jupiter-api:5.8.1')
        testImplementation('org.junit.vintage:junit-vintage-engine:5.8.1')
        testImplementation('org.junit.jupiter:junit-jupiter-engine:5.8.1')
        testImplementation('org.junit.platform:junit-platform-launcher:1.8.1')
        testImplementation('org.springframework:spring-test:6.0.0-M3')
        implementation('org.springframework:spring-context:6.0.0-M3')
        implementation('org.springframework:spring-core:6.0.0-M3')
        implementation('org.springframework:spring-beans:6.0.0-M3')
        implementation('org.springframework:spring-context-support:6.0.0-M3')
        implementation('org.springframework:spring-aop:6.0.0-M3')
        implementation('org.springframework:spring-aspects:6.0.0-M3')
        implementation('javax.annotation:javax.annotation-api:1.3.2')
        implementation('org.slf4j:slf4j-api:1.7.32')         // 日志处理标准
        implementation('ch.qos.logback:logback-classic:1.2.7') // 日志处理标准实现
```

```
    }
    sourceSets {                                                    // 源代码目录配置
        main {                                                      // main及相关子目录配置
            java { srcDirs = ['src/main/java'] }
            resources { srcDirs = ['src/main/resources', "src/main/profiles/$env"] }
        }
        test {                                                      // test及相关子目录配置
            java { srcDirs = ['src/test/java'] }
            resources { srcDirs = ['src/test/resources'] }
        }
    }
    test {                                                          // 配置测试任务
        useJUnitPlatform()                                          // 使用JUnit测试工具
    }
    task sourceJar(type: Jar, dependsOn: classes) {                 // 源代码打包任务
        archiveClassifier = 'sources'                               // 设置文件后缀
        from sourceSets.main.allSource                              // 所有源代码的读取路径
    }
    task javadocTask(type: Javadoc) {                               // Javadoc文档打包任务
        options.encoding = 'UTF-8'                                  // 设置文件编码
        source = sourceSets.main.allJava                            // 定义所有Java源代码
    }
    task javadocJar(type: Jar, dependsOn: javadocTask) {            // 先生成Javadoc再打包
        archiveClassifier = 'javadoc'                               // 文件标记类型
        from javadocTask.destinationDir                             // 通过Javadoc任务找到目标路径
    }
    tasks.withType(Javadoc) {                                       // 文档编码配置
        options.encoding = 'UTF-8'                                  // 定义编码
    }
    tasks.withType(JavaCompile) {                                   // 编译编码配置
        options.encoding = 'UTF-8'                                  // 定义编码
    }
    artifacts {                                                     // 最终打包的操作任务
        archives sourceJar                                          // 源代码打包
        archives javadocJar                                         // Javadoc打包
    }
    gradle.taskGraph.whenReady {                                    // 在所有的操作准备好后触发
        tasks.each { task ->                                        // 找出所有任务
            if (task.name.contains('test')) {                       // 如果发现测试任务
                task.enabled = true                                 // 执行测试任务
            }
        }
    }
    [compileJava, compileTestJava, javadoc]*.options*.encoding = 'UTF-8'      // 编码配置
}
```

（4）【SSM 项目】在项目中创建 mvc 子模块，随后修改 build.gradle 配置文件引入所需要的依赖库。

```
project(":mvc") {                   // 配置mvc子模块
    dependencies {                  // 根据需要进行依赖配置
        implementation('org.springframework:spring-web:6.0.0-M3')
        implementation('org.springframework:spring-webmvc:6.0.0-M3')
        implementation('jakarta.servlet.jsp.jstl:jakarta.servlet.jsp.jstl-api:2.0.0')
        implementation('org.mortbay.jasper:taglibs-standard:10.0.2')
        compileOnly('jakarta.servlet.jsp:jakarta.servlet.jsp-api:3.1.0')
        compileOnly('jakarta.servlet:jakarta.servlet-api:5.0.0')
    }
}
```

（5）【IDEA 工具】mvc 子模块创建完成后，需要手动进行 webapp/WEB-INF 等相关目录的创建。进入项目结构配置界面，对 mvc 子模块中的目录组成进行定义，如图 1-4 所示。

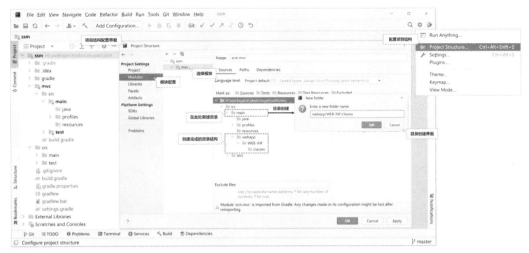

图 1-4　配置项目目录

（6）【IDEA 工具】Spring MVC 项目需要通过 Web 容器运行，所以需要在本次的项目中整合 Tomcat 服务组件。由于此时我们使用的是 IDEA 免费社区版进行开发，因此需要进行 Smart Tomcat 插件的配置，以便在 IDEA 内部启动 Tomcat 容器。具体步骤为，单击【File】➡【Settings】➡【Plugins】，搜索 tomcat 插件，单击【Install】，安装后如图 1-5 所示。

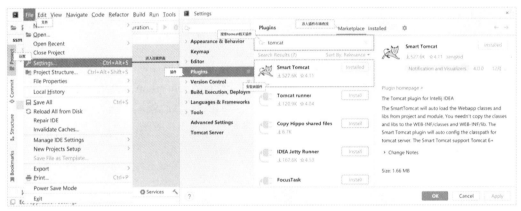

图 1-5　配置 Tomcat 插件

（7）【IDEA 工具】将当前的 mvc 子模块发布到 Smart Tomcat 之中，此时需要进入运行配置界面，创建 Smart Tomcat 的运行环境，并配置相关的程序目录，如图 1-6 所示。

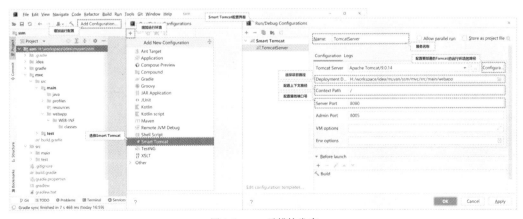

图 1-6　mvc 子模块发布

**提示：本书讲解使用 IDEA 社区版。**

在本系列的《Java Web 开发实战（视频讲解版）》一书之中，为了便于读者理解，我们使用的是 "IDEA Ultimate"（终极版）。考虑到很多读者难以支付软件费用，本书使用的是 "IDEA Community"（社区版），这样在建立 Web 模块时就需要做一些手动的配置处理。如果读者使用的是终极版，则可以避免此类烦琐操作。

（8）【IDEA 工具】Smart Tomcat 配置完成后，就可以得到图 1-7 所示的路径，单击▶按钮即可启动项目。

图 1-7　Smart Tomcat 配置完成

## 1.1.2　配置 Spring MVC 开发环境

配置 Spring MVC 开发
环境

**视频名称** 0103_【掌握】配置 Spring MVC 开发环境

**视频简介** Spring MVC 是在传统 Java Web 结构的基础之上构建的开发框架，为便于读者完全地理解 Spring MVC 与 Web 开发的关联，本视频基于传统的 XML 配置方式进行项目配置。

Spring 的核心机制在于 Spring 容器的启动。传统的 Java 应用开发中，使用 AnnotationConfig ApplicationContext（注解配置启动上下文）或 ClassPathXmlApplicationContext（XML 配置启动上下文）即可。而对于 Web 项目，由于其运行在 Web 容器之中，因此就需要通过 Web 容器组件的支持来实现 Spring 容器的启动。配置 Spring MVC 开发环境如图 1-8 所示。

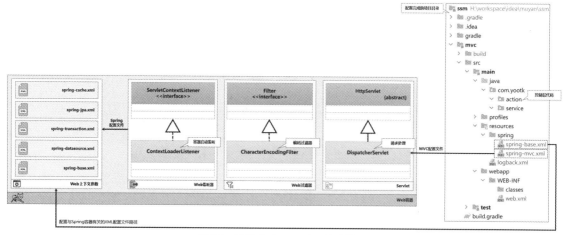

图 1-8　配置 Spring MVC 开发环境

 **提示：基于 XML 配置文件开发 Spring MVC 项目属于常见方式。**

在 Spring 与 Spring MVC 开发的早期，基于 XML 配置文件的方式进行 Spring MVC 项目开发很常见，而新版 Spring 不提倡采用配置文件的方式开发项目。本书考虑到项目开发的需要，还是为读者介绍了基于 XML 配置文件的开发方式，而随着内容的深入，本书也会逐步讲解 Bean 配置方式。

Spring MVC 依赖库中提供了 ContextLoaderListener 监听器,该监听器可以根据加载的 XML 配置文件,在 Web 容器中实现 Spring 容器的启动,而具体的请求处理操作则是由 DispatcherServlet 类实现的。下面首先进行项目开发环境的搭建,具体的步骤如下。

(1)【mvc 子模块】在 src/main/resources 目录中创建 spring/spring-base.xml 配置文件。

```xml
<?xml version="1.0" encoding="UTF-8"?>
<beans xmlns="http://www.springframework.org/schema/beans"
    xmlns:xsi="http://www.w3.org/2001/XMLSchema-instance"
    xmlns:context="http://www.springframework.org/schema/context"
    xsi:schemaLocation="
        http://www.springframework.org/schema/beans
        http://www.springframework.org/schema/beans/spring-beans.xsd
        http://www.springframework.org/schema/context
        http://www.springframework.org/schema/context/spring-context-4.3.xsd">
    <context:annotation-config/>                <!-- 注解配置支持 -->
    <context:component-scan base-package="com.yootk.service"/><!-- 扫描包 -->
</beans>
```

(2)【mvc 子模块】在 src/main/resources 目录中创建 spring/spring-mvc.xml 配置文件,在该配置文件中要配置 mvc 命名空间,随后定义与 Spring MVC 有关的配置项。

```xml
<?xml version="1.0" encoding="UTF-8"?>
<beans xmlns="http://www.springframework.org/schema/beans"
    xmlns:xsi="http://www.w3.org/2001/XMLSchema-instance"
    xmlns:context="http://www.springframework.org/schema/context"
    xmlns:mvc="http://www.springframework.org/schema/mvc"
    xsi:schemaLocation="
        http://www.springframework.org/schema/beans
        http://www.springframework.org/schema/beans/spring-beans.xsd
        http://www.springframework.org/schema/context
        https://www.springframework.org/schema/context/spring-context.xsd
        http://www.springframework.org/schema/mvc
        https://www.springframework.org/schema/mvc/spring-mvc.xsd">
    <context:component-scan base-package="com.yootk.action"/> <!-- 扫描包 -->
    <mvc:annotation-driven/>                     <!-- 注解配置 -->
    <mvc:default-servlet-handler/>               <!-- 请求分发处理 -->
</beans>
```

(3)【mvc 子模块】在 WEB-INF 目录下创建 web.xml 配置文件(可以通过 Tomcat 默认工作目录获取)。

(4)【mvc 子模块】在 Spring MVC 运行时,需要通过 Web 程序启动 Spring 容器,所以需要按照 Spring Web 的开发要求,在 web.xml 配置文件中添加与 Spring 容器相关的 XML 配置文件定义。

```xml
<!-- Spring MVC本身运行在Spring容器之中,所以需要定义一个Spring容器的基本配置文件路径 -->
<!-- 配置全局的初始化参数,这个参数依靠ServletContext.getInitParameter()获取 -->
<context-param>
    <param-name>contextConfigLocation</param-name>  <!-- 设置配置文件路径 -->
    <!-- 项目之中每一个Spring配置文件只允许加载一次,不要重复加载,否则可能出现未知错误 -->
    <param-value>classpath:spring/spring-base.xml</param-value>
</context-param>
```

(5)【mvc 子模块】在 web.xml 配置文件中添加 Spring 容器启动监听配置。

```xml
<!-- 配置Spring上下文启动监听器,这样就表示可以加载Spring中的核心配置文件 -->
<listener>
    <listener-class>
        org.springframework.web.context.ContextLoaderListener
    </listener-class>
</listener>
```

(6)【mvc 子模块】在 web.xml 配置文件中定义 DispatcherServlet 的分发处理器。

```xml
<!-- 配置Spring MVC的分发处理器Servlet,利用Servlet找到所有的Action -->
```

```
<servlet>
  <servlet-name>SpringMVCServlet</servlet-name>
  <servlet-class>
     org.springframework.web.servlet.DispatcherServlet
  </servlet-class>
  <!-- 此时配置的是Spring MVC的启动文件，该文件不要重复地加载 -->
  <init-param>
     <param-name>contextConfigLocation</param-name>
     <param-value>classpath:spring/spring-mvc.xml</param-value>
  </init-param>
</servlet>
<servlet-mapping>
  <servlet-name>SpringMVCServlet</servlet-name>
  <url-pattern>/</url-pattern>                    <!-- 设置访问映射路径 -->
</servlet-mapping>
```

（7）【mvc 子模块】在 Web 请求和响应处理过程中，需要通过过滤器进行所需编码的配置。Spring Web 提供内置编码过滤器，直接将其通过 web.xml 文件配置到项目中即可。

```
<filter>                                    <!-- 配置编码过滤器 -->
  <filter-name>EncodingFilter</filter-name>
  <filter-class>                            <!-- 编码过滤器处理类 -->
     org.springframework.web.filter.CharacterEncodingFilter
  </filter-class>
  <init-param>                              <!-- 初始化参数 -->
     <param-name>encoding</param-name>      <!-- 内置参数名称 -->
     <param-value>UTF-8</param-value>       <!-- 编码配置 -->
  </init-param>
</filter>
<filter-mapping>
  <filter-name>EncodingFilter</filter-name>
  <url-pattern>/*</url-pattern>            <!-- 配置过滤路径 -->
</filter-mapping>
```

（8）【mvc 子模块】在 src/main/resources 目录下创建 logback.xml 日志文件，以便日志管理。

### 1.1.3　Spring MVC 编程入门

视频名称　0104_【掌握】Spring MVC 编程入门

视频简介　Spring MVC 的项目开发以 Action 结构为核心实现控制器的设计功能。本视频首先为读者讲解 Spring MVC 的基本运行原理，而后通过具体的案例介绍其与 Java Web 已有开发结构的整合。

Spring MVC 编程入门

　　在 Spring MVC 的项目开发之中，用户所发送的所有请求都会提交到 DispatcherServlet 类之中，而后由 Servlet 根据请求路径，将用户请求分发到不同的 Action 控制器类中，再根据需求调用业务层的相关处理方法。Spring MVC 的核心开发结构如图 1-9 所示。

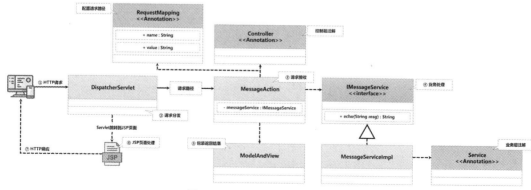

图 1-9　Spring MVC 的核心开发结构

💡 提示：Spring MVC 的核心设计思想在《Java Web 开发实战（视频讲解版）》一书中已经完整分析过。

　　本系列的《Java Web 开发实战（视频讲解版）》一书为读者详细地讲解了自定义 Spring MVC 开发框架的实现，并通过该自定义框架实现了一个具体的应用项目，分析了 DispatcherServlet 实现思想。对于本部分设计思想有疑问的读者，可参考该书自行学习。

　　Spring MVC 中所有控制器类都要使用@Controller 注解进行标注。控制器中可以定义多个处理方法，如果一个方法需要进行请求处理，那么该方法中需要使用@RequestMapping 注解定义访问路径，这样在用户发送请求时，DispatcherServlet 就可以根据访问路径找到指定的 Action 控制方法进行业务处理。由于当前的程序都运行在 Spring 容器之中，因此可以直接使用 Spring 提供的 IoC 和 DI 机制实现所需依赖的注入。下面先通过一个完整的案例对这一使用方法进行说明。

　　（1）【mvc 子模块】创建 IMessageService 业务接口。

```java
package com.yootk.service;
public interface IMessageService {
    public String echo(String msg);                        // 消息处理
}
```

　　（2）【mvc 子模块】创建 MessageServiceImpl 业务接口实现子类，并使用@Service 注解进行 Bean 注册。

```java
package com.yootk.service.impl;
@Service
public class MessageServiceImpl implements IMessageService {   // 业务接口实现子类
    @Override
    public String echo(String msg) {
        return "【ECHO】" + msg;
    }
}
```

　　（3）【mvc 子模块】创建 MessageAction 控制器类，注入 IMessageService 接口实例，并在处理方法上配置访问路径（映射地址）。

```java
package com.yootk.action;
@Controller                                                    // MVC控制器
public class MessageAction {
    private static final Logger LOGGER = LoggerFactory.getLogger(MessageAction.class);
    @Autowired                                                 // 依赖注入
    private IMessageService messageService;                    // 业务接口实例
    @RequestMapping("/pages/message/echo")                     // 映射地址
    public ModelAndView echo(String msg) {
        LOGGER.info("消息回应处理，msg = {}", msg);              // 日志记录
        // 控制器跳转到显示层进行数据展示，跳转路径及属性传递通过ModelAndView封装
        ModelAndView mav = new ModelAndView("/pages/message/show.jsp");
        // 调用业务层处理方法，并将处理结果通过request属性范围传递到JSP页面上
        mav.addObject("echoMessage", this.messageService.echo(msg));// 业务处理
        return mav;
    }
}
```

　　（4）【mvc 子模块】在 src/main/webapp/目录下创建 pages/message/show.jsp 页面，显示 MessageAction 传递属性。

```jsp
<%@ page language="java" import="java.util.*" pageEncoding="UTF-8"%>
<html>
<head><title>SpringMVC开发框架</title></head>
<body><h1>${echoMessage}</h1></body>
</html>
```

（5）【浏览器】程序开发完成后启动 Tomcat 服务器，随后通过浏览器进行访问，访问地址如下。

```
http://localhost:8080/pages/message/echo?msg=www.yootk.com
```

程序执行结果：

```
【ECHO】www.yootk.com
```

此时程序发出请求后，将通过 MessageAction 进行业务处理，随后将数据交由 show.jsp 页面进行显示，从而实现一个完整的 Spring MVC 的开发项目。

### 1.1.4　ModelAndView

**视频名称**　0105_【掌握】ModelAndView

**视频简介**　ModelAndView 是实现模型层与视图层之间数据传递的核心类。本视频为读者分析该类的主要作用以及操作方法，同时分析 Model 接口的作用。

在 Spring MVC 的标准设计过程之中，所有的用户请求都要通过控制层进行接收，而后控制层根据用户请求的类型调用不同的模型层进行请求处理，最终由控制层将模型层的处理结果交由视图层进行展示，如图 1-10 所示。

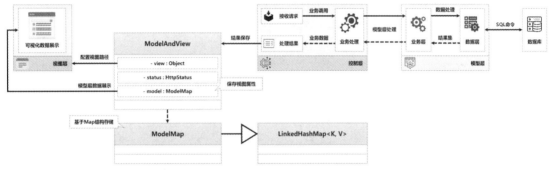

图 1-10　Spring MVC 的标准设计过程

Spring MVC 为了便于视图路径和传递属性的存储，提供了 ModelAndView 响应配置类，该类主要依靠 Map（ModelMap 子类）存储结构保存所有要传递到视图页面的属性内容。ModelAndView 类提供的常用方法如表 1-1 所示。

表 1-1　ModelAndView 类提供的常用方法

| 序号 | 方法 | 类型 | 描述 |
| --- | --- | --- | --- |
| 1 | public ModelAndView() | 构造 | 创建 ModelAndView 对象实例 |
| 2 | public ModelAndView(String viewName) | 构造 | 创建 ModelAndView 对象实例，并设置视图名称 |
| 3 | public ModelAndView(View view) | 构造 | 创建 ModelAndView 对象实例，并设置视图对象 |
| 4 | public ModelAndView(String viewName, Map<String, ?> model) | 构造 | 设置视图名称与传递的属性内容 |
| 5 | public ModelAndView(View view, Map<String, ?> model) | 构造 | 设置视图对象与传递的属性内容 |
| 6 | public ModelAndView(String viewName, Map<String, ?> model, HttpStatus status) | 构造 | 设置视图名称、传递的属性内容以及 HTTP 响应状态码 |
| 7 | public void setViewName(String viewName) | 普通 | 设置视图名称 |
| 8 | public ModelAndView addObject(String attributeName, Object attributeValue) | 普通 | 添加单个传递属性 |

| 序号 | 方法 | 类型 | 描述 |
|---|---|---|---|
| 9 | public ModelAndView addAllObjects(Map<String, ?> modelMap) | 普通 | 添加 Map 中的所有传递属性 |
| 10 | public void clear() | 普通 | 清空存储信息 |

范例：使用 ModelAndView 返回数据。

```java
package com.yootk.action;
@Controller                                                              // MVC控制器
public class MessageAction {
    private static final Logger LOGGER = LoggerFactory.getLogger(MessageAction.class);
    @Autowired                                                           // 依赖注入
    private IMessageService messageService;                              // 业务接口实例
    @RequestMapping("/pages/message/echo")                               // 映射地址
    public ModelAndView echo(String msg) {
        LOGGER.info("消息回应处理, msg = {}", msg);                        // 日志记录
        ModelAndView mav = new ModelAndView();                           // 对象实例化
        mav.setViewName("/pages/message/show.jsp");                      // 视图路径
        Map<String, Object> result = new HashMap<>();                    // 创建Map集合
        result.put("echoMessage", this.messageService.echo(msg));        // 数据存储
        result.put("yootk", "沐言科技：www.yootk.com");                   // 数据存储
        result.put("edu", "李兴华高薪就业编程训练营: edu.yootk.com");      // 数据存储
        mav.addAllObjects(result);                                       // 添加集合
        return mav;
    }
}
```

此时的控制层使用 ModelAndView 类的无参构造方法进行了对象实例化处理，随后通过 setViewName()定义了要跳转的视图完整路径，而所传递的属性通过 Map 集合封装后，利用 addAll Objects()方法实现了保存。

除了使用 ModelAndView 进行跳转视图的包装，Spring MVC 中的控制层方法也可以直接返回视图名称，而此时要传递的属性内容可以通过 Model 接口实例进行包装。Model 接口的常用方法如表 1-2 所示。

表 1-2 Model 接口的常用方法

| 序号 | 方法 | 类型 | 描述 |
|---|---|---|---|
| 1 | public Model addAttribute(String attributeName, Object attributeValue) | 普通 | 添加单个属性内容 |
| 2 | public Model addAllAttributes(Map<String, ?> attributes) | 普通 | 添加一组属性内容 |
| 3 | public boolean containsAttribute(String attributeName) | 普通 | 判断是否有指定名称的属性存在 |
| 4 | public Object getAttribute(String attributeName) | 普通 | 根据属性名称获取属性内容 |
| 5 | public Map<String, Object> asMap() | 普通 | 将输入转为 Map 集合后返回 |

范例：使用 Model 包装属性。

```java
package com.yootk.action;
@Controller                                                              // MVC控制器
public class MessageAction {
    private static final Logger LOGGER = LoggerFactory.getLogger(MessageAction.class);
    @Autowired                                                           // 依赖注入
    private IMessageService messageService;                              // 业务接口实例
    @RequestMapping("/pages/message/echo")                               // 映射地址
    public String echo(String msg, Model model) {                       // 属性保存
        LOGGER.info("消息回应处理, msg = {}", msg);                        // 日志记录
        Map<String, Object> result = new HashMap<>();                    // 创建Map集合
        result.put("echoMessage", this.messageService.echo(msg));        // 数据存储
        result.put("yootk", "沐言科技：www.yootk.com");                   // 数据存储
```

```
        result.put("edu", "李兴华高薪就业编程训练营: edu.yootk.com");        // 数据存储
        model.addAllAttributes(result);                                    // 添加集合
        return "/pages/message/show.jsp";                                  // 返回视图名称
    }
}
```

此时的控制层方法直接返回要跳转的视图名称字符串，而所有要传递到 JSP 页面的属性则通过外部注入的 Model 接口实例进行配置，该接口同样支持单个数据以及集合数据的保存。

# 1.2　WebApplicationContext

视频名称　0106_【理解】WebApplicationContext

视频简介　Spring Web 支持基于 Web 容器实现 Spring 容器的启动，而启动的核心操作主要是基于 WebApplicationContext 接口完成的。本视频分析 ContextLoaderListener 监听器与 WebApplicationContext 接口之间的关联。

在 Spring 之中，容器的应用上下文是通过 ApplicationContext 接口表示的。由于 Spring Web 需要运行在 Web 容器之中，因此 Spring 又提供了一个 WebApplicationContext 子接口。在使用 Context LoaderListener 监听器时，实际上就是根据 XML 配置文件创建一个 XmlWebApplicationContext 对象实例，从而实现 Spring 容器的启动的。类关联结构如图 1-11 所示。

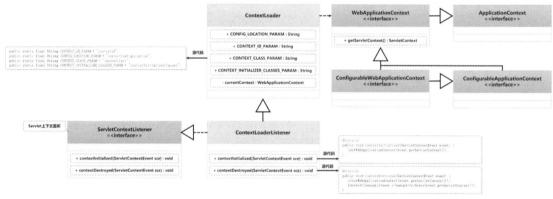

图 1-11　类关联结构

ContextLoaderListener 实现了 ServletContextListener 上下文监听接口，这样在 Web 容器启动的时候就可以通过上下文初始化的方法进行 Spring 容器的启动，启动的处理方法为 ContextLoader 父类所提供的 initWebApplicationContext()方法，该方法的核心源代码如下。

范例：initWebApplicationContext()方法的核心源代码。

```
public WebApplicationContext initWebApplicationContext(ServletContext servletContext) {
    if (servletContext.getAttribute(WebApplicationContext
        .ROOT_WEB_APPLICATION_CONTEXT_ATTRIBUTE) != null) {                // 检查是否存在指定上下文
        // 如果当前Web容器上下文中已经存在指定名称的属性，则表示容器已经启动过了，此时抛出异常
        throw new IllegalStateException("Cannot initialize context because…");
    }
    try {
        // 保存WebApplicationContext实例到本地变量表之中，以便容器关闭时使用
        if (this.context == null) {                 // WebApplicationContext为空
            this.context = createWebApplicationContext(servletContext); //创建新实例
        }
        if (this.context instanceof ConfigurableWebApplicationContext cwac &&
```

```
            !cwac.isActive()) {                           // 此时上下文还没有执行刷新处理
    if (cwac.getParent() == null) {                       // 判断父容器是否为空
        ApplicationContext parent = loadParentContext(servletContext);    //获取父容器
        cwac.setParent(parent);                           // 设置父容器
    }
    configureAndRefreshWebApplicationContext(cwac, servletContext);       //刷新处理
    }
    servletContext.setAttribute(WebApplicationContext
      .ROOT_WEB_APPLICATION_CONTEXT_ATTRIBUTE, this.context);    // 保存Web属性
    ClassLoader ccl = Thread.currentThread().getContextClassLoader();     // 当前类加载器
    if (ccl == ContextLoader.class.getClassLoader()) {        // 判断类加载器类型
        currentContext = this.context;                    // 保存WebApplicationContext实例
    } else if (ccl != null) {                             // 不是指定类加载器并且不为空
        currentContextPerThread.put(ccl, this.context);   // 保存类加载器
    }
    return this.context;
} catch (RuntimeException | Error ex) { … }                // 异常处理
}
```

initWebApplicationContext()方法根据当前的需要创建了一个 WebApplicationContext 接口实例，为了便于后续处理操作，将 WebApplicationContext 接口实例保存在 Servlet 上下文之中。该方法之中最为重要的一个处理操作，就是调用该接口实例中的 configureAndRefreshWebApplicationContext()方法，实现 Spring 容器的刷新操作。下面来观察一下该方法的核心源代码。

范例：configureAndRefreshWebApplicationContext()方法的核心源代码。

```
protected void configureAndRefreshWebApplicationContext(
    ConfigurableWebApplicationContext wac, ServletContext sc) {
  if (ObjectUtils.identityToString(wac).equals(wac.getId())) { // 判断应用ID
    String idParam = sc.getInitParameter(CONTEXT_ID_PARAM);    // 获取Web初始化参数
    if (idParam != null) {                                     // 配置了应用ID
      wac.setId(idParam);                                      // 设置应用ID
    } else {                                    // 未配置应用ID，系统生成一个新的应用ID
      wac.setId(ConfigurableWebApplicationContext.APPLICATION_CONTEXT_ID_PREFIX +
          ObjectUtils.getDisplayString(sc.getContextPath()));
    }
  }
  wac.setServletContext(sc);                // WebApplicationContext中保存ServletContext实例
  // 根据Web应用的配置，读取XML文件（与Spring容器有关的配置文件）路径
  String configLocationParam = sc.getInitParameter(CONFIG_LOCATION_PARAM);
  if (configLocationParam != null) {             // 配置项不为空
    wac.setConfigLocation(configLocationParam);              // 保存文件路径
  }
  ConfigurableEnvironment env = wac.getEnvironment();        // 获取环境属性
  if (env instanceof ConfigurableWebEnvironment cwe) {       // 类型判断
    cwe.initPropertySources(sc, null);                       // 初始化属性源
  }
  customizeContext(sc, wac);                                 // 初始化WebApplicationContext
  wac.refresh();                                             // 上下文刷新
}
```

Spring Web 启动时，需要在 web.xml 配置文件中定义一个 contextConfigLocation 参数，该参数表示 Spring 配置文件的路径，而此方法用于进行相关环境参数的配置，并执行 refresh()刷新方法实现 Spring 容器的刷新。这些操作的实现流程如图 1-12 所示。

在 Web 中启动 Spring 容器的核心在于 WebApplicationContext 接口。Spring Web 在设计时考虑到不同配置环境的需要，提供了基于 XML 配置文件方式或者注解方式启动的配置类，这些类的继承结构如图 1-13 所示。

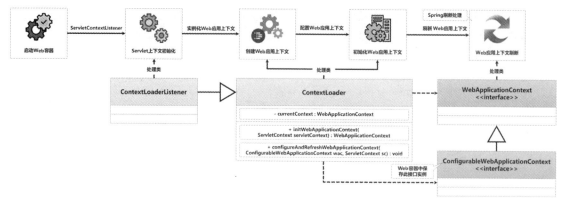

图 1-12　Web 应用上下文处理步骤

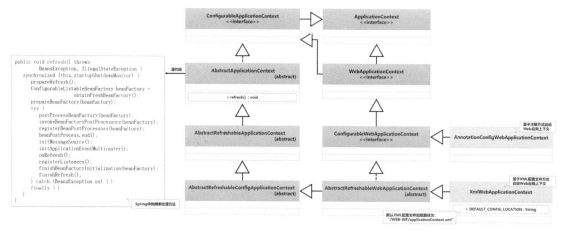

图 1-13　配置类的继承结构

可以发现 Spring Web 提供了 AnnotationConfigWebApplicationContext 注解上下文配置类，但是如果想要使用此类进行配置，还需要其他类的支持。本节将为读者介绍配置该类的两种实现模式。

## 1.2.1　WebApplicationInitializer

WebApplicationInitializer

视频名称　0107_【掌握】WebApplicationInitializer

视频简介　Servlet 提供了组件动态注册支持，Spring Web 为了实现可编程的 Web 服务整合，内置了 ServletContainerInitializer 接口的实现子类。本视频通过 spring-web.jar 包中的集成文件分析 Spring Web 运行机制，并通过 WebApplicationInitializer 接口实现基于 Annotation 模式的 Spring Web 启动配置。

为了进一步减弱对 XML 配置文件的依赖，Spring Web 提供了注解启动 Web 应用上下文支持，而该操作的实现主要依靠 Servlet 之中的组件动态注册机制，其内部关联如图 1-14 所示。

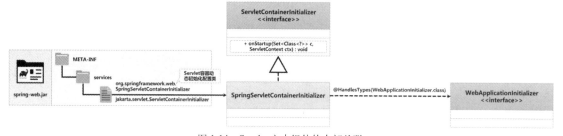

图 1-14　Servlet 之中组件的内部关联

提示：动态注册 Web 组件。

Servlet 3.0 之后，Java Web 提供了组件动态注册机制，Servlet、Filter、Listener 实现类都可以基于此机制通过程序进行配置，这样就减弱了对 web.xml 配置文件的依赖。相关的概念以及实现在本系列的《Java Web 开发实战（视频讲解版）》一书之中已经通过大量的案例进行了讲解，故本书不对这一机制进行重复讲解。

spring-web.jar 文件提供了 jakarta.servlet.ServletContainerInitializer 动态配置文件，而该文件中已经明确定义了 SpringServletContainerInitializer 容器初始化配置类，该类的源代码如下。

范例：SpringServletContainerInitializer 类的源代码。

```
package org.springframework.web;
@HandlesTypes(WebApplicationInitializer.class)                // 处理Web应用初始化操作
public class SpringServletContainerInitializer implements ServletContainerInitializer {
  @Override
  public void onStartup(@Nullable Set<Class<?>> webAppInitializerClasses,
        ServletContext servletContext) throws ServletException {
    List<WebApplicationInitializer> initializers = Collections.emptyList();    // 空集合
    if (webAppInitializerClasses != null) {              // 初始化集合不为空
      initializers = new ArrayList<>(webAppInitializerClasses.size());     // 创建新集合
      for (Class<?> waiClass : webAppInitializerClasses) {          // 集合迭代
        if (!waiClass.isInterface() && !Modifier.isAbstract(waiClass.getModifiers()) &&
            WebApplicationInitializer.class.isAssignableFrom(waiClass)) {
          try {                                  // 添加WebApplicationInitializer接口实例
            initializers.add((WebApplicationInitializer)
                ReflectionUtils.accessibleConstructor(waiClass).newInstance());
          } catch (Throwable ex) {
            throw new ServletException("Failed to instantiate…", ex);
          }
        }
      }
    }
    if (initializers.isEmpty()) {                         // 初始化配置集合为空
      return;                                          // 结束调用
    }
    AnnotationAwareOrderComparator.sort(initializers);         // 排序处理
    for (WebApplicationInitializer initializer : initializers) {   //初始化类迭代
      initializer.onStartup(servletContext);                // 调用初始化方法
    }
  }
}
```

通过 SpringServletContainerInitializer 类的源代码可以清楚地发现，在项目之中开发者可能会根据自身的需要定义一系列的初始化类，而所有的初始化类如果想被动态类监听，则必须实现WebApplicationInitializer 父接口，并根据自身的需要进行初始化操作的定义，如图 1-15 所示。这样 Web 应用启动时，会自动找到 WebApplicationInitializer 接口的所有子类，并调用内部的 onStartup() 方法进行初始化处理。下面将通过具体的步骤实现这一操作。

（1）【mvc 子模块】本节将基于 Servlet 组件动态注册的方式实现 Spring Web 的整合，所以删除项目之中的 web.xml 配置文件，同时删除 resources 源代码目录中的 spring/spring-base.xml、spring/spring-mvc.xml 两个配置文件。

图 1-15 使用注解扫描方式启动 Web 应用上下文

（2）【mvc 子模块】创建 WebApplicationInitializer 接口子类实现 DispatcherServlet 与 CharacterEncoding Filter 的动态注册。

```
package com.yootk.web.config;
public class StartWEBApplication implements WebApplicationInitializer {
    @Override
    public void onStartup(ServletContext servletContext) throws ServletException {
        AnnotationConfigWebApplicationContext springContext =
                new AnnotationConfigWebApplicationContext();         // 注解上下文
        springContext.scan("com.yootk.action", "com.yootk.service"); // 扫描包
        springContext.refresh();                                     // 刷新上下文
        ServletRegistration.Dynamic servletRegistration =
                servletContext.addServlet("DispatcherServlet",
                        new DispatcherServlet(springContext));       // 注册Servlet
        servletRegistration.setLoadOnStartup(1);                     // Web容器启动时加载
        servletRegistration.addMapping("/");                         // Servlet映射路径
        FilterRegistration.Dynamic filterRegistration =
                servletContext.addFilter("EncodingFilter",
                        new CharacterEncodingFilter());              // 注册Filter
        filterRegistration.setInitParameter("encoding", "UTF-8");
        filterRegistration.addMappingForUrlPatterns(                 // 添加过滤器匹配路径
                EnumSet.of(DispatcherType.REQUEST,
                        DispatcherType.FORWARD),                     // Filter转发模式
                false,                                               // 请求前触发
                "/*");                                               // 匹配所有路径
    }
}
```

此时的程序实现了 Spring 中关于"零配置"的项目开发要求，所有相关的配置类都通过动态形式实现了注册管理。需要注意的是，在使用注解扫描方式启动应用时，需要在配置完扫描包后手动调用 refresh()刷新方法。

### 1.2.2 AbstractAnnotationConfigDispatcherServletInitializer

AbstractAnnotationConfig
DispatcherServletInitializer

视频名称 0108_【掌握】AbstractAnnotationConfigDispatcherServletInitializer
视频简介 Spring Web 在设计时考虑到了代码的规范化开发设计，除了可以由开发者自行实现 WebApplicationInitializer 接口子类进行配置类注册，也提供了一系列的抽象类，以便开发者依据特定的抽象方法进行配置。本视频为读者分析抽象类的使用。

使用自定义的 WebApplicationInitializer 接口子类时，所有需要配置的 Servlet 和 Filter 可以直接在 onStartup()方法中进行定义。考虑到更加规范化的开发设计需要，Spring Web 又提供了

AbstractAnnotationConfigDispatcherServletInitializer 抽象类，其继承结构如图 1-16 所示。开发者根据该类提供的抽象方法进行配置，就可以实现 Spring 配置类的定义。

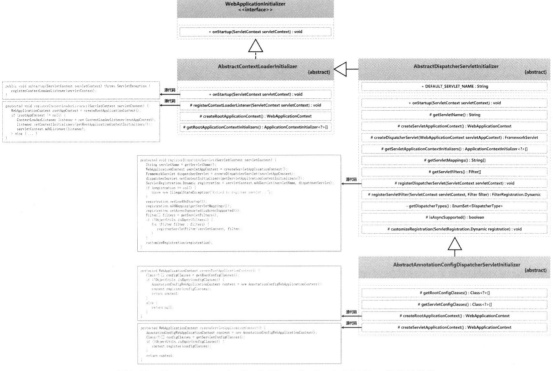

图 1-16　AbstractAnnotationConfigDispatcherServletInitializer 的继承结构

　　在配置类继承 AbstractAnnotationConfigDispatcherServletInitializer 抽象类时，需要在该配置类中覆写指定的方法，以实现 Spring 配置类、Spring Web 配置类、DispatcherServlet 访问路径以及过滤器的配置定义。如果要基于扫描的方式启动 Spring 容器，就可以在相应的配置类上使用 @ComponentScan 注解进行定义，如图 1-17 所示。下面具体讲解这一功能的实现。

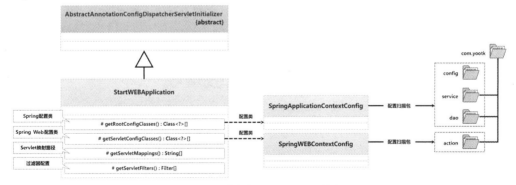

图 1-17　自定义 Spring Web 配置类

　　（1）【mvc 子模块】创建 Spring 上下文配置类。

```
package com.yootk.context.config;
@Configuration
@ComponentScan("com.yootk.service,com.yootk.config,com.yootk.dao")   // Spring扫描包
public class SpringApplicationContextConfig {}                        // Spring上下文配置类
```

　　（2）【mvc 子模块】创建 Spring Web 上下文配置类。

```
package com.yootk.context.config;
```

```
@Configuration
@ComponentScan("com.yootk.action")                          // Spring Web扫描包
public class SpringWEBContextConfig {}                       // Spring Web上下文配置类
```

（3）【mvc 子模块】创建自定义 Web 应用初始化配置类。

```
package com.yootk.web.config;
public class StartWEBApplication
        extends AbstractAnnotationConfigDispatcherServletInitializer {
  @Override
  protected Class<?>[] getRootConfigClasses() {              // Spring配置类
    return new Class[]{SpringApplicationContextConfig.class};
  }
  @Override
  protected Class<?>[] getServletConfigClasses() {           // Spring Web配置类
    return new Class[]{SpringWEBContextConfig.class};
  }
  @Override
  protected String[] getServletMappings() {                 // DispatcherServlet映射路径
    return new String[]{"/"};
  }
  @Override
  protected Filter[] getServletFilters() {                  // 过滤器配置
    CharacterEncodingFilter characterEncodingFilter =
        new CharacterEncodingFilter();                      // 编码过滤
    characterEncodingFilter.setEncoding("UTF-8");           // 编码设置
    characterEncodingFilter.setForceEncoding(true);         // 强制编码
    return new Filter[]{characterEncodingFilter};
  }
}
```

此时的程序会由 AbstractAnnotationConfigDispatcherServletInitializer 父类进行 DispatcherServlet 类的配置，而后在子类中只要由开发者定义相应的 Servlet 映射路径，以及 Spring 有关的配置类，即可实现 WebApplicationContext 容器的启动。

> 💡 **提示：Spring 父容器。**
>
> 以上的程序中定义了两个不同的配置类，一个是父容器（Root WebApplicationContext）所需的配置类（通过 getRootConfigClasses()方法定义），另一个是子容器（WebApplicationContext）所需要的配置类（通过 getServletConfigClasses()方法定义）。开发者可以在程序中注入 WebApplication Context 接口实例，而后通过 getParent()方法获取父容器的信息。

# 1.3　路径与参数接收

@RequestMapping 注解

**视频名称** 0109_【掌握】@RequestMapping 注解
**视频简介** @RequestMapping 注解是进行 HTTP 请求与路径绑定的核心注解。本视频为读者分析该注解的作用，同时实现父路径定义以及关联注解的使用。

为了实现项目功能的区分，开发者一般会使用不同的控制器类完成不同的业务调用，同时业务层的每一个处理方法都需要搭配@RequestMapping 注解来对外提供服务支持，如图 1-18 所示。

图 1-18　@RequestMapping 路径绑定

在默认情况下使用@RequestMapping 进行访问时，如果没有设置 method 属性，实际上会绑定 5 种 HTTP 请求，分别是 GET、POST、PUT、PATCH、DELETE。如果想进行更加准确的 HTTP 请求的绑定，则可以采用扩展注解，如图 1-19 所示。例如，某一个路径只允许使用 GET 请求访问，则可以使用@GetMapping 绑定。

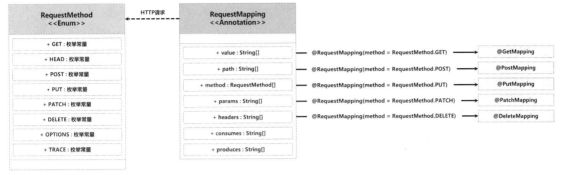

图 1-19 绑定 HTTP 请求

范例：绑定 GET 请求。

```
@Controller                                    // MVC控制器
public class MessageAction {
    @PostMapping("/pages/message/echo")        // 映射地址
    public ModelAndView echo(String msg) {}
}
```

此时的映射地址只能够通过 POST 请求进行访问，如果采用了其他请求式则会出现 HTTP 状态码 "405"，明确地告诉用户当前的请求不被允许。

在一个控制层处理类中往往会定义若干个不同的处理方法，而这些方法一般会统一保存在一个父路径下。这时就可以在类声明处使用@RequestMapping 定义父路径，而在方法上使用@GetMapping 定义子路径，这些路径在被 DispatcherServlet 处理时会合并为一个完整路径，如图 1-20 所示。

图 1-20 配置父子路径

范例：配置父子路径。

```
package com.yootk.action;
@Controller                                    // MVC控制器
@RequestMapping("/pages/message/")             // 父路径
// 提示：也可以定义为@RequestMapping("/pages/message/*")，会自动匹配所有子路径前缀
public class MessageAction {
    @GetMapping("echo")                        // 子路径
    public ModelAndView echo(String msg) {}
}
```

程序访问路径：

```
http://localhost:8080/pages/message/echo?msg=www.yootk.com
```

### 1.3.1　Spring MVC 与表单提交

Spring MVC 与表
单提交

**视频名称** 0110_【掌握】Spring MVC 与表单提交

**视频简介** 表单是传递动态 Web 参数的核心单元，Spring MVC 遵从 Java Web 处理标准，所以也可以通过表单实现请求数据的发送。本视频通过案例讲解此操作的实现。

在动态 Web 项目开发中，请求参数一般都会采用表单的形式进行提交，所以在标准的 Web 项目开发中，用户首先应该通过控制层提供的路径访问表单页面，而后通过表单将请求数据提交到控制层之中，如图 1-21 所示。本节将基于该模式实现一个完整的 Web 处理流程，具体实现步骤如下。

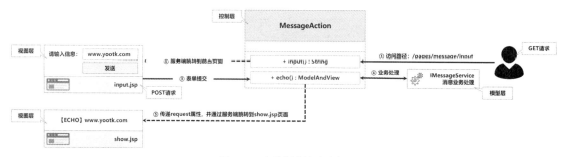

图 1-21　表单提交请求参数

（1）【mvc 子模块】在 src/main/webapp/pages/message 目录中创建 input.html 页面。

```
<%@ page language="java" import="java.util.*" pageEncoding="UTF-8"%>
<html><head><title>Spring MVC开发框架</title></head>
<body>
<form action="${request.contextPath}/pages/message/echo" method="post">
   请输入信息：<input type="text" name="msg" value="www.yootk.com">
   <button type="submit">发送</button>
</form>
</body></html>
```

（2）【mvc 子模块】修改 MessageAction 程序类的定义，增加 input()方法以实现跳转到 input.jsp 页面的功能。

```
package com.yootk.action;
@Controller                                          // MVC控制器
@RequestMapping("/pages/message/*")                  // 父路径
public class MessageAction {
    private static final Logger LOGGER = LoggerFactory.getLogger(MessageAction.class);
    @Autowired                                       // 依赖注入
    private IMessageService messageService;          // 业务接口实例
    @GetMapping("input")                             // 子路径
    public String input() {
        return "/pages/message/input.jsp";           // 跳转路径
    }
    @PostMapping("echo")                             // 子路径
    public ModelAndView echo(String msg) {
        LOGGER.info("消息回应处理, msg = {}", msg);     // 日志记录
        // 控制器跳转到视图层进行数据展示，跳转路径及属性传递通过ModelAndView实例封装
        ModelAndView mav = new ModelAndView("/pages/message/show.jsp");
        // 调用业务层处理方法，并将处理结果通过request属性范围传递到JSP页面上
        mav.addObject("echoMessage", this.messageService.echo(msg)); //业务处理
        return mav;
    }
}
```

程序访问路径：

```
http://localhost:8080/pages/message/input
```

此时的程序会首先通过 GET 请求访问/pages/message/input 处理路径，由于该路径不需要传递任何的属性信息，所以直接返回跳转的 JSP 路径（/pages/message/input.jsp）字符串即可。随后在 input.jsp 页面中通过表单发送 POST 请求，并将该请求提交给 MessageAction.echo()方法进行处理。

### 1.3.2 @RequestParam

@RequestParam

**视频名称** 0111_【掌握】@RequestParam

**视频简介** 开发动态 Web 的核心操作是进行用户请求参数的处理。在实际的项目开发中，为了保证用户请求参数的正确接收，可以通过@RequestParam 注解标记参数名称。本视频分析该注解的使用，同时分析其默认值的作用。

在 Spring MVC 项目开发中，用户所发送的请求参数可以直接利用控制层方法的参数进行接收，在接收时会根据方法的参数名称自动匹配，并依据参数的类型实现请求参数的转换处理。如果此时用户发送的请求参数的名称和控制层方法的接收参数的名称不匹配，也可以利用@RequestParam 注解来实现接收参数的定义。下面通过具体的应用进行说明，开发步骤如下。

（1）【mvc 子模块】修改 MessageAction 类中 echo()方法的定义。

```
package com.yootk.action;
@Controller                                              // MVC控制器
@RequestMapping("/pages/message")                        // 父路径
public class MessageAction {
    private static final Logger LOGGER = LoggerFactory.getLogger(MessageAction.class);
    @GetMapping("echo")                                  // 子路径
    public ModelAndView echo(@RequestParam(name="message",   // 参数名称为message
                 defaultValue = "www.jixianit.com") String msg) {   // 参数不存在时使用默认值
        LOGGER.info("消息回应处理, msg = {}", msg);          // 日志记录
        return null;                                     // 路径不跳转
    }
}
```

本程序在定义 echo()方法时，参数名称为 msg，但是在进行请求参数发送时采用了 message 作为参数名称。由于@RequestParam 注解的匹配，msg 可以正确地接收到当前的请求参数，而如果用户在调用 echo()时没有设置请求参数，则@RequestParam 注解中的 defaultValue 属性配置的内容会被填充到 msg 参数之中。

（2）【Web 调用】调用 echo 处理路径，并传递 message 参数内容。

```
http://localhost:8080/pages/message/echo?message=www.yootk.com
```

后端日志输出：

```
消息回应处理, msg = www.yootk.com
```

（3）【Web 调用】调用 echo 处理路径，不传递 message 参数内容。

```
http://localhost:8080/pages/message/echo
```

后端日志输出：

```
消息回应处理, msg = www.jixianit.com
```

通过此时的后端日志输出可以发现，在@RequestParam 注解的支持下，可以有效地实现请求参数与方法参数之间的关联，并且该注解可以实现请求参数为 null 的程序逻辑支持。程序处理流程如图 1-22 所示。

图 1-22　@RequestParam 注解的程序处理流程

>  提示：建议参数自动匹配。
>
> 　　在实际的开发中，用户的请求参数往往会与控制器中的方法参数进行匹配，这样可以实现参数的接收以及数据类型的自动转换。而如果使用@RequestParam 注解进行配置，则会造成代码的冗余，所以非必要情况下一般不建议使用此注解。
>
> 　　另外需要提醒读者的是，Java 所提供的反射机制是无法获取方法中的参数名称的，所以 Spring 针对此情况提供了 org.springframework.core.LocalVariableTableParameterNameDiscoverer 程序类，该类的使用在本系列的《Java Web 开发实战（视频讲解版）》一书中已经进行了详细讲解，故本书不再重复。

### 1.3.3　@PathVariable

**视频名称**　0112_【掌握】@PathVariable

**视频简介**　HTTP 之中的请求参数可以通过表单或地址重写的方式进行传递，为了便于 Web 服务接口的设置，也可以使用路径地址传递请求参数。Spring MVC 为了便于路径地址的标记，提供了@PathVariable 注解。本视频通过实例分析该注解的使用。

　　除了使用传统的方式进行 HTTP 请求参数的接收，Spring MVC 又扩展了一种路径参数支持，即开发者可以采用"/控制器路径/{参数}/{参数}"的形式进行请求参数的传递，而在接收参数时需要通过@PathVariable 注解进行定义。下面来观察具体的应用实现。

　　（1）【mvc 子模块】修改 MessageAction 的消息回应方法。

```
package com.yootk.action;
@Controller                                             // MVC控制器
@RequestMapping("/pages/message/*")                     // 父路径
public class MessageAction {
    private static final Logger LOGGER = LoggerFactory.getLogger(MessageAction.class);
    @GetMapping("echo/{title}/{info}/{level}")          // 子路径
    public ModelAndView echo(
            @PathVariable(name="title") String title,
            @PathVariable(name="info") String msg,
            @PathVariable(name="level") int level) {    // 路径参数接收
        LOGGER.info("消息回应处理, title = {}", title);    // 日志记录
        LOGGER.info("消息回应处理, msg = {}", msg);        // 日志记录
        LOGGER.info("消息回应处理, level = {}", level);    // 日志记录
        return null;                                    // 路径不跳转
    }
}
```

　　此时的程序利用路径配置的方式传递了 3 个请求参数，所以就需要在 echo()方法中通过@Get Mapping 注解定义路径模板，而后利用@PathVariable 注解匹配路径模板中的数据与方法中的参数，

以实现请求数据的接收。

（2）【Web 调用】通过路径地址传递所需要的参数。

```
http://localhost:8080/pages/message/echo/yootk/沐言科技：www.yootk.com/1
```

后端日志输出：

```
消息回应处理, title = yootk
消息回应处理, msg = 沐言科技：www.yootk.com
消息回应处理, level = 1
```

### 1.3.4 @MatrixVariable

@MatrixVariable

**视频名称** 0113_【掌握】@MatrixVariable

**视频简介** 请求参数的传递是动态 Web 开发的核心功能，Spring MVC 考虑到参数信息传递的便捷性，提供了矩阵型的参数解决方案。本视频为读者讲解矩阵参数的使用，以及如何通过 Spring MVC 配置类实现矩阵参数的启用。

矩阵参数传递是 Spring MVC 内部参数接收的一种扩展机制，在进行参数传递时，可以在完整的请求路径之后，采用"参数名称=内容；参数名称=内容；…"的语法格式传递多个参数，而这些参数的接收就需要通过@MatrixVariable 注解来完成。在默认情况下，Spring MVC 未开启这种参数传递机制，所以需要开发人员手动开启。下面通过具体的代码演示这一机制的实现。

（1）【mvc 子模块】修改 SpringWEBContextConfig 配置类，让其实现 WebMvcConfigurer 接口并覆写 configurePathMatch()方法，在该方法中进行矩阵参数的启用。同时该类为 Spring MVC 的配置类，需要使用@EnableWebMvc 注解进行标记。

```java
package com.yootk.context.config;
@Configuration                                                        // 配置类
@EnableWebMvc                                                         // 启用MVC配置
@ComponentScan("com.yootk.action")                                    // Spring Web扫描包
public class SpringWEBContextConfig implements WebMvcConfigurer {     // Web配置类
   @Override
   public void configurePathMatch(PathMatchConfigurer configurer) {  // 路径匹配定义
      var urlPathHelper = new UrlPathHelper();                        // 路径匹配定义
      urlPathHelper.setRemoveSemicolonContent(false);                // 启用矩阵参数
      configurer.setUrlPathHelper(urlPathHelper);
   }
}
```

（2）【mvc 子模块】修改 MessageAction 程序类，使其可以接收矩阵参数。

```java
package com.yootk.action;
@Controller                                                          // MVC控制器
@RequestMapping("/pages/message/*")                                 // 父路径
public class MessageAction {
   private static final Logger LOGGER = LoggerFactory.getLogger(MessageAction.class);
   @GetMapping(value = "echo/{mid}")                                // 子路径
   public ModelAndView echo(
         @PathVariable("mid") String mid,                           // 路径参数接收
         @MatrixVariable("title") String title,                     // 矩阵参数接收
         @MatrixVariable("content") String content,                 // 矩阵参数接收
         @MatrixVariable("level") int level) {                      // 矩阵参数接收
      LOGGER.info("消息回应处理, mid = {}", mid);                     // 日志记录
      LOGGER.info("消息回应处理, title = {}", title);                 // 日志记录
      LOGGER.info("消息回应处理, msg = {}", content);                // 日志记录
```

```
        LOGGER.info("消息回应处理, level = {}", level);         // 日志记录
        return null;                                           // 路径不跳转
    }
    @GetMapping(value = "echo_map/{.*}")                        // 后续内容随意传递
    public ModelAndView echoMap(
            @MatrixVariable Map<String, String> params) {      // 矩阵参数接收
        for (Map.Entry<String, String> entry : params.entrySet()) {
            LOGGER.info("【消息参数】{} = {}", entry.getKey(), entry.getValue());
        }
        return null;                                           // 路径不跳转
    }
}
```

（3）【浏览器】传递矩阵参数。

```
http://localhost:8080/pages/message/echo/1;title=yootk;content=www.yootk.com;level=1
```

后端日志输出：

```
INFO  com.yootk.action.MessageAction - 消息回应处理, mid = 1
INFO  com.yootk.action.MessageAction - 消息回应处理, title = yootk
INFO  com.yootk.action.MessageAction - 消息回应处理, msg = www.yootk.com
INFO  com.yootk.action.MessageAction - 消息回应处理, level = 1
```

（4）【浏览器】传递矩阵参数。

```
http://localhost:8080/pages/message/echo_map/title=yootk;content=www.yootk.com;level=1
```

程序执行结果：

```
INFO  com.yootk.action.MessageAction - 【消息参数】title = yootk
INFO  com.yootk.action.MessageAction - 【消息参数】content = www.yootk.com
INFO  com.yootk.action.MessageAction - 【消息参数】level = 1
```

### 1.3.5　@InitBinder

**视频名称** 0114_【掌握】@InitBinder

**视频简介** Spring MVC 提供了非常丰富的数据转换处理逻辑，但是对日期数据或日期时间数据的转换则需要开发者自行配置格式化机制。本视频分析@InitBinder 注解的作用，并通过实例讲解利用 LocalDate 与 LocalDateTime 实现日期数据的接收。

@InitBinder

参数的传递是动态 Web 中非常重要的操作。Spring MVC 是构建在 Jakarta EE 服务标准之上的应用，所有请求参数在被接收时默认的数据类型全部为 String。Spring 会根据当前方法参数的数据类型进行数据的转换处理，如图 1-23 所示。这样的处理机制使开发者避免了重复的数据转换处理，使得参数的接收更加方便。

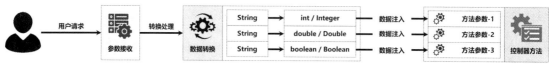

图 1-23　请求参数处理

Spring 为了便于数据的转换提供了 ConversionService 转换服务接口，该接口提供了常见的数据转换服务，但是由于不同的应用可能处于不同的国家或地区，因此日期数据和日期时间数据的转换操作就需要由开发者进行配置。为了帮助开发者实现这一操作，Spring MVC 提供了@InitBinder 注解。该注解结合 WebDataBinder 实例，可以让开发者自定义日期数据（或日期时间数据）的转换操作，实现结构如图 1-24 所示。下面通过具体的步骤对这一功能进行实现。

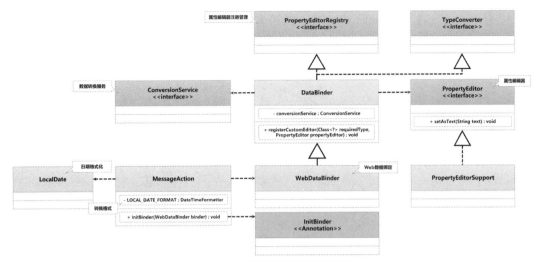

图 1-24　日期数据转换的实现结构

（1）【mvc 子模块】在开发中会有许多的 Action 控制器类需要进行日期数据的转换，考虑到代码重用的设计需要，这里首先创建一个 AbstractAction 公共父类，并将日期数据的转换处理定义在本类之中。

```
package com.yootk.action.abs;
public abstract class AbstractAction {                              // 控制层父类
   private static final DateTimeFormatter LOCAL_DATE_FORMAT =
                       DateTimeFormatter.ofPattern("yyyy-MM-dd");
   @InitBinder
   public void initBinder(WebDataBinder binder) {                   // 绑定转换处理
      binder.registerCustomEditor(java.util.Date.class, new PropertyEditorSupport() {
         @Override
         public void setAsText(String text) throws IllegalArgumentException {
            LocalDate localDate = LocalDate.parse(text, LOCAL_DATE_FORMAT);
            Instant instant = localDate.atStartOfDay()
                   .atZone(ZoneId.systemDefault()).toInstant();     //创建处理实例
            super.setValue(java.util.Date.from(instant));           // 字符串与日期数据转换
         }
      });                                                           // 绑定编辑器
   }
}
```

（2）【mvc 子模块】修改 MessageAction 类的继承结构，使其成为 AbstractAction 子类，随后修改该类中的 echo()方法，该方法将同时接收多个参数。

```
package com.yootk.action;
@Controller                                                         // MVC控制器
@RequestMapping("/pages/message/*")                                 // 父路径
public class MessageAction extends AbstractAction {                 // 继承父类
   private static final Logger LOGGER = LoggerFactory.getLogger(MessageAction.class);
   @GetMapping("input")
   public String input() {                                          // 表单输入页
      return "/pages/message/input.jsp";
   }
   @PostMapping("echo")                                             // 子路径
   public ModelAndView echo(String msg, int level, java.util.Date pubdate) {
      LOGGER.info("消息回应处理, msg = {}", msg);                    // 日志记录
      LOGGER.info("消息回应处理, level = {}", level);                // 日志记录
      LOGGER.info("消息回应处理, pubdate = {}", pubdate);            // 日志记录
      return null;                                                  // 路径不跳转
   }
}
```

（3）【mvc 子模块】修改 input.jsp 页面，利用表单传递多个请求参数。

```
<%@ page language="java" import="java.util.*" pageEncoding="UTF-8"%>
<html><head><meta charset="UTF-8"><title>SpringMVC开发框架</title></head>
<body>
<form action="${request.contextPath}/pages/message/echo" method="post">
    消息内容：    <input type="text" name="msg" value="www.yootk.com"><br>
    消息级别：    <select id="level" name="level">
                <option value="0">紧急</option>
                <option value="1">普通</option>
                <option value="2">延迟</option>
            </select><br>
    发布日期：    <input type="date" id="pubdate" name="pubdate" value="2262-01-21"><br>
    消息标签：    <input type="checkbox" name="tags" id="tags" value="政治" checked>政治
                <input type="checkbox" name="tags" id="tags" value="经济" checked>经济
                <input type="checkbox" name="tags" id="tags" value="文化" checked>文化<br>
    <button type="submit">发送</button><button type="reset">重置</button>
</form>
</body></html>
```

后端日志输出：

```
消息回应处理, msg = www.yootk.com
消息回应处理, level = 0
消息回应处理, pubdate = Tue Jan 21 00:00:00 CST 2262
```

此时的表单中定义了文本框、下拉列表框、多选框、日期选择框等表单项，默认情况下除日期之外的请求数据都可以直接接收。而对于日期数据，程序会通过配置的属性编辑器将其转换后再进行数据注入，如果请求数据的格式与转换格式不匹配，则会抛出异常。

### 1.3.6　@ModelAttribute

**视频名称** 0115_【理解】@ModelAttribute

**视频简介** 为了便于请求处理以及视图配置的有效管理，Spring MVC 提供了模型与视图跳转分离的机制。本视频为读者讲解这种机制的主要作用，并通过具体的案例演示@ModelAttribute 注解的使用。

控制层是连接用户请求与视图层的核心结构，如图 1-25 所示。在传统的控制层开发中，除了要进行有效的业务处理，还要配置视图跳转路径，但这会使得控制层的方法变得庞大，从而造成代码维护的困难。

图 1-25　控制层

虽然 Spring 已经尽可能地对控制层代码进行了优化，但是在控制层的方法内部依然需要进行参数接收、业务处理以及视图跳转。为了可以进一步进行结构上的拆分，Spring MVC 允许在一个请求内使用专属的方法进行业务处理，再使用另外一个方法进行视图跳转，而业务处理的操作方法需要使用@ModelAttribute 注解进行配置。

**范例：** 使用@ModelAttribute 注解定义业务处理逻辑。

```
package com.yootk.action;
@Controller                                                    // MVC控制器
```

```
public class MessageAction {
    private static final Logger LOGGER = LoggerFactory.getLogger(MessageAction.class);
    private IMessageService messageService;                    // 业务接口实例
    @ModelAttribute                                            // 模型层属性配置
    public void echoHandle(String msg, Model model) {
        LOGGER.info("接收msg请求参数，参数内容为：{}", msg);      // 日志记录
        model.addAttribute("echoMessage", this.messageService.echo(msg));
    }
    @RequestMapping("/pages/message/echo")                     // 映射地址
    public String echo() {
        return "/pages/message/show.jsp";                      // 跳转到视图
    }
}
```

程序执行路径：

```
http://localhost:8080/pages/message/echo?msg=www.yootk.com
```

此时的程序将"/pages/message/echo"处理逻辑分为了 echoHandle()和 echo()两个方法，其中 echoHandle()方法用于进行业务处理，同时使用 Model 实现请求参数的传递。由于在一个请求中所有的 Model 数据可以共享，因此最终通过 echo()方法跳转时，JSP 页面可以获取 echoHandle()方法所保存的属性内容。

### 1.3.7 RedirectAttributes

RedirectAttributes

**视频名称** 0116_【掌握】RedirectAttributes
**视频简介** 在一些特殊实现机制之中，需要进行控制层之间的跳转以及参数的传递操作，所以 Spring MVC 提供了两种跳转支持标记，同时为了解决客户端跳转的参数传递问题，又扩展了 RedirectAttributes 参数传递类。本视频为读者分析该类的使用。

Java Web 为了便于不同路径的访问，提供两种跳转机制，分别是服务端跳转（forward:/路径）和客户端跳转（redirect:/）。Spring MVC 也支持这种跳转的处理，即可以由一个控制器跳转到另外一个控制器，在默认情况下采用服务端跳转操作可以继续传递 request 属性，而采用客户端跳转操作将无法传递 request 属性。

为了解决客户端跳转的参数传递问题，Spring MVC 在 3.1 以上版本中提供了一个 Redirect Attributes 类（该类为 Model 子类），其常用方法如表 1-3 所示。利用该接口提供的方法，可以实现跳转路径的显式参数传递（在地址栏后面显示传递的参数内容）与隐式参数传递。下面通过一个具体的案例对这一机制进行说明。

表 1-3　RedirectAttributes 类的常用方法

| 序号 | 方法 | 类型 | 描述 |
|------|------|------|------|
| 1 | public RedirectAttributes addAttribute(String attributeName, Object attributeValue) | 普通 | 添加单个显式参数 |
| 2 | public RedirectAttributes mergeAttributes(Map<String, ?> attributes) | 普通 | 合并一组显式参数 |
| 3 | public RedirectAttributes addFlashAttribute(String attributeName, Object attributeValue) | 普通 | 添加单个隐式参数 |
| 4 | public Map<String, ?> getFlashAttributes() | 普通 | 获取全部隐式参数 |

（1）【mvc 子模块】创建 DataAction 并设置不同的控制器方法。

```
package com.yootk.action;
@Controller                                                    // MVC控制器
@RequestMapping("/pages/data/*")
public class DataAction {
    private static final Logger LOGGER = LoggerFactory.getLogger(DataAction.class);
    @RequestMapping("set_param")
    public String setParam(RedirectAttributes attributes) {    // 设置显式参数
        attributes.addAttribute("name", "沐言科技");           // 属性设置
```

```
        attributes.addAttribute("url", "yootk.com");              // 属性设置
        // 进行客户端跳转时，会采用地址重写的方式保存所有的属性内容
        return "redirect:/pages/data/list_param";                 // 客户端跳转
    }
    @RequestMapping("set_flash")
    public String setFlash(RedirectAttributes attributes) {        // 设置隐式参数
        attributes.addFlashAttribute("name", "沐言科技");          // 属性设置
        attributes.addFlashAttribute("url", "yootk.com");          // 属性设置
        // 此时进行的客户端跳转基于Spring MVC临时存储机制，该机制可以基于ModelMap将数据保存到页面
        return "redirect:/pages/data/list_flash";                  // 客户端跳转
    }
    @RequestMapping("list_param")
    public String listParam(String name, String url) {             // 参数接收
        LOGGER.info("【Redirect参数接收】name = {}、url = {}", name, url);
        return "/pages/data/show.jsp";                             // 跳转到视图
    }
    @RequestMapping("list_flash")
    public String listFlash(ModelMap map) {                        // 通过ModelMap接收
        LOGGER.info("【Redirect参数接收】{}", map);
        return "/pages/data/show.jsp";                             // 跳转到视图
    }
}
```

（2）【mvc 子模块】在 src/main/webapp 目录中创建/pages/data/show.jsp 页面进行属性显示。

```
<body><h1>名称：${name}、网址：${url}</h1></body>
```

（3）【浏览器】调用显式参数传递操作。跳转之后路径发生改变，并且会将所有的请求参数附加在目标地址之后，在由控制器跳转到 JSP 页面后将无法获取属性内容。

程序访问路径：

```
http://localhost:8080/pages/data/set_param
```

程序跳转路径：

```
http://localhost:8080/pages/data/list_param?name=沐言科技&url=yootk.com
```

后端日志输出：

```
【Redirect参数接收】name = 沐言科技、url = yootk.com
```

页面显示结果：

```
名称：、网址：
```

（4）【浏览器】调用隐式参数传递操作。跳转之后路径发生改变，不会在目标路径上附加参数内容，并且在由控制器跳转到 JSP 页面后属性内容依然可以获取。

程序访问路径：

```
http://localhost:8080/pages/data/set_flash
```

程序跳转路径：

```
http://localhost:8080/pages/data/list_flash
```

后端日志输出：

```
【Redirect参数接收】{name=沐言科技, url=yootk.com}
```

页面显示结果：

```
名称：沐言科技、网址：yootk.com
```

此时的程序不管是客户端跳转还是服务端跳转都可以实现数据的传输。有了这样的处理机制，控制层的最终跳转路径可以是一个视图，也可以是一个控制器，并且参数的传递也变得灵活。

# 1.4  对象转换支持

请求参数与对象
转换

**视频名称** 0117_【掌握】请求参数与对象转换

**视频简介** 对象是 Java 的核心数据管理结构，不管是数据库持久化操作，还是缓存管理，都是以对象为核心展开的。为了便于对象实例化管理，Spring MVC 提供了参数的反射对象实例化支持。本视频通过类关联结构展示这种操作的使用。

标准的 Web 程序开发过程中，为了保证项目的可维护性，一定会采用分层设计架构，这样往往会将用户发送的请求数据以对象的形式进行传递处理，如图 1-26 所示。控制层会将一系列相关的请求参数通过 Java 的反射机制转为指定类的对象实例。由于后端业务层和数据层之间也是以对象为基础进行传输的，因此在数据层操作时，可以直接结合 ORM 组件，以完成最终的业务逻辑处理。

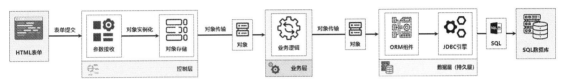

图 1-26  请求参数与对象转换

Spring MVC 为了便于对象的使用，自动地将请求参数直接转化为对象的形式进行注入，这样就可以继续使用 Spring 中的数据类型转换处理，并减少实例化对象的属性设置操作，简化代码。下面根据图 1-27 所示的结构实现对象数据的注入处理。

图 1-27  参数与对象级联配置

（1）【mvc 子模块】在 src/main/webapp 目录中创建 pages/emp/emp_add.jsp 表单输入页。

```
<%@ page language="java" import="java.util.*" pageEncoding="UTF-8"%>
<html><head><meta charset="UTF-8"><title>Spring MVC开发框架</title></head>
<body>
<form action="${request.contextPath}/pages/emp/add" method="post">
    雇员编号：<input type="text" name="empno" value="7369"><br>
    雇员姓名：<input type="text" name="ename" value="李兴华"><br>
    雇佣日期：<input type="date" name="hiredate" value="2020-09-19"><br>
    部门编号：<input type="text" name="dept.deptno" value="10"><br>
    部门名称：<input type="text" name="dept.dname" value="教学研发部"><br>
    部门位置：<input type="text" name="dept.loc" value="洛阳"><br>
    <button type="submit">发送</button><button type="reset">重置</button>
</form>
</body></html>
```

此时定义的部门表单中，采用了"dept.属性名称"的方式进行配置，而 dept 前缀名称正好是 Emp 类中的属性，这样在数据接收时，就可以根据属性名称的配置自动找到对应的 Setter 方法，实现请求数据的接收。

（2）【mvc 子模块】在 src/main/webapp 目录中创建 pages/emp/emp_add_show.jsp 数据显示页。

```
<%@ page language="java" import="java.util.*" pageEncoding="UTF-8"%>
<%@ taglib prefix="fmt" uri="http://java.sun.com/jsp/jstl/fmt" %>
<html><head><meta charset="UTF-8"><title>Spring MVC开发框架</title></head>
<body>
【雇员信息】编号：${emp.empno}、姓名：${emp.ename}、
         雇佣日期：<fmt:formatDate value="${emp.hiredate}" pattern="yyyy年MM月dd日"/><br>
【部门信息】编号：${emp.dept.deptno}、名称：${emp.dept.dname}、位置：${emp.dept.loc}
</body></html>
```

（3）【mvc 子模块】创建 Dept 程序类。

```
package com.yootk.vo;
public class Dept {                        // 部门数据结构类
    private Long deptno;                    // 部门编号
    private String dname;                   // 部门名称
    private String loc;                     // 部门位置
    // Setter方法、Getter方法、无参构造方法、多参构造方法略
}
```

（4）【mvc 子模块】创建 Emp 程序类并设置与 Dept 对象实例之间的引用关联定义。

```
package com.yootk.vo;
public class Emp {                          // 雇员数据结构类
    private Long empno;                     // 雇员编号
    private String ename;                   // 雇员姓名
    private java.util.Date hiredate;        // 雇佣日期
    private Dept dept;                      // 部门关联
    // Setter方法、Getter方法、无参构造方法、多参构造方法略
}
```

（5）【mvc 子模块】创建 EmpAction 程序类并继承 AbstractAction 父类。

```
package com.yootk.action;
@Controller                                 // MVC控制器
@RequestMapping("/pages/emp/*")             // 父路径
public class EmpAction extends AbstractAction {
    private static final Logger LOGGER = LoggerFactory.getLogger(EmpAction.class);
    @GetMapping("add_input")
    public String addInput() {              // 增加表单
        return "/pages/emp/emp_add.jsp";    // 页面跳转
    }
    @PostMapping("add")
    public ModelAndView add(Emp emp) {      // 表单提交路径
        LOGGER.info("【雇员信息】编号：{}、姓名：{}、雇佣日期：{}",
                emp.getEmpno(), emp.getEname(), emp.getHiredate());
        LOGGER.info("【部门信息】编号：{}、名称：{}、位置：{}", emp.getDept().getDeptno(),
                emp.getDept().getDname(), emp.getDept().getLoc());
        ModelAndView mav = new ModelAndView("/pages/emp/emp_add_show.jsp");
        mav.addObject("emp", emp);          // 属性保存
        return mav;
    }
}
```

程序访问路径：

```
http://localhost:8080/pages/emp/add_input
```

在当前的 MessageAction.add()方法中直接使用 Emp 类进行接收，而后 Spring MVC 在处理时会根据方法的参数结合反射机制实现 Emp 以及相关类的对象实例化，并进行属性赋值，处理完成后再由控制层跳转到 JSP 页面进行数据显示。程序的处理流程如图 1-28 所示。

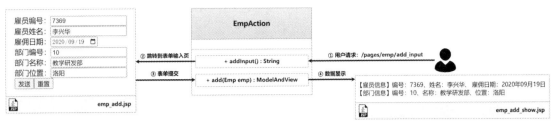

图 1-28　对象参数接收与传递

## 1.4.1　@RequestBody

@RequestBody

**视频名称** 0118_【掌握】@RequestBody

**视频简介** 对象是 MVC 设计开发中较为常见的组成单元，控制器接收对象时也考虑到了 JSON 数据的处理操作，并且提供了@RequestBody 转换注解。本视频为读者分析 JSON 数据传递的设计意义，并通过实例讲解@RequestBody 注解的具体使用。

随着 Web 技术的发展，控制层不仅仅接收来自表单的参数，还有可能接收完整的 JSON 数据。这些 JSON 数据可能来自特定的前端项目，也可能是其他用户所发送的请求，如图 1-29 所示。这个时候就需要根据 JSON 数据结构来进行对象参数的配置。

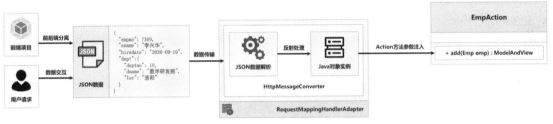

图 1-29　JSON 数据传输

为了解决 JSON 数据与 Java 对象之间的转换处理操作，Spring 使用 Jackson 依赖库，并在项目中配置好其对应的 HTTP 消息转换器（HttpMessageConverter 接口实例），这样就可以对接收到的 JSON 数据进行验证，并根据类的形式实现对象的自动实例化处理。下面来看一下该操作的具体实现。

（1）【SSM 项目】修改 build.gradle 配置文件，为 mvc 子模块添加 Jackson 依赖库。

```
implementation('com.fasterxml.jackson.core:jackson-core:2.13.3')
implementation('com.fasterxml.jackson.core:jackson-databind:2.13.3')
implementation('com.fasterxml.jackson.core:jackson-annotations:2.13.3')
```

（2）【mvc 子模块】修改 SpringWEBContextConfig 配置类，覆写该类中的 configureMessageConverters()方法，添加 Jackson 消息转换器配置。

```
@Override
public void configureMessageConverters(List<HttpMessageConverter<?>> converters) {
    MappingJackson2HttpMessageConverter converter =
            new MappingJackson2HttpMessageConverter();          // Jackson消息转换器
    converter.setSupportedMediaTypes(List.of(MediaType.APPLICATION_JSON)); // MIME类型
    converters.add(converter);                                  // 追加转换器
}
```

（3）【mvc 子模块】修改 EmpAction 程序类，并在其中配置两个控制层方法。

```
package com.yootk.action;
@Controller                                    // MVC控制器
@RequestMapping("/pages/emp/*")                // 父路径
public class EmpAction extends AbstractAction {
    private static final Logger LOGGER = LoggerFactory.getLogger(EmpAction.class);
```

```
@PostMapping("add")
public ModelAndView add(@RequestBody Emp emp) {              // 接收JSON数据
    LOGGER.info("【雇员信息】编号: {}、姓名: {}、雇佣日期: {}",
            emp.getEmpno(), emp.getEname(), emp.getHiredate());
    LOGGER.info("【部门信息】编号: {}、名称: {}、位置: {}", emp.getDept().getDeptno(),
            emp.getDept().getDname(), emp.getDept().getLoc());
    return null;
}
@PostMapping("array")
public ModelAndView array(@RequestBody List<Emp> all) {      // 接收JSON数组
    for (Emp emp : all) {
        LOGGER.info("【雇员信息】编号: {}、姓名: {}、雇佣日期: {}、" +
                "部门编号: {}、部门名称: {}、部门位置: {}",
                emp.getEmpno(), emp.getEname(), emp.getHiredate(),
                emp.getDept().getDeptno(), emp.getDept().getDname(),
                emp.getDept().getLoc());
    }
    return null;
}
}
```

此时的程序需要在控制层处理方法中传递 JSON 数据，所以在每一个参数前需要通过@RequestBody 注解进行配置，这样就可以自动触发 HTTP 消息转换处理机制，实现 JSON 数据与对象之间的转换。

（4）【curl 命令】本程序需要传递 JSON 数据，所以采用 curl 命令进行控制层处理方法调用。

```
curl -X POST "http://localhost:8080/pages/emp/add" -H "Content-Type: application/json;charset=utf-8"
-d "{\"empno\": \"7369\", \"ename\": \"Lee\", \"hiredate\": \"2020-09-19\", \"dept\": {\"deptno\":
\"10\", \"dname\": \"Edu.Tec\", \"loc\": \"LuoYang\"}}"
```

后端日志输出：

```
【雇员信息】编号: 7369、姓名: Lee、雇佣日期: Mon Sep 19 08:00:00 CST 2020
【部门信息】编号: 10、名称: Edu.Tec、位置: LuoYang
```

（5）【curl 命令】通过 curl 命令传递一个 JSON 数组。

```
curl -X POST "http://localhost:8080/pages/emp/array" -H "Content-Type: application/json;charset=utf-8"
-d "[{\"empno\": \"7369\", \"ename\": \"Happy\", \"hiredate\": \"2020-09-19\", \"dept\":
{\"deptno\": \"10\", \"dname\": \"Edu.Tec\", \"loc\": \"LuoYang\"}}, {\"empno\": \"7566\",
\"ename\": \"Hello\", \"hiredate\": \"2021-07-27\", \"dept\": {\"deptno\": \"10\", \"dname\":
\"Edu.Tec\", \"loc\": \"BeiJing\"}}]"
```

后端日志输出：

```
【雇员信息】编号: 7369、姓名: Happy、雇佣日期: Mon Sep 19 08:00:00 CST 2020、
        部门编号: 10、部门名称: Edu.Tec、部门位置: LuoYang
【雇员信息】编号: 7566、姓名: Hello、雇佣日期: Tue Jul 27 08:00:00 CST 2021、
        部门编号: 10、部门名称: Edu.Tec、部门位置: BeiJing
```

在当前的程序中，只要是具有正常结构的 JSON 数据，都可以通过@RequestBody 注解进行解析。除了传递单个对象解析处理，也可以传递 JSON 数组（与对象数组的结构对应）。

### 1.4.2　@ResponseBody

@ResponseBody

视频名称　0119_【掌握】@ResponseBody

视频简介　Spring MVC 除了可以接收 JSON 数据，也可以采用 JSON 数据的形式进行请求的响应处理，为此提供了@ResponseBody 对象转换注解。本视频讲解该注解的使用。

传统的 Web 开发之中，控制层一般会跳转到指定的 JSP 页面进行数据的展示，但是考虑到 AJAX 的异步调用处理，在 Spring MVC 中控制层可以直接将用户的请求以 JSON 数据的形式返回。

此时就可以在定义控制层的方法时使用@ResponseBody 注解进行标记，如图 1-30 所示。

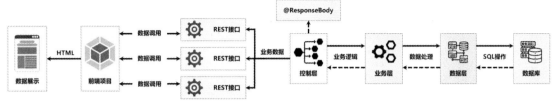

图 1-30 @ResponseBody 与数据响应

控制层的方法使用了@ResponseBody 注解之后，在进行请求响应时，就会直接将返回的对象实例通过 Jackson 依赖库实现转换，该依赖库在转换时默认采用 JSON 数据的形式输出。下面来看一下具体的操作实现。

（1）【mvc 子模块】修改 EmpAction 控制器类，定义多个方法，以返回不同的数据内容。

```
package com.yootk.action;
@Controller                                            // MVC控制器
@RequestMapping("/pages/emp/*")                        // 父路径
public class EmpAction extends AbstractAction {
   private static final Logger LOGGER = LoggerFactory.getLogger(EmpAction.class);
   @GetMapping("get")                                  // 子路径
   @ResponseBody                                       // RESTful响应
   public Object get() {
      return new Emp(7369L, "李兴华", new Date(),
            new Dept(10L, "沐言科技教学研发部", "洛阳"));
   }
   @GetMapping("list")                                 // 子路径
   @ResponseBody                                       // RESTful响应
   public Object list() {                              // 返回List
      List<Emp> all = new ArrayList<>();               // 实例化List
      for (int x = 0; x < 3; x++) {                    // 循环生成数据
         Emp emp = new Emp(7369L + x, "沐言科技 - " + x, new Date(),
               new Dept(10L, "沐言科技教学研发部", "洛阳"));
         all.add(emp);                                 // 数据存储
      }
      return all;                                      // 对象返回
   }
   @GetMapping                                         // 子路径
   @ResponseBody                                       // RESTful响应
   public Object map() {                               // 返回Map
      Map<String, Object> map = new HashMap<>();       // 实例化Map
      map.put("data", new Emp(7369L, "李兴华", new Date(),
            new Dept(10L, "沐言科技教学研发部", "洛阳"))); // 数据存储
      map.put("skill", Set.of("Java", "Python", "Golang"));   // 数据存储
      return map;                                      // 对象返回
   }
}
```

（2）【mvc 子模块】为便于日期格式化配置，创建一个 ObjectMapper 实现子类。

```
package com.yootk.config.mapper;
public class CustomObjectMapper extends ObjectMapper {                    // 自定义配置类
   public static final String DEFAULT_DATE_FORMAT = "yyyy-MM-dd";         // 日期格式
   public CustomObjectMapper() {
      super.setDateFormat(new SimpleDateFormat(DEFAULT_DATE_FORMAT));     // 日期格式化
      super.configure(SerializationFeature.INDENT_OUTPUT, true);         //格式化输出
      super.setSerializationInclusion(JsonInclude.Include.NON_NULL);     // NULL不参与序列化
      super.setTimeZone(TimeZone.getTimeZone("GMT+8:00"));               // 配置时区
   }
}
```

（3）【mvc 子模块】修改 SpringWEBContextConfig 配置类中的 configureMessageConverters()方法的定义，在消息转换器中配置自定义的 ObjectMapper 子类实例。

```
@Override
public void configureMessageConverters(List<HttpMessageConverter<?>> converters) {
    MappingJackson2HttpMessageConverter converter =
            new MappingJackson2HttpMessageConverter();                    // Jackson消息转换器
    CustomObjectMapper objectMapper = new CustomObjectMapper();           // 对象的映射转换处理配置
    converter.setObjectMapper(objectMapper);
    converter.setSupportedMediaTypes(List.of(MediaType.APPLICATION_JSON));  // MIME类型
    converters.add(converter);              // 追加转换器
}
```

（4）【浏览器】获取雇员信息。

```
http://localhost:8080/pages/emp/get
```

　　程序执行结果：

```
{   "empno":7369,"ename":"李兴华","hiredate":"2022-05-27",
"dept":{"deptno":10,"dname":"沐言科技教学研发部","loc":"洛阳"}}
```

（5）【浏览器】获取多个雇员信息。

```
http://localhost:8080/pages/emp/list
```

　　程序执行结果：

```
[{"empno":7369,"ename":"沐言科技 - 0","hiredate":"2022-05-27",
    "dept":{"deptno":10,"dname":"沐言科技教学研发部","loc":"洛阳"}},
{"empno":7370,"ename":"沐言科技 - 1","hiredate":"2022-05-27",
    "dept":{"deptno":10,"dname":"沐言科技教学研发部","loc":"洛阳"}},
{"empno":7371,"ename":"沐言科技 - 2","hiredate":"2022-05-27",
    "dept":{"deptno":10,"dname":"沐言科技教学研发部","loc":"洛阳"}}]
```

（6）【浏览器】获取雇员详细信息。

```
http://localhost:8080/pages/emp/map
```

　　程序执行结果：

```
{   "data":{"empno":7369,"ename":"李兴华","hiredate":"2022-05-27",
"dept":{"deptno":10,"dname":"沐言科技教学研发部","loc":"洛阳"}},
"skill":["Golang","Python","Java"]}
```

　　此时调用控制器中的路径时，由于@ResponseBody 注解的存在，本程序会自动将所有的对象数据转为 JSON 数据，从而实现控制层数据的返回，以便实现 AJAX 的异步调用处理。

> 💡 **提示：REST 架构采用 JSON 机制。**
>
> 　　至此我们实现了基于 JSON 数据类型的请求与响应处理。REST 架构常用 JSON 传输，JSON 传输在前后端分离的项目设计中很常见，前端会将用户的请求数据封装为 JSON 数据传递给远程服务端，服务端在进行响应时也会将数据以 JSON 数据的形式传递给前端，前端接收到 JSON 数据后再通过 MVVM（Model-View-ViewModel，模型-视图-视图模型）开发框架进行页面展示。
>
> 　　Spring MVC 支持前后端分离的设计架构，但是考虑到技术的学习层次，本节暂时先根据传统的 MVC 应用结构进行开发、讲解。读者阅读到本系列的《Spring Boot 开发实战（视频讲解版）》一书时，就可以完整地学习如何基于前后端分离的设计架构进行微服务的开发。
>
> 　　而随着项目架构应用的不断扩展，读者会感受到微服务设计的特点，也能够理解基于 REST 架构实现的微服务集群设计所面临的种种问题。Spring Cloud 微服务治理技术，以及各类的虚拟化技术因此出现了。对于这些技术内容，在本系列的图书中读者都可以进行完整的学习。

# 1.5 Web 内置对象

RequestContextHolder

视频名称 0120_【掌握】RequestContextHolder

视频简介 Java Web 开发主要是依靠若干个内置对象实现的，尽管 Spring MVC 已经简化了此类操作，但是其依然提供了对外的封装处理，以满足用户的开发需要。本视频讲解 Spring MVC 对内置对象的包装以及不同的获取方式。

为了便于程序与 HTTP 的处理，Jakarta EE 提供了内置对象的设计概念。在程序的开发中，最为核心的内置对象分别为 request（可以获取 session 与 application）与 response。考虑到内置对象的使用问题，Spring MVC 提供了一个 RequestContextHolder 处理类，该类可以获取 RequestAttributes 接口实例，而该接口的子类就提供了内置对象的获取方法，如图 1-31 所示。

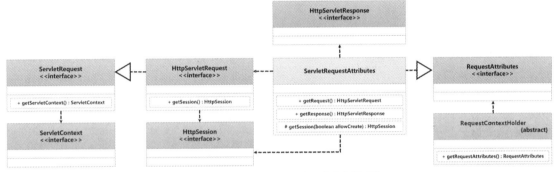

图 1-31 RequestContextHolder 获取内置对象

范例：获取内置对象。

```
package com.yootk.action;
@Controller                                              // MVC控制器
@RequestMapping("/pages/web/*")                          // 父路径
public class InnerObjectAction extends AbstractAction {  // 继承父类
    private static final Logger LOGGER = LoggerFactory.getLogger(InnerObjectAction.class);
    @GetMapping("object")
    @ResponseBody
    public Object object() {                             // 返回数据信息
        Map<String, Object> map = new HashMap<>();       // 集合存储
        HttpServletRequest request = ((ServletRequestAttributes) RequestContextHolder
            .getRequestAttributes()).getRequest() ;      // 获取request对象
        HttpServletResponse response = ((ServletRequestAttributes) RequestContextHolder
            .getRequestAttributes()).getResponse() ;     // 获取response对象
        HttpSession session = request.getSession();      // 获取session对象
        ServletContext application = request.getServletContext();   //获取application对象
        map.put("【request】ContextPath", request.getContextPath()); // request对象方法的调用
        map.put("【response】Locale", response.getLocale());          //response对象方法的调用
        map.put("【session】SessionId", session.getId());            // session对象方法的调用
        map.put("【application】ResponseCharacterEncoding",
            application.getResponseCharacterEncoding());   // application对象方法的调用
        return map;
    }
}
```

程序访问路径：

```
http://localhost:8080/pages/web/object
```

程序执行结果：

```
{
  "【request】ContextPath": "",
```

```
"【response】Locale": "zh_CN",
"【session】SessionId": "35AD150E61C07D817B1BEC64A3B0C99F",
"【application】ResponseCharacterEncoding": "UTF-8"
}
```

　　本程序主要通过 RequestContextHolder 类提供的方法获取了 HttpServletRequest 和 Http
ServletResponse 两个内置对象实例，而后又通过 request 对象获取了 HttpSession 和 ServletContext
接口实例，为便于观察程序的执行结果，在请求时返回了各个对象的方法调用结果。

> 💡 **提示：通过 Action 类中的方法传递内置对象。**
>
> 　　Spring MVC 的 Action 类中的方法也可以直接引入内部已经存在的 Bean 实例，所以内置对
> 象的获取也可以直接通过方法的参数声明方式实现。
>
> 　　**范例：通过方法的参数声明方式获取内置对象。**
>
> ```
> public Object object(HttpServletRequest request,
>         HttpServletResponse response) { … }
> ```
>
> 　　此时内置对象的获取机制类似于传统的 Servlet 的获取机制，但是这样的代码编写方式由于会出
> 现与业务无关的参数接收，会被一些开发者认为是破坏程序结构的做法，所以具体使用哪种方式，
> 可以由读者根据实际的情况而定。本书的建议是通过 RequestContextHolder 类实现内置对象的获取。

### 1.5.1　@RequestHeader

@RequestHeader

　　**视频名称** 0121_【掌握】@RequestHeader
　　**视频简介** HTTP 请求除了核心的请求数据，最重要的就是头信息。为了便于头信息的接收，
Spring MVC 提供了@RequestHeader 注解。本视频通过案例分析该注解的使用。

　　HTTP 请求包含头信息和数据两个组成部分，用户每次发送请求时都会自动进行请求头信息的
发送，而在响应时也可以进行头信息的设置处理，如图 1-32 所示。

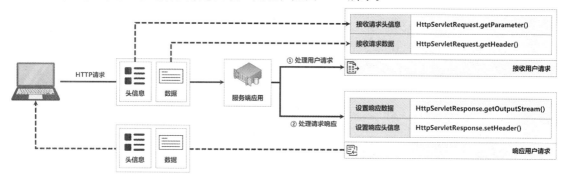

图 1-32　用户请求与响应

　　服务端应用响应头信息的设置可以通过 HttpServletResponse 接口来实现，而对于请求头信息的
接收，除了可以使用传统的 HttpServletRequest 接口实现，也可以通过@RequestHeader 以控制器方
法参数注入的方式实现。

　　（1）【mvc 子模块】创建一个 HeaderAction，用于实现头信息的接收。

```
package com.yootk.action;
@Controller                                            // MVC控制器
@RequestMapping("/pages/header/*")                     // 父路径
public class HeaderAction extends AbstractAction {      // 继承父类
    private static final Logger LOGGER = LoggerFactory.getLogger(HeaderAction.class);
    @GetMapping(value = "get")                          // 子路径
    @ResponseBody
```

```
public Object get(
        @RequestHeader(name = "yootk", defaultValue = "www.yootk.com") String yootk,
        @RequestHeader("Accept-Encoding") String acceptEncoding,
        @RequestHeader("user-agent") String userAgent,
        @RequestHeader("cookie") String cookie) {          // 接收头信息
    Map<String, String> map = new HashMap<>();
    map.put("【HEADER】yootk", yootk);                      // 保存获取的头信息
    map.put("【HEADER】Accept-Encoding", acceptEncoding);   //保存获取的头信息
    map.put("【HEADER】user-agent", userAgent);             // 保存获取的头信息
    map.put("【HEADER】cookie", cookie);                    // 保存获取的头信息
    return map;
    }
}
```

（2）【浏览器】本节采用默认的请求模式进行服务端访问，所以不包含自定义的 yootk 头信息。

```
http://localhost:8080/pages/header/get
```

程序执行结果：

```
{
  "【HEADER】user-agent": "Mozilla/5.0 (Windows NT 10.0; Win64; x64) AppleWebKit/537.36 (KHTML, like
Gecko) Chrome/101.0.4951.67 Safari/537.36",
  "【HEADER】yootk": "www.yootk.com",
  "【HEADER】Accept-Encoding": "gzip, deflate, br",
  "【HEADER】cookie": "JSESSIONID=6982C2004DB5C0E40E8E30B832D7265D"
}
```

此时的程序直接通过@RequestHeader 注解实现了指定名称的请求头信息的接收，这样程序在接收到头信息数据时就会使用当前的数据进行填充。而对于一些自定义的头信息，为了防止其在接收时出现错误，可以使用默认值进行填充。

### 1.5.2　@CookieValue

视频名称 0122_【掌握】@CookieValue

视频简介 Cookie 是 Web 开发的重要组成部分，基于 Cookie 可以实现客户端浏览器中重要数据的存储，Spring MVC 可以通过@CookieValue 注解实现 Cookie 数据的获取。本视频通过实例讲解 Spring MVC 中 Cookie 设置与获取操作的实现。

@CookieValue

用户每次请求和响应的头信息中实际上都会包含 Cookie 数据。在 Spring MVC 中除了可以使用传统 Java Web 中的 HttpServletRequest 获取 Cookie 数据，也可以在控制层的方法参数中使用@CookieValue 注解来获取指定名称的 Cookie 数据。下面来看一下其具体实现。

（1）【mvc 子模块】创建 CookieAction 控制器类进行 Cookie 设置与获取方法的定义。

```
package com.yootk.action;
@Controller                                                 // MVC控制器
@RequestMapping("/pages/cookie/*")                          // 父路径
public class CookieAction extends AbstractAction {          // 继承父类
    private static final Logger LOGGER = LoggerFactory.getLogger(CookieAction.class);
    @GetMapping(value = "set")                              // 子路径
    @ResponseBody
    public Object set(HttpServletResponse response) {       // 设置Cookie
        Cookie c1 = new Cookie("yootk", "www.yootk.com");
        Cookie c2 = new Cookie("jixianit", "www.jixianit.com");
        c1.setPath("/");                                    // 设置保存路径
        c2.setPath("/");                                    // 设置保存路径
        c1.setMaxAge(3600);                                 // 设置保存时长
        c2.setMaxAge(3600);                                 // 设置保存时长
        response.addCookie(c1);                             // 客户端保存Cookie
        response.addCookie(c2);                             // 客户端保存Cookie
        return "success";
```

```
    }
    @GetMapping(value = "get")                              // 子路径
    @ResponseBody
    public Object get(                                      // 获取Cookie
            @CookieValue(name = "yootk", defaultValue = "yootk.com") String yootk,
            @CookieValue(name = "jixianit", defaultValue = "jixianit.com") String jixianit,
            @CookieValue(name = "JSESSIONID", defaultValue = "YOOTK-DEFAULT") String id) {
        Map<String, String> map = new HashMap<>();
        map.put("【Cookie】yootk", yootk);                    // 保存请求Cookie
        map.put("【Cookie】jixianit", jixianit);             // 保存请求Cookie
        map.put("【Cookie】JSESSIONID", id);                 // 保存请求Cookie
        return map;
    }
}
```

（2）【浏览器】访问 Cookie 设置路径。

```
http://localhost:8080/pages/cookie/set
```

（3）【浏览器】访问 Cookie 获取路径。

```
http://localhost:8080/pages/cookie/get
```

程序执行结果：

```
{
  "【Cookie】yootk": "www.yootk.com",
  "【Cookie】jixianit": "www.jixianit.com",
  "【Cookie】JSESSIONID": "6982C2004DB5C0E40E8E30B832D7265D"
}
```

由于 JSESSIONID 是在第一次访问服务器时才会保存在客户端中的 Cookie 数据，同时其他 Cookie 数据也都有保存时间，因此为了保证 get()被正确调用，程序在定义@CookieValue 注解时通过 defaultValue 属性绑定了默认值。

### 1.5.3　session 管理

视频名称　0123_【掌握】session 管理

视频简介　session 是 HTTP 中维护用户状态的核心处理机制，Spring MVC 除了可以采用内置对象的方式进行 session 数据处理，也提供了更加方便的管理机制。本视频讲解实现该机制的注解和处理类，并通过实例为读者讲解 session 数据的存取操作。

session 管理

session 是实现 Web 开发的重要技术，Web 容器依靠 session 来区分不同的用户请求，同时每一个 session 都可以设置自己的属性。Spring MVC 开发中，开发者除了可以使用 HttpSession 接口提供的方法来进行 session 属性的操作，也可以基于 Spring 内部管理机制，使用@SessionAttribute 或 @SessionAttributes 注解并结合 Model 或 ModelMap 进行 session 属性的操作，如图 1-33 所示。

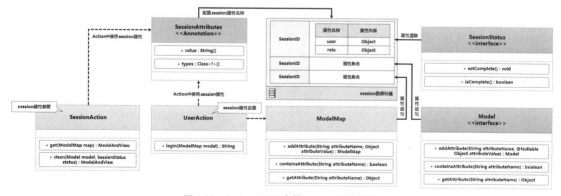

图 1-33　Spring MVC 中的 session 属性操作

在 Spring MVC 之中使用到的 session 属性名称需要通过 Action 类定义时，可通过@Session Attributes 注解进行名称的定义，而 session 属性的内容可以通过 ModelMap 类或 Model 接口提供的方法进行处理。在进行 session 数据清除时，可以通过 SessionStatus 接口完成。下面通过一个具体的程序模拟用户的登录和用户信息的获取及清除操作，实现步骤如下。

（1）【mvc 子模块】创建 UserAction 控制器类，并在该类中实现 session 属性的设置。

```
package com.yootk.action;
@Controller                                         // MVC控制器
@RequestMapping("/pages/user/*")                    // 父路径
@SessionAttributes({"user", "role"})                // 设置session属性名称
public class UserAction extends AbstractAction {     // 继承父类
    private static final Logger LOGGER = LoggerFactory.getLogger(UserAction.class);
    @GetMapping(value = "login")                     // 子路径
    public String login(ModelMap model) {            // 模拟登录
        // 在session中保存两个属性，其类型分别为Map集合与Set集合
        model.addAttribute("user",
                Map.of("id", "yootk", "password", "HelloMuyan"));
        model.addAttribute("role",
                Set.of("company", "dept", "emp"));
        return "/pages/user/login_success.jsp";      // 跳转到JSP页面
    }
}
```

程序访问路径：

```
http://localhost:8080/pages/user/login
```

（2）【mvc 子模块】创建 pages/user/login_success.jsp 页面，并输出设置的 session 属性内容。

```
<body><h1>用户信息: ${user}</h1></body>
<body><h1>角色信息: ${role}</h1></body>
```

程序执行结果：

```
用户信息: {id=yootk, password=HelloMuyan}
角色信息: [dept, emp, company]
```

（3）【mvc 子模块】创建 SessionAction 控制器类，进行 session 数据的获取与清除。

```
package com.yootk.action;
@Controller                                         // MVC控制器
@RequestMapping("/pages/session/*")                 // 父路径
@SessionAttributes({"user", "role"})                // 设置session属性名称
public class SessionAction extends AbstractAction {  // 继承父类
    private static final Logger LOGGER = LoggerFactory.getLogger(SessionAction.class);
    @GetMapping(value = "get")                       // 子路径
    public ModelAndView get(ModelMap map) {          // 获取session数据
        LOGGER.info("【用户信息】{}", map.get("user"));
        LOGGER.info("【角色信息】{}", map.get("role"));
        return null;
    }
    @GetMapping(value = "clean")                     // 子路径
    public ModelAndView clean(Model model, SessionStatus status) {
        LOGGER.info("【用户信息】{}", model.getAttribute("user"));
        LOGGER.info("【角色信息】{}", model.getAttribute("role"));
        status.setComplete();                        // 清除session数据
        LOGGER.info("session数据清除");
        return null;
    }
}
```

（4）【浏览器】访问 SessionAction，获取已经设置的 session 数据。

```
http://localhost:8080/pages/session/get
```

后端日志输出：

```
INFO  com.yootk.action.SessionAction - 【用户信息】{id=yootk, password=HelloMuyan}
INFO  com.yootk.action.SessionAction - 【角色信息】[dept, emp, company]
```

　　（5）【浏览器】访问 SessionAction，清除 session 数据。

```
http://localhost:8080/pages/session/clean
```

　　后端日志输出：

```
INFO  com.yootk.action.SessionAction - 【用户信息】{id=yootk, password=HelloMuyan}
INFO  com.yootk.action.SessionAction - 【角色信息】[dept, emp, company]
INFO  com.yootk.action.SessionAction - session数据清除
```

　　通过以上程序可以发现，在 Spring MVC 之中可以直接利用其内置的实现方式，采用 Spring 定义的属性操作标准结构进行 session 属性的操作。当然，如果需要也可以直接基于 HttpSession 接口实例实现属性操作。

# 1.6　Web 开发支持

　　除了基本的 MVC 模型实现，在 Web 开发中还需要考虑文件上传、资源安全访问、异常处理、请求拦截等操作，Spring MVC 对于这些操作均有支持。本节将通过具体的实例分析这些操作的实现。

## 1.6.1　文件上传支持

文件上传支持

**视频名称**　0124_【掌握】文件上传支持

**视频简介**　文件上传属于 Web 开发中的常见功能，Jakarta EE 对文件上传有专属的支持。本视频为读者分析文件上传操作的实现结构，并通过具体的代码讲解分析文件上传的配置，以及如何在 Action 控制器中通过 MultipartFile 接收上传文件。

　　在用户请求中，除了普通的文本请求参数，还可能有二进制的文件数据。为了便于文件的接收管理，Spring MVC 提供了一个 MultipartFile 接口，对所有上传的文件都可以通过该接口实现相关信息的获取以及文件流的操作，如图 1-34 所示。

图 1-34　接收上传文件

　　由于传统的 Java Web 并未提供完善的上传操作，所以开发者往往会在开发中引入第三方的上传组件（如 Apache FileUpload 或 SmartUpload 等）。Spring MVC 在设计时，为了统一文件上传的处理，提供了 MultipartFile 接口，该接口的常用方法如表 1-4 所示。

表 1-4　MultipartFile 接口的常用方法

| 序号 | 方法 | 类型 | 描述 |
|---|---|---|---|
| 1 | public String getName() | 普通 | 获取临时保存的文件的名称 |
| 2 | public String getOriginalFilename() | 普通 | 获取文件上传时的原始名称 |
| 3 | public String getContentType() | 普通 | 获取文件类型 |
| 4 | public boolean isEmpty() | 普通 | 判断文件是否有内容 |
| 5 | public long getSize() | 普通 | 获取文件大小 |

续表

| 序号 | 方法 | 类型 | 描述 |
|---|---|---|---|
| 6 | public byte[] getBytes() throws IOException | 普通 | 获取文件内容 |
| 7 | public InputStream getInputStream() throws IOException | 普通 | 获取文件输入流对象 |
| 8 | public default Resource getResource() | 普通 | 获取文件资源实例 |
| 9 | public void transferTo(File dest) throws IOException, IllegalStateException | 普通 | 文件存储 |
| 10 | public default void transferTo(Path dest) throws IOException, IllegalStateException | 普通 | 文件存储 |

而随着 Jakarta EE 标准的不断完善，上传这样的基础操作也已经得到实现，开发者可以直接基于 Web 容器进行上传的配置，而后就可以在程序中实现上传文件的接收，不再需要引入任何第三方组件。这极大地提高了所开发程序的简洁性。下面通过一个具体的实例实现文件上传操作。

（1）【mvc 子模块】在 StartWEBApplication 配置类中覆写 customizeRegistration()配置方法，并在该方法中实现上传配置类（MultipartConfigElement）的定义与注册。

```
@Override
protected void customizeRegistration(ServletRegistration.Dynamic registration) {
    long maxFileSize = 2097152;          // 单个文件最大2MB
    long maxRequestSize = 5242880;       // 整体请求文件最大5MB
    int fileSizeThreshold = 0;           // 写入磁盘的文件的大小阈值
    MultipartConfigElement element = new MultipartConfigElement(
            "/tmp", maxFileSize, maxRequestSize, fileSizeThreshold);
    registration.setMultipartConfig(element);
}
```

程序在当前的配置类中定义了当前 Web 容器的上传限制，文件内容最大 5MB，单个文件最大 2MB，每一个上传的文件都需要先保存到 "/tmp" 临时存储目录之中。

💡 提示：基于 web.xml 配置上传。

本节主要介绍 Bean 配置方式，这也符合当前 Spring 开发的主流模式，而如果此时采用的是 XML 配置方式，以上的配置项也可以通过 web.xml 进行定义。

范例：通过 web.xml 定义上传配置。

```
<servlet>
  <servlet-name>Spring MVC Servlet</servlet-name>
  <servlet-class>
    org.springframework.web.servlet.DispatcherServlet
  </servlet-class>
  <multipart-config>
    <location>/tmp</location>
    <max-file-size>2097152</max-file-size>
    <max-request-size>5242880</max-request-size>
    <file-size-threshold>0</file-size-threshold>
  </multipart-config>
</servlet>
```

<multipart-config>配置项主要在 Servlet 类定义中设置。如果不希望使用 web.xml 配置，也可以在 Servlet 类定义时采用@MultipartConfig 注解配置，相关的属性与 web.xml 中的配置项相同。

（2）【mvc 子模块】创建 UploadAction 控制器类，在该类中使用 MultipartFile 接收文件数据。

```
package com.yootk.action;
@Controller
@RequestMapping("/pages/common/*")
public class UploadAction extends AbstractAction {
    private static final Logger LOGGER = LoggerFactory.getLogger(UploadAction.class);
    @PostMapping("upload")
    @ResponseBody
```

```java
public Object upload(String id, MultipartFile photo) throws Exception {
    Map<String, Object> map = new HashMap<>();
    map.put("id", id);                                      // 文本参数
    map.put("ContentType", photo.getContentType());         // 文件类型
    map.put("OriginalFilename", photo.getOriginalFilename()); // 原始名称
    map.put("Size", photo.getSize());                       // 文件大小
    map.put("SaveFileName", this.save(photo));              // 保存文件名称
    return map;
}
@GetMapping("input")
public String input(){
    return "/pages/common/input.jsp";
}
/**
 * 上传文件存储处理,在存储时会根据UUID生成新的文件名称,并将其保存在当前项目的/upload路径下
 * @param file 用户上传的文件
 * @return UUID生成的文件名称
 * @throws Exception 文件存储异常
 */
public String save(MultipartFile file) throws Exception {
    String fileName = UUID.randomUUID() + "." + file.getContentType()
            .substring(file.getContentType().lastIndexOf("/") + 1) ;   // 创建文件名称
    LOGGER.info("生成文件名称: {}", fileName);                              // 日志记录
    String filePath = ContextLoader.getCurrentWebApplicationContext()
            .getServletContext().getRealPath("/upload/") + fileName;    // 保存路径
    LOGGER.info("文件存储路径: {}", filePath);                             // 日志记录
    file.transferTo(new File(filePath));                                // 进行文件存储
    return fileName;
}
}
```

(3)【mvc 子模块】在 src/main/webapp/pages/common 目录中定义上传文件表单页（input.jsp）。

```jsp
<%@ page language="java" import="java.util.*" pageEncoding="UTF-8"%>
<html><head><meta charset="UTF-8"><title>SpringMVC开发框架</title></head>
<body>
<form action="${request.contextPath}/pages/common/upload"
      method="post" enctype="multipart/form-data">
  文件编号：<input type="text" name="id" value="99772653"/><br/>
  上传图片：<input type="file" name="photo"><br/>
  <button type="submit">发送</button><button type="reset">重置</button>
</form>
</body></html>
```

此时的表单通过 enctype 进行请求封装，随后会在 UploadAction 之中通过 MutipartFile 进行接收。程序将请求处理完之后会将文件以新的名称存储，并通过 RESTful 方式响应。本程序的处理流程如图 1-35 所示。

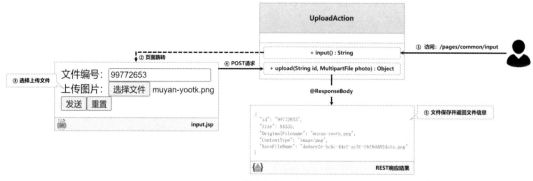

图 1-35　文件上传操作的处理流程

## 1.6.2 Web 资源安全访问

Web 资源安全
访问

**视频名称** 0125_【掌握】Web 资源安全访问

**视频简介** Web 开发中除了核心的后端代码，还存在许多的前端资源。为了保证前端资源的安全性，往往会将其保存在 WEB-INF 目录之中。Spring MVC 提供了资源映射支持，以便开发者访问资源。本视频为读者分析资源的安全存储与访问映射配置。

由于 Web 项目采用 HTTP，并且所有的动态页面和静态资源都可以在浏览器中通过指定的路径直接进行访问，因此开发者就会时刻面临资源安全的问题。而实现资源安全保护的常见做法是将所有的 Web 资源（如动态 JSP 页面、静态 JavaScript 脚本、静态 CSS 样式等）保存在 WEB-INF 目录之中，如图 1-36 所示。

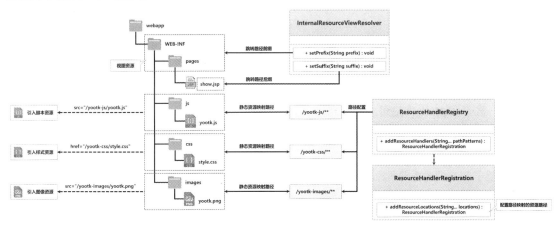

图 1-36 资源安全访问

在 Spring MVC 中，可以直接在控制器中通过文件路径的形式将请求转发到/WEB-INF 目录中的 JSP 页面，但是这样一来在每次跳转时就需要重复定义访问前缀（如/WEB-INF/pages），和.jsp 之类的后缀。为了减少重复配置，可以通过 Spring MVC 提供的 InternalResourceViewResolver 配置类来实现跳转路径的统一配置，从而简化控制层跳转到视图层的操作。

除了动态页面，Web 项目还包含大量的静态资源。为了方便地访问这些静态资源，可以在 Spring MVC 的配置类中进行资源路径的映射，这样在访问页面时通过映射路径就可以加载所需资源。为便于读者理解，下面将对这一机制进行实现，具体步骤如下。

（1）【mvc 子模块】添加视图资源的解析配置，这样在控制层每次跳转时可以不再重复编写视图资源路径的前缀和后缀。

```
package com.yootk.config;
@Configuration                                              // 配置类
public class ResourceViewConfig {                           // 视图资源配置类
    @Bean
    public InternalResourceViewResolver resourceViewResolver() {  // 视图解析
        InternalResourceViewResolver resolver =
                new InternalResourceViewResolver();         // 视图解析
        resolver.setPrefix("/WEB-INF/pages");               // 定义资源路径的前缀
        resolver.setSuffix(".jsp");                         // 定义资源路径的后缀
        return resolver;
    }
}
```

（2）【mvc 子模块】为便于所有静态资源的访问，需要对静态资源的路径进行映射配置，修改 SpringWEBContextConfig 配置类，并覆写 addResourceHandlers()方法以进行所有静态资源的映射路径配置。

```
package com.yootk.context.config;
@Configuration                                          // 配置类
@EnableWebMvc                                           // 启用MVC配置
@ComponentScan("com.yootk.action")                      // Spring Web扫描包
public class SpringWEBContextConfig implements WebMvcConfigurer {  // Spring Web配置类
    @Override
    public void addResourceHandlers(ResourceHandlerRegistry registry) {
        registry.addResourceHandler("/yootk-js/**")
                .addResourceLocations("/WEB-INF/static/js/");      // 资源映射
        registry.addResourceHandler("/yootk-css/**")
                .addResourceLocations("/WEB-INF/static/css/");     // 资源映射
        registry.addResourceHandler("/yootk-images/**")
                .addResourceLocations("/WEB-INF/static/images/");  // 资源映射
    } // 重复配置代码略
}
```

要想使资源路径映射的配置生效，则一定要在 Spring MVC 的配置类中使用@EnableWeb Mvc
注解。在使用时通过 addResourceHandlers()方法配置 URL，而后利用 addResourceLocations()方法配
置该 URL 映射的目录名称。

> 💡 提示：基于 XML 文件配置资源路径映射。
>
> 　　如果开发者当前基于 XML 文件配置 Spring MVC 应用，则以上的资源路径映射配置可以直
> 接在 XML 文件中进行，具体形式如下。
>
> 　范例：基于 XML 文件配置资源路径映射。
>
> ```
> <mvc:resources location="/WEB-INF/static/js/" mapping="/yootk-js/**"/>
> <mvc:resources location="/WEB-INF/static/css/" mapping="/yootk-css/**"/>
> <mvc:resources location="/WEB-INF/static/images/" mapping="/yootk-images/**"/>
> ```
>
> 　　本节直接通过 mvc 命名空间实现了映射路径的配置，可以发现使用 XML 文件配置映射路径
> 的代码结构更加简单。需要提醒读者的是，使用 Bean 配置的方式进行资源路径映射属于 Spring
> 的标准做法，也是本系列图书所提倡的做法。

　　（3）【mvc 子模块】在 MessageAction 类中添加控制层方法。

```
package com.yootk.action;
@Controller                                             // MVC控制器
@RequestMapping("/pages/message/*")                     // 父路径
public class MessageAction extends AbstractAction {     // 继承父类
    private static final Logger LOGGER = LoggerFactory.getLogger(MessageAction.class);
    @RequestMapping("show")                             // 映射地址
    public ModelAndView show() {
        ModelAndView mav = new ModelAndView("/message/show"); // 路径跳转
        mav.addObject("echoMessage", "沐言科技：www.yootk.com");
        return mav;
    }
}
```

　　（4）【mvc 子模块】在 src/main/webapp/WEB-INF 目录中创建 static/css/style.css 样式文件。

```
.text {                          /* 定义文本样式 */
  color: #337ab7;                /* 设置文字颜色 */
  font-size: 25px;               /* 设置文字大小 */
  text-decoration: none;         /* 取消链接下画线 */
  cursor: point;                 /* 改变鼠标指针的形状 */
}
```

　　（5）【mvc 子模块】在 src/main/webapp/WEB-INF 目录中创建 static/js/yootk.js 脚本文件。

```
console.log("【JavaScript输出】李兴华高薪就业编程训练营: edu.yootk.com")
```

（6）【mvc 子模块】在 src/main/webapp/WEB-INF 目录中创建 pages/message/show.jsp 程序文件。

```
<%@ page language="java" import="java.util.*" pageEncoding="UTF-8"%>
<link rel="stylesheet" type="text/css" href="/yootk-css/style.css">
<html>
<head>
    <title>Spring MVC开发框架</title>
    <script type="text/javascript" src="/yootk-js/yootk.js"></script>
</head>
<body>
    <img src="/yootk-images/yootk.png" style="width:200px;">
    <a href="https://www.yootk.com" class="text">${echoMessage}</a>
</body>
</html>
```

在当前的 show.jsp 页面中，除了进行控制层传递属性的输出，还通过映射路径引入了 Java Script 脚本文件、CSS 样式文件以及图片，程序执行后可以得到图 1-37 所示的页面。

图 1-37　前端页面

### 1.6.3　统一异常处理

统一异常处理

**视频名称** 0126_【掌握】统一异常处理

**视频简介** 项目开发中经常会产生一系列的异常信息，为了便于异常出现后进行统一的页面显示，可以基于控制层切面的方式进行异常捕获与统一显示。本视频通过实例讲解 @ControllerAdvice 注解的使用与异常捕获。

实现一个完善的应用项目，除了要考虑其自身完善的业务处理机制，也需要进行有效的异常处理，这样才能在出现问题后进行错误信息的展示，如图 1-38 所示。

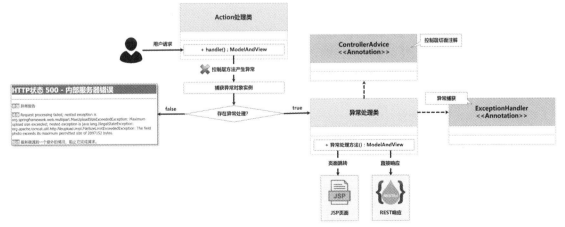

图 1-38　统一异常处理

Spring MVC 考虑到代码结构的标准化设计问题，对于程序异常的统一处理采用了切面的方式实现。开发者定义的异常处理类需要使用@ControllerAdvice 注解定义，同时还需要使用@ExceptionHandler 注解定义匹配的类型，如果要匹配全部异常，则直接捕获 Exception 异常类型即可。下面来观察具体的实现。

（1）【mvc 子模块】创建全局异常处理类，在捕获异常之后跳转到/pages/error.jsp 页面。

```
package com.yootk.action.advice;
@ControllerAdvice                                        // 控制层切面处理
public class ErrorAdvice {
    @ExceptionHandler(Exception.class)                   // 捕获全部异常
    public ModelAndView handle(Exception e) {
        ModelAndView mav = new ModelAndView("/error");   // 跳转到视图页面
        mav.addObject("message", e.getMessage());        // 保存异常信息
        return mav;
    }
}
```

（2）【mvc 子模块】在 WEB-INF 下创建/pages/error.jsp 页面进行错误信息展示。

```
<%@ page language="java" import="java.util.*" pageEncoding="UTF-8"%>
<html>
<head><title>Spring MVC开发框架</title></head>
<body>
<h1>对不起，程序出现了错误！如果该问题依然存在请与客服人员联系！</h1>
<h1>${message}</h1>
</body>
</html>
```

程序编写完成后，在执行时只要项目中出现了异常信息，程序就会统一将其交由 ErrorAdvice 类进行捕获，而所有的错误信息会通过 error.jsp 页面进行展示。

### 1.6.4　自定义页面未发现处理

自定义页面未发现
处理

视频名称　0127_【掌握】自定义页面未发现处理

视频简介　在 Web 程序访问中，经常会出现由于路径错误而返回 404 错误的情况。除了可以使用传统的 web.xml 配置，也可以基于 DispatcherServlet 进行错误页的自定义配置。本视频通过实例分析页面未发现处理操作的实现。

在 Web 应用中的每一个程序都是依靠路径进行链接的，但是在代码的开发与维护过程中，有可能会因某些路径丢失而产生 404 响应状态码。在传统的开发中，可以通过 web.xml 配置文件，使用<error-page>配置项进行错误页的路径定义，但是在基于 Bean 配置的环境下，就需要开发者通过代码定义的方式来实现此功能，如图 1-39 所示。

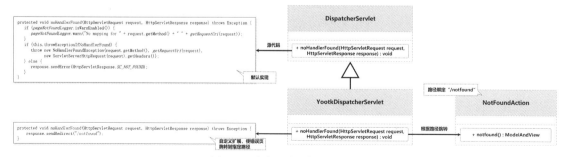

图 1-39　自定义页面未发现处理

DispatcherServlet 类提供了一个 noHandlerFound()处理方法，如果当前用户访问的路径不存在，则会自动通过此方法进行处理，而此方法的默认实现仅仅是进行错误的显示，并不进行指定路径的跳转。这时可以由开发者根据需要自定义 DispatcherServlet 子类，并覆写 noHandlerFound()方法以定义错误页的跳转路径。下面来观察具体的实现。

（1）【mvc 子模块】创建 DispatcherServlet 子类并定义错误页的跳转路径。

```
package com.yootk.servlet;
public class YootkDispatcherServlet extends DispatcherServlet {
    public YootkDispatcherServlet(WebApplicationContext webApplicationContext) {
        super(webApplicationContext);                    // 调用父类构造方法
    }
    @Override
    protected void noHandlerFound(HttpServletRequest request,
            HttpServletResponse response) throws Exception {
        response.sendRedirect("/notfound");              // 自定义路径
    }
}
```

（2）【mvc 子模块】此时的 Servlet 类已经发生了改变，所以需要在 StartWEBApplication 启动类中定义新的 Servlet 配置类。该操作可以直接通过覆写父类中的 createDispatcherServlet()方法实现。

```
@Override
protected FrameworkServlet createDispatcherServlet(
            WebApplicationContext servletAppContext) {
    return new YootkDispatcherServlet(servletAppContext);    // 自定义Servlet配置类
}
```

（3）【mvc 子模块】创建 NotFoundAction 控制器类，定义"/notfound"处理路径。

```
package com.yootk.action.common;
@Controller
public class NotFoundAction {
    @RequestMapping("/notfound")                         // 路径
    public String notfound() {
        return "/notfound";                              // 跳转视图路径
    }
}
```

（4）【mvc 子模块】创建/WEB-INF/pages/notfound.jsp 视图页面。

```
<h1>您已经访问到外太空了，地球引力已对您无效！</h1>
```

当前程序配置完成后，如果用户的访问路径无法找到，程序则会通过 YootkDispatcherServlet 类中的 noHandlerFound()方法找到/notfound 路径，并进行错误显示。

### 1.6.5 拦截器

拦截器

*视频名称* 0128_【掌握】拦截器
*视频简介* Spring MVC 是基于 Servlet 结构的应用，其无法在 Action 处理前通过过滤器进行拦截处理，因此提供了与之相近的拦截器。本视频为读者分析拦截器的运行机制，并通过具体的实例分析拦截器的使用以及 HandlerMethod 类的作用。

在 Jakarta EE 标准开发架构之中，用户请求和响应可以通过过滤器拦截，但是在 Spring MVC 中，由于所有的控制器都是由 DispatcherServlet 类分发处理的，因此无法满足过滤器的使用机制。为了解决这样的设计问题，Spring MVC 提供了一种拦截器来代替过滤器，如图 1-40 所示。

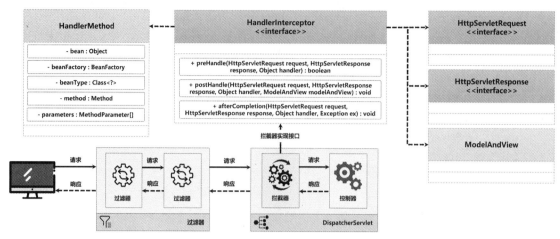

图 1-40　拦截器机制

拦截器是 DispatcherServlet 内置的处理机制，而为了便于定义拦截器，Spring MVC 提供了 HandlerInterceptor 接口，开发者只需要在实现该接口后根据需要覆写相应的方法。Handler Interceptor 接口的方法如表 1-5 所示。

表 1-5　HandlerInterceptor 接口的方法

| 序号 | 方法 | 类型 | 描述 |
|---|---|---|---|
| 1 | public default boolean preHandle(HttpServletRequest request, HttpServletResponse response, Object handler) throws Exception | 普通 | 在控制层处理之前执行拦截处理，此方法返回 true 则执行目标 Action 处理，返回 false 则不执行 |
| 2 | public default void postHandle(HttpServletRequest request, HttpServletResponse response, Object handler, ModelAndView modelAndView) throws Exception | 普通 | 控制层处理完毕但是还未响应请求，此时已经返回 ModelAndView 对象 |
| 3 | public default void afterCompletion(HttpServletRequest request, HttpServletResponse response, Object handler, Exception ex) throws Exception | 普通 | 在请求处理完成后对其进行拦截 |

在使用拦截器时最为重要的方法就是 preHandle()，该方法的作用是在请求进入目标 Action 之前拦截它，而该方法中存在一个名称为 handler 的参数，该参数表示的是目标 Action 对象信息，该参数常见的类为 HandlerMethod。在该类中可以直接获取目标请求的 Bean 实例、Bean 类型以及所调用的控制器方法对象，这样就便于开发者进行请求拦截的判断处理。下面通过一个具体的应用说明拦截器的使用，实现步骤如下。

（1）【mvc 子模块】创建一个自定义拦截器并实现 HandlerInterceptor 接口。

```
package com.yootk.interceptor;
public class YootkHandlerInterceptor implements HandlerInterceptor {// 拦截器
    private static final Logger LOGGER =
            LoggerFactory.getLogger(YootkHandlerInterceptor.class);
    @Override
    public boolean preHandle(HttpServletRequest request, HttpServletResponse response,
                    Object handler) throws Exception {
        if (handler instanceof HandlerMethod) {                      // 类型判断
            HandlerMethod handlerMethod = (HandlerMethod) handler;   // 强制转换
            LOGGER.info("【请求处理前】Action对象: {}", handlerMethod.getBean());
            LOGGER.info("【请求处理前】Action类: {}", handlerMethod.getBeanType());
            LOGGER.info("【请求处理前】Action方法: {}", handlerMethod.getMethod());
        }
        return true ; // 返回true表示请求继续执行，返回false表示请求被拦截
    }
    @Override
    public void postHandle(HttpServletRequest request, HttpServletResponse response,
```

```
                     Object handler, ModelAndView modelAndView) throws Exception {
        LOGGER.info("【请求处理后】跳转视图: {}", modelAndView.getViewName());
        LOGGER.info("【请求处理后】传递属性: {}", modelAndView.getModel());
    }
    @Override
    public void afterCompletion(HttpServletRequest request, HttpServletResponse response,
                      Object handler, Exception ex) throws Exception {
        LOGGER.info("控制层请求处理完毕。");
    }
}
```

（2）【mvc 子模块】拦截器需要在 MVC 配置类中进行注册。修改 SpringWEBContextConfig 配置类，覆写 addInterceptors()方法，在其中配置拦截器处理类以及拦截路径。

```
@Override
public void addInterceptors(InterceptorRegistry registry) {   // 拦截器注册
    registry.addInterceptor(new YootkHandlerInterceptor())    // 配置拦截器处理类
        .addPathPatterns("/pages/**");                        // 配置拦截路径
}
```

（3）【浏览器】访问 "/pages" 下的 Action 程序类。

```
http://localhost:8080/pages/message/echo?msg=www.yootk.com
```

preHandle()日志输出：

```
【请求处理前】Action对象: com.yootk.action.MessageAction@2042d5f1
【请求处理前】Action类: class com.yootk.action.MessageAction
【请求处理前】Action方法: public org.springframework.web.servlet.ModelAndView
                         com.yootk.action.MessageAction.echo()
```

postHandle()日志输出：

```
【请求处理后】跳转视图: /message/show
【请求处理后】传递属性: {echoMessage=www.yootk.com}
```

afterCompletion()日志输出：

```
控制层请求处理完毕。
```

通过拦截器的执行结果可以清楚地发现，每一次用户请求的目标 Action 路径信息都可以通过 HandlerMethod 实例获取，而且拦截器会提供各种反射对象实例，以便用户实现请求与响应的统一拦截。

### 1.6.6 WebApplicationContextUtils

WebApplicationContextUtils

**视频名称** 0129_【掌握】WebApplicationContextUtils
**视频简介** 为了便于各类 Web 组件使用 Spring 上下文获取所需要的 Bean 实例，Spring MVC 提供了 WebApplicationContextUtils 工具类，可以利用该类在过滤器、监听器或者其他 Servlet 中实现 Spring 容器处理操作。本视频讲解此类的相关使用案例。

Spring MVC 整体的核心处理都是在 DispatcherServlet 之中进行的，而 DispatcherServlet 包含在 Spring Web 容器之中，所以该类的相关处理结构都可以基于 Spring 容器提供的 Bean 管理机制以及 AOP（Aspect-Oriented Programming，面向方面的程序设计）代理机制实现。然而一个 Web 项目还可能包含过滤器、监听器或者其他功能的 Servlet，这些程序结构并不工作在 Spring Web 容器之中，它们要想获取 Spring 上下文的支持，就可以依靠 WebApplicationContextUtils 工具类来实现。在使用该类时，只需要传入一个 ServletContext 对象实例，即可返回所需的 WebApplicationContext 上下文实例，如图 1-41 所示。

为便于读者理解 WebApplicationContextUtils 类的使用，下面将通过一个过滤器来实现 Spring Web 容器的获取，实现类结构如图 1-42 所示。由于 Filter 在 init()方法中才会提供 FilterConfig 接口实例，因此 Bean 的获取需要在初始化的方法中实现。为简化处理，本次将在过滤器中获取

IMessageService 接口实例，具体代码的开发步骤如下。

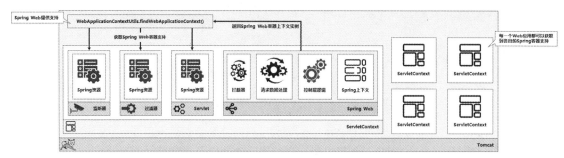

图 1-41　WebApplicationContextUtils 工具类的使用

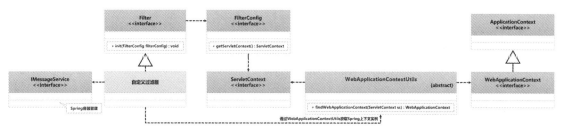

图 1-42　通过过滤器实现 Spring Web 容器的获取

（1）【mvc 子模块】创建 YootkMessageFilter 过滤器类，通过 init()方法获取 IMessageService 接口实例，在 doFilter()方法中进行该业务接口的功能调用。

```
package com.yootk.filter;
public class YootkMessageFilter implements Filter {
    private static final Logger LOGGER = LoggerFactory.getLogger(YootkMessageFilter.class);
    private IMessageService messageService;           // 业务接口
    // 通过初始化方法可以获取ServletContext接口实例，通过该接口获取WebApplicationContext实例
    // 过滤器与DispatcherServlet在同一个ServletContext之中，可以通过getBean()获取容器实例
    public void init(FilterConfig filterConfig) throws ServletException {//初始化
        this.messageService = WebApplicationContextUtils.findWebApplicationContext(
                filterConfig.getServletContext()).getBean(IMessageService.class);
    }
    @Override
    public void doFilter(ServletRequest request, ServletResponse response,
        FilterChain chain) throws IOException, ServletException { // 过滤处理
        LOGGER.info("【消息过滤】{}", this.messageService.echo("沐言科技：www.yootk.com"));
        chain.doFilter(request, response);              // 请求转发
    }
}
```

（2）【mvc 子模块】修改 StartWEBApplication.getServletFilters()方法，并在 Web 中注册一个新的过滤器。

```
@Override
protected Filter[] getServletFilters() {                        // 过滤器
    CharacterEncodingFilter characterEncodingFilter =
            new CharacterEncodingFilter();                      // 编码过滤
    characterEncodingFilter.setEncoding("UTF-8");               // 编码设置
    characterEncodingFilter.setForceEncoding(true);             // 强制编码
    YootkMessageFilter messageFilter = new YootkMessageFilter(); // 自定义过滤器
    return new Filter[]{characterEncodingFilter, messageFilter};
}
```

（3）【浏览器】此时的过滤器会对全部请求进行过滤处理。随意访问一个 Action 路径后观察后端日志输出。

```
http://localhost:8080/pages/message/echo?msg=www.yootk.com
```

后端日志输出：

```
INFO com.yootk.filter.YootkMessageFilter - 【消息过滤】【ECHO】沐言科技：www.yootk.com
```

通过后端日志输出可以发现，YootkMessageFilter 过滤器已经成功地实现了 IMessageService 实例的获取。这样的机制使整个 Web 应用的开发更加灵活。

# 1.7 DispatcherServlet 源代码解读

DispatcherServlet
继承结构

视频名称 0130_【理解】DispatcherServlet 继承结构
视频简介 DispatcherServlet 是 Spring MVC 中的核心处理结构，所有的请求基于该 Servlet 实现分发控制，而要想更好地理解 Spring MVC，首先需要通过该类的继承结构分析其与 Spring 容器之间的关联。本视频通过源代码解析方式进行该类的继承结构分析。

Servlet 程序类在定义时需要明确地继承 HttpServlet 父类，随后根据父类中的定义进行初始化 (init()方法) 和服务处理 (doService()方法)。Spring MVC 所提供的 DispatcherServlet 类也是按照此种开发要求进行设置的，但是考虑到其内置结构与 Spring 容器之间的关联，并没有让其直接继承 HttpServlet 父类，而是提供了一系列的抽象类继承结构，以便进行核心对象的配置，如图 1-43 所示。

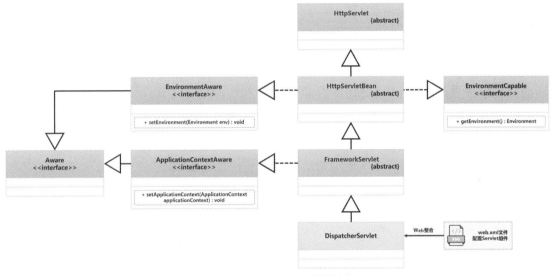

图 1-43　DispatcherServlet 类继承结构

通过 DispatcherServlet 的继承结构可以发现，在 DispatcherServlet 的内部保存了一个 ApplicationContext 接口实例，而该接口实例将由 ApplicationContextAware 接口自动在 Spring 启动时注入，这样 DispatcherServlet 可以直接操作 Spring 容器中所有注册的 Bean 实例。

Web 容器在启动时会默认调用 HttpServlet 类中的 init()方法进行初始化处理，Spring MVC 将该初始化方法的具体操作实现定义在 HttpServletBean 子类中。通过图 1-44 所示的初始化流程很容易发现，最终容器的具体初始化是由 FrameworkServlet 类提供的 initWebApplicationContext()方法实现的，而该方法处理完成后也会像 Spring 上下文初始化那样进行刷新方法的调用。

DispatcherServlet 初始化完成后，就会对外提供请求与响应服务，该操作是通过在 DispatcherServlet 类中覆写的 doService()方法实现的，同时在子类的 doService()方法中会调用 doDispatch()方法进行分发处理。为了便于读者理解具体的源代码，下面分别针对这些方法的调用进行说明。

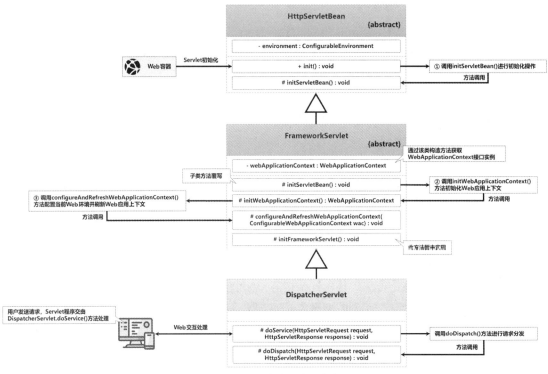

图 1-44　Servlet 初始化与服务调用

## 1.7.1　初始化 Web 应用上下文

初始化 Web 应用上下文

**视频名称** 0131_【理解】初始化 Web 应用上下文

**视频简介** Spring MVC 构建在 Java Web 的基础之上，所以在容器启动前就需要获取 Web 的配置项，为此定义了专门的 Web 应用上下文启动方法。本视频通过源代码分析的形式讲解 Spring MVC 容器的启动流程及其与 Spring 容器之间的操作关联。

ApplicationContext 是 Spring 容器的核心描述接口，在实际开发中需要根据不同的应用场景配置该接口的实例。而为了便于 Web 应用的管理，Spring MVC 创建了 WebApplicationContext 子接口，用于 Web 应用上下文的管理，并且 Web 应用上下文是在 ServletContext 初始化时进行配置的，而配置的核心就在于 FrameworkServlet 类提供的 initServletBean()方法，该方法的内部又调用了 initWebApplicationContext()方法，所以要理解 Spring MVC 容器的启动首先需要分析该初始化方法的定义。

（1）【源代码】观察 FrameworkServlet.initWebApplicationContext()初始化 WebApplicationContext 的源代码。

```
protected WebApplicationContext initWebApplicationContext() {
  // 使用WebApplicationContextUtils类获取当前保存在Servlet上下文中的父Web应用容器
  WebApplicationContext rootContext =
      WebApplicationContextUtils.getWebApplicationContext(getServletContext());
  WebApplicationContext wac = null;
  // 使用DispatcherServlet类时已经传入了WebApplicationContext接口实例
  if (this.webApplicationContext != null) {            // 判断是否存在指定实例
    wac = this.webApplicationContext;                  // 对象实例存储
    // 判断当前的WebApplicationContext是否属于ConfigurableWebApplicationContext子接口实例
    if (wac instanceof ConfigurableWebApplicationContext cwac && !cwac.isActive()) {
      if (cwac.getParent() == null) {                  // 如果此时父容器为空
        cwac.setParent(rootContext);                   // 保存父容器
      }
      configureAndRefreshWebApplicationContext(cwac);  //配置并刷新Web应用上下文
```

```
    }
  }
  if (wac == null) { // 此时外部没有传递WebApplicationContext接口实例
    wac = findWebApplicationContext();              // 获取Web应用上下文实例
  }
  if (wac == null) { // 此时ServletContext上下文中不存在WebApplicationContext接口实例
    wac = createWebApplicationContext(rootContext);  // 创建XML应用上下文
  }
  if (!this.refreshEventReceived) {                  // 判断是否接收刷新事件
    synchronized (this.onRefreshMonitor) {           // 同步处理
      onRefresh(wac);                                // 刷新处理
    }
  }
  if (this.publishContext) { // 判断是否注册ServletContext上下文属性
    String attrName = getServletContextAttributeName(); // 获取属性名称
    getServletContext().setAttribute(attrName, wac);    // 属性保存
  }
  return wac;
}
```

由于开发之中 DispatcherServlet 可能通过 web.xml 进行配置（调用无参构造方法），也可能基于 Bean 的方式传递一个 WebApplicationContext 接口实例，因此在进行 Web 应用上下文处理时需要对当前的使用环境进行判断。如果发现已经存在 WebApplicationContext，就可以配置父容器，随后利用 configureAndRefreshWebApplicationContext()方法进行当前 Web 应用上下文的配置与刷新。

如果当前的 DispatcherServlet 实例不包含 WebApplicationContext 实例，则利用其内部提供的 findWebApplicationContext()方法通过 Servlet 上下文获取一个 WebApplicationContext 实例。如果此时 ServletContext 上下文依然为空，程序则会创建默认的 WebApplicationContext 接口实例（使用 XmlWebApplicationContext 子类），并在获取配置文件资源后将当前的 WebApplicationContext 保存在 Servlet 上下文属性之中。程序的核心流程如图 1-45 所示。

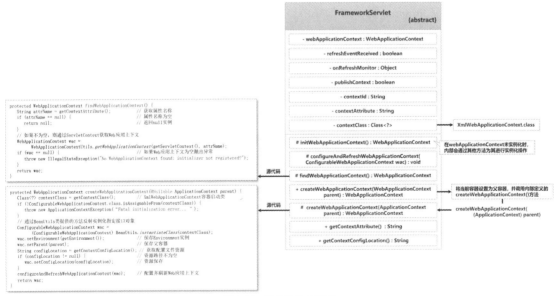

图 1-45　程序的核心流程

（2）【源代码】DispatcherServlet 完成 WebApplicationContext 接口实例化操作之后，还需要获取与当前 Web 容器有关的配置项，以及进行 Spring 容器的刷新操作，而这些操作是由 configureAndRefreshWebApplicationContext()方法实现的。下面打开此方法的源代码观察其具体定义。

```
protected void configureAndRefreshWebApplicationContext(
        ConfigurableWebApplicationContext wac) {           // Web配置与上下文刷新
  if (ObjectUtils.identityToString(wac).equals(wac.getId())) {  // 判断上下文ID
```

```
    if (this.contextId != null) {                                // 此时存在上下文ID
        wac.setId(this.contextId);                               // 直接使用当前上下文ID
    } else {                                                     // 生成并保存新的上下文ID
        wac.setId(ConfigurableWebApplicationContext.APPLICATION_CONTEXT_ID_PREFIX +
            ObjectUtils.getDisplayString(getServletContext().getContextPath()) +
                    '/' + getServletName());
    }
}
wac.setServletContext(getServletContext());                      // 设置ServletContext接口实例
wac.setServletConfig(getServletConfig());                        // 设置ServletConfig接口实例
wac.setNamespace(getNamespace());                                // 设置命名空间
wac.addApplicationListener(new SourceFilteringListener(wac,
        new ContextRefreshListener()));                          // 上下文刷新监听
ConfigurableEnvironment env = wac.getEnvironment();              // 获取Environment实例
if (env instanceof ConfigurableWebEnvironment cwe) {             // 类型判断
    cwe.initPropertySources(getServletContext(), getServletConfig());  // 初始化属性源
}
postProcessWebApplicationContext(wac);                           // Web应用上下文处理
applyInitializers(wac);                                          // Web初始化参数处理
wac.refresh();                                                   // Spring容器刷新
}
```

通过 configureAndRefreshWebApplicationContext()的源代码可以发现，此时主要进行了 Web 应用上下文 ID 的配置，同时保存了 ServletContext、ServletConfig 接口实例，这两个接口都可以获取 Web 之中所配置的初始化参数。为了便于参数的管理，Spring 会通过 PropertySources 属性源管理器进行配置的保存，并且最终调用 ConfigurableWebApplicationContext 接口提供的 refresh()方法实现 Spring 容器的刷新，从而成功地实现 Spring 容器的启动。

## 1.7.2 HandlerMapping 映射配置

HandlerMapping
映射配置

视频名称 0132_【理解】HandlerMapping 映射配置

视频简介 Spring MVC 将控制层的处理方法以@RequestMapping 注解的形式进行定义。为了提高控制器的处理速度，需要在容器启动时将所有的地址映射信息取出。为了便于进行映射信息的维护，Spring 提供了 HandleMapping 接口。本视频通过源代码分析 DispatcherServlet 与 HandleMapping 之间的关联。

Spring MVC 考虑到代码设计的灵活性，所有控制层的处理方法都使用@RequestMapping 及其相关注解进行了路径的配置。在进行配置时，开发者只需要配置 Action 程序类的扫描包即可实现配置路径的注册，而配置路径的解析处理则是由 DispatcherServlet 类中的 onRefresh()方法触发的，如图 1-46 所示。

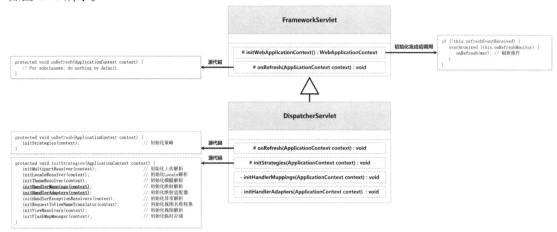

图 1-46 路径处理方法

DispatcherServlet 类提供了 initHandlerMappings()处理方法，该方法的主要功能是对控制层中的方法进行映射解析，这样在用户请求时才可以根据请求地址进行处理方法的匹配。该方法的核心源代码如下。

（1）【源代码】观察 DispatcherServlet.initHandlerMappings()方法的核心源代码。

```java
private List<HandlerMapping> handlerMappings;        // 保存全部HandlerMapping实例
private boolean detectAllHandlerMappings = true;     // 检测全部HandlerMapping配置
private void initHandlerMappings(ApplicationContext context) {
  this.handlerMappings = null;                       // 清空已有集合项
  if (this.detectAllHandlerMappings) {               // 检查全部HandlerMapping配置
    // 在当前的ApplicationContext应用上下文之中检查全部HandlerMapping配置
    Map<String, HandlerMapping> matchingBeans =
        BeanFactoryUtils.beansOfTypeIncludingAncestors(
        context, HandlerMapping.class, true, false);
    if (!matchingBeans.isEmpty()) {                  // 解析后的集合不为空
      this.handlerMappings = new ArrayList<>(matchingBeans.values()); // 集合保存
      AnnotationAwareOrderComparator.sort(this.handlerMappings);      // 排序
    }
  } // 其他代码略
}
```

initHandlerMappings()方法最为重要的功能就是通过当前的 ApplicationContext 应用上下文查找并返回全部的 HandlerMapping 接口实例，而该接口就是实现控制层方法映射的核心接口，其核心继承结构如图 1-47 所示。

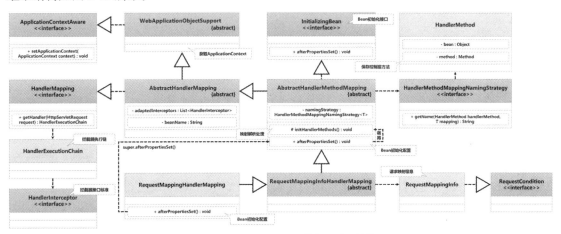

图 1-47　HandlerMapping 的核心继承结构

RequestMappingHandlerMapping 作为 HandlerMapping 的核心结构类，主要的功能就是进行所有控制层方法映射信息的处理。同时该类又实现了 InitializingBean 初始化接口方法，而根据该类源代码可知，该类中的 afterPropertiesSet()方法最终会调用 AbstractHandlerMethodMapping 父类中的 afterPropertiesSet()方法，并且会调用 AbstractHandlerMethodMapping 父类中的 initHandlerMethods() 方法进行映射初始化配置，下面观察其核心源代码。

（2）【源代码】观察 AbstractHandlerMethodMapping.initHandlerMethods()的核心源代码。

```java
protected void initHandlerMethods() {
  for (String beanName : getCandidateBeanNames()) {      // 获取所有候选Bean的名称
    if (!beanName.startsWith(SCOPED_TARGET_NAME_PREFIX)) {
      processCandidateBean(beanName);                    // Bean名称处理
    }
  }
  handlerMethodsInitialized(getHandlerMethods());        // 映射方法初始化
}
```

可以发现,程序在 initHandlerMethods()方法中通过 getCandidateBeanNames()方法获取当前容器中的所有 Bean 的名称,随后进行 Bean 名称集合的迭代处理,并将每一次迭代获取到的 Bean 名称交由 processCandidateBean(beanName)方法进行处理,而在该方法中主要进行@RequestMapping 的配置处理,具体的实现结构如图 1-48 所示。

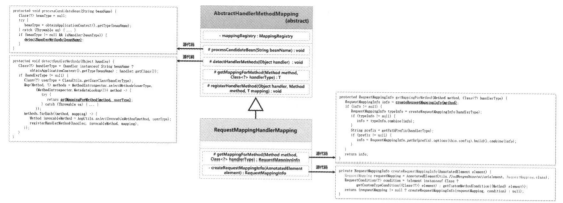

图 1-48  @RequestMapping 的配置处理

在 AbstractHandlerMethodMapping 类中定义的 processCandidateBean()方法会根据当前 Bean 的名称获取与之匹配的类型,这样就可以通过反射机制进行方法的解析处理。由于此时要处理的是控制层方法,所以在解析时要根据当前方法中存在的@RequestMapping 注解获取 RequestMappingInfo 的配置信息。

### 1.7.3  HandlerAdapter 控制层适配

视频名称  0133_【理解】HandlerAdapter 控制层适配

视频简介  ModelAndView 是 Spring MVC 开发中控制层的返回实例,为了实现不同方法返回值的处理,Spring MVC 提供了 HandlerAdapter 适配器类。本视频通过源代码的结构分析 HandlerAdapter 的继承结构、主要作用以及核心初始化流程。

在使用 DispatcherServlet.initStrategies()进行初始化配置时,其内部会调用 DispatcherServlet.init HandlerAdapters()初始化方法之中的 HandlerAdapter 接口实例,该接口的主要作用是对控制层中方法的调用与返回结果进行统一处理,如图 1-49 所示。

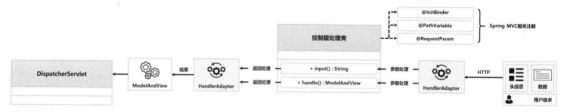

图 1-49  HandlerAdapter 处理

在实际开发中,控制层的处理方法可能返回 ModelAndView 或者 String 定义的跳转路径。为了便于对最终的 Servlet 进行结果处理,需要将请求类型统一包装为 ModelAndView。另外,由于在控制层接收参数时,参数的传递方式较多,为了便于参数的解析也需要配置相应的解析器,这些全部都是由 HandlerAdapter 适配器类实现的。为了便于读者理解,下面将通过具体的步骤对这些操作的核心源代码进行分析。

(1)【源代码】观察使用 DispatcherServlet.initHandlerAdapters()方法初始化 HandlerAdapter 的源代码。

```
private boolean detectAllHandlerAdapters = true;        // 检查全部HandlerAdapter实例
private List<HandlerAdapter> handlerAdapters;            // 保存全部HandlerAdapter实例
public static final String HANDLER_ADAPTER_BEAN_NAME = "handlerAdapter";
// 初始化适配器类,如果当前的BeanFactory中没有相关实例,则使用SimpleControllerHandlerAdapter
private void initHandlerAdapters(ApplicationContext context) {
  this.handlerAdapters = null;                           // 集合清空
  if (this.detectAllHandlerAdapters) {                   // 检查全部HandlerAdapter实例
    Map<String, HandlerAdapter> matchingBeans =
        BeanFactoryUtils.beansOfTypeIncludingAncestors(
        context, HandlerAdapter.class, true, false);     // 获取HandlerAdapter实例集合
    if (!matchingBeans.isEmpty()) {                       // 存在HandlerAdapter实例
      this.handlerAdapters = new ArrayList<>(matchingBeans.values());
      AnnotationAwareOrderComparator.sort(this.handlerAdapters);    // 排序处理
    }
  } else {                                                // 不进行上下文查找
    try {
      HandlerAdapter ha = context.getBean(HANDLER_ADAPTER_BEAN_NAME,
              HandlerAdapter.class);                      // 获取默认Bean
      this.handlerAdapters = Collections.singletonList(ha);    // 创建单值集合
    } catch (NoSuchBeanDefinitionException ex) {}
  }
}
```

通过 initHandlerAdapters()方法的源代码可以发现,该方法的主要功能是获取一个类型为 HandlerAdapter 接口的 List 集合。Spring MVC 启动时会使用 BeanFactoryUtils.beansOfTypeIncluding Ancestors()方法进行加载处理,HandlerAdapter 对象的初始化操作则是由 InitializingBean 接口实现的,其继承结构如图 1-50 所示。

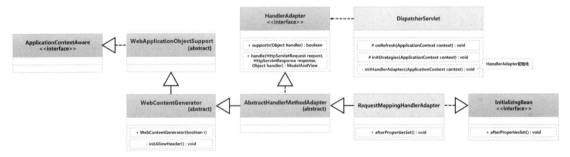

图 1-50　HandlerAdapter 接口的继承结构

(2)【源代码】观察 RequestMappingHandlerAdapter.afterPropertiesSet()初始化方法的源代码。

```
private HandlerMethodArgumentResolverComposite argumentResolvers;
private HandlerMethodArgumentResolverComposite initBinderArgumentResolvers;
private HandlerMethodReturnValueHandlerComposite returnValueHandlers;
@Override
public void afterPropertiesSet() {                        // Bean初始化处理
  initControllerAdviceCache();      // 初始化@ControllerAdvice注解标记的类
  if (this.argumentResolvers == null) {                   // 参数解析为空
    // 解析所有使用@ModelAttribute注解的控制层方法
    List<HandlerMethodArgumentResolver> resolvers = getDefaultArgumentResolvers();
    this.argumentResolvers = new HandlerMethodArgumentResolverComposite()
      .addResolvers(resolvers);
  }
  if (this.initBinderArgumentResolvers == null) {         // 初始化绑定解析为空
    List<HandlerMethodArgumentResolver> resolvers =
        getDefaultInitBinderArgumentResolvers();          // 解析所有使用@initBinder注解的方法
    this.initBinderArgumentResolvers = new HandlerMethodArgumentResolverComposite()
      .addResolvers(resolvers);
  }
```

```
if (this.returnValueHandlers == null) {                    // 将返回值处理为空
    // 将返回值处理为ModelAndView实例
    List<HandlerMethodReturnValueHandler> handlers = getDefaultReturnValueHandlers();
    this.returnValueHandlers = new HandlerMethodReturnValueHandlerComposite()
        .addHandlers(handlers);
}
}
```

通过 afterPropertiesSet()初始化方法的源代码可以发现，在 HandlerAdapter 实例初始化时程序会对当前控制层中的方法返回值进行解析处理。同时考虑到控制层中各类注解的使用，以及参数传递的需要，还要定义一系列的解析器，这样就可以在请求到来时实现参数的解析处理。参数解析器的结构如图 1-51 所示。

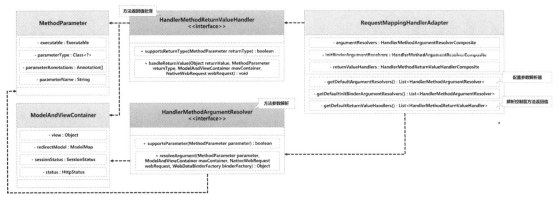

图 1-51　参数解析器的结构

（3）【源代码】在 HandlerAdapter 接口中定义有 handle()处理方法，该方法实现了最终的请求处理。根据图 1-52 所示的执行流程，可以发现该方法的核心是 RequestMappingHandlerAdapter 类中的 invokeHandlerMethod()方法。

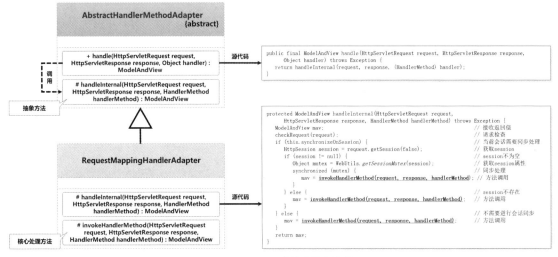

图 1-52　handle()方法的执行流程

（4）【源代码】观察 RequestMappingHandlerAdapter.invokeHandlerMethod()方法的源代码。

```
@Nullable
protected ModelAndView invokeHandlerMethod(HttpServletRequest request,
    HttpServletResponse response, HandlerMethod handlerMethod) throws Exception {
    // 将每个请求的用户线程信息分别保存在不同的ServletWebRequest对象之中
    ServletWebRequest webRequest = new ServletWebRequest(request, response);
```

```
try {
  // 数据绑定处理，可以将用户发送的请求参数转为控制层方法参数（使用@InitBinder注解处理）
  WebDataBinderFactory binderFactory = getDataBinderFactory(handlerMethod);
  // 控制层方法可以接收Model实例进行属性设置，该实例通过ModelFactory工厂类创建
  ModelFactory modelFactory = getModelFactory(handlerMethod, binderFactory);
  // 根据HandlerMethod实例创建ServletInvocableHandlerMethod实例
  // 本类提供的invokeAndHandle()方法可以传递ModelAndViewContainer实例
  ServletInvocableHandlerMethod invocableMethod =
      createInvocableHandlerMethod(handlerMethod);
  if (this.argumentResolvers != null) {                    // 判断是否需要传递方法参数
    invocableMethod.setHandlerMethodArgumentResolvers(this.argumentResolvers);
  }
  if (this.returnValueHandlers != null) {                  // 判断是否需要接收返回值
    invocableMethod.setHandlerMethodReturnValueHandlers(this.returnValueHandlers);
  }
  invocableMethod.setDataBinderFactory(binderFactory);     // 数据绑定处理
  // 请求参数与控制层方法参数的匹配主要根据名称实现，此时需要配置方法解析器，以获取方法参数的名称
  invocableMethod.setParameterNameDiscoverer(this.parameterNameDiscoverer);
  ModelAndViewContainer mavContainer = new ModelAndViewContainer();  // 保存调用结果
  // 配置请求处理时所设置的临时参数（DispatcherServlet处理时会在FlashMap中保存临时数据）
  mavContainer.addAllAttributes(RequestContextUtils.getInputFlashMap(request));
  // 初始化Model数据（主要是将session已经保存的数据注入）
  modelFactory.initModel(webRequest, mavContainer, invocableMethod);
  // 是否忽略默认的RedirectAttributes参数传递
  mavContainer.setIgnoreDefaultModelOnRedirect(this.ignoreDefaultModelOnRedirect);
  // 以下斜体代码部分是异步处理支持，本节暂未说明此概念
  AsyncWebRequest asyncWebRequest = WebAsyncUtils
      .createAsyncWebRequest(request, response);           // 创建异步请求
  asyncWebRequest.setTimeout(this.asyncRequestTimeout);    // 异步请求超时管理
  // 获取异步请求管理器，该管理器可以进行线程池与回调处理
  WebAsyncManager asyncManager = WebAsyncUtils.getAsyncManager(request);
  asyncManager.setTaskExecutor(this.taskExecutor);         // 线程池
  asyncManager.setAsyncWebRequest(asyncWebRequest);        // 异步请求
  // 注册Callable接口实现异步处理线程的回调拦截
  asyncManager.registerCallableInterceptors(this.callableInterceptors);
  // 注册基于DeferredResult异步处理（通过Runnable接口实现异步处理线程）回调拦截
  asyncManager.registerDeferredResultInterceptors(this.deferredResultInterceptors);
  if (asyncManager.hasConcurrentResult()) {                // 判断是否采用异步处理
    Object result = asyncManager.getConcurrentResult();    // 获取异步结果
    mavContainer = (ModelAndViewContainer)
        asyncManager.getConcurrentResultContext()[0];      // 获取结果上下文
    asyncManager.clearConcurrentResult();                  // 清除处理结果
    invocableMethod = invocableMethod.wrapConcurrentResult(result);  // 包装异步结果
  }
  invocableMethod.invokeAndHandle(webRequest, mavContainer);  // 请求调用
  if (asyncManager.isConcurrentHandlingStarted()) {        // 判断异步线程是否已经启动
    return null;
  }
  return getModelAndView(mavContainer, modelFactory, webRequest);  //返回结果
} finally {
  webRequest.requestCompleted();
}
}
```

invokeHandlerMethod()方法是控制层进行方法反射调用前的最后一道处理机制，其核心的调用结构如图 1-53 所示。该方法既进行了用户请求参数与控制层方法参数之间的绑定处理，又考虑到了已有 session 数据的注入配置以及程序中采用的异步机制。该方法最后有两个核心操作，一个是使用 invokeAndHandle()调用控制层处理，另一个是使用 getModelAndView()获取 ModelAndView 返回结果。

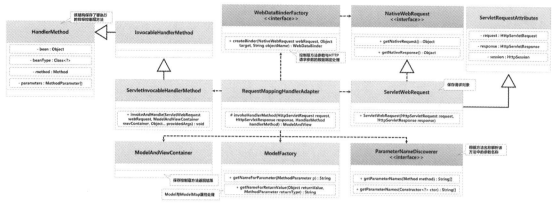

图 1-53　invokeHandlerMethod()的核心调用结构

（5）【源代码】观察 ServletInvocableHandlerMethod.invokeAndHandle()方法的源代码。

```java
public void invokeAndHandle(ServletWebRequest webRequest,
  ModelAndViewContainer mavContainer, Object... providedArgs) throws Exception {
  // 通过invokeForRequest()方法反射调用控制层方法，并接收方法的返回结果
  Object returnValue = invokeForRequest(webRequest, mavContainer, providedArgs);
  setResponseStatus(webRequest);                        // 设置HTTP响应状态
  if (returnValue == null) {                            // 返回值为空
    if (isRequestNotModified(webRequest) || getResponseStatus() != null ||
            mavContainer.isRequestHandled()) {          // 返回状态判断
      disableContentCachingIfNecessary(webRequest);     // 关闭内容缓存
      mavContainer.setRequestHandled(true);             // 请求已处理标记
      return;                                           // 结束后续处理
    }
  } else if (StringUtils.hasText(getResponseStatusReason())) { // 返回状态判断
    mavContainer.setRequestHandled(true);               // 请求已处理标记
    return;                                             // 结束后续处理
  }
  mavContainer.setRequestHandled(false);                // 设置请求未处理标记
  try {
    this.returnValueHandlers.handleReturnValue(         // 转为ModelAndView处理
        returnValue, getReturnValueType(returnValue), mavContainer, webRequest);
  } catch (Exception ex) { … }
}
```

程序在 invokeAndHandle()方法之中主要进行了控制层的方法调用，以及控制层方法返回结果的处理。控制层的方法调用通过该类提供的 invokeForRequest()方法实现，具体的调用流程如图 1-54 所示。而控制层方法执行完成后会通过 HandlerMethodReturnValueHandler 接口所提供的 handleReturnValue()方法进行处理，最终会统一以 ModelAndView 对象实例的形式返回。

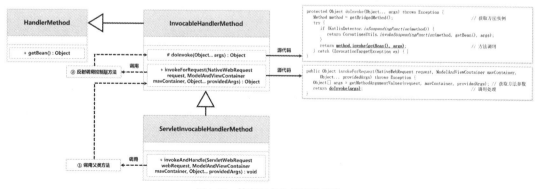

图 1-54　控制层方法的调用流程

## 1.7.4　doService()请求分发

视频名称　0134_【理解】doService()请求分发

视频简介　DispatcherServlet 提供了处理用户请求的方法，同时为了便于后续分发结构的管理，还会分别保存每一个请求的完整数据。本视频分析 doService()的源代码，并对其中的核心代码的作用进行说明。

doService()请求分发

在 Spring MVC 的程序开发中，所有的请求会统一发送到 DispatcherServlet 类中。由于在实际的开发中不同的用户有不同的请求模式，因此 DispatcherServlet 直接覆写了 GenericServlet 父类中的 doService()方法，以实现所有模式的请求接收。而在接收完成后，程序会根据不同的访问路径进行请求的分发处理，操作形式如图 1-55 所示。

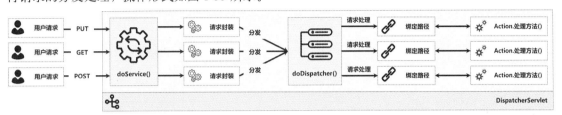

图 1-55　DispatcherServlet 的分发处理

范例：DispatcherServlet.doService()方法的源代码。

```java
private boolean cleanupAfterInclude = true;                          // include模式下清除标记
private FlashMapManager flashMapManager;                             // 临时存储管理器
private boolean parseRequestPath;                                    // 是否解析请求路径
private LocaleResolver localeResolver;                               // Locale解析器
private ThemeResolver themeResolver;                                 // 样式解析器
public static final String WEB_APPLICATION_CONTEXT_ATTRIBUTE =
            DispatcherServlet.class.getName() + ".CONTEXT";
public static final String LOCALE_RESOLVER_ATTRIBUTE =
            DispatcherServlet.class.getName() + ".LOCALE_RESOLVER";
public static final String THEME_RESOLVER_ATTRIBUTE =
            DispatcherServlet.class.getName() + ".THEME_RESOLVER";
public static final String THEME_SOURCE_ATTRIBUTE =
            DispatcherServlet.class.getName() + ".THEME_SOURCE";
public static final String INPUT_FLASH_MAP_ATTRIBUTE =
            DispatcherServlet.class.getName() + ".INPUT_FLASH_MAP";
public static final String OUTPUT_FLASH_MAP_ATTRIBUTE =
            DispatcherServlet.class.getName() + ".OUTPUT_FLASH_MAP";
public static final String FLASH_MAP_MANAGER_ATTRIBUTE =
            DispatcherServlet.class.getName() + ".FLASH_MAP_MANAGER";

protected void doService(HttpServletRequest request, HttpServletResponse response)
            throws Exception {                                       // 处理用户请求
    logRequest(request);                                            // 记录请求日志
    // 如果当前的请求为include模式，则需要将请求属性保存在attributesSnapshot（属性快照）之中
    Map<String, Object> attributesSnapshot = null;                 // 属性快照
    if (WebUtils.isIncludeRequest(request)) {                      // 当前为include模式
        attributesSnapshot = new HashMap<>();                      // 实例化Map集合
        Enumeration<?> attrNames = request.getAttributeNames();    // 获取全部属性名称
        while (attrNames.hasMoreElements()) {                      // 属性名称迭代
            String attrName = (String) attrNames.nextElement();    // 获取属性名称
            if (this.cleanupAfterInclude || attrName.startsWith(DEFAULT_STRATEGIES_PREFIX)) {
                attributesSnapshot.put(attrName, request.getAttribute(attrName)); // 保存
            }
        }
    }
    // 将框架的对象保存在request属性之中，以便控制层和视图层进行处理
```

```
request.setAttribute(WEB_APPLICATION_CONTEXT_ATTRIBUTE, getWebApplicationContext());
request.setAttribute(LOCALE_RESOLVER_ATTRIBUTE, this.localeResolver);
request.setAttribute(THEME_RESOLVER_ATTRIBUTE, this.themeResolver);
request.setAttribute(THEME_SOURCE_ATTRIBUTE, getThemeSource());
if (this.flashMapManager != null) { // initFlashMapManager()方法已实例化
    // 创建FlashMap临时存储集合，该集合可以实现用户请求数据的临时存储
    FlashMap inputFlashMap = this.flashMapManager.retrieveAndUpdate(request, response);
    if (inputFlashMap != null) {
        request.setAttribute(INPUT_FLASH_MAP_ATTRIBUTE,
                Collections.unmodifiableMap(inputFlashMap));
    }
    // 在request属性中保存FlashMap和FlashMapManager对象实例，以临时存储输出数据
    request.setAttribute(OUTPUT_FLASH_MAP_ATTRIBUTE, new FlashMap());
    request.setAttribute(FLASH_MAP_MANAGER_ATTRIBUTE, this.flashMapManager);
}
RequestPath previousRequestPath = null;                     // 保存先前的路径
if (this.parseRequestPath) {                                // 判断是否要进行路径解析
    previousRequestPath = (RequestPath) request.getAttribute(
            ServletRequestPathUtils.PATH_ATTRIBUTE);        // 获取先前的路径
    ServletRequestPathUtils.parseAndCache(request);         // 路径解析
}
try {
    doDispatch(request, response);                          // 分发处理
} finally {}
}
```

doService()方法在进行处理时，首先会判断当前的请求是否为 include 模式，如果是则将被包含页面的一些属性保存在 attributesSnapshot 之中，而后会将一些使用到的对象保存在 request 属性之中，这样在控制层中就可以继续使用这些对象并根据需要调用相关操作。而如果当前的请求不为 include 模式，则应该为 forward 处理模式，可以通过具体的请求分发来进行处理。当前的 DispatcherServlet 类的核心结构如图 1-56 所示。

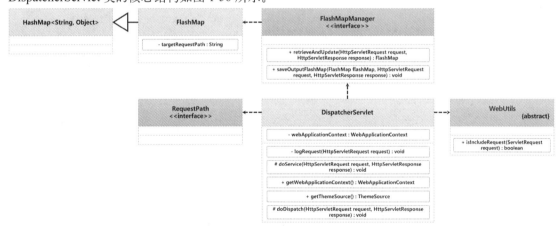

图 1-56　DispatcherServlet 类的核心结构

doService()方法中最为重要的操作就是利用 doDispatch()方法进行请求的分发处理，即将不同路径的访问请求分发到指定控制层的方法之中，以完成最终的请求处理。

### 1.7.5　doDispatch()请求处理

doDispatch()请求处理

视频名称　0135_【理解】doDispatch()请求处理

视频简介　Spring MVC 的核心处理方法是 doDispatch()。本视频通过 doDispatch()的执行流程，分析请求处理与响应逻辑，并结合前面介绍的 HandlerMapping 和 HandlerAdapter 接口功能分析程序的执行过程。

DispatcherServlet 进行用户请求分发处理的核心在于该类提供的 doDispatch()方法，同时还需要考虑拦截器的调用以及最终的视图渲染处理机制。该方法会根据用户的请求路径找到匹配的 HandlerAdapter 接口实例，最终基于 HandlerAdapter 实现控制层的方法调用。下面通过具体的步骤观察相关源代码的实现。

（1）【源代码】观察 DispatcherServlet.doDispatch()的源代码。

```
protected void doDispatch(HttpServletRequest request,
        HttpServletResponse response) throws Exception {      // 请求分发处理
  HttpServletRequest processedRequest = request;             // 保存要处理的请求
  HandlerExecutionChain mappedHandler = null;                // 获取执行链（拦截器）
  boolean multipartRequestParsed = false;                    // 判断是否需要进行文件上传解析
  WebAsyncManager asyncManager = WebAsyncUtils.getAsyncManager(request);
  try {
    ModelAndView mv = null;                                  // 控制层返回值
    Exception dispatchException = null;                      // 异常接收
    try {
      processedRequest = checkMultipart(request);            // 检查是否存在文件上传
      multipartRequestParsed = (processedRequest != request); // 文件上传解析判断
      // 根据当前用户发送的请求获取HandlerExcutionChain接口实例
      mappedHandler = getHandler(processedRequest);          // 根据请求路径获取处理执行链
      if (mappedHandler == null) {                           // 没有映射处理
        noHandlerFound(processedRequest, response);          // 404：页面未发现
        return;                                              // 结束调用
      }
      // 根据当前用户的请求路径获取HandlerAdapter接口实例
      HandlerAdapter ha = getHandlerAdapter(mappedHandler.getHandler());
      String method = request.getMethod();                   // 获取HTTP请求方法
      boolean isGet = HttpMethod.GET.matches(method);        // 判断是否为GET请求
      if (isGet || HttpMethod.HEAD.matches(method)) {
        long lastModified = ha.getLastModified(request, mappedHandler.getHandler());
        if (new ServletWebRequest(request, response)
              .checkNotModified(lastModified) && isGet) {    // 请求判断
          return;                                            // 结束调用
        }
      }
      if (!mappedHandler.applyPreHandle(processedRequest, response)) { // 拦截器处理
        return;                                              // 结束调用
      }
      // 根据HandlerAdapter类进行控制层方法调用，该操作返回ModelAndView实例
      mv = ha.handle(processedRequest, response, mappedHandler.getHandler());
      if (asyncManager.isConcurrentHandlingStarted()) {      // 判断是否进行并行处理
        return;                                              // 结束调用
      }
      applyDefaultViewName(processedRequest, mv);            // 配置视图
      mappedHandler.applyPostHandle(processedRequest, response, mv); // 拦截器调用
    }
    catch (Exception ex) { … }
    processDispatchResult(processedRequest, response, mappedHandler,
        mv, dispatchException);                              // 拦截器处理
  } catch (Exception ex) { … }
  finally { … }
}
```

doDispatch()方法首先找到请求路径对应的 HandlerExecutionChain 接口实例，在使用 HandlerAdapter 实例进行控制层操作的前后执行拦截器中的处理方法，在控制层的处理方法执行完毕后使用 processDispatchResult()方法进行视图的渲染操作。使用 doDispatch()进行请求处理操作的结构如图 1-57 所示。

图 1-57　使用 doDispatch()进行请求处理操作的结构

（2）【源代码】请求处理完成后通过 DispatcherServlet.processDispatchResult()进行视图渲染，下面观察该方法的源代码。

```
private void processDispatchResult(HttpServletRequest request,
    HttpServletResponse response,
    @Nullable HandlerExecutionChain mappedHandler, @Nullable ModelAndView mv,
    @Nullable Exception exception) throws Exception {
  boolean errorView = false;                               // 视图错误标记
  if (exception != null) {                                 // 产生异常
    if (exception instanceof ModelAndViewDefiningException) {  // 类型判断
      logger.debug("ModelAndViewDefiningException encountered", exception);
      mv = ((ModelAndViewDefiningException) exception).getModelAndView();// 异常视图
    } else {                                               // 异常类型不匹配
      Object handler = (mappedHandler != null ? mappedHandler.getHandler() : null);
      // 根据获取到的HandlerAdapter实例进行异常处理并返回ModelAndView实例
      mv = processHandlerException(request, response, handler, exception);
      errorView = (mv != null);                            // 异常视图存在判断
    }
  }
  if (mv != null && !mv.wasCleared()) {                    // 视图不为空
    render(mv, request, response);                         // 视图渲染
    if (errorView) {                                       // 存在异常视图配置
      WebUtils.clearErrorRequestAttributes(request);      // 属性清除
    }
  } // 后续代码略
}
```

程序在进行视图渲染时，判断当前的执行是否产生异常，如果产生异常则根据 HandlerExecution Chain 获取异常视图，如果没有产生异常，则调用 DispatcherServlet.render()方法进行视图渲染处理。

（3）【源代码】观察 DispatcherServlet.render()的源代码。

```
protected void render(ModelAndView mv, HttpServletRequest request,
        HttpServletResponse response) throws Exception {    // 视图渲染
  // 通过当前的请求获取Locale实例，以便进行请求响应处理
  Locale locale = (this.localeResolver != null ?
        this.localeResolver.resolveLocale(request) : request.getLocale());
  response.setLocale(locale);                              // 响应设置
  View view;                                               // 视图渲染使用View实例操作
  String viewName = mv.getViewName();                      // 获取视图名称
  if (viewName != null) {                                  // 视图名称不为空
    view = resolveViewName(viewName, mv.getModelInternal(), locale, request);
    if (view == null) {
      throw new ServletException("Could not resolve view…");
    }
  } else {
    view = mv.getView();                                   // 直接获取View实例
    if (view == null) {
      throw new ServletException("ModelAndView …");
    }
  }
  try {
```

```
    if (mv.getStatus() != null) {
        request.setAttribute(View.RESPONSE_STATUS_ATTRIBUTE, mv.getStatus());
        response.setStatus(mv.getStatus().value());
    }
    view.render(mv.getModelInternal(), request, response);   // 视图渲染
} catch (Exception ex) { … }
}
```

通过以上的执行流程可以发现，最终视图渲染处理操作是由 View 接口提供的 render()方法实现的，而该方法的具体定义是由 AbstractView 抽象类实现的。

（4）【源代码】观察 AbstractView.render()方法的源代码。

```
@Override
public void render(@Nullable Map<String, ?> model, HttpServletRequest request,
    HttpServletResponse response) throws Exception {      // 视图渲染
  Map<String, Object> mergedModel = createMergedOutputModel(model, request, response);
  prepareResponse(request, response);                     // 渲染准备
  renderMergedOutputModel(mergedModel, getRequestToExpose(request), response); // 渲染
}
```

AbstractView.render()方法在渲染之前首先通过 prepareResponse()方法进行渲染准备，而真正的渲染处理则是由该类扩展定义的 renderMergedOutputModel()方法完成的，该方法是一个抽象方法，可由不同的子类进行实现。在默认情况下 Spring MVC 使用 InternalResourceView 子类进行渲染处理。

（5）【源代码】观察 InternalResourceView.renderMergedOutputModel()方法的源代码。

```
protected void renderMergedOutputModel(Map<String, Object> model,
        HttpServletRequest request, HttpServletResponse response) throws Exception {
    exposeModelAsRequestAttributes(model, request);          // request属性处理
    exposeHelpers(request);                                  // 此方法暂时为空
    String dispatcherPath = prepareForRendering(request, response);   // 跳转路径
    // 获取RequestDispatcher接口实例，基于该实例可以实现include()与forward()操作
    RequestDispatcher rd = getRequestDispatcher(request, dispatcherPath);
    if (rd == null) {                                        // 实例为空
      throw new ServletException("Could not get …");         // 抛出异常
    }
    if (useInclude(request, response)) {                     // 判断是否使用include处理
      response.setContentType(getContentType());             // 响应类型
      rd.include(request, response);                         // 包含处理
    } else {                                                 // forward处理
      rd.forward(request, response);                         // 页面跳转
    }
}
```

以上处理方法将控制层处理完的数据传递给了视图层，其核心是围绕着 RequestDispatcher 接口实现的。在 Spring MVC 中可以对外整合多类不同的视图模板，并且 AbstractView 也提供了相应的整合类，如图 1-58 所示。

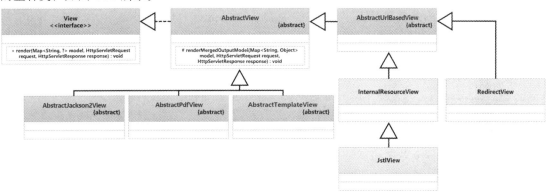

图 1-58　AbstractView 子类的继承结构

提示：页面显示需要依赖库支持。

　　View 视图显示接口有许多的实现子类，可以通过不同的子类实现 PDF、Excel、XML 等不同格式数据的显示，但是这需要不同的依赖库支持。由于本书只围绕着核心的 MVC 架构进行讲解，因此暂时只以最标准的 JSP 页面显示。其他形式的响应处理可以参考本系列的《Spring Boot 开发实战（视频讲解版）》一书。

# 1.8　本章概览

　　1．Spring MVC 是在 Web 容器的基础之上构建的 MVC 开发框架，其基于 Spring 实现，可以直接使用 Spring 中的 Bean 管理机制，并且可以方便地基于 Spring 实现各类服务的整合。

　　2．Spring MVC 在与 Web 容器整合时需要进行 Spring 容器的相关配置，在 web.xml 中可以使用 ContextLoaderListener 监听器启用。

　　3．在 ContextLoaderListener 监听器中主要启动了一个 WebApplicationContext 上下文实例。

　　4．在 Spring MVC 配置中可以采用自定义 AbstractAnnotationConfigDispatcherServletInitializer 子类的方式来代替使用 web.xml 配置文件。

　　5．Spring MVC 中的请求处理基于标准 Java Web 开发形式，所有的请求处理应统一交由 DispatcherServlet 类进行接收，而后通过此类进行请求的分发处理。

　　6．Spring MVC 开发中所有控制层类需要使用@Controller 注解进行配置，所有控制层方法需要使用@RequestMapping 进行路径的配置。

　　7．@RequestMapping 注解表示接口可以支持 GET、POST、PUT、DELETE 等请求模式，如果需要指定请求模式，可以利用该注解的 method 属性配置，或者使用@GetMapping、@PostMapping、@DeleteMapping 之类的注解进行准确标注。

　　8．控制器的处理方法中的参数名称默认就是用户请求的参数名称，如果不一致则可以使用@RequestParam 注解标记。

　　9．Spring MVC 的控制器支持路径参数，可以通过@PathVariable 注解定义路径参数。

　　10．Spring MVC 提供了方便的数据转换支持，而日期数据或日期时间数据的准确转换需要通过@InitBinder 定义转换器来实现，考虑到多线程转换的影响，应该使用 LocalDate 或 LocalDateTime 类处理。

　　11．为了进一步实现控制层的结构化开发，可以使用@ModelAttribute 注解实现单独的请求业务处理方法标记。

　　12．3.1 版本后的 Spring MVC 为便于客户端跳转的参数传递提供了 RedirectAttributes 操作类。

　　13．REST 架构是实现微服务开发的关键，而 Spring MVC 提供了@RequestBody 与@ResponseBody 两个注解，前者可以将请求的 JSON 数据直接转为对象，后者可以将对象直接转为 JSON 数据响应。

　　14．用户所发送的请求都会通过 RequestContextHolder 类进行存储，开发者可以通过此类获取 request 与 response 对象，并通过 request 对象获取 session 与 application 对象。

　　15．如果要对指定的请求头信息进行接收，可以在控制层的方法中使用@RequestHeader 注解进行标记。

　　16．Cookie 是 Web 开发的重要技术支持，Spring MVC 为了便于 Cookie 数据的获取提供了@CookieValue 注解，该注解可以直接定义在控制层方法的参数上，以实现请求头信息中指定名称的 Cookie 数据的获取。

17．session 可以描述一个用户的完整状态，为便于 session 属性的操作，Spring MVC 提供了 @SessionAttributes 注解，该注解可以直接利用 ModelMap 实现 session 属性的读写，或者利用 SessionStatus 进行 session 数据的清除。

18．支持 Jakarta EE 6.0 版本的容器自动具有文件上传支持，不再依赖于第三方组件。

19．为了安全访问项目中的资源，可以将其保存在 WEB-INF 目录之中，此时可以配置 InternalResourceViewResolver 进行视图资源的简单解析，配置访问路径的前缀及后缀。

20．Spring MVC 中可以使用@ControllerAdvice 注解进行异常的统一处理。

21．Spring MVC 中的控制器是基于 DispatcherServlet 类进行分配的，如果想实现统一逻辑处理，则可以基于拦截器结构进行请求前、处理后以及响应时的拦截处理。

22．HandlerMapping 实现了所有控制层方法映射的配置。

23．HandlerAdapter 实现了控制层方法的统一适配处理，最终的控制层方法调用就是由此类实现的。

# 1.9  课程案例

1．在 Web 项目开发中请求与响应是核心操作，为了正确接收请求数据，需要对请求数据进行有效性验证。Spring MVC 提供了拦截器处理机制，请使用拦截器实现一个请求数据的验证组件，该组件可以满足常用数据类型的验证，同时还可以满足验证功能的扩展性、程序代码维护的便捷性以及前后端分离设计的需要。

2．使用 SSJ（Spring + Spring MVC + JPA）实现一个自定义数据表的 CRUD（增加、查询、修改、删除）处理。

# 第 2 章

# Spring Security

**本章学习目标**

1. 掌握 Spring MVC 与 Spring Security 的区别与联系，并可以基于 Bean 的方式实现 Spring Security 的配置；

2. 掌握 Spring Security 登录认证与授权检测处理方法；

3. 掌握 UserDetails 与 UserDetailsService 接口的使用方法；

4. 掌握 Spring Security 之中的 session 管理机制与 RememberMe 功能的实现；

5. 掌握 Spring Security 提供的过滤链的处理机制，并可以利用该机制实现登录验证码的校验处理；

6. 掌握 Spring Security 的注解的配置方法，并可以基于注解实现用户授权访问控制；

7. 掌握 Spring Security 中投票器的使用方法，并可以利用自定义投票器与授权层级的联系实现更加灵活的授权管理。

Web 开发基于 HTTP，并且大部分的 Web 应用都会在公网上直接发布，这样一来就需要进行有效的 Web 资源管理。在 Java Web 的开发中可以基于 session 的形式对资源进行控制，但是考虑到不同 Web 应用的场景中存在不同的安全防护要求，所以 Spring 为了保护 Spring MVC 中资源的安全，提供了 Spring Security 安全框架。本章将为读者讲解该框架的各项配置与具体应用。

## 2.1  Web 认证与授权访问

Spring Security
简介

**视频名称** 0201_【掌握】Spring Security 简介

**视频简介** 一个 Web 应用之中除了核心的程序，还有许多重要的数据资源，为了安全地管理这些资源，使其不被泄露，就需要按照既定的规则对其进行访问，而为了简化这一开发要求，可以使用 Spring Security 安全框架。本视频为读者介绍该框架的作用。

在现代网络开发架构中，Web 应用已经成为很常见的技术展现形式，使用 Web 应用不仅可以轻松地实现程序代码的维护，还可以让用户通过浏览器方便地进行应用的访问。由于 Web 应用都是基于 HTTP 构建出来的，因此用户通过正确的访问地址就可以轻松地访问到 Web 应用中的各类资源，如图 2-1 所示。

图 2-1  Web 资源访问

随着互联网的不断发展，Web 应用也越来越普及，基于不同的业务平台的需要，各个 Web 应用中都会保存大量重要的资源数据。为了防止资源泄露，需要对资源进行有效的保护，如图 2-2 所示。

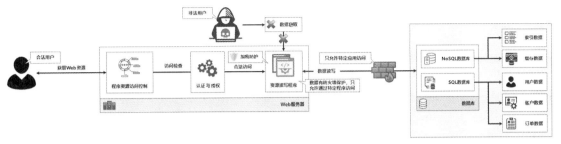

图 2-2 核心资源保护

要想实现核心资源保护，首先需要做的处理就是限制资源的外部访问，强制要求所有的使用者按照应用的要求，进行用户认证处理。这样 Web 服务就可以根据用户信息获取相应授权数据，最终依据这些授权数据实现用户授权检查。由于不同的用户有不同的权限，因此这类数据需要保存在 session 属性之中，如图 2-3 所示。

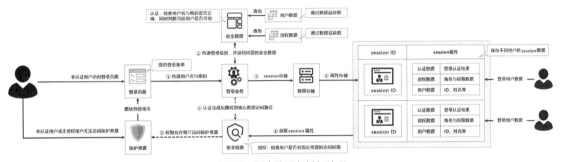

图 2-3 用户认证与授权处理

> 💡 提示：认证与授权。
>
> 在 Web 安全的管理控制中，存在认证（Authentication）与授权（Authorization）两个核心概念，用户认证部分的核心在于用户名与密码的检查。用户认证成功后，就可以根据既定的配置获取相应的授权信息。安全框架的本质就是访问特定的资源需要特定的授权数据。

在现代的 Java 项目开发中，Spring 已然成为所有项目的核心框架。在进行 Java Web 开发时，较为常用的做法是基于 Spring MVC 开发框架实现所需功能，而为了便于 Spring MVC 的扩展，Spring 又研发了 Spring Security 开发框架。

Spring Security（前身是 Acegi Security 开发框架）是一套完整的 Web 安全性应用解决方案，其主要基于 Spring AOP 与过滤器实现安全访问控制。Spring Security 的两大核心主题如下。

- 用户认证：主要依靠用户名和密码进行处理，并判断当前用户的状态是否为合法状态。
- 用户授权：每一个用户在系统中都有不同的角色或者不同的权限，利用角色或权限可以对资源进行有效的分类管理，以保证每个用户操作资源的安全性。

Spring Security 为实现安全管理提供了一系列的访问过滤器，而所有的访问过滤都只围绕着两个主题展开，即认证管理、决策管理，如图 2-4 所示。所有的认证管理都由 Spring Security 负责，开发者只需要按照其既定的结构要求进行相关代码配置即可实现资源的安全访问控制。

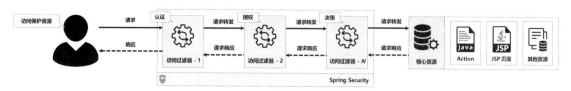

图 2-4　Spring Security 控制流程

　　Spring Security 是以过滤处理的形式实现 Web 认证与授权访问控制的，为了更好地与不同的 Web 应用进行整合，其在配置时采用了 Web 过滤器的形式进行定义。这样用户的每一次请求都会经过 Spring Security 的过滤器，在该框架的内部根据其自身的配置进行各项访问过滤处理。用户如果有业务上的扩展需要，也可以访问过滤器的扩展，这样可以极大地提高代码开发的灵活性。

## 2.1.1　Spring Security 快速启动

Spring Security
快速启动

　　**视频名称** 0202_【掌握】Spring Security 快速启动

　　**视频简介** Spring Security 有一组依赖库，在项目之中被引用后即可生效。本视频通过实例讲解 Spring Security 开发所需要的环境配置以及 Web 整合实现，并基于一个基础的 Spring MVC 控制器实现资源的保护处理。

　　为了便于开发者使用 Spring Security 进行项目的开发，Spring 开发框架提供了其专属依赖库，该依赖库包含安全框架的核心配置、页面标签、Web 整合等，开发者只需要引入这个依赖库并进行配置，Spring Security 即可根据开发者的配置，自动实现认证与授权处理。下面根据图 2-5 所示的结构进行一个基础应用的开发，具体的实现步骤如下。

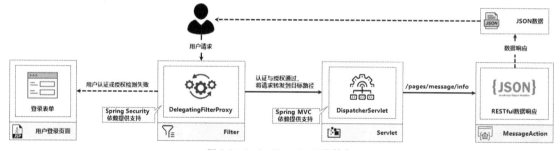

图 2-5　Spring Security 开发整合

　　（1）【SSM 项目】创建 security 子模块，随后修改 build.gradle 配置文件，追加模块所需依赖库。

```
project(":security") {                        // 创建security子模块
  dependencies {                              // 根据需要进行依赖配置
    implementation('org.springframework:spring-web:6.0.0-M3')
    implementation('org.springframework:spring-webmvc:6.0.0-M3')
    implementation('jakarta.servlet.jsp.jstl:jakarta.servlet.jsp.jstl-api:2.0.0')
    implementation('org.mortbay.jasper:taglibs-standard:10.0.2')
    implementation('com.fasterxml.jackson.core:jackson-core:2.13.3')
    implementation('com.fasterxml.jackson.core:jackson-databind:2.13.3')
    implementation('com.fasterxml.jackson.core:jackson-annotations:2.13.3')
    implementation('org.springframework.security:spring-security-core:6.0.0-M3')
    implementation('org.springframework.security:spring-security-web:6.0.0-M3')
    implementation('org.springframework.security:spring-security-config:6.0.0-M3')
    implementation('org.springframework.security:spring-security-taglibs:6.0.0-M3')
    compileOnly('jakarta.servlet.jsp:jakarta.servlet.jsp-api:3.1.0')
    compileOnly('jakarta.servlet:jakarta.servlet-api:5.0.0')
  }
}
```

（2）【security 子模块】在模块中定义与 Spring MVC 有关的配置类，这些类的作用如下。

- YootkDispatcherServlet：继承 DispatcherServlet 父类，用于重新定义 404 错误页跳转路径。
- SpringApplicationContextConfig：Spring 容器的核心配置类，用于定义程序扫描包。
- SpringWEBContextConfig：Spring Web 开发所需要的配置类。
- StartWEBApplication：Web 容器初始化加载类，用于实现 Spring Web 容器的启动。
- ResourceViewConfig：用于实现视图跳转前缀与后缀配置。

（3）【security 子模块】Spring Security 的核心处理在于过滤链的配置，所以需要在 Web 项目中配置 DelegatingFilterProxy 过滤器，修改 StartWEBApplication 配置类中的 getServletFilters()方法，增加新的过滤器定义。

```java
@Override
protected Filter[] getServletFilters() {                              // 过滤器
    CharacterEncodingFilter characterEncodingFilter =
            new CharacterEncodingFilter();                            // 编码过滤
    characterEncodingFilter.setEncoding("UTF-8");                     // 编码设置
    characterEncodingFilter.setForceEncoding(true);                   // 强制编码
    // 定义Spring Security过滤链处理类，在配置过滤器时，必须配置targetBeanName属性内容
    DelegatingFilterProxy delegatingFilterProxy =
            new DelegatingFilterProxy("springSecurityFilterChain");   // 创建过滤器
    return new Filter[]{characterEncodingFilter, delegatingFilterProxy}; // 返回过滤器
}
```

（4）【security 子模块】创建 WebMVCSecurityConfiguration 配置类，在该类中主要进行路径的认证与授权配置。

```java
package com.yootk.config;
@Configuration                                                        // 配置类注解
// 定义该注解之后容器才会提供HttpSecurity对象实例，后续才可以实现认证与授权的相关配置
@EnableWebSecurity                                                    // 启用Spring Security配置
public class WebMVCSecurityConfiguration {
    @Bean
    public SecurityFilterChain filterChain(HttpSecurity http) throws Exception {
        http.authorizeRequests()                                      // 配置认证请求
                .antMatchers("/pages/message/**").authenticated()     // 路径认证控制
                .antMatchers("/**").permitAll();                      // 任意访问
        http.formLogin();                                             // 登录配置
        return http.build();                                          // 构建HTTP安全实例
    }
    @Bean
    public WebSecurityCustomizer webSecurityCustomizer() {            //自定义Web安全配置
        return (web) -> web.ignoring().antMatchers(
                "/yootk-images/**", "/yootk-js/**", "/yootk-css/**"); // 忽略的安全路径
    }
}
```

在此时的配置类中，最为重要的核心配置项为 SecurityFilterChain（安全过滤链），而该对象的实例将通过 HttpSecurity 类进行创建。操作配置类的关联结构如图 2-6 所示。

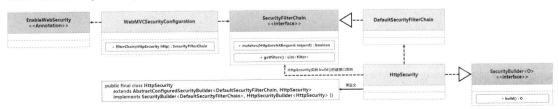

图 2-6 操作配置类的关联结构

由于每一个 Web 项目中需要保护的资源不同,因此就需要开发者使用 HttpSecurity 类进行指定路径的认证处理配置。本节直接对“/pages/message/”访问路径下的资源进行认证配置,未登录过的用户将无法进行访问。同时 Spring Security 提供了默认的登录页面,而该页面的启用可以通过 http.formLogin()方法实现。

(5)【security 子模块】为验证 Spring Security 的管理生效,创建一个 Action 程序类,并通过 RESTful 方式实现信息返回。

```java
package com.yootk.action;
@Controller                                                     // 控制器
@RequestMapping("/pages/message/")                              // 父路径
public class MessageAction {
    @GetMapping("info")                                         // GET请求子路径
    @ResponseBody                                               // RESTful数据响应
    public Object info() {                                      // 信息获取
        Map<String, String> result = new HashMap<>();           // 实例化Map集合
        result.put("yootk", "沐言科技: www.yootk.com");          // 数据保存
        result.put("jixianit", "极限IT编程训练营: www.jixianit.com"); // 数据保存
        return result;                                          // 数据响应
    }
}
```

此时一个基础的基于 Spring Security 的程序已经配置并开发完成,未认证的用户直接访问 /pages/message/info 路径时会自动跳转到/login 路径下,并看到登录页面,如图 2-7 所示。由于此时还未配置账户信息,因此暂时无可用的账户,仅仅实现了认证检查的处理。

图 2-7　Spring Security 认证保护

### 2.1.2　UserDetailsService

视频名称 0203_【掌握】UserDetailsService

视频简介 Spring Security 为了便于认证与授权信息的存储,提供了 UserDetailsService 接口。本视频为读者分析该接口的作用,以及相关的 UserDetails 与 GrantedAuthority 接口的使用,并采用固定认证信息的方式实现用户登录处理操作。

用户登录逻辑的关键在于用户数据的获取,即用户输入用户名和密码之后,程序需要根据用户名获取数据项,而后通过密码进行认证结果的判断。为了解决用户数据获取操作的问题,Spring Security 提供了 UserDetailsService 数据加载接口,该接口的关联结构如图 2-8 所示。开发者只需要通过该接口提供的 loadUserByUsername()业务方法返回一个 UserDetails 接口实例,随后将此数据对象实例设置在 Spring Security 的使用环境之中,就可以由 Spring Security 自动进行认证处理逻辑的实现。

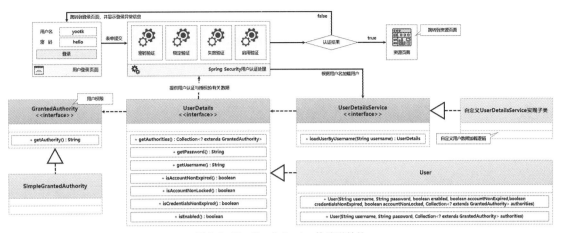

图 2-8    UserDetailsService 的关联结构

通过图 2-8 所示的结构容易发现，Spring Security 使用 UserDetails 接口描述用户详细信息。该接口除了保存用户的基本信息，还保存一系列的状态信息。Spring Security 可以通过表 2-1 所示的方法获取所需数据，并依据这些方法的返回结果来实现最终的认证处理操作。

表 2-1    UserDetails 接口的方法

| 序号 | 方法 | 类型 | 描述 |
| --- | --- | --- | --- |
| 1 | public String getUsername() | 普通 | 获取用户名 |
| 2 | public String getPassword() | 普通 | 获取密码 |
| 3 | public boolean isEnabled() | 普通 | 获取用户的启用状态 |
| 4 | public boolean isAccountNonExpired() | 普通 | 判断当前账户是否过期 |
| 5 | public boolean isAccountNonLocked() | 普通 | 判断当前账户是否被锁定 |
| 6 | public boolean isCredentialsNonExpired() | 普通 | 判断当前密码是否过期 |
| 7 | public java.util.Collection<GrantedAuthority> getAuthorities() | 普通 | 获取用户对应的全部角色 |

UserDetails 接口极大地方便了后端管理员对前端用户的认证控制。当某些用户因为某些原因无法登录时，管理员可以直接在对应的用户信息上进行配置，这样 Spring Security 就可以根据配置的结果进行处理。在一个完整的用户登录逻辑之中，除认证之外最重要的就是授权的管理，不同的用户拥有不同的权限，只有这样才可以实现资源的分类管理。为便于读者理解此概念，下面将对前面的程序进行改造。本节的改造采用固定密码的形式，用户输入正确的密码即可进行资源访问。具体开发步骤如下。

（1）【security 子模块】使用 Spring Security 处理时，需要考虑密码加密的问题，本节将采用 BCrypt 加密算法，所以需要先进行明文加密处理。

```
package com.yootk.test;
public class CreateSecurityPassword {
    public static void main(String[] args) {
        String password = "hello";                              // 定义明文密码
        BCryptPasswordEncoder encoder = new BCryptPasswordEncoder(); //密码加密器
        String cipherText = encoder.encode(password);           // 密码加密
        System.out.println("加密后的密码: " + cipherText);
        System.out.println("密码比较: " + encoder.matches(
            password, cipherText));                             // 密码比较
    }
}
```

程序执行结果：

```
加密后的密码: $2a$10$FzNCcT.sJlxDE8elAOu7FOUddntS8X3WSdraHd.bAkkt.OblshSuK
密码比较: true
```

在 Spring Security 设计中，考虑到密码数据的安全性，开发者一般都采用加密的方式对其进行定义。为了实现密码加密的统一管理，Spring Security 提供了 PasswordEncoder 接口，其继承结构如图 2-9 所示。所有的加密算法只需要实现该接口即可接入 Spring Security 认证处理逻辑，这样的设计便于加密算法的扩展。

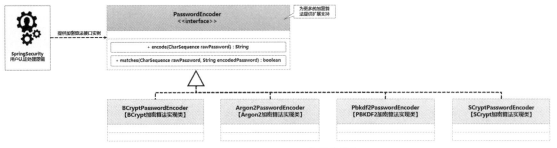

图 2-9　PasswordEncoder 的继承结构

（2）【security 子模块】修改 WebMVCSecurityConfiguration 配置类，追加密码加密器实例配置。

```
@Bean
public PasswordEncoder passwordEncoder() {      // 定义密码加密器
    return new BCryptPasswordEncoder();
}
```

（3）【security 子模块】创建 UserDetailsService 接口子类，并返回固定账户信息的 UserDetails 接口实例。

```
package com.yootk.service;
@Service // Bean注册
public class YootkUserDetailsService implements UserDetailsService {          // 用户数据服务
    @Override
    public UserDetails loadUserByUsername(String username)
            throws UsernameNotFoundException {                                // 加载用户数据
        List<GrantedAuthority> allGrantedAuthority = new ArrayList<GrantedAuthority>();
        if ("yootk".equals(username)) {                                       // 特殊权限
            allGrantedAuthority.add(new SimpleGrantedAuthority("ROLE_NEWS"));    // 授权项
            allGrantedAuthority.add(new SimpleGrantedAuthority("ROLE_ADMIN"));   // 授权项
            allGrantedAuthority.add(new SimpleGrantedAuthority("ROLE_SYSTEM"));  // 授权项
        }
        allGrantedAuthority.add(new SimpleGrantedAuthority("ROLE_MESSAGE"));   // 授权项
        User user = new User(username,
            "$2a$10$d9UnYF.H8IERG8kMVLR6AOnCaNaBBwP3Xj.B9HN7/.Kh0DWlOa05a",
            allGrantedAuthority);                                             // 创建UserDetails接口实例
        return user;
    }
}
```

当前应用访问存在限制，用户输入账户信息时，只要密码为"hello"，当前账户信息就是有效的账户信息，认证成功后程序就会跳转到认证表单跳转前的路径。Spring Security 用户认证处理流程如图 2-10 所示。

图 2-10　Spring Security 用户认证处理流程

### 2.1.3 认证与授权表达式

认证与授权表达式

**视频名称** 0204_【掌握】认证与授权表达式

**视频简介** 认证只是对用户身份合法性的处理,而为了便于资源的有效管理,开发框架往往会结合使用授权管理机制。Spring Security 为了便于授权访问,提供了授权配置方法。本视频为读者讲解该方法的使用,并给出该方法所支持的表达式。

一个 Web 应用中存在多种不同的用户数据,而为了便于资源的分类管理,往往会对用户进行授权控制,即拥有指定权限的用户才允许访问特定的资源。授权的检查处理可以通过 HttpSecurity 类提供的 access()方法进行配置,在配置时需要使用表 2-2 所示的表达式。

表 2-2 access()方法的表达式

| 序号 | 表达式 | 描述 |
|------|--------|------|
| 1 | denyAll | 拒绝全部访问 |
| 2 | permitAll | 允许全部访问 |
| 3 | hasAnyRole('角色 1', '角色 2', …) | 拥有列表中任意一个角色即可访问 |
| 4 | hasRole('角色') | 拥有指定角色才允许访问 |
| 5 | hasIpAddress('192.168.27.0/24') | 只允许 "192.168.27" 网段的主机访问 |
| 6 | isAnonymous() | 是否允许匿名访问 |
| 7 | isAuthenticated() | 只允许认证访问 |
| 8 | isRememberMe() | 是否允许 RememberMe 访问 |
| 9 | isFullyAuthenticated() | 必须采用标准认证流程(用户登录后才能访问) |

**范例**:修改 WebMVCSecurityConfiguration 配置类中的 filterChain()处理方法。

```
@Bean
public SecurityFilterChain filterChain(HttpSecurity http) throws Exception {
    http.authorizeRequests()                                    // 配置认证请求
        // 要访问"/pages/message/**"相关路径必须先认证
        .antMatchers("/pages/message/**")
            .access("isAuthenticated()")                        // 代替authenticated()
        // 要访问"/pages/message/**"相关路径必须拥有
        // "NEWS" "ADMIN" "MESSAGE"中的任意一个角色
        .antMatchers("/pages/message/**")
            .access("hasAnyRole('NEWS', 'ADMIN', 'MESSAGE')")   // 路径授权控制
        // 要访问"/pages/news/**"相关路径必须拥有"NEWS"角色
        .antMatchers("/pages/news/**").access("hasRole('NEWS')")
        // 根路径可以直接访问,不需要强制性的认证与授权检测
        .antMatchers("/**").access("permitAll");                // 代替permitAll()
    http.formLogin();                                           // 登录配置
    return http.build();                                        // 构建HTTP安全实例
}
```

此时的程序统一使用 access()方法进行了路径的认证与授权访问控制,在实际的开发中,开发者可以根据自身项目业务的需要,为指定的路径进行授权配置,以实现资源的安全访问。

### 2.1.4 SecurityContextHolder

SecurityContextHolder

**视频名称** 0205_【掌握】SecurityContextHolder

**视频简介** Spring Security 为了便于用户认证与授权数据的获取,提供了 SecurityContext Holder 上下文管理类。本视频讲解该类的使用,并通过实例分析已登录用户与匿名用户获取的认证数据信息的区别。

在用户登录完成之后，所有用户的信息都会被 Spring Security 所管理，但是在实际的项目开发之中，经常需要通过当前的用户名进行相关的业务处理操作。为了满足这样的开发需求，Spring Security 提供了 SecurityContextHolder 处理类，该类可以获取 SecurityContext 接口实例，这样就可以获取当前用户的认证信息，如图 2-11 所示。

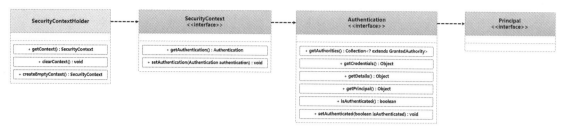

图 2-11   Spring Security 获取用户的认证信息

在 Spring Security 之中所有用户认证数据统一通过 Authentication 接口实例进行保存。需要注意的是，不管当前用户是否经过认证，SecurityContext 都会返回一个与当前 session 匹配的 Authentication 接口实例，而只有认证成功，才会在此接口实例中保存相应的数据，如图 2-12 所示。下面通过具体的案例来观察 Authentication 数据的获取。

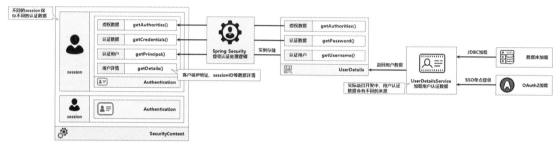

图 2-12   用户认证数据

（1）【security 子模块】创建 MemberAction 并通过 SecurityContextHolder 获取用户认证数据。

```
package com.yootk.action;
@Controller                                    // 控制器
@RequestMapping("/pages/member/")              // 父路径
public class MemberAction {
    @GetMapping("info")                        // GET请求子路径
    @ResponseBody                              // RESTful数据响应
    public Object info() {                     // 信息获取
        Authentication authentication =
            SecurityContextHolder.getContext().getAuthentication();   // 获取认证数据
        return authentication;                 // 数据响应
    }
}
```

为了便于访问，此时定义的"/pages/member/info"并没有添加认证与授权检测的配置，同时上述方法将直接以 RESTful 响应的形式返回 Authentication 中所保存的数据内容。下面将通过两种形式观察其具体的输出结果。

（2）【浏览器】以未认证用户的形式访问。

```
{
 "authorities": [ { "authority": "ROLE_ANONYMOUS" } ],
 "details": { "remoteAddress": "0:0:0:0:0:0:0:1",
   "sessionId": "D2A682A455948F934AB13C8D5D5A39E0"
 },
 "authenticated": true, "principal": "anonymousUser",
```

```
"keyHash": 1980612741, "credentials": "", "name": "anonymousUser"
}
```

(3)【浏览器】使用 yootk 账户登录，并进行访问。

```
{
"authorities": [
  { "authority": "ROLE_ADMIN" }, { "authority": "ROLE_MESSAGE" },
  { "authority": "ROLE_NEWS" }, { "authority": "ROLE_SYSTEM" }
],
"details": {
  "remoteAddress": "0:0:0:0:0:0:0:1",
  "sessionId": "93BFBA000FACA0AD36AD3449AD51A306"
},
"authenticated": true,
"principal": {
  "password": null,
  "username": "yootk",
  "authorities": [
    { "authority": "ROLE_ADMIN" }, { "authority": "ROLE_MESSAGE" },
    { "authority": "ROLE_NEWS" }, { "authority": "ROLE_SYSTEM" }
  ],
  "accountNonExpired": true, "accountNonLocked": true,
  "credentialsNonExpired": true, "enabled": true
},
"credentials": null, "name": "yootk"
}
```

通过以上的测试结果可以发现，已登录用户访问完成后，Authentication 接口内部已经存在全部的认证与授权数据，这样 Spring Security 在每次进行安全检查时，就可以根据该接口提供的数据进行验证。

> 💡 提示：注入 Principal 接口实例。
>
> 在获取用户数据时，由于 Spring Security 会始终保存每一个用户的认证信息，因此也可以在需要的位置上直接注入 Principal 接口实例以实现数据获取。
>
> 范例：注入 Principal 接口实例。
>
> ```
> @GetMapping("principal")
> @ResponseBody
> public Object principal(Principal principal) {   //注入接口实例
>     return principal;                            //返回接口实例
> }
> ```
>
> Principal 是 Authentication 的父接口，所以在用户访问/principal 路径时，将根据当前用户登录的情况返回对应的数据项。开发者也可以根据自己的需求进行定制化信息返回，这在 OAuth2 的认证资源中使用较多。关于此部分的实现可以参考本系列的《Spring Boot 开发实战（视频讲解版）》一书进行学习。

### 2.1.5 Spring Security 标签支持

Spring Security
标签支持

视频名称 0206_【理解】Spring Security 标签支持
视频简介 完整的 Web 页面需要根据用户认证与授权信息动态生成视图页面，为了便于相关信息的处理，Spring Security 提供了专属的页面标签。本视频通过案例为读者讲解这些标签的使用，并分析其与 Authentication 之间的关联。

用户认证成功后，用户的数据信息都被保存在了 Authentication 接口实例之中，但是在现实的应用开发中，需要根据用户对应的授权项动态地生成前端链接。为了便于视图层的操作，Spring Security 提供了两个核心的标签。

- `<security:authentication>`：获取当前认证用户的信息。
- `<security:authorize>`：基于 SpEL 实现授权信息检测。

以上两个标签在用户登录之后才可以获取相应的数据，并依据指定的授权数据生成与之对应的处理链接。为了便于读者理解，下面通过一个具体的页面进行实现。

（1）【security 子模块】创建一个 MainAction 控制层类，该类的作用主要是提供一个视图页面的处理链接。

```
package com.yootk.action;
@Controller                              // 控制器
public class MainAction {
   @GetMapping("/main")                  // GET请求子路径
   public Object main() {                // 控制方法
      return "/main";                    // 页面路径
   }
}
```

（2）【security 子模块】在 WEB-INF/pages 目录下创建 main.jsp 页面。

```
<%@ page pageEncoding="UTF-8"%>
<%@ taglib prefix="security" uri="http://www.springframework.org/security/tags" %>
<security:authorize access="isAuthenticated()">        <!-- 是否为认证过的用户 -->
   <h3>"<security:authentication property="principal.username"/>"用户，已经登录成功</h3>
</security:authorize>
<security:authorize access="hasRole('MESSAGE')"> <!-- 是否拥有"MESSAGE"角色 -->
   <h3>用户拥有"MESSAGE"角色</h3>
</security:authorize>
<security:authorize access="hasRole('ADMIN')">    <!-- 是否拥有"ADMIN"角色 -->
   <h3>用户拥有"ADMIN"角色</h3>
</security:authorize>
```

程序执行结果：

```
"yootk"用户，已经登录成功
用户拥有"MESSAGE"角色
用户拥有"ADMIN"角色
```

此时的视图页面会对当前用户登录状态进行判断，而这主要是依据 Authentication 实例中的数据进行的；同时可以直接使用 SpEL 进行各类的授权判断，以确定最终可以显示给用户的操作链接。

## 2.2　Spring Security 注解支持

Spring Security
注解支持

视频名称　0207_【掌握】Spring Security 注解支持

视频简介　为了增加 Spring Security 配置的灵活性，除了可以使用 HttpSecurity 进行映射路径的授权检测，也可以使用注解配置。本视频为读者分析注解的启用配置，并通过具体的应用案例实现 4 个核心注解的使用分析。

使用 HttpSecurity 时需采用路径匹配的方式实现认证与授权控制，而除了此种方式，Spring Security 也支持使用注解的方式进行认证与授权控制，这些注解的作用如表 2-3 所示。

表 2-3　Spring Security 注解支持

| 序号 | 注解 | 归类 | 描述 |
|---|---|---|---|
| 1 | @PreAuthorize("SpEL 表达式") | Spring Security | 在业务方法调用前使用安全表达式进行验证 |
| 2 | @PostAuthorize("SpEL 表达式") | | 在业务方法调用后使用安全表达式进行验证，该操作适用于带有返回值的授权检测。如果发现用户有相应授权则返回数据，没有相应授权则不返回数据，同时也可以通过 returnObject 在表达式语言中获取返回内容 |

续表

| 序号 | 注解 | 归类 | 描述 |
|---|---|---|---|
| 3 | @PreFilter(filterTarget = "参数名称", value = "SpEL 表达式") | Spring Security | 在业务方法调用前进行数据过滤，该注解需要接收的参数类型为 Collection 集合。在条件表达式中可以通过 filterObject 表示集合的每一个元素，最终只保留过滤之后的数据 |
| 4 | @PostFilter("SpEL 表达式") | | 对业务方法调用后的返回结果进行过滤，此时的业务方法返回的必须是 Collection 集合类型数据 |
| 5 | @Secured({"角色", "角色", …}) | | Spring Security 2.x 提供的授权检测，不支持 SpEL 表达式，在授权检测时需要写上授权项的全称 |
| 6 | @DenyAll | JSR-250 | 拒绝全部访问 |
| 7 | @PermitAll | | 允许全部访问 |
| 8 | @RolesAllowed({"角色", "角色", …}) | | 授权检测，拥有其中一项授权即可访问 |

Spring Security 的技术发展存在不同阶段，对 JSR-250 的支持情况也有变化，在当前的应用版本中，对认证与授权注解的支持一共分为 3 种，而要想使用表 2-3 所示的注解，则需要通过@EnableGlobalMethodSecurity 注解进行启用配置，如图 2-13 所示。

图 2-13　@EnableGlobalMethodSecurity 注解

在@EnableGlobalMethodSecurity 注解之中定义有 3 个核心的配置属性，要想在项目中使用特定的安全访问注解，就必须将对应的属性值设置为 true，只有这样，所配置的认证与授权检测的注解才会生效。下面通过具体的步骤实现这一功能。

（1）【SSM 项目】修改 build.gradle 配置文件，为 security 子模块引入所需要的 JSR-250 依赖库。

```
implementation('jakarta.annotation:jakarta.annotation-api:2.1.0')
```

（2）【security 子模块】为便于注解方法的配置，创建一个 MethodSecurityConfig 配置类。

```
package com.yootk.config;
@EnableGlobalMethodSecurity(                    // 启用全局方法安全配置
        prePostEnabled = true,                  // @PreAuthorize与@PostAuthorize注解启用
        jsr250Enabled = true,                   // @RolesAllowed、@DenyAll、@PermitAll注解启用
        securedEnabled = true)                  // @Secured注解启用
public class MethodSecurityConfig {}
```

（3）【security 子模块】Spring Security 注解主要用于业务实现类的方法，所以在定义 IAdminService 业务接口的同时在该接口上使用 Spring Security 提供的注解进行授权控制。

```
package com.yootk.service;
public interface IAdminService {
    @PreAuthorize("hasRole('ADMIN')")                           // 调用前授权检测
    public boolean add();
    @PreAuthorize("hasRole('ADMIN') AND hasRole('SYSTEM')")     // 调用前授权检测
    public boolean edit();
    // 拥有ROLE_ADMIN或ROLE_MESSAGE中的任意一个角色的授权项即可访问
    @Secured({"ROLE_ADMIN", "ROLE_MESSAGE"})
    public String get(String username);
    // 对传入的List集合数据进行过滤，如果指定内容的字符串包含"yootk"字字符串则保留
    @PreFilter(filterTarget = "ids", value = "filterObject.contains('yootk')")
    public Object delete(List<String> ids) ;
```

```
// 拥有ROLE_MESSAGE或ROLE_SYSTEM中的任意一个角色的授权项即可访问
@jakarta.annotation.security.RolesAllowed({"MESSAGE", "SYSTEM"})
public Object list();
}
```

（4）【security 子模块】定义 IAdminService 业务接口实现子类，此处直接实现业务方法的功能即可。

```
package com.yootk.service.impl;
@Service                                              // Bean注册
public class AdminServiceImpl implements IAdminService {    // 业务接口实现子类
    public boolean add() { return true; }
    public boolean edit() { return true; }
    public String get(String username) { return username; }
    public Object delete(List<String> ids) { return ids; }
    public Object list() { return Arrays.asList("MUYAN", "YOOTK"); }
}
```

（5）【security 子模块】要使业务层中的数据可以被外部访问，则还要创建一个AdminAction 控制器类。

```
package com.yootk.action;
@Controller                                           // 控制器
@RequestMapping("/pages/admin/")                      // 父路径
public class AdminAction {
    @Autowired                                        // 实例注入
    private IAdminService adminService;               // 业务接口实例
    @ResponseBody
    @GetMapping("add")
    public Object add() {
        return Map.of("result", "成功创建新的管理员", "flag", this.adminService.add());
    }
    @ResponseBody
    @GetMapping("edit")
    public Object edit() {
        return Map.of("result", "成功修改管理员数据", "flag", this.adminService.edit());
    }
    @ResponseBody
    @GetMapping("get")
    public Object get(String username) {
        return Map.of("result", this.adminService.get(username));
    }
    @ResponseBody
    @GetMapping("delete")
    public Object delete(@RequestParam(value="ids",required = false) List<String> ids) {
        return Map.of("result", this.adminService.delete(ids));
    }
    @ResponseBody
    @GetMapping("list")
    public Object list() {
        return Map.of("result", this.adminService.list());
    }
}
```

此时的认证与授权检测全部是在业务层中配置的，而控制层无法使用相应的安全注解。当用户访问控制层路径时，如果用户未认证则会跳转到登录页面进行登录，当权限不足时，将会直接返回403 状态信息。

> 提示：建议采用路径匹配的方式进行配置。
>
> 现在对于 Spring Security 的安全管理可以通过注解配置，也可以通过路径匹配的方式配置。通过具体的应用可以发现，注解配置虽然灵活，但是需要在业务层编写大量的注解定义，所以为了简化安全路径的配置管理，本书建议使用 HttpSecurity 定义路径匹配的方式实现认证与授权检测。

# 2.3 CSRF 访问控制

视频名称 0208_【掌握】CSRF 访问控制

视频简介 CSRF 是一种潜在的安全漏洞，SpringSecurity 提供了该漏洞的处理支持。本视频为读者分析 CSRF 的产生以及解决该漏洞的方案，并通过 HttpSecurity 类提供的方法，实现该机制的启用与关闭配置。

由于 Web 应用部署在公网之中，客户端通过浏览器即可访问，因此客户端上保存有不同 Web 站点的服务信息，而这时就有可能产生 CSRF（Cross-Site Request Forgery，跨站请求伪造）漏洞。CSRF 是一种常见的网络攻击模式，攻击者可以在受害者完全不知情的情况下以受害者的身份进行各种请求的发送（如邮件处理、账号操作等），并且在服务器看来这些操作全部合法。CSRF 的基本操作流程如图 2-14 所示。

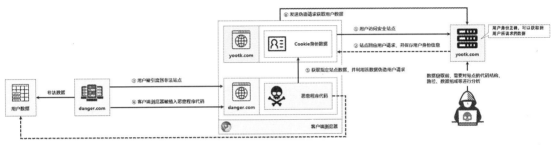

图 2-14 CSRF 漏洞攻击

> 💡 提示：CSRF 漏洞
>
> CSRF 漏洞最早是在 2000 年由国外的安全人员提出的，但是一直到 2006 年才开始有人关注此漏洞。随后在 2008 年国内外的许多网站爆发了 CSRF 漏洞安全问题，一直到今天还有许多的网站存在 CSRF 漏洞。业界称 CSRF 漏洞为"沉睡的巨人"，其威胁程度可见一斑。

要想解决 CSRF 漏洞问题，最简单的方式就是追加一些用于验证的标记信息。按照此设计思路，在实际的开发中有 3 种解决方案：验证 HTTP 请求头信息中的"Referer"信息；在访问路径中追加 Token 标记；在 HTTP 请求头信息中定义验证属性。对于追加 Token 标记的解决方案，服务端在每次处理客户端请求之前，进行 Token 标记的验证处理即可，如图 2-15 所示。

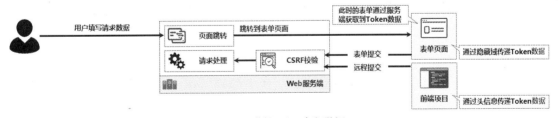

图 2-15 进行 Token 标记验证

在 Spring Security 中可以采用 Token 的形式进行验证，在每一次提交表单时，都可以基于隐藏域的方式传递 Token 数据，在请求处理时 Spring Security 会对其自动进行验证。下面通过一个具体的表单输入操作进行实现说明。

（1）【security 子模块】创建 MessageAction 程序类，该类要提供表单输入路径与表单提交处理路径。

```
package com.yootk.action;
@Controller                                        // 控制器
```

```
@RequestMapping("/pages/message")                    // 父路径
public class MessageAction {
    @GetMapping("/input")                            // 表单输入路径
    public String input() {
        return "/message/input";                     // 页面跳转
    }
    @PostMapping("/echo")                            // 请求处理路径
    @ResponseBody
    public Object echo(String msg) {
        return Map.of("result", "【ECHO】" + msg);
    }
}
```

（2）【security 子模块】在 WEB-INF/pages/message 路径下创建 input.jsp 页面，该页面的作用主要是提供一个输入表单，并且要在表单中增加一个隐藏域，用于传递 CSRF 校验数据。

```
<%@ page pageEncoding="UTF-8"%>
<%!
    public static final String ECHO_URL = "/pages/message/echo"; // 消息的处理路径
%>
<form action="<%=ECHO_URL%>" method="post">
    消息内容: <input type="text" name="msg" value="沐言科技: www.YOOTK.com">
    <!-- 在当前表单中提供一个隐藏域，并且通过EL获取Spring Security所传递的CSRF数据 -->
    <input type="hidden" name="${_csrf.parameterName}" value="${_csrf.token}"/>
    <button type"submit">发送</button>
</form>
```

程序执行结果：

```
{"result":"【ECHO】沐言科技: www.YOOTK.com"}
```

此程序运行后，开发者通过表单就可以进行所需请求数据的发送，而对于 Spring Security 提供的 CSRF 校验支持，程序也会根据隐藏域传递的 Token 数据进行处理，这一点可以通过图 2-16 所示的源代码观察到。

图 2-16　生成 Token 数据

（3）【security 子模块】虽然 Spring Security 提供了 CSRF 的处理支持，但是随着技术的发展，以及认证与授权管理操作的逐步完善，很多的 Web 应用并不需要采用 CSRF 处理模式，这时可以通过 HttpSecurity 的配置关闭 CSRF 校验操作。关闭之后，所有的表单在进行提交时，即便没有传递 Token 数据，也能够正常提交。下面将修改 WebMVCSecurityConfiguration 配置类中的 filterChain() 方法，追加以下代码即可关闭 CSRF 校验。

```
http.csrf().disable();                               // 关闭CSRF校验
```

# 2.4 扩展登录与注销功能

扩展登录与注销功能

**视频名称** 0209_【掌握】扩展登录与注销功能

**视频简介** 每一个应用都会提供具有特色的登录页面，所以 Spring Security 支持开发者对登录页面进行扩展处理，同时对于首页、授权错误页都有配置上的支持。本视频在已有的程序架构上对登录与注销操作的功能进行扩充。

虽然 Spring Security 内置了用户登录页面，但是从实际开发的角度来讲，其所提供的登录页面的显示效果是无法满足实际应用需求的，因此在进行应用开发时，往往需要开发者自定义登录页面。考虑到用户操作的便捷性，在用户登录成功后还需要跳转到指定的首页进行功能展示，如图 2-17所示。

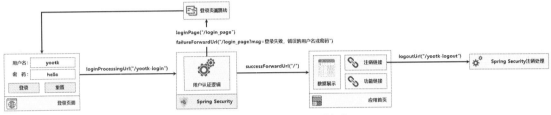

图 2-17 自定义登录与注销操作

Spring Security 中的登录与注销操作都是通过 FormLoginConfigurer 配置类进行的，要想获取该类实例，只需要利用 HttpSecurity 类提供的 formLogin()方法。表 2-4 列出了表单登录配置的常用处理方法。

表 2-4 FormLoginConfigurer 类的常用方法

| 序号 | 方法 | 类型 | 描述 |
|------|------|------|------|
| 1 | public FormLoginConfigurer<H> usernameParameter(String usernameParameter) | 普通 | 用户名参数配置 |
| 2 | public FormLoginConfigurer<H> passwordParameter(String passwordParameter) | 普通 | 密码参数配置 |
| 3 | public FormLoginConfigurer<H> successForwardUrl(String forwardUrl) | 普通 | 登录成功则跳转到首页 |
| 4 | public FormLoginConfigurer<H> loginPage(String loginPage) | 普通 | 登录页面路径 |
| 5 | public T loginProcessingUrl(String loginProcessingUrl) | 普通 | 登录处理路径 |
| 6 | public FormLoginConfigurer<H> failureForwardUrl(String forwardUrl) | 普通 | 登录失败后的跳转路径 |

除了登录的配置，安全管理逻辑中还需要有注销操作，所以 Spring Security 提供了 LogoutConfigurer 配置类。可以通过 HttpSecurity 类提供的 logout()方法获取该配置类的实例。LogoutConfigurer 提供的配置方法如表 2-5 所示。

表 2-5 LogoutConfigurer 类的常用方法

| 序号 | 方法 | 类型 | 描述 |
|------|------|------|------|
| 1 | public LogoutConfigurer<H> logoutUrl(String logoutUrl) | 普通 | 注销处理路径 |
| 2 | public LogoutConfigurer<H> logoutSuccessUrl(String logoutSuccessUrl) | 普通 | 注销成功后的跳转路径 |
| 3 | public LogoutConfigurer<H> deleteCookies(String... cookieNamesToClear) | 普通 | 清除指定的 Cookie 数据 |

除了登录与注销的配置，在每次授权检测出现问题后程序还应该跳转到指定的授权错误页路径，而这一操作可以通过异常处理类（ExceptionHandlingConfigurer）提供的 accessDeniedPage()方法实现。为便于读者理解，下面通过具体的步骤进行分析。

（1）【security 子模块】修改 WebMVCSecurityConfiguration 配置类中的 filterChain()方法，进行

登录与注销配置。

```
http.formLogin()                                        // 配置登录表单
    .usernameParameter("mid")                           // 用户名参数配置
    .passwordParameter("pwd")                           // 密码参数配置
    .successForwardUrl("/")                             // 登录成功路径
    .loginPage("/login_page")                           // 登录页面
    .loginProcessingUrl("/yootk-login")                 // 登录处理路径
    .failureForwardUrl("/login_page?msg=登录失败，错误的用户名或密码")  // 登录失败后的跳转路径
    .and()                                              // 配置连接
    .logout()                                           // 注销配置
    .logoutUrl("/yootk-logout")                         // 注销处理路径
    .logoutSuccessUrl("/logout_page")                   // 注销成功后的跳转路径
    .deleteCookies("JSESSIONID")                        // 清除Cookie
    .and()                                              // 配置连接
    .exceptionHandling()                                // 认证错误配置
    .accessDeniedPage("/error_403");                    // 授权错误页
```

（2）【security 子模块】登录表单配置的路径均为控制层路径，所以需要创建一个 CommonAction 程序类。

```
package com.yootk.action.common;
@Controller
public class CommonAction {
    @RequestMapping({"/"})
    public String index() {                             // 首页
        return "/index";                                // 跳转到首页
    }
    @GetMapping("/login_page")
    public String loginPage() {                         // 登录页面
        return "/login";                                // 跳转到登录页面
    }
    @GetMapping("/logout_page")                         // 注销页
    public String logout(Model model) {
        model.addAttribute("msg", "用户注销成功，欢迎下次访问！");
        return "/index";
    }
    @GetMapping("/error_403")                           // 授权错误页
    public String errorPage403() {
        return "/common/error_page_403";
    }
}
```

（3）【security 子模块】在 WEB-INF/pages 目录下创建 login.jsp 页面，该页面可提供登录表单。

```
<%@ page pageEncoding="UTF-8"%>
<%!
    public static final String LOGIN_URL = "/yootk-login";      // 登录处理路径
%>
<h1>${param.error ? "用户登录失败，错误的用户名或密码" : ""}</h1>
<form action="<%=LOGIN_URL%>" method="post">
    用户名: <input type="text" name="mid" value="yootk"><br>
    密   码: <input type="password" name="pwd" value="hello"><br>
    <input type="submit" value="登录"><input type="reset" value="重置">
</form>
```

（4）【security 子模块】在 WEB-INF/pages 目录下创建 index.jsp 页面，该页面作为首页。

```
<%@ page pageEncoding="UTF-8"%>
<%!
    public static final String LOGIN_URL = "/login_page";       // 登录页面
    public static final String LOGOUT_URL = "/yootk-logout";    // 登录处理路径
%>
<h3>${msg}</h3>
```

```
<h3>如果您还未登录,请先<a href="<%=LOGIN_URL%>">登录</a></h3>
<h3>更多内容请访问<a href="https://www.yootk.com" target="_ablank">沐言科技</a></h3>
<h3>登录成功,欢迎您回来,也可以选择<a href="<%=LOGOUT_URL%>">注销</a>! </h3>
```

为了便于登录的处理,本程序提供了一个网站的首页,使用者可以通过首页跳转到登录表单,并且登录成功后会返回首页。在需要注销时直接单击相应的链接即可。程序的处理逻辑如图 2-18 所示。

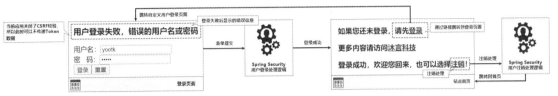

图 2-18  程序的处理逻辑

# 2.5  过滤器

**视频名称** 0210_【掌握】过滤器

**视频简介** Spring Security 的核心逻辑在于过滤链的处理支持,不同的验证模式会有专属的过滤器提供支持。本视频对已有的程序类进行结构分析,同时解释 FilterChainProxy 类的作用,并列出内置过滤器的名称以及它们的作用。

Spring Security 的运行机制主要依靠 Web 过滤器触发,开发者只需要在 Web 中配置 DelegatingFilterProxy 过滤代理类,用户每次发出请求时,FilterChainProxy 过滤链实现类就会自动进行内置过滤器的调用,从而实现完整的安全逻辑处理。该类的关联结构如图 2-19 所示。

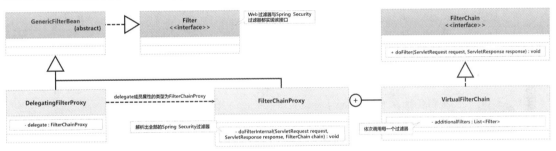

图 2-19  FilterChainProxy 的关联结构

为了简化过滤器的处理,Spring Security 并没有为过滤器设计新的接口,而是直接使用 Jakarta EE 中定义的 Filter 接口,而用户利用 HttpSecurity 类所配置的认证检查、授权检测、登录与注销操作分别对应着不同的过滤器,这些过滤器的作用如表 2-6 所示。

表 2-6  Spring Security 的核心过滤器

| 序号 | 过滤器 | 描述 |
|---|---|---|
| 1 | WebAsyncManagerIntegrationFilter | 异步安全管理 |
| 2 | SecurityContextPersistenceFilter | 持久化 SecurityContext 实例 |
| 3 | HeaderWriterFilter | 在响应时写入一些头信息数据 |
| 4 | CsrfFilter | CSRF 访问控制 |
| 5 | LogoutFilter | 用户注销 |
| 6 | UsernamePasswordAuthenticationFilter | 用户登录认证 |
| 7 | RequestCacheAwareFilter | 请求缓存 |
| 8 | SecurityContextHolderAwareRequestFilter | 包装 request 请求对象 |

续表

| 序号 | 过滤器 | 描述 |
|---|---|---|
| 9 | AnonymousAuthenticationFilter | 匿名用户访问 |
| 10 | SessionManagementFilter | Spring Security 会话管理 |
| 11 | ExceptionTranslationFilter | 处理 AccessDeniedException 及 AuthenticationException 异常 |
| 12 | FilterSecurityInterceptor | 访问权限判断，是 Spring Security 中最主要的过滤器 |
| 13 | RememberMeAuthenticationFilter | 用户免登录控制 |

以上所有过滤器的启用与关闭，全部由 HttpSecurity 类控制。该类提供了表单登录配置方法、注销操作方法，使用这些方法可以获取相应的配置类以实现所需功能。表 2-7 为读者列出了 HttpSecurity 类中定义的获取配置类实例的操作方法。

表 2-7　HttpSecurity 类常用的获取配置类实例方法

| 序号 | 方法 | 类型 | 描述 |
|---|---|---|---|
| 1 | public CsrfConfigurer<HttpSecurity> csrf() throws Exception | 普通 | 获取 CSRF 配置类 |
| 2 | public ExpressionUrlAuthorizationConfigurer<HttpSecurity>. ExpressionInterceptUrlRegistry authorizeRequests() throws Exception | 普通 | 获取授权配置类 |
| 3 | public FormLoginConfigurer<HttpSecurity> formLogin() throws Exception | 普通 | 获取登录认证配置类 |
| 4 | public LogoutConfigurer<HttpSecurity> logout() throws Exception | 普通 | 获取注销配置类 |
| 5 | public SessionManagementConfigurer<HttpSecurity> sessionManagement() throws Exception | 普通 | 获取 session 管理配置类 |
| 6 | public AnonymousConfigurer<HttpSecurity> anonymous() throws Exception | 普通 | 获取匿名访问配置类 |
| 7 | public ExceptionHandlingConfigurer<HttpSecurity> exceptionHandling() throws Exception | 普通 | 获取授权异常配置类 |
| 8 | public HeadersConfigurer<HttpSecurity> headers() throws Exception | 普通 | 获取响应头配置类 |
| 9 | public RememberMeConfigurer<HttpSecurity> rememberMe() throws Exception | 普通 | 获取 RememberMe 配置类 |

## 2.5.1　session 并行管理

session 并行管理

**视频名称** 0211_【掌握】session 并行管理

**视频简介** 账户的安全是系统数据安全的核心，Spring Security 为了保证账户的安全，引入了 session 并行管理的概念。本视频为读者分析该操作的主要用途，同时通过具体的代码开发实现用户数据的剔除处理。

账户是 Spring Security 实现认证与授权的核心单元，但是由于所有的系统都保存在公网之上，因此任何使用者只要拥有了账户数据，理论上都可以实现 Web 应用数据的获取。一旦用户的账户数据泄露，就可能出现较为严重的安全隐患，造成核心数据的丢失。session 并行管理如图 2-20 所示。

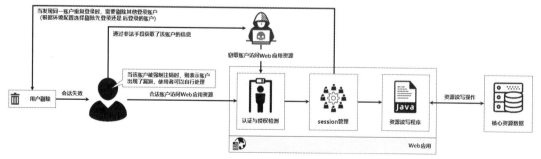

图 2-20　session 并行管理

为了便于账户登录的并行管理操作，Spring Security 提供了 session 管理过滤器（SessionManagement Filter），而该过滤器的配置主要是通过 SessionManagementConfigurer 配置类实现的，该类提供的常用方法如表 2-8 所示。

表 2-8　SessionManagementConfigurer 类的常用方法

| 序号 | 方法 | 类型 | 描述 |
| --- | --- | --- | --- |
| 1 | public SessionManagementConfigurer\<H\> invalidSessionUrl (String invalidSessionUrl) | 普通 | 配置 SessionID 错误时的跳转路径 |
| 2 | public ConcurrencyControlConfigurer maximumSessions (int maximumSessions) | 普通 | 设置并行 session 的最大数量 |
| 3 | public ConcurrencyControlConfigurer maxSessionsPreventsLogin (boolean maxSessionsPreventsLogin) | 普通 | 设置 session 剔除策略，设置为 true 表示剔除后登录的账户，设置为 false 表示剔除先登录的账户 |
| 4 | public ConcurrencyControlConfigurer expiredUrl(String expiredUrl) | 普通 | 设置 session 失效后的跳转路径 |
| 5 | public SessionManagementConfigurer\<H\> sessionCreationPolicy (SessionCreationPolicy sessionCreationPolicy) | 普通 | 定义 session 创建策略 |

session 并行管理策略的配置处理，需要通过 WebMVCSecurityConfiguration 配置类的 filter Chain()方法实现。同时还需要在项目中定义 HttpSessionEventPublisher 事件发布类，这样才允许用户在账户被剔除后重新进行登录。为了便于理解，下面来看一下该操作的具体实现步骤。

（1）【security 子模块】修改 WebMVCSecurityConfiguration.filterChain()配置方法，将并行 session 的最大数量设置为 1。

```
http.sessionManagement()                          // session管理配置
        .maximumSessions(1)                       // 并行session的最大数量
        .maxSessionsPreventsLogin(false)          // 剔除先登录的账户
        .expiredUrl("/?invalidate=true");         // session失效后的跳转路径
```

（2）【security 子模块】在 WebMVCSecurityConfiguration 配置类中添加 HttpSessionEventPublisher 事件发布类。

```
@Bean
public HttpSessionEventPublisher httpSessionEventPublisher() {
    return new HttpSessionEventPublisher();
}
```

（3）【security 子模块】修改 WEB-INF/pages/index.jsp 页面，使其可以支持 invalidate 参数的处理。

```
<h3>${param.invalidate ? "当前账户已在其他设备登录，为了您的安全已将该账户注销！" : ""}</h3>
```

配置完成后，如果某一个账户出现了重复登录的情况，程序会自动剔除已登录的账户，并跳转到首页，显示被强制下线的错误提示。当然，不同的应用环境允许并行登录的数量也是不同的，这一点要根据实际要求进行配置。

## 2.5.2　RememberMe

RememberMe

视频名称　0212_【掌握】RememberMe

视频简介　为了简化用户登录认证的处理流程，Spring Security 也支持 RememberMe 功能。本视频通过实例分析该功能的启用，并结合 MySQL 数据库实现 RememberMe 状态分布式数据存储的功能。

在应用中启用认证与授权检测的目的是对核心资源进行保护，但是在一个用户频繁使用的系统之中，如果每次都重复地进行用户登录的处理操作，则会严重影响该系统的用户体验。为了简化这一操作，可以基于 Cookie 实现登录认证处理的 Token 数据存储。在每次访问时，首先通过 Cookie 数据检查用户登录状态，如果已登录则直接访问所需资源，而如果未登录则跳转到登录页面进行正常的登录处理，操作流程如图 2-21 所示。这样就可以减少用户输入用户名和密码的次数，便于用户使用系统。

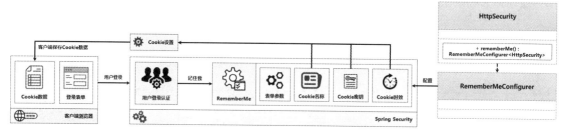

图 2-21 Spring Security 的 RememberMe 功能

Spring Security 提供了 RememberMe 功能的配置实现，该功能主要基于客户端浏览器的 Cookie 数据实现。Spring Security 还提供了 RememberMeConfigurer 配置类，利用 HttpSecurity 类中的 rememberMe()方法即可获取该类的实例。下面通过一个具体的应用来观察这一功能的基础实现。

（1）【security 子模块】修改 login.jsp 页面，追加进行免登录控制的复选框组件。

```html
<form action="<%=LOGIN_URL%>" method="post">
  用户名：<input type="text" name="mid" value="yootk"><br>
  密   码：<input type="password" name="pwd" value="hello"><br>
  <input type="checkbox" id="rme" name="rme" value="true" checked/>下次免登录<br>
  <input type="submit" value="登录"><input type="reset" value="重置">
</form>
```

此时的表单中定义了一个复选框参数"rme"，而该参数的名称需要通过 RememberMeConfigurer 进行设置。当提交登录表单时，如果传递的参数内容为"true"，Spring Security 会自动保存客户端浏览器中相应的 Cookie 数据，随后在每次访问时，会有专属的过滤器进行请求控制。

（2）【security 子模块】修改 WebMVCSecurityConfiguration 类中的 filterChain()方法，增加以下 HttpSecurity 配置项。

```java
@Bean
public SecurityFilterChain filterChain(HttpSecurity http,
        UserDetailsService userDetailsService) throws Exception {
    // 其他相关的HttpSecurity配置代码略
    // 在进行注销配置时，deleteCookies()方法应同时删除"yootk-cookie-rememberme"数据
    http.rememberMe()                                            // RememberMe配置
        .userDetailsService(userDetailsService)                  // 配置UserDetailsService
        .rememberMeParameter("rme")                              // 表单参数配置
        .key("yootk-lixinghua")                                  // Cookie密钥
        .tokenValiditySeconds(2592000)                           // 30天内免登录
        .rememberMeCookieName("yootk-cookie-rememberme");        // Cookie名称
    return http.build();                                         // 构建HTTP安全实例
}
```

（3）【浏览器】通过浏览器登录，登录成功后可以看见自动在浏览器中设置的 Cookie 数据，如图 2-22 所示。

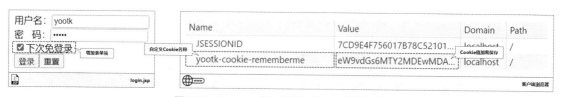

图 2-22 RememberMe 表单与 Cookie 数据存储

在用户再次访问资源路径时，只要所设置的 Cookie 数据有效，RememberMe 功能就可以实现

用户免登录处理。当项目中出现 fullyAuthenticated()方法配置的认证检查的路径时，程序才会进行强制性的用户登录处理。

虽然现在已经成功实现了 RememberMe 功能，但是此时所有用户的登录 Token 数据实际上都保存在服务器内存之中，这样随着免登录用户的数量增加，必然会增加额外的内存开销。为了解决该问题，Spring Security 支持数据库存储 Token 数据，操作结构如图 2-23 所示。

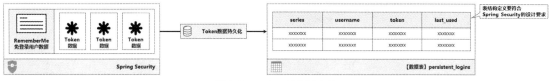

图 2-23　Token 数据持久化

为了实现 Token 数据的管理，Spring Security 提供了一个 PersistentTokenRepository 操作接口，同时又提供了内存 Token 存储实现子类（InMemoryTokenRepositoryImpl）与数据库 Token 存储实现子类（JdbcTokenRepositoryImpl）。在没有进行任何配置时，RememberMeConfigurer 会使用内存方式存储 Token 数据，只有用户明确地设置了数据库存储，才会进行存储介质的更换。该操作相应类的实现结构如图 2-24 所示。

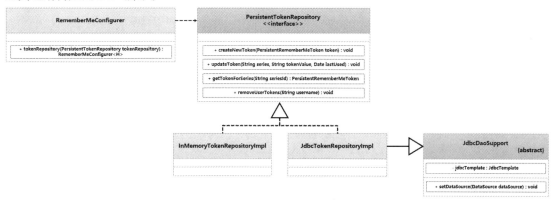

图 2-24　相应类的实现结构

（4）【MySQL 数据库】创建 Cookie 记录数据表。

```
-- 使用数据库
USE yootk;
-- 创建数据表保存免登录用户信息（数据表名称默认为"persistent_logins"）
CREATE TABLE persistent_logins (
    series          VARCHAR(64) ,
    username        VARCHAR(100) ,
    token           VARCHAR(64) ,
    last_used       TIMESTAMP ,
    CONSTRAINT pk_series PRIMARY KEY(series)
) engine=innodb;
```

（5）【SSM 项目】修改 build.gradle 配置文件，引入 MySQL 驱动程序与 HikariCP 数据库连接池。

```
implementation('org.springframework:spring-jdbc:6.0.0-M3')
implementation('mysql:mysql-connector-java:8.0.27')
implementation('com.zaxxer:HikariCP:5.0.1')
```

（6）【security 子模块】创建 src/main/profiles/dev/config/database.properties 资源文件，定义数据库连接配置。

```
yootk.database.driverClassName=com.mysql.cj.jdbc.Driver        # 数据库驱动程序
yootk.database.jdbcUrl=jdbc:mysql://localhost:3306/yootk        # 数据库连接地址
yootk.database.username=root                                    # 连接用户名
```

```
yootk.database.password=mysqladmin                  # 连接密码
yootk.database.connectionTimeOut=3000               # 数据库连接超时
yootk.database.readOnly=false                        # 非只读数据库
yootk.database.pool.idleTimeOut=3000                # 一个连接的最小维持时长
yootk.database.pool.maxLifetime=60000               # 一个连接的最大生命周期
yootk.database.pool.maximumPoolSize=60              # 连接池中的最大维持连接数量
yootk.database.pool.minimumIdle=20                  # 连接池中的最小维持连接数量
```

（7）【security 子模块】创建 DataSourceConfig 配置类。

```
package com.yootk.config;
@Configuration                                                       // 配置类
@PropertySource("classpath:config/database.properties")             // 配置加载
public class DataSourceConfig {                                      // 数据库配置Bean
    @Value("${yootk.database.driverClassName}")                     // 资源文件读取配置项
    private String driverClassName;                                 // 数据库驱动程序
    @Value("${yootk.database.jdbcUrl}")                             // 资源文件读取配置项
    private String jdbcUrl;                                         // 数据库连接地址
    @Value("${yootk.database.username}")                            // 资源文件读取配置项
    private String username;                                        // 用户名
    @Value("${yootk.database.password}")                            // 资源文件读取配置项
    private String password;                                        // 密码
    @Value("${yootk.database.connectionTimeOut}")                  // 资源文件读取配置项
    private long connectionTimeout;                                 // 连接超时
    @Value("${yootk.database.readOnly}")                           // 资源文件读取配置项
    private boolean readOnly;                                       // 只读配置
    @Value("${yootk.database.pool.idleTimeOut}")                   // 资源文件读取配置项
    private long idleTimeout;                                       // 连接的最小维持时长
    @Value("${yootk.database.pool.maxLifetime}")                   // 资源文件读取配置项
    private long maxLifetime;                                       // 连接的最大生命周期
    @Value("${yootk.database.pool.maximumPoolSize}")              // 资源文件读取配置项
    private int maximumPoolSize;                                    // 连接池中的最大维持连接数量
    @Value("${yootk.database.pool.minimumIdle}")                  // 资源文件读取配置项
    private int minimumIdle;                                        // 连接池中的最小维持连接数量
    @Bean("dataSource")                                            // Bean注册
    public DataSource dataSource() {
        HikariDataSource dataSource = new HikariDataSource(); // DataSource子类实例化
        dataSource.setDriverClassName(this.driverClassName);  // 驱动程序
        dataSource.setJdbcUrl(this.jdbcUrl);                  // JDBC连接地址
        dataSource.setUsername(this.username);                // 用户名
        dataSource.setPassword(this.password);                // 密码
        dataSource.setConnectionTimeout(this.connectionTimeout); // 连接超时
        dataSource.setReadOnly(this.readOnly);                // 是否为只读数据库
        dataSource.setIdleTimeout(this.idleTimeout);          // 连接的最小维持时长
        dataSource.setMaxLifetime(this.maxLifetime);          // 连接的最大生命周期
        dataSource.setMaximumPoolSize(this.maximumPoolSize);  // 连接池中的最大维持连接数量
        dataSource.setMinimumIdle(this.minimumIdle);          // 连接池中的最小维持连接数量
        return dataSource;                                     // 返回Bean实例
    }
}
```

（8）【security 子模块】创建 TokenRepositoryConfig 配置类。

```
package com.yootk.config;
@Configuration
public class TokenRepositoryConfig {                            // Token存储配置类
    @Bean
    public JdbcTokenRepositoryImpl jdbcTokenRepository(DataSource dataSource) {
        JdbcTokenRepositoryImpl tokenRepository = new JdbcTokenRepositoryImpl();
        tokenRepository.setDataSource(dataSource);              // 设置数据源
        return tokenRepository;
    }
}
```

（9）【security 子模块】修改 WebMVCSecurityConfiguration 类中的 filterChain()配置方法，在该方法中注入 Token 存储配置类的对象实例，并将其定义到 RememberMe 的相关配置之中。

```java
@Bean
public SecurityFilterChain filterChain(HttpSecurity http,
                UserDetailsService userDetailsService,
                JdbcTokenRepositoryImpl jdbcTokenRepository) throws Exception {
    // 其他相关的HttpSecurity配置代码略
    http.rememberMe()                                               // RememberMe配置
            .tokenRepository(jdbcTokenRepository)                   // 设置JDBC存储
            .userDetailsService(userDetailsService)                 // 配置UserDetailsService
            .rememberMeParameter("rme")                             // 表单参数配置
            .key("yootk-lixinghua")                                 // Cookie密钥
            .tokenValiditySeconds(2592000)                          // 30天内免登录
            .rememberMeCookieName("yootk-cookie-rememberme");       // Cookie名称
    return http.build();                                            // 构建HTTP安全实例
}
```

配置完成后，RememberMe 的所有 Token 数据就会保存在指定数据库之中，用户重复进行登录认证处理时，就可以在 persistent_logins 数据表中查询到相关的 Token 数据，如图 2-25 所示。

图 2-25　Token 数据持久化存储

### 2.5.3　验证码保护

验证码保护

**视频名称**　0213_【掌握】验证码保护

**视频简介**　为了保证用户登录处理的安全性，也为了防止用户的账户密码被暴力破解，现代的开发中都会采用验证码保护的形式。本视频对已有过滤器的结构进行扩展，并利用自定义的验证码组件实现登录验证码的显示以及校验功能的开发。

现代网络应用环境复杂，为了保障个人账户的安全性，平台在用户登录时除了要求进行账户信息的输入，还会额外要求输入验证码，甚至在更加严格的安全环境下，还会对当前登录者的手机（手机验证码），以及当前设备的编号进行验证处理，如图 2-26 所示。

图 2-26　验证码处理逻辑

💡 **提示：短信服务需要授权开通。**

用户登录认证的处理模式由于时代的不同而不同，早期的应用只验证用户名和密码，而现代的应用往往会与手机号码绑定。要绑定动态短信处理操作，则需要向指定的短信运营商购买短信服务，由于这牵扯到授权等问题，因此这部分的实现不在本书讲解范围之内。本书只采用 Web 验证码的结构讲解 Spring Security 对于验证码保护的实现逻辑。

由于登录验证码的检测需要在用户登录认证过滤之前实现，因此本节在已有的 Spring Security 过滤链之中追加一个验证码过滤器，如图 2-27 所示。由于 Jakarta EE 标准中 Filter 为过滤器的实现接口，因此在定义该过滤器时，用户可以直接实现 Filter 接口，也可以根据需要继承 Spring Security 提供的抽象类。

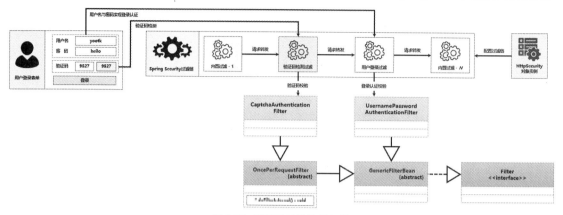

图 2-27　验证码过滤处理实现

GenericFilterBean 是 Spring Security 提供的一个 Filter 接口实现子类，该类为一个抽象类。考虑到验证码过滤处理只需要执行一次，所以本节将通过 OncePerRequestFilter 父类，保证再次请求时只执行一次过滤处理。由于验证码过滤需要在具体的登录认证过滤前执行，因此可以通过 HttpSecurity 类中提供的 addFilterBefore()方法将验证码检测过滤配置在 UsernamePassword AuthenticationFilter 过滤器前执行。下面来看一下该操作的具体实现步骤。

（1）【security 子模块】为了安全考虑，项目中的验证码应该采用图片的形式生成，所以创建一个 CaptchaUtil 工具类，在该类中基于 BufferedImage 与 Graphics 类实现验证码的生成操作。

```
package com.yootk.util;
public class CaptchaUtil {                                      // 验证码工具类
    private static final String[] CANDIDATE_DATA = {
        "A", "B", "C", "D", "E", "F", "G", "H", "J", "K",
        "L", "M", "N", "P", "Q", "R", "S", "T", "U", "V", "W", "X",
        "Y", "Z", "a", "b", "c", "d", "e", "f", "g", "h", "i", "j",
        "k", "m", "n", "p", "s", "t", "u", "v", "w", "x", "y", "z",
        "1", "2", "3", "4", "5", "6", "7", "8", "9" };          // 候选数据
    public static final String CAPTCHA_NAME = "yootk-captcha";   // 验证码名称
    private static final int WIDTH = 80;                        // 生成图片的宽度
    private static final int HEIGHT = 25;                       // 生成图片的高度
    private static final int LENGTH = 4;                        // 验证码长度
    public static void outputCaptcha() {
        HttpServletRequest request = ((ServletRequestAttributes) RequestContextHolder
            .getRequestAttributes()).getRequest();              // 获取request对象
        HttpServletResponse response = ((ServletRequestAttributes) RequestContextHolder
            .getRequestAttributes()).getResponse();             // 获取response对象
        HttpSession session = request.getSession();             // 获取session对象
        response.setHeader("Pragma", "No-cache");               // 设置页面不缓存
        response.setHeader("Cache-Control", "no-cache");        // 设置页面不缓存
        response.setDateHeader("Expires", 0);                   // 缓存失效时间
        response.setContentType("image/png");                   // 图片显示
        BufferedImage image = new BufferedImage(WIDTH, HEIGHT,
            BufferedImage.TYPE_INT_RGB);                        // 内存中创建图片
        Graphics g = image.getGraphics();                       // 获取图像上下文对象
        Random random = new Random();                           // 实例化随机数类
        g.setColor(getRandColor(200, 250));                     // 设定背景色
        g.fillRect(0, 0, WIDTH, HEIGHT);                        // 绘制矩形
        g.setFont(new Font("宋体", Font.PLAIN, 18));             // 设定字体
        g.setColor(getRandColor(160, 200));                     // 获取新的颜色
        for (int i = 0; i < 155; i++) {                         // 产生干扰线
```

```
        int x = random.nextInt(WIDTH);
        int y = random.nextInt(HEIGHT);
        int x1 = random.nextInt(12);
        int y1 = random.nextInt(12);
        g.drawLine(x, y, x + x1, y + y1);                     // 绘制干扰线
    }
    StringBuffer sRand = new StringBuffer();                   // 保存生成的随机数
    String str [] = captchaData();                            // 获取验证码候选数据
    for (int i = 0; i < LENGTH; i++) {                        // 生成4位随机数
        String rand = str[random.nextInt(str.length)];       // 获取随机数
        sRand.append(rand);                                   // 随机数保存
        g.setColor(new Color(20 + random.nextInt(110), 20 + random.nextInt(110),
             20 + random.nextInt(110)));                      // 验证码显示
        g.drawString(rand, 16 * i + 6, 19);                  // 图片绘制
    }
    session.setAttribute(CAPTCHA_NAME, sRand.toString());     // 验证码存储
    g.dispose();                                              // 图片生效
    try {
        ImageIO.write(image, "JPEG", response.getOutputStream()); // 输出图片到页面
    } catch (IOException e) {}
}
private static String[] captchaData() {                        // 验证码候选数据
    return CANDIDATE_DATA;
}
private static Color getRandColor(int fc, int bc) {           // 获取随机颜色
    Random random = new Random();
    if (fc > 255) {                                          // 设置颜色边界
        fc = 255;
    }
    if (bc > 255) {                                          // 设置颜色边界
        bc = 255;
    }
    int r = fc + random.nextInt(bc - fc);                   // 随机生成红色数值
    int g = fc + random.nextInt(bc - fc);                   // 随机生成绿色数值
    int b = fc + random.nextInt(bc - fc);                   // 随机生成蓝色数值
    return new Color(r, g, b);                               // 随机返回颜色对象
}
}
```

　　本程序实现了一个验证码的生成工具，因为验证码最终是以图片的形式显示在页面之中的，所以此时就需要将当前的响应设置为图片（MIME＝image/png），而后通过 Graphics 并结合验证码候选数据进行验证码的绘制；同时考虑到图片的文字扫描破解问题，又在验证码上设置了多条干扰线，以加强验证码的安全性。

> 💡 提示：验证码开发组件。
>
> 　　在 Java 的开发历史中，为了便于验证码的实现，出现过大量的第三方组件，如谷歌（Google）公司推出的 Kaptcha 组件，但是 Jakarta EE 9.0 后开发包名称变更（javax.××变更为 jakarta.××），导致很多的组件暂时无法直接使用，期待在未来这些组件能有所更新。

　　（2）【security 子模块】创建 CaptchaAction 控制器配置验证码的访问路径。

```
package com.yootk.action.common;
@Controller
public class CaptchaAction {                                  // 验证码控制器
   @RequestMapping("/captcha")                                // 验证码访问路径
   public ModelAndView captcha() {                           // 验证码显示
      CaptchaUtil.outputCaptcha();                           // 生成验证码
      return null;
   }
}
```

（3）【security 子模块】创建 CaptchaException 验证码异常处理类，该类继承 AuthenticationException 父类。

```
package com.yootk.exception;
public class CaptchaException extends AuthenticationException { // 认证失败
    public CaptchaException(String msg) {
        super(msg);
    }
}
```

（4）【security 子模块】创建 CaptchaAuthenticationFilter 过滤器。

```
package com.yootk.filter;
public class CaptchaAuthenticationFilter
        extends OncePerRequestFilter {                              // 请求时执行一次过滤
    private String codeParameter = "code";                         // 验证码参数名称
    private AuthenticationFailureHandler authenticationFailureHandler; // 认证失败处理
    public void setAuthenticationFailureHandler(
            AuthenticationFailureHandler authenticationFailureHandler) {
        this.authenticationFailureHandler = authenticationFailureHandler;
    }
    @Override
    protected void doFilterInternal(HttpServletRequest request,
            HttpServletResponse response, FilterChain filterChain)
                    throws ServletException, IOException {
        if ("/yootk-login".equals(request.getRequestURI()) &&
                "POST".equals(request.getMethod())) {              // 路径与请求模式判断
            String captcha = (String) request.getSession()
                    .getAttribute(CaptchaUtil.CAPTCHA_NAME);       // 获取生成的验证码
            String code = request.getParameter(this.codeParameter); // 获取输入的验证码
            // 当验证码没有输入、验证码没有生成或者验证码不匹配时会进行错误提示
            if (captcha == null || "".equals(captcha) || code == null ||
                    "".equals(code) || !captcha.equalsIgnoreCase(code)) { // 验证码判断
                this.authenticationFailureHandler.onAuthenticationFailure(request,
                        response, new CaptchaException("错误的验证码")); // 认证异常
            } else {                                               // 没有错误
                filterChain.doFilter(request, response);           // 请求转发
            }
        } else {
            filterChain.doFilter(request, response);               // 请求转发
        }
    }
}
```

（5）【security 子模块】在 WebMVCSecurityConfiguration 配置类中定义认证失败处理 Bean。

```
@Bean
public SimpleUrlAuthenticationFailureHandler authenticationFailureHandler() { // 认证失败
    SimpleUrlAuthenticationFailureHandler failureHandler =
            new SimpleUrlAuthenticationFailureHandler();
    failureHandler.setDefaultFailureUrl("/login_page?error=true");      // 失败处理路径
    return failureHandler;
}
```

（6）【security 子模块】修改 WebMVCSecurityConfiguration 配置类中的 filterChain()方法，增加新的配置参数，并将验证码过滤器配置在 UsernamePasswordAuthenticationFilter 过滤器之前。

```
@Bean
public SecurityFilterChain filterChain(HttpSecurity http,
        UserDetailsService userDetailsService,
        JdbcTokenRepositoryImpl jdbcTokenRepository,
        SimpleUrlAuthenticationFailureHandler authenticationFailureHandler)
            throws Exception {
    // 其他相关的HttpSecurity配置代码略
```

```
// 创建验证码过滤器，并且在该过滤器中配置认证失败处理类实例，这样抛出异常后就可以跳转到失败处理路径
CaptchaAuthenticationFilter captchaFilter = new CaptchaAuthenticationFilter();
captchaFilter.setAuthenticationFailureHandler(authenticationFailureHandler);
// 进行Spring Security过滤链配置，将验证码过滤器配置在登录认证过滤器之前
http.addFilterBefore(captchaFilter, UsernamePasswordAuthenticationFilter.class);
return http.build();                // 构建HTTP安全实例
}
```

在 WebMVCSecurityConfiguration 配置类中,需要明确地定义 AuthenticationFailureHandler 接口实例,该实例主要用于实现认证失败后的操作。如果发现验证码为空或者错误,验证码过滤器将抛出 AuthenticationException 认证异常,而程序在捕获到该异常后会跳转回登录页面进行错误显示,此时的配置类的关联结构如图 2-28 所示。

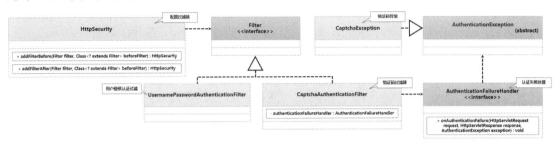

图 2-28　验证码过滤相关类结构

(7)【security 子模块】修改 login.jsp 页面,在该页面中追加验证码文本框,并利用<img>标签加载验证码图片。

```
验证码: <input type="text" name="code" maxlength="4" size="4"><img src="/captcha"><br>
```

程序运行时,login.jsp 页面会通过<img src="/captcha">加载验证码图片,当用户输入错误时不会进行账户数据的验证,而是跳转回 login.jsp 页面进行错误显示。只有在验证码输入正确后才会执行后续的登录认证过滤操作。本程序的页面执行效果如图 2-29 所示。

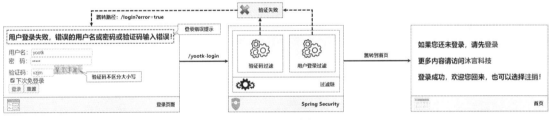

图 2-29　验证码处理

# 2.6　投票器

投票器概述

> **视频名称** 0214_【掌握】投票器概述
>
> **视频简介** Spring Security 提供了完整的认证与授权检测,但是考虑到项目的运行环境不同,其对于认证与授权的检测处理也进行了功能的扩充,提供了投票器的管理策略,用户利用投票器可以在特定的环境下避免强制性的安全检查所带来的操作烦琐问题。本视频为读者分析投票操作的意义,并分析 Spring Security 中投票器处理类的作用。

传统 Web 开发之中,如果用户要访问核心资源,那么所有的请求必须由 Spring Security 进行安全检测。但是由于不同应用的管理复杂性不同,有些网站可能会对用户有所区分,如图 2-30 所示。为了简化特殊用户的访问,Spring Security 提供了基于投票器的资源访问策略,即投票访问策略。

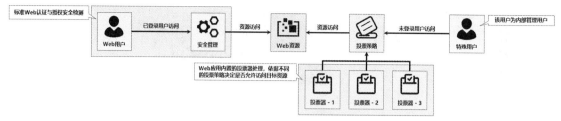

图 2-30　投票访问策略

　　所谓的投票访问策略指的就是设置一些基础的逻辑判断，每一个逻辑判断都可以理解为一个投票器，若干个投票器一起进行访问验证的逻辑处理。符合投票器既定的策略，用户就可以访问，反之则禁止用户进行访问。Spring Security 为了便于访问的管理，提供了投票管理器（AccessDecisionManager）和投票者（AccessDecisionVoter）的处理接口，这些接口的使用结构如图 2-31 所示。

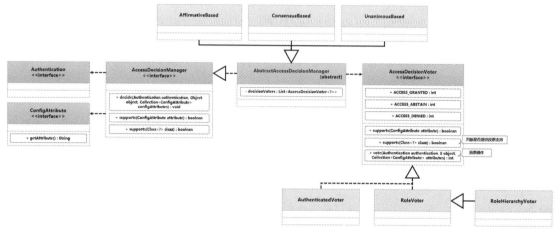

图 2-31　接口的使用结构

　　在现实的投票处理逻辑中，投票者往往有 3 种不同的状态，分别为赞成（ACCESS_GRANTED = 1）、弃权（ACCESS_ABSTAIN = 0）、反对（ACCESS_DENIED = -1），所以 Spring Security 在 AccessDecisionVoter 接口中定义了 3 个常量来表示投票状态。所有的投票器都统一被 AccessDecisionManager 投票管理器接口所管理，而为了适应不同的投票场景，该接口也提供了 3 个实现子类，这 3 个子类的作用如下。

- org.springframework.security.access.vote.AffirmativeBased：一票通过，只要有一个投票者赞成，用户就允许访问。
- org.springframework.security.access.vote.ConsensusBased：半数以上投票者赞成，用户就可以访问。
- org.springframework.security.access.vote.UnanimousBased：全票通过后用户才可以访问。

## 2.6.1　本地 IP 地址直接访问

本地 IP 地址直接访问

**视频名称**　0215_【掌握】本地 IP 地址直接访问

**视频简介**　为了区分出内网用户与外网用户的访问，可以基于投票器管理机制，实现本地账户的免登录资源访问处理。本视频基于 AccessDecisionVoter 实现自定义投票器的开发，并基于 AccessDecisionManager 子类实现投票管理。

　　为了便于 Web 数据的维护以及监控处理操作，可以标记一些管理员的主机 IP 地址，这样只要程序发现当前访问应用的是指定 IP 地址，就可以使其绕开 Spring Security 的安全管理机制，直接获取所需要的 Web 资源。可以按照图 2-32 所示的结构进行配置。

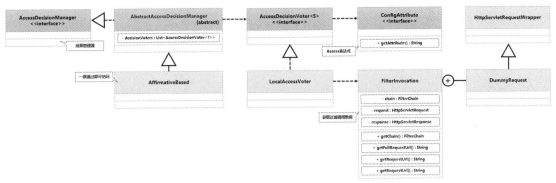

图 2-32  IP 地址直接访问投票处理

本节要进行 IP 地址的直接访问处理操作，所以可以使用 AffirmativeBased 子类实现投票管理器实例的配置。而要想在 Spring Security 中使用投票管理器，则需要通过 AbstractInterceptUrlRegistry 类提供的 accessDecisionManager() 方法进行设置，该方法会返回 ExpressionUrlAuthorization Configurer<HttpSecurity>.ExpressionInterceptUrlRegistry 实例，通过该实例结合 Access 表达式进行标记配置即可。相关类的关联结构如图 2-33 所示。下面通过具体的步骤实现本地 IP 地址直接访问控制。

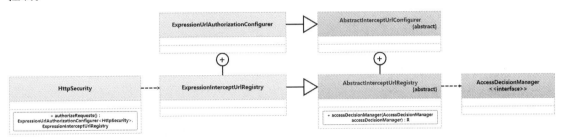

图 2-33  相关类的关联结构

（1）【security 子模块】创建一个实现本地 IP 地址直接访问的投票器。

```java
package com.yootk.voter;
public class LocalAccessVoter implements AccessDecisionVoter<FilterInvocation> {
    private static final String LOCAL_FLAG = "LOCAL_IP";          // 访问标记
    @Override
    public boolean supports(ConfigAttribute attribute) {          // 支持判断
        return attribute != null && attribute.toString().contains(LOCAL_FLAG);
    }
    @Override
    public boolean supports(Class<?> clazz) {                     // 支持判断
        return FilterInvocation.class.equals(clazz);
    }
    @Override
    public int vote(Authentication authentication, FilterInvocation object,
            Collection<ConfigAttribute> attributes) {
        if (!(authentication.getDetails()
            instanceof WebAuthenticationDetails)) {               // 不是来自Web的访问
            return AccessDecisionVoter.ACCESS_DENIED;             // 拒绝访问
        }
        // 通过认证信息获取用户的详情内容，该内容类型为WebAuthenticationDetails
        WebAuthenticationDetails details =
```

```
                        (WebAuthenticationDetails) authentication.getDetails();
        String ip = details.getRemoteAddress();                  // 取得当前操作的IP地址
        Iterator<ConfigAttribute> iter = attributes.iterator();  // 获取每一个配置属性
        while (iter.hasNext()) {                                  // 循环每一个配置属性
            ConfigAttribute ca = iter.next();                     // 获取属性
            if (ca.toString().contains(LOCAL_FLAG)) {             // 本地标记
                if ("0:0:0:0:0:0:0:1".equals(ip) || "127.0.0.1".equals(ip)) { // 本地访问
                    return AccessDecisionVoter.ACCESS_GRANTED;    // 访问通过
                }
            }
        }
        return AccessDecisionVoter.ACCESS_ABSTAIN;                // 弃权
    }
}
```

（2）【security 子模块】在 WebMVCSecurityConfiguration 配置类中定义 AccessDecisionManager 的 Bean 实例。

```
@Bean
public AccessDecisionManager accessDecisionManager() {            // 投票管理器
    List<AccessDecisionVoter<? extends Object>> decisionVoters = new ArrayList<>();
    decisionVoters.add(new RoleVoter());                          // 授权投票器
    decisionVoters.add(new AuthenticatedVoter());                 // 认证投票器
    decisionVoters.add(new LocalAccessVoter());                   // 本地IP地址访问投票器
    decisionVoters.add(new WebExpressionVoter());                 // Access表达式支持
    AffirmativeBased manager = new AffirmativeBased(decisionVoters); // 一票通过
    return manager;
}
```

（3）【security 子模块】修改 WebMVCSecurityConfiguration 配置类中的 filterChain()方法，配置要使用的投票管理器。

```
@Bean
public SecurityFilterChain filterChain(HttpSecurity http,
        UserDetailsService userDetailsService,
        JdbcTokenRepositoryImpl jdbcTokenRepository,
        SimpleUrlAuthenticationFailureHandler authenticationFailureHandler,
        AccessDecisionManager accessDecisionManager) throws Exception {
    // 其他相关的HttpSecurity配置代码
    http.authorizeRequests()                                      // 配置认证请求
        .accessDecisionManager(accessDecisionManager)             // 投票管理器
        .antMatchers("/pages/message/**")
            .access("hasAnyRole('NEWS', 'ADMIN', 'MESSAGE') or hasRole('LOCAL_IP')");
    return http.build();                                          // 构建HTTP安全实例
}
```

以上配置完成后，只要是在当前主机上访问，就可以绕开已有的认证与授权检测，直接进行目标资源的访问处理。这使得整个安全机制的管理更加灵活。

### 2.6.2　RoleHierarchy

RoleHierarchy

视频名称　0216_【掌握】RoleHierarchy

视频简介　为了更加明确地实现授权管理的配置，Spring Security 支持权限的层级配置，这样拥有高级别权限的用户可以直接进行低级别权限对应资源的访问操作。本视频通过 RoleHierarchy 类结合投票管理器实现权限层级关系的设置。

　　Spring Security 在进行资源授权访问时，可以通过 Access 授权表达式进行权限管理，只有明确拥有对应权限的用户才可以进行资源的访问（见图 2-34），但是在实际的开发中也应该考虑到权限层级的配置。

图 2-34　授权访问层级问题

　　图 2-34 所示用户已经拥有了 ROLE_ADMIN 权限，所以按照正常的层级关系（ROLE_ADMIN > ROLE_ RESOURCE > ROLE_USER），就应该可以访问所有的资源。在默认情况下 Spring Security 并没有开通权限层级关系的配置，下面利用 RoleHierarchy 类实现权限层级关系的配置。

　　（1）【security 子模块】在 WebMVCSecurityConfiguration 配置类中定义 RoleHierarchy 权限层级的 Bean 实例。

```
@Bean
public RoleHierarchy roleHierarchy() {                       // 权限层级配置
   RoleHierarchyImpl role = new RoleHierarchyImpl();         // 权限层级
   role.setHierarchy("ROLE_ADMIN > ROLE_RESOURCE > ROLE_USER"); // 层级关系
   return role;
}
```

　　（2）【security 子模块】在 WebMVCSecurityConfiguration 配置类中定义表达式处理类。

```
@Bean
public SecurityExpressionHandler<FilterInvocation> securityExpressionHandler(
      RoleHierarchy roleHierarchy) {                         // 配置表达式
   DefaultWebSecurityExpressionHandler expressionHandler =
         new DefaultWebSecurityExpressionHandler();          // 表达式支持
   expressionHandler.setRoleHierarchy(roleHierarchy);        // 设置角色继承
   return expressionHandler;
}
```

　　（3）【security 子模块】修改 WebMVCSecurityConfiguration 配置类中的 accessDecisionManager() 方法。

```
@Bean
public AccessDecisionManager accessDecisionManager(
   SecurityExpressionHandler<FilterInvocation> securityExpressionHandler) {// 投票管理器
   List<AccessDecisionVoter<? extends Object>> decisionVoters = new ArrayList<>();
   decisionVoters.add(new RoleVoter());                      // 授权投票器
   decisionVoters.add(new AuthenticatedVoter());             // 认证投票器
   decisionVoters.add(new LocalAccessVoter());               // 本地IP地址访问投票器
   WebExpressionVoter webExpressionVoter = new WebExpressionVoter();
   webExpressionVoter.setExpressionHandler(securityExpressionHandler); // 表达式处理类
   decisionVoters.add(webExpressionVoter);                   // Access表达式支持
   AffirmativeBased manager = new AffirmativeBased(decisionVoters); // 一票通过
   return manager;
}
```

　　配置类修改成功后，具有高级别权限的用户可以随意访问低级别权限对应的所有资源，实现了权限层级关系的配置。这样的功能也使得授权管理更加简化。

# 2.7　本章概览

1．Spring Security 的核心功能是进行认证检查与授权访问控制处理，认证主要实现的是用户的登录操作，包括用户的状态判断，而一个用户在认证成功后可以同时有多个授权项，这些信息会统一保存在 session 之中。

2．Spring Security 是基于过滤器实现的认证与授权检测处理安全框架，在使用时需要在项目中配置 DelegatingFilterProxy 过滤器，这样程序就会根据 HttpSecurity 的配置定义一系列的过滤器，每一个过滤器都内置有专属配置类。

3．Spring Security 中所有资源的访问控制都由 HttpSecurity 进行处理，在进行授权检测时，可以利用 access() 方法结合授权表达式进行安全检查。

4．Spring Security 中所有的用户状态（用户数据与授权数据）可以通过 SecurityContext 接口获取，在 JSP 页面显示时，对应的处理标签也基于此接口返回的数据实现判断。

5．Spring Security 为了便于资源的保护提供了注解的配置模式，同时也支持 JSR-250 标准中的注解配置，但是考虑到代码的严格管理，本书建议通过匹配路径的方式进行授权管理。

6．CSRF 漏洞是在 Web 开发中较为常见的安全隐患，Spring Security 很好地解决了此安全漏洞（利用 Token 标记）。为了减少对程序的影响，也可以通过 HttpSecurity 关闭 CSRF 校验功能。

7．为了限制多个账户的并行访问，Spring Security 提供了 session 并行管理机制，而在某一位用户被强制剔除之后，需要配置 HttpSessionEventPublisher 事件发布类，以实现被剔除账户的重新登录。

8．为了减少用户重复登录的次数，Spring Security 支持 RememberMe 功能，利用该功能可以在 Cookie 中保存一组 Token 数据，以方便与服务器中的数据进行匹配，而为了减少服务器内存占用，也可以基于 MySQL 数据库实现 Token 数据存储。

9．Spring Security 中的过滤链可以通过 HttpSecurity 进行配置，开发者利用该机制可以在指定的过滤器前/后追加自定义过滤处理操作。

10．Spring Security 允许用户自定义安全投票器，这样可以实现更多的业务处理功能，但在进行访问控制器定义时，如果要使用 SpEL 进行授权检测，则一定要配置 WebExpressionVoter 投票器。

# 第 3 章

# MyBatis

**本章学习目标**

1. 掌握 MyBatis 开发框架与 JPA 开发框架的区别及联系；
2. 掌握 MyBatis 框架中数据操作的基本形式，并可以实现数据的 CRUD 操作；
3. 掌握 MyBatis 动态 SQL 的使用方法；
4. 掌握 MyBatis 一级缓存与二级缓存的使用方法，并可以基于 Redis 实现分布式缓存处理；
5. 掌握 MyBatis 注解的使用方法，并可以基于注解实现数据层实现类的简化定义；
6. 掌握 MyBatisGenerator 插件的使用方法；
7. 理解 MyBatis 数据关联技术的使用，并可以实现数据的一对一、一对多以及多对多关联操作；
8. 掌握 MyBatis 与 Spring 框架的整合配置方法。

MyBatis 是一款轻量级的 ORM（Object Relational Mapping，对象关系映射）开发框架，其采用了半自动化的方式实现数据层代码的开发，结合 Spring 框架技术后，可以使开发得到进一步的简化。本章将为读者完整地讲解 MyBatis 框架的使用。

## 3.1  MyBatis 编程起步

MyBatis 简介

视频名称  0301_【掌握】MyBatis 简介

视频简介  MyBatis 是当今 Web 开发中使用较为广泛的 ORM 开发框架，其以高性能著称，同时又有着简单的设计架构。本视频为读者介绍 MyBatis 框架的主要特点，同时帮助读者总结 MyBatis 与 Spring Data JPA 技术之间的区别及联系。

数据库是现代应用开发的核心存储介质，虽然 Java 提供了 JDBC（Java Database Connectivity，Java 数据库互连）服务标准，但是其开发过于烦琐，并且采用 SQL 命令的形式也不符合面向对象的设计思想。在这样的背景下，大量的开发工程师采用了 ORM 的设计思想，这样可以基于数据对象实现数据表中的数据处理操作。而随着 Java 技术的发展，ORM 组件也在逐步增多，如 JDO、Entity Bean、Hibernate、JPA、MyBatis。如果要考虑数据库的可移植性，那么优先选择 Hibernate；如果要考虑数据层的处理性能，则优先选择 MyBatis。

 提示：JPA 属于 Jakarta EE 官方标准。

　　JPA（Java Persistence API，Java 持久化 API）是 Jakarta EE 所制定的官方标准，而 MyBatis 是一种"民间"产物。由于 MyBatis 的性能较好，因此在国内的 Java 开发中被大量采用，但是很多的国外项目依然还是使用 JPA 进行开发。对于程序开发人员来讲，肯定是两项技术都需要掌握的。

MyBatis 是在 2010 年 6 月 16 日由 Apache 交由 Google 进行管理的，在这之前该框架的名称为"iBatis"，这个名称主要由"internet"与"abatis"两个单词组成。开发者可以通过 MyBatis 官方网站获取与该框架有关的信息，如图 3-1 所示。

图 3-1　MyBatis 官方网站

　　MyBatis 框架能实现传统 JDBC 操作的封装，考虑到不同项目开发中的数据操作需求，在项目中所使用的 SQL 操作可以由开发人员自行定义。对于返回结果的处理，MyBatis 可以直接使用最原始的 Java 类结构进行定义，这使得整个开发过程非常直观，同时可以避免 Hibernate 这种重度封装所带来的性能问题。图 3-2 展示了 MyBatis 的开发架构。

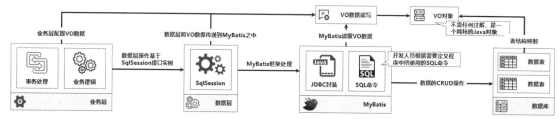

图 3-2　MyBatis 的开发架构

### 3.1.1　开发 MyBatis 应用

开发 MyBatis
应用

**视频名称** 0302_【掌握】开发 MyBatis 应用

**视频简介** MyBatis 为第三方开源应用组件，开发者可以直接利用 Gradle 构建工具进行开发环境的搭建。本视频为读者讲解 MyBatis 项目环境的搭建，并分析 MyBatis 开发中的核心单元组成，最后通过 MyBatis 实现完整的数据增加操作。

　　MyBatis 基于 JDBC 实现封装操作，所以要进行 MyBatis 开发一定会使用到 SQL 数据库，同时为了对项目单元进行有效的管理，也需要提供数据库连接配置文件、SQL 程序文件等。因此一个完整的 MyBatis 应用会包含图 3-3 所示的结构单元。

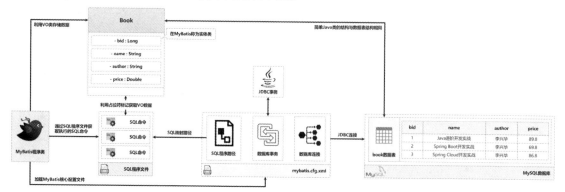

图 3-3　MyBatis 开发的结构单元

在使用 MyBatis 开发时，所有的配置文件的名称均可以由开发者自行定义。数据操作方法定义在 SqlSession 接口之中，而要想获取该接口的实例，则需要使用 SqlSessionFactory 接口提供的操作方法。要想获取 SqlSessionFactory 接口实例，可以通过 SqlSessionFactoryBuilder 类提供的 build() 方法实现，该方法可以根据指定的输入流，实现 MyBatis 核心配置文件的加载。该操作类的关联结构如图 3-4 所示。下面通过 MyBatis 实现数据增加操作。

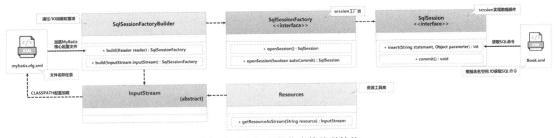

图 3-4    MyBatis 操作类的关联结构

（1）【MySQL 数据库】编写数据库脚本，创建数据表。

```
DROP DATABASE IF EXISTS yootk;
CREATE DATABASE yootk CHARACTER SET UTF8;
USE yootk;
CREATE TABLE book (
    bid             BIGINT AUTO_INCREMENT    comment '图书编号',
    name            VARCHAR(50)             comment '图书名称',
    author          VARCHAR(50)             comment '图书作者',
    price           DOUBLE                  comment '图书价格',
    CONSTRAINT pk_bid PRIMARY KEY(bid)
) engine=innodb;
```

（2）【SSM 项目】创建 mybatis 子模块，随后修改 build.gradle 配置文件，定义子模块所需依赖库。

```
project(":mybatis") {                       // 配置mybatis子模块
    dependencies {                          // 根据需要进行依赖配置
        implementation('mysql:mysql-connector-java:8.0.29')
        implementation('org.mybatis:mybatis:3.5.10')
    }
}
```

（3）【mybatis 子模块】创建与 book 数据表结构相同的 Book 实体类。

```
package com.yootk.vo;                        // 图书类
public class Book {                          // 图书编号
    private Long bid;                        // 图书编号
    private String name;                     // 图书名称
    private String author;                   // 图书作者
    private Double price;                     // 图书价格
    // Setter方法、Getter方法、toString()方法、无参构造方法、全参构造方法代码略
}
```

（4）【mybatis 子模块】在 src/main/resources 源代码目录中创建 mybatis/mapper/Book.xml 映射文件（或称 Mapper 文件），该文件主要用于定义当前操作要使用的 SQL 语句。

```
<?xml version="1.0" encoding="UTF-8"?>
<!DOCTYPE mapper PUBLIC "-//mybatis.org//DTD Mapper 3.0//EN"
        "http://mybatis.org/dtd/mybatis-3-mapper.dtd">
<!-- 设置命名空间，可以与不同表的同类型操作进行区分，使用时以"命名空间.ID"的方式调用 -->
<mapper namespace="com.yootk.mapper.BookNS">
    <!-- 定义增加数据的操作配置，同时指定参数类型 -->
    <!-- 此处的id表示的是用户操作时的指定标记，SQL操作时: doCreate -->
    <!-- parameterType指的是参数的类型，此时应该操作的是简单Java类 -->
    <insert id="doCreate" parameterType="com.yootk.vo.Book">
```

```
        INSERT INTO book(name, author, price) VALUES (#{name}, #{author}, #{price})
    </insert>
</mapper>
```

　　Book.xml 是进行 SQL 命令定义的核心配置文件。由于一个项目中存在大量的数据表，考虑到对用于数据表操作的 SQL 命令的有效管理，一般的做法是将一张数据表对应一个 XML 映射文件，同时在不同的 XML 映射文件之中定义不同的命名空间（namespace）。每一个具体的 SQL 命令前都需要有一个 ID，这样在通过 SqlSession 接口进行数据操作时，直接根据"命名空间.ID"即可找到所需 SQL 语句，如图 3-5 所示。每一个 SQL 语句执行时所对应的操作数据，可以通过 parameterType 配置属性进行定义，在 SQL 命令中可以采用"#{ 属性名称 }"的方式获取对象实例中的成员属性内容。

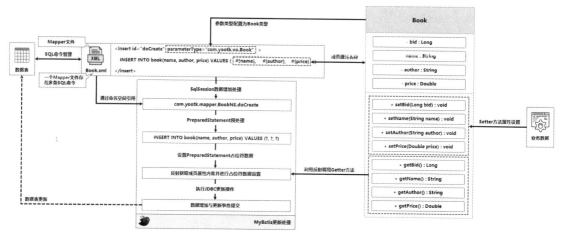

图 3-5　MyBatis 配置文件处理

　　(5)【mybatis 子模块】在 src/main/resources 源代码目录中创建 mybatis/mybatis.cfg.xml 配置文件，该文件主要用于定义要连接的数据库和配置 Book.xml 文件的加载路径。

```xml
<?xml version="1.0" encoding="UTF-8" ?>
<!DOCTYPE configuration
      PUBLIC "-//mybatis.org//DTD Config 3.0//EN"
      "http://mybatis.org/dtd/mybatis-3-config.dtd">
<configuration>
    <environments default="development">         <!-- 定义数据库连接池 -->
        <environment id="development">        <!-- 数据库资源配置 -->
            <transactionManager type="jdbc" /> <!-- JDBC事务管理 -->
            <!-- 定义数据源，MyBatis提供了3种数据源，如下 -->
            <!-- POOLED：采用MyBatis内置的连接池进行数据库连接管理 -->
            <!-- UNPOOLED：不使用连接池管理数据库连接 -->
            <!-- JNDI：引入外部的数据库连接池配置 -->
            <dataSource type="POOLED">         <!-- 配置数据源 -->
                <!-- 数据库的驱动程序路径，配置的MySQL驱动包中的类名称 -->
                <property name="driver" value="com.mysql.cj.jdbc.Driver" />
                <!-- 数据库的连接地址 -->
                <property name="url" value="jdbc:mysql://localhost:3306/yootk" />
                <!-- 数据库连接的用户名 -->
                <property name="username" value="root" />
                <!-- 数据库连接的密码 -->
                <property name="password" value="mysqladmin" />
            </dataSource>
        </environment>
    </environments>
    <mappers>                     <!-- 配置SQL映射文件路径 -->
```

```
        <mapper resource="mybatis/mapper/Book.xml" />  <!-- 映射文件路径 -->
    </mappers>
</configuration>
```

（6）【mybatis 子模块】编写测试类实现数据增加操作。

```
package com.yootk.test;
public class TestBook {
    private static final Logger LOGGER = LoggerFactory.getLogger(TestBook.class);
    @Test
    public void testDoCreate() throws Exception {
        InputStream input = Resources
                .getResourceAsStream("mybatis/mybatis.cfg.xml");    // 加载MyBatis配置文件
        SqlSessionFactory sessionFactory = new SqlSessionFactoryBuilder()
                .build(input);                                      // 创建session工厂类实例
        SqlSession session = sessionFactory.openSession();          // 打开session
        Book book = new Book();                                     // 实例化VO对象
        book.setName("Spring Boot开发实战");                         // 属性设置
        book.setAuthor("李兴华");                                    // 属性设置
        book.setPrice(69.8);                                        // 属性设置
        LOGGER.info("【数据增加】更新数据行数: {}", session.insert(   // 数据增加
                "com.yootk.mapper.BookNS.doCreate", book));          // 数据增加
        session.commit();                                           // 事务提交
        session.close();                                            // 关闭session
        input.close();                                              // 关闭输入流
    }
}
```

程序执行结果：

```
DEBUG com.yootk.mapper.BookNS.doCreate - ==>
            Preparing: INSERT INTO book(name, author, price) VALUES (?, ?, ?)
DEBUG com.yootk.mapper.BookNS.doCreate - ==>
            Parameters: Spring Boot开发实战(String), 李兴华(String), 69.8(Double)
DEBUG com.yootk.mapper.BookNS.doCreate - <==    Updates: 1
INFO com.yootk.test.TestBook - 【数据增加】更新数据行数: 1
```

此时的程序通过 SqlSession 提供的方法实现了数据增加操作，在数据增加时利用命名空间的名称进行 Mapper 文件的定位，而后通过配置 ID 获取要使用的 SQL 命令，并依据 parameterType 参数类型的配置传递实例数据，就可以实现数据更新处理。通过程序执行结果，可以发现 MyBatis 操作的本质（通过 JDBC 服务提供的 PreparedStatement 接口完成所需数据操作）。

### 3.1.2 MyBatis 连接工厂

MyBatis 连接工厂

视频名称 0303_【掌握】MyBatis 连接工厂

视频简介 SqlSession 是 MyBatis 的核心数据操作与事务控制处理接口，为了便于后续代码的讲解，本视频通过 ThreadLocal 对其使用方法进行封装，通过专属连接工厂类实现 SqlSession 的实例管理。

MyBatis 中所有的数据处理操作都是由 SqlSession 接口提供的方法完成的，要想获取该接口实例则需要通过 SqlSessionFactoryBuilder 类提供的 build() 方法实现。但是如果每一次的数据库操作都使用这样的操作过程，那么代码的开发就会显得非常烦琐，且不便于代码的维护。此时最佳的做法就是创建一个 MyBatisSessionFactory 工厂类（见图 3-6），每次直接调用特定的方法即可获取 SqlSessionFactory 与 SqlSession 接口实例。

实际的项目开发中，每一个线程都需要自己专属的数据库连接与事务控制方法，此时可以直接在工厂类中提供一个 ThreadLocal 对象实例，这样即便某一个线程多次调用了 getSession() 方法，最终所返回的也是同一个 SqlSession 接口实例，这便于用户的使用与关闭处理。

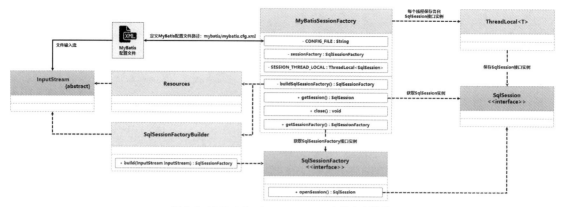

图 3-6　MyBatisSessionFactory 工厂类的实现结构

范例：创建 MyBatisSessionFactory 工厂类。

```java
package com.yootk.util;
public class MyBatisSessionFactory {
    private static final String CONFIG_FILE = "mybatis/mybatis.cfg.xml";    // 配置文件路径
    private static SqlSessionFactory sessionFactory;                        // SqlSessionFactory实例
    // 考虑到多线程的数据维护情况，使用ThreadLocal保存每个线程的SqlSession接口实例
    private static final ThreadLocal<SqlSession> SESSION_THREAD_LOCAL =
                        new ThreadLocal<>();
    static {                                                                // 类加载时执行
        buildSqlSessionFactory();                                           // 创建SqlSessionFactory
    }
    private static SqlSessionFactory buildSqlSessionFactory() {             // 创建SqlSessionFactory
        try {
            InputStream input = Resources.getResourceAsStream(CONFIG_FILE); // 加载配置文件
            sessionFactory = new SqlSessionFactoryBuilder().build(input);   // 构建实例
        } catch (Exception e) {}
        return sessionFactory;
    }
    public static SqlSession getSession() {                                 // 获取SqlSession
        SqlSession session = SESSION_THREAD_LOCAL.get();                    // 获取对象实例
        if (session == null) {                                              // 实例为空
            session = sessionFactory.openSession();                         // 创建新对象
            SESSION_THREAD_LOCAL.set(session);                              // 保存对象实例
        }
        return session;
    }
    public static void close() {                                            // 释放SqlSession
        SqlSession session = SESSION_THREAD_LOCAL.get();                    // 获取对象实例
        if (session != null) {                                              // 实例不为空
            session.close();                                                // 关闭SqlSession
            SESSION_THREAD_LOCAL.remove();                                  // 移除对象实例
        }
    }
    public static SqlSessionFactory getSessionFactory() {                   // 获取SqlSession
        return sessionFactory;
    }
}
```

此工厂类创建完成后，在每次进行数据操作时，直接使用 MyBatisSessionFactory.getSession Factory()方法就可以获取 SqlSession 接口实例并进行相关数据操作方法的调用。

### 3.1.3 别名配置

别名配置

视频名称 0304_【掌握】别名配置

视频简介 在 Mapper 文件中除了要定义使用的 SQL 命令，还需要进行操作数据的配置，为了简化对象参数的配置，MyBatis 提供了别名支持。本视频分析别名的意义与配置启用。

MyBatis 实现数据操作主要依靠的是 Mapper 文件（所有定义在 Mapper 文件中的 SQL 命令）。如果需要进行数据的接收，则要通过 parameterType 配置参数类型，只有这样才可以在 SQL 命令执行时，利用反射获取对应占位符数据。在默认情况下，开发者直接编写类的完整名称即可，但是由于大部分的 MyBatis 应用都会基于特定的表结构映射类进行参数传递，因此也可以通过别名进行配置。

MyBatis 中的别名主要是在 MyBatis 核心配置文件（mybatis.cfg.xml）中配置的，可使用 <typeAliases>定义别名，而该元素提供了两个子元素，分别表示两种不同的配置方式。

- <typeAlias>：由用户自定义别名。
- <package>：包扫描配置，使用类名称作为别名。

范例：MyBatis 别名配置。

手动别名配置：

```
<typeAliases>                       <!-- 别名配置 -->
   <typeAlias type="com.yootk.vo.Book" alias="Book"/>
</typeAliases>
```

包扫描配置：

```
<typeAliases>                       <!-- 别名配置 -->
   <package name="com.yootk.vo"/>   <!-- 包扫描配置 -->
</typeAliases>
```

通过以上的两种方式配置别名后，在 Mapper 文件中定义参数类型时，可以使用别名替代完整的类名称。考虑到程序的可扩展性与代码维护问题，应该尽量采用包扫描配置。

范例：修改 Book.xml 映射文件。

```
<insert id="doCreate" parameterType="Book">
   INSERT INTO book(name, author, price) VALUES (#{name}, #{author}, #{price})
</insert>
```

### 3.1.4 获取生成主键

获取生成主键

视频名称 0305_【掌握】获取生成主键

视频简介 不同的业务中存在不同的主键生成模式，在数据表采用自动生成模式生成主键时，程序也需要及时获取当前的数据 ID，所以 MyBatis 提供了主键的获取机制。本视频通过实例为读者分析两种主键获取机制的使用。

当前我们所使用的 book 数据表采用了自动生成主键的模式，但是在默认的状态下，用户实现了数据增加后并不能够获取新的 ID 数据，此时就可以通过 Mapper 文件的方式进行配置。

范例：获取生成主键。

```
<mapper namespace="com.yootk.mapper.BookNS">
   <insert id="doCreate" parameterType="Book" keyProperty="bid"
         keyColumn="bid" useGeneratedKeys="true">
      INSERT INTO book(name, author, price) VALUES (#{name}, #{author}, #{price})
   </insert>
</mapper>
```

此时的 Mapper 文件在<insert>元素中配置了 3 个属性：主键成员属性名称(keyProperty="bid")、

主键列字段（keyColumn="bid"）以及生成主键启用（useGeneratedKeys="true"）。这样在数据增加完成后就可以直接通过对应的成员属性（这里为 Book 类对象的 bid 属性）获取增长后的 ID 数据，配置结构如图 3-7 所示。

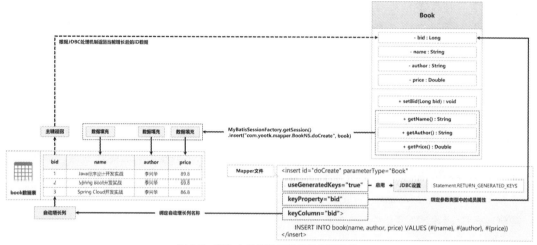

图 3-7　获取自动增长列数据的配置结构

范例：获取增长后的 ID 数据。

```
@Test
public void testDoCreate() {                                    // 数据增加测试
    Book book = new Book();                                     // 实例化VO对象
    book.setName("Spring Boot开发实战");                         // 属性设置
    book.setAuthor("李兴华");                                    // 属性设置
    book.setPrice(69.8);                                        // 属性设置
    LOGGER.info("【数据增加】更新数据行数：{}", MyBatisSessionFactory.getSession().insert(
            "com.yootk.mapper.BookNS.doCreate", book));         // 数据增加
    LOGGER.info("【主键获取】新增图书ID：{}", book.getBid());      // 获取增长后的ID
    MyBatisSessionFactory.getSession().commit();                // 事务提交
    MyBatisSessionFactory.close();                              // 关闭session
}
```

程序执行结果：

```
INFO com.yootk.test.TestBook - 【数据增加】更新数据行数：1
INFO com.yootk.test.TestBook - 【主键获取】新增图书ID：3
```

此程序在数据增加操作完成后，输出了 Book 类对象的 bid 成员属性。根据 Book.xml 映射文件的定义，MyBatis 会基于 JDBC 的处理机制，自动将获取到的新增主键 ID 保存在 bid 属性之中。

MySQL 中的自动增长列的数据可以直接利用 JDBC 的主键返回机制获取，但是如果开发者使用的是 Oracle 数据库，并且基于序列（Sequence）对象的形式实现主键的生成，那么只能够通过查询序列的方式来获取生成后的主键，如图 3-8 所示。为了解决该类数据库的问题，MyBatis 提供了<selectKey>配置元素，该元素为<insert>的子元素，开发者可以直接在该元素中定义用于查询的 SQL 语句。

图 3-8　获取 Oracle 数据库的序列内容

在进行<selectKey>元素配置时除了要定义主键成员属性名称（keyProperty）、主键列字段（keyColumn），还需要定义查询结果的返回类型（resultType）以及执行顺序（order），而一般获取增长后的 ID 数据都是在增加语句执行之后进行的，所以 order 较为常见的值为"AFTER"。下面以 MySQL 数据库为例，实现该主键数据的返回处理。

范例：返回增长后的数据主键。

```
<mapper namespace="com.yootk.mapper.BookNS">
    <insert id="doCreate" parameterType="Book">
        INSERT INTO book(name, author, price) VALUES (#{name}, #{author}, #{price})
        <selectKey keyProperty="bid" keyColumn="bid"
                resultType="java.lang.Long" order="AFTER">
            SELECT LAST_INSERT_ID()
        </selectKey>
    </insert>
</mapper>
```

# 3.2　MyBatis 数据更新操作

MyBatis 数据更新操作

**视频名称** 0306_【掌握】MyBatis 数据更新操作
**视频简介** MyBatis 提供了数据的增加、修改与删除操作的方法。本视频通过案例为读者分析这 3 类方法的使用，同时分析增加、修改与删除操作之间的设计关联。

在数据层开发中，数据更新操作一共有 3 类，分别是增加、修改、删除操作，所以 SqlSession 接口也分别提供了对这 3 类操作的支持。SqlSession 数据更新方法如表 3-1 所示。

表 3-1　SqlSession 数据更新方法

| 序号 | 方法 | 类型 | 描述 |
|---|---|---|---|
| 1 | public int delete(String statement) | 普通 | 执行删除操作 |
| 2 | public int delete(String statement, Object parameter) | 普通 | 执行删除操作，同时接收操作参数 |
| 3 | public int insert(String statement) | 普通 | 执行增加操作 |
| 4 | public int insert(String statement, Object parameter) | 普通 | 执行增加操作，同时接收操作参数 |
| 5 | public int update(String statement) | 普通 | 执行数据修改操作 |
| 6 | public int update(String statement , Object parameter) | 普通 | 执行数据修改操作，同时接收操作参数 |
| 7 | public void rollback() | 普通 | 执行事务回滚操作 |
| 8 | public void commit() | 普通 | 执行事务提交操作 |

在数据更新时，MyBatis 会根据当前的需要选择是否进行占位符数据的设置，而后所有的更新处理也都需要相应的事务支持。需要注意的是，在传统的 JDBC 开发中，数据更新操作是由一个方法实现的，虽然 SqlSession 为 3 种更新操作设置了不同的方法名称，但是它们本质上还是基于同一个更新操作实现的，这可以通过 DefaultSqlSession 子类中的方法观察到。

范例：观察 DefaultSqlSession 子类中的更新操作方法的源代码。

insert()的源代码：

```
@Override
public int insert(String statement) {
  return insert(statement, null);        // 调用有两个参数的insert()方法
}
@Override
public int insert(String statement, Object parameter) {
  return update(statement, parameter);   // 调用有两个参数的update()方法
}
```

delete()的源代码：

```
@Override
public int delete(String statement) {
  return update(statement, null);            // 调用有两个参数的update()方法
}
@Override
public int delete(String statement, Object parameter) {
  return update(statement, parameter);       // 调用有两个参数的update()方法
}
```

update()的源代码：

```
@Override
public int update(String statement) {
  return update(statement, null);            // 调用有两个参数的update()方法
}
@Override
public int update(String statement, Object parameter) {
  try {
    dirty = true;
    MappedStatement ms = configuration.getMappedStatement(statement);
    return executor.update(ms, wrapCollection(parameter));
  } catch (Exception e) {} finally {}
}
```

通过几个方法的源代码可以发现，增加与删除操作最终都调用了 update()方法，而在 update()方法的内部主要调用了 Executor 执行接口中的方法。通过源代码分析，可以得出图 3-9 所示的类关联结构。

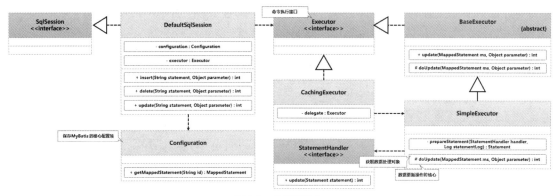

图 3-9　类关联结构

MyBatis 为了进行数据操作的统一管理，提供了 Executor 执行接口。当用户执行更新操作时，核心的操作是由 SimpleExecutor 子类中的 doUpdate()方法来触发的。下面来观察该方法的具体定义。

范例：SimpleExecutor.doUpdate()方法的源代码。

```
@Override
public int doUpdate(MappedStatement ms, Object parameter) throws SQLException {
  Statement stmt = null;
  try {
    Configuration configuration = ms.getConfiguration();              // 获取配置项
    StatementHandler handler = configuration.newStatementHandler(
        this, ms, parameter, RowBounds.DEFAULT, null, null);          // 获取数据库操作对象
    stmt = prepareStatement(handler, ms.getStatementLog());           // 预处理
    return handler.update(stmt);                                      // 更新操作
  } finally {
    closeStatement(stmt);
```

```
  }
}
```

考虑到数据库的性能以及安全性问题，MyBatis 依然使用了 PreparedStatement 接口进行数据更新操作。为了便于此接口的方法处理，MyBatis 提供了 StatementHandler 接口标准，最终的更新操作是由该接口的 update()方法实现的。

范例：StatementHandler.update()方法的源代码。

```
@Override
public int update(Statement statement) throws SQLException {
  PreparedStatement ps = (PreparedStatement) statement;
  ps.execute();                                            // 执行SQL更新
  int rows = ps.getUpdateCount();                          // 获取更新行数
  Object parameterObject = boundSql.getParameterObject();  // 获取参数实例
  KeyGenerator keyGenerator = mappedStatement.getKeyGenerator(); // 主键生成器
  keyGenerator.processAfter(executor, mappedStatement,
      ps, parameterObject);                                // 获取生成的主键
  return rows;
}
```

以上方法是由 PreparedStatementHandler 子类实现的，该子类主要基于 PreparedStatement 接口进行数据更新操作，更新完成后会根据当前的配置，通过 KeyGenerator 实现所生成主键数据的获取，并将其保存在对象的成员属性之中。清楚了 MyBatis 数据处理的操作流程，下面来通过几个操作实现数据的修改与删除。

（1）【mybatis 子模块】修改 Book.xml 文件，追加用于数据修改与删除的 SQL 命令的定义。

```
<update id="doEdit" parameterType="Book">
   UPDATE book SET name=#{name}, author=#{author}, price=#{price} WHERE bid=#{bid}
</update>
<delete id="doRemove" parameterType="java.lang.Long">
   DELETE FROM book WHERE bid=#{bid}
</delete>
```

（2）【mybatis 子模块】编写数据测试方法。

```
@Test
public void testDoEdit() {                              // 数据修改测试
  Book book = new Book();                               // 实例化VO对象
  book.setBid(3L);                                      // 属性设置
  book.setName("Spring Cloud开发实战");                 // 属性设置
  book.setAuthor("李兴华");                             // 属性设置
  book.setPrice(86.8);                                  // 属性设置
  LOGGER.info("【数据修改】更新数据行数：{}", MyBatisSessionFactory.getSession()
      .update("com.yootk.mapper.BookNS.doEdit", book)); // 数据修改
  MyBatisSessionFactory.getSession().commit();          // 事务提交
  MyBatisSessionFactory.close();                        // 关闭session
}
```

程序执行结果：

```
Preparing: UPDATE book SET name=?, author=?, price=? WHERE bid=?
Parameters: Spring Cloud开发实战(String), 李兴华(String), 86.8(Double), 3(Long)
Updates: 1
【数据修改】更新数据行数：1
```

（3）【mybatis 子模块】编写数据删除测试方法。

```
@Test
public void testDoRemove() {                            // 数据删除测试
  LOGGER.info("【数据修改】更新数据行数：{}", MyBatisSessionFactory.getSession()
      .delete("com.yootk.mapper.BookNS.doRemove", 5L)); // 数据删除
  MyBatisSessionFactory.getSession().commit();          // 事务提交
```

```
MyBatisSessionFactory.close();                                  // 关闭session
}
```

程序执行结果：

```
Preparing: DELETE FROM book WHERE bid=?
Parameters: 5(Long)
Updates: 1
```
【数据修改】更新数据行数：1

### 3.2.1　MyBatis 数据查询操作

MyBatis 数据查询
操作

**视频名称** 0307_【掌握】MyBatis 数据查询操作

**视频简介** MyBatis 采用程序与 SQL 分离的形式，主要是为了灵活使用查询操作。本视频为读者分析 SqlSession 接口提供的数据查询方法，并通过实例讲解常用的各类查询操作，分析分页查询时的 Map 参数传递操作。

查询是项目开发之中较为烦琐的操作，MyBatis 与 JPA 不同，并没有强制性地采用对象的方式进行数据的查询操作，而是在 Mapper 文件中进行查询语句的配置，这样在面对复杂查询时，开发者可以灵活地编写 SQL 命令。同时 SqlSession 接口也提供了数据查询的操作方法，这些方法如表 3-2 所示。

表 3-2　SqlSession 提供的数据查询操作方法

| 序号 | 方法 | 类型 | 描述 |
|---|---|---|---|
| 1 | public void select(String statement, Object parameter, ResultHandler handler) | 普通 | 进行结果集的数据处理 |
| 2 | public <E> List<E> selectList(String statement) | 普通 | 查询结果以 List 集合的形式返回 |
| 3 | public <E> List<E> selectList(String statement, Object parameter) | 普通 | 进行 List 集合返回处理 |
| 4 | public <K,V> Map<K,V> selectMap(String statement, Object parameter, String mapKey) | 普通 | 以 Map 集合的形式返回查询结果 |
| 5 | public <T> T selectOne(String statement) | 普通 | 查询单个数据对象 |
| 6 | public <T> T selectOne(String statement, Object parameter) | 普通 | 查询单个数据对象 |

在进行数据查询处理时，可以直接将查询结果以 VO 对象的形式返回，当返回的数据有多行时，也可以使用 List 集合进行数据的接收。下面通过几个具体的查询操作进行分析（注：本书代码中出现的图书信息仅为示例）。

（1）【mybatis 子模块】修改 Book.xml 文件，增加数据查询语句的定义。

```xml
<select id="findById" parameterType="java.lang.Long" resultType="Book">
    SELECT bid, name, author, price FROM book WHERE bid=#{bid}
</select>
<select id="findAll" resultType="Book">
    SELECT bid, name, author, price FROM book
</select>
<!-- 设置数据占位符时，字段采用"${}"方式标记，数据采用"#{}"方式标记 -->
<select id="findSplit" resultType="Book" parameterType="java.util.Map">
    SELECT bid, name, author, price FROM book
    WHERE ${column} LIKE #{keyword} LIMIT #{start},#{lineSize}
</select>
<select id="getAllCount" resultType="java.lang.Long" parameterType="java.util.Map">
    SELECT COUNT(*) FROM book WHERE ${column} LIKE #{keyword}
</select>
```

在进行数据查询时，一般都需要通过程序传递查询所需的参数。此时就可以利用 parameterType 定义参数的类型。通过几个查询的配置可以发现，parameterType 可以配置任意类型的参数。在获取查询结果时，MyBatis 可以自动地将查询结果转为 resultType 配置的类型，同时 resultType 也可以使用程序的别名进行标注。

（2）【mybatis 子模块】测试"findById"查询操作。

```
@Test
public void testFindById() {                              // 数据查询测试
    Book book = MyBatisSessionFactory.getSession().selectOne(
        "com.yootk.mapper.BookNS.findById", 1L);          // 数据查询
    LOGGER.info("【数据查询】图书编号：{}；图书名称：{}；图书作者：{}；图书价格：{}",
        book.getBid(), book.getName(), book.getAuthor(), book.getPrice());
    MyBatisSessionFactory.close();                        // 关闭session
}
```

程序执行结果：

```
Preparing: SELECT bid, name, author, price FROM book WHERE bid=?
Parameters: 1(Long)
Total: 1
【数据查询】图书编号：1；图书名称：Spring Boot开发实战；图书作者：李兴华；图书价格：69.8
```

（3）【mybatis 子模块】测试"findAll"查询操作。

```
@Test
public void testFindAll() {                               // 数据查询测试
    List<Book> books = MyBatisSessionFactory.getSession().selectList(
        "com.yootk.mapper.BookNS.findAll");               // 数据查询
    for (Book book : books) {                             // 数据迭代
        LOGGER.info("【数据查询】图书编号：{}；图书名称：{}；图书作者：{}；图书价格：{}",
            book.getBid(), book.getName(), book.getAuthor(), book.getPrice());
    }
    MyBatisSessionFactory.close();                        // 关闭session
}
```

程序执行结果：

```
Preparing: SELECT bid, name, author, price FROM book
Parameters:
Total: 8
```

（4）【mybatis 子模块】测试"findSplit"查询操作。

```
@Test
public void testFindSplit() {                             // 数据查询测试
    Map<String,Object> splitParams = new HashMap<String,Object>() ;  // 保存分页相关参数
    splitParams.put("column", "name");                    // 模糊查询列
    splitParams.put("keyword", "%%");                     // 查询关键字
    splitParams.put("start", 1);                          // 开始行数
    splitParams.put("lineSize", 2);                       // 每页显示行数
    List<Book> books = MyBatisSessionFactory.getSession().selectList(
        "com.yootk.mapper.BookNS.findSplit", splitParams);  // 数据查询
    for (Book book : books) {
        LOGGER.info("【数据查询】图书编号：{}；图书名称：{}；图书作者：{}；图书价格：{}",
            book.getBid(), book.getName(), book.getAuthor(), book.getPrice());
    }
    MyBatisSessionFactory.close();                        // 关闭session
}
```

程序执行结果：

```
Preparing: SELECT bid, name, author, price FROM book WHERE name LIKE ? LIMIT ?,?
Parameters: %%(String), 1(Integer), 2(Integer)
Total: 2
```

（5）【mybatis 子模块】数据统计查询。

```
@Test
public void testGetAllCount() {
    Map<String,Object> splitParams = new HashMap<String,Object>() ;  // 保存查询相关参数
```

```
splitParams.put("column", "name");                          // 模糊查询列
splitParams.put("keyword", "%%");                           // 查询关键字
Long count = MyBatisSessionFactory.getSession().selectOne(
        "com.yootk.mapper.BookNS.getAllCount", splitParams);
LOGGER.info("数据个数统计: {}", count);
MyBatisSessionFactory.close();                              // 关闭session
}
```

程序执行结果：

```
Preparing: SELECT COUNT(*) FROM book WHERE name LIKE ?
Parameters: %%(String)
Total: 1
数据个数统计: 8
```

### 3.2.2　ResultHandler

**视频名称**　0308_【掌握】ResultHandler

**视频简介**　为了便于规范化地进行查询处理操作，MyBatis 提供了一个 ResultHandler 结果集处理接口。本视频为读者讲解该接口的作用，并实现 List 集合转 Map 集合的操作。

ORM 组件在进行数据查询时，为了便于用户使用，往往会将查询结果以对象的形式返回，但是在一些特殊的环境下，有可能需要在每一个查询结果返回前对结果进行处理，如图 3-10 所示。为了解决这样的问题，MyBaits 提供了 ResultHandler 处理接口。

ResultHandler 接口需要与 SqlSession 接口中的 select()方法结合在一起使用，结果集返回之后，程序会自动将每一个查询的结果交由 ResultHandler 接口中的 handleResult()方法进行处理，并通过 ResultContext 接口获取当前的对象实例以进行后续的数据处理。

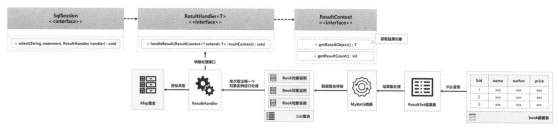

图 3-10　ResultHandler 转换处理

**范例：** 使用 ResultHandler 将 List 集合转为 Map 集合。

```
@Test
public void testResultHandler() {
    Map<Long, String> bookMap = new HashMap<>();
    MyBatisSessionFactory.getSession()
            .select("com.yootk.mapper.BookNS.findAll", new ResultHandler<Book>() {
                @Override
                public void handleResult(ResultContext resultContext) {
                // 该方法会被调用多次（次数为返回结果的行数），可以通过getResultObject()获取当前对象
                    Book book = (Book) resultContext.getResultObject();
                    bookMap.put(book.getBid(), "【" + book.getAuthor() + "】" + book.getName());
                }
            });
    LOGGER.info("{}", bookMap);
}
```

程序执行结果：

```
{1=【李兴华】Spring Boot开发实战, 2=【李兴华】Spring Boot开发实战, ···}
```

此操作实现了 book 表中全部数据的查询处理，在返回时由于定义了 ResultHandler 接口实例，因此会对每一个返回的结果进行处理。本程序将 book 表中的数据取出，放在指定的 Map 集合之中，从而实现 List 集合向 Map 集合的转换。

# 3.3 动态 SQL

使用 MyBatis 实现的数据层代码开发之中，SQL 命令与程序命令是分开的。面对不同的应用环境，如果纯粹使用静态 SQL 命令进行定义，就有可能出现定义重复的问题。为了更加方便地实现 SQL 命令的配置，MyBatis 提供了对动态 SQL 语句的支持，如图 3-11 所示。在编写 SQL 命令时，可以通过 if 语句、choose 语句、set 语句、foreach 语句实现分支与循环的逻辑控制，本节将对这些动态 SQL 语句进行讲解。

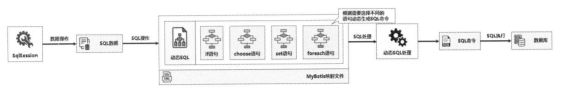

图 3-11　MyBatis 的动态 SQL

## 3.3.1　if 语句

if 语句

> **视频名称** 0309_【掌握】if 语句
>
> **视频简介** if 语句可以在动态 SQL 中对传入的数据进行有效的判断，而后决定最终所使用的 SQL 命令。本视频通过数据的查询与更新操作，分析 if 语句的使用形式。

在实际的项目开发中，一张数据表中往往存在若干个字段。为了便于数据查询，可能需要开发者提供不同字段的查询处理语句，传统的做法是分别定义多个不同的 SQL 映射，而后在调用它们时传入所需的数据，如图 3-12 所示。

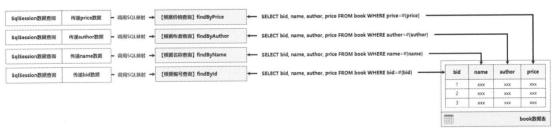

图 3-12　传统静态 SQL 查询操作

图 3-12 中的 4 个查询语句除了最终 WHERE 子句的查询列不同，整体的差别不大。此时如果使用动态 SQL 进行操作，则只需要在 Book.xml 映射文件中定义一个查询指令，而后结合 if 语句即可满足当前的 4 种查询需要。下面来看一下具体的查询处理。

（1）【mybatis 子模块】修改 Book.xml 映射文件，增加 findByColumn 查询指令。

```xml
<select id="findByColumn" parameterType="Book" resultType="Book">
   SELECT bid, name, author, price FROM book
   <if test="bid != null and bid != &quot;&quot;">
      WHERE bid=#{bid}
   </if>
   <if test="name != null and name != &quot;&quot;">
      WHERE name=#{name}
```

```
    </if>
    <if test="author != null and author != &quot;&quot;">
        WHERE author=#{author}
    </if>
    <if test="price != null and price != 0.0">
        WHERE price=#{price}
    </if>
</select>
```

（2）【mybatis 子模块】编写测试类，通过 Book 类的实例传递所需要的查询参数。

```
@Test
public void testFindByColumn() {                           // 数据查询测试
    Book param = new Book();                               // 实例化VO对象
    // param.setBid(1L);                                   // 【四选一】根据编号查询
    param.setAuthor("李兴华");                              // 【四选一】根据作者查询
    // param.setName("Spring Boot开发实战");                // 【四选一】根据名称查询
    // param.setPrice(69.8);                               // 【四选一】根据价格查询
    List<Book> books = MyBatisSessionFactory.getSession().selectList(
            "com.yootk.mapper.BookNS.findByColumn", param);   // 数据查询
    for (Book book : books) {                              // 集合迭代
        LOGGER.info("【数据查询】图书编号: {}; 图书名称: {}; 图书作者: {}; 图书价格: {}",
                book.getBid(), book.getName(), book.getAuthor(), book.getPrice());
    }
    MyBatisSessionFactory.close();                         // 关闭session
}
```

程序执行结果：

```
Preparing: SELECT bid, name, author, price FROM book WHERE author=?
Parameters: 李兴华(String)
Total: 8
```

为了便于操作，本程序在映射文件中定义的 findByColumn 命令参数配置的类型为 Book，而后根据当前传入对象实例的属性内容判断执行哪一条 SQL 语句。如果传递了 name 属性内容则根据图书名称进行查询，如果传递了 author 属性内容则根据图书作者进行查询。

除了用于查询，if 语句也可以直接应用在更新操作中。例如，在增加图书数据时，如果发现某些字段没有设置内容，则可以使用一个默认值进行代替，以避免出现 null 数据。下面来观察这一功能的具体实现。

（3）【mybatis 子模块】修改 Book.xml 映射文件，追加动态增加 SQL 语句的定义。

```
<insert id="doCreate" parameterType="Book" keyProperty="bid" keyColumn="bid" useGeneratedKeys="true">
    INSERT INTO book (name, author, price) VALUES
    <trim prefix="(" suffix=")" suffixOverrides=",">
        <if test="name == null or name == &quot;&quot;">  <!-- 判断条件 -->
            'NoName',
        </if>
        <if test="name != null and name != &quot;&quot;"> <!-- 判断条件 -->
            #{name},
        </if>
        <if test="author == null or author == &quot;&quot;"> <!-- 判断条件 -->
            'NoAuthor',
        </if>
        <if test="author != null and author != &quot;&quot;"> <!-- 判断条件 -->
            #{author},
        </if>
        <if test="price == null">                          <!-- 判断条件 -->
            -1,
        </if>
        <if test="price != null">                          <!-- 判断条件 -->
            #{price},
```

```
    </if>
  </trim>
</insert>
```

（4）【mybatis 子模块】编写测试类传递数据。

```
@Test
public void testDoCreate() {                                    // 数据增加测试
   Book param = new Book();                                     // 实例化VO对象
   param.setAuthor("李兴华");                                   // 属性设置
   param.setName("SSM开发实战");                                // 属性设置
   param.setPrice(69.8);                                        // 属性设置
   int line = MyBatisSessionFactory.getSession().insert(
          "com.yootk.mapper.BookNS.doCreate", param);           // 数据更新
   LOGGER.info("【数据更新】更新操作影响的数据行数：{}", line);
   MyBatisSessionFactory.getSession().commit();                 // 事务提交
   MyBatisSessionFactory.close();                               // 关闭session
}
```

每一次数据增加时此程序都会判断指定的属性是否存在，如果不存在，则使用默认值进行替换，如果存在则使用传递的属性内容。这样就可以避免使某些数据字段为 null 的操作，实际上也就减少了业务层中的数据处理操作。

### 3.3.2 choose 语句

choose 语句

**视频名称** 0310_【掌握】choose 语句

**视频简介** choose 语句提供了对多条件判断处理的支持，比 if 语句更加简洁。本视频为读者分析 choose 与 when 语句的使用，并结合两者实现数据查询处理。

choose 语句的语法结构类似于 if···else 的语法结构，利用 choose 语句可以有效地实现多条件判断处理操作。该语句可以结合 when 语句进行条件配置，也可以结合 otherwise 语句进行条件不满足时的配置，具体应用形式如下。

（1）【mybatis 子模块】修改 Book.xml 映射文件，配置多条件查询。

```
<select id="findByCondition" parameterType="Book" resultType="Book">
   SELECT bid, name, author, price FROM book
   <where>
      <choose>
         <when test="name != null and author != null">  <!-- 判断条件 -->
            name=#{name} AND author=#{author}
         </when>
         <when test="name != null and author == null">  <!-- 判断条件 -->
            name=#{name}
         </when>
         <when test="name == null and author != null">  <!-- 判断条件 -->
            author=#{author}
         </when>
         <otherwise>                    <!-- 条件不满足时执行 -->
            1=1
         </otherwise>
      </choose>
   </where>
</select>
```

（2）【mybatis 子模块】编写查询测试程序。

```
@Test
public void testFindByCondition() {            // 数据查询测试
   Book param = new Book();                    // 实例化VO对象
   param.setAuthor("李兴华");                  // 根据图书作者查询
   param.setName("SSM开发实战");               // 根据图书名称查询
```

```
List<Book> books = MyBatisSessionFactory.getSession().selectList(
        "com.yootk.mapper.BookNS.findByCondition", param);      // 数据查询
for (Book book : books) {                                        // 集合迭代
    LOGGER.info("【数据查询】图书编号：{}；图书名称：{}；图书作者：{}；图书价格：{}",
            book.getBid(), book.getName(), book.getAuthor(), book.getPrice());
}
MyBatisSessionFactory.close();                                   // 关闭session
}
```

程序执行结果：

```
Preparing: SELECT bid, name, author, price FROM book WHERE name=? AND author=?
Parameters: SSM开发实战(String), 李兴华(String)
Total: 1
```

此程序在进行数据查询时，会根据当前传递的 Book 实例的 name 与 author 属性内容进行 WHERE
语句的配置。如果两个属性的内容均不为空，则要进行两个条件的处理；如果有一个内容为空，则
使用内容不为空的属性进行判断。

### 3.3.3　set 语句

set 语句

**视频名称**　0311_【掌握】set 语句
**视频简介**　数据表的数据更新操作需要通过 SET 命令进行更新列与新内容的设置，
MyBatis 提供了对应的 set 语句。本视频讲解此语句的作用，并结合 if 语句与 where
语句实现动态字段更新。

数据表的数据更新操作由于需要在 SQL 语句编写时定义明确的更新字段，因此在应对不同业
务数据的更新场景时，往往需要编写若干个不同的 SQL 语句。此时就可以利用 if 语句进行更新属
性的判断，并结合 set 语句实现 SET 命令的定义，同时基于 where 子句实现更新条件的配置。下面
通过具体的代码进行说明。

（1）【mybatis 子模块】修改 Book.xml 映射文件，增加更新语句的配置。

```
<update id="doEdit" parameterType="Book">
    UPDATE book
    <set> <!-- set语句 -->
        <if test="name != null and name != &quot;&quot;"> <!-- 判断条件 -->
            name=#{name},
        </if>
        <if test="author != null and author != &quot;&quot;"> <!-- 判断条件 -->
            author=#{author},
        </if>
        <if test="price != null"> <!-- 判断条件 -->
            price=#{price},
        </if>
    </set>
    <where> <!-- where语句 -->
        <if test="bid != null and bid != 0"> <!-- 判断条件 -->
            bid=#{bid}
        </if>
    </where>
</update>
```

（2）【mybatis 子模块】在测试类中调用更新操作。

```
@Test
public void testDoEdit() {                     // 数据更新测试
    Book param = new Book();                    // 实例化VO对象
    param.setBid(1L);                           // 属性设置
    param.setName("Java程序设计开发实战");        // 属性设置
    param.setPrice(49.8);                       // 属性设置
```

```
int line = MyBatisSessionFactory.getSession().insert(
    "com.yootk.mapper.BookNS.doEdit", param);  // 数据更新
LOGGER.info("【数据更新】更新操作影响的数据行数: {}", line);
MyBatisSessionFactory.getSession().commit();        // 事务提交
MyBatisSessionFactory.close();                      // 关闭session
}
```

程序执行结果:

```
Preparing: UPDATE book SET name=?, price=? WHERE bid=?
Parameters: Java程序设计开发实战(String), 49.8(Double), 1(Long)
Updates: 1
```

此时的数据更新操作通过 Book 类的对象设置了 bid、name 和 price 这 3 个属性的内容,根据当前动态 SQL 的配置,自动定义 name 与 price 两个字段的更新,并将 bid 定义为更新条件。

### 3.3.4 foreach 语句

foreach 语句

**视频名称** 0312_【掌握】foreach 语句

**视频简介** 考虑到数据重复的配置问题,MyBatis 在动态 SQL 处理中提供了 foreach 循环操作。本视频为读者分析 foreach 语句的组成结构,并通过具体案例实现数据批量删除以及数据批量增加功能。

foreach 语句是一种具有循环结构的语句,在定义 MyBatis 映射文件时,可以通过该语句结合传递进来的集合类型参数进行迭代处理。有了这样的语句支持,开发者可以方便地实现指定 ID 范围的数据查询与数据删除操作,也可以方便地实现数据的批量增加操作。下面来看一下该语句的具体使用。

(1)【mybatis 子模块】修改 Book.xml 映射文件,追加查询、删除与增加操作映射。

```
<sql id="selectBook">                        <!-- 定义公共SQL语句 -->
   SELECT bid, name, author, price FROM book
</sql>
<select id="findByIds" parameterType="java.lang.Long" resultType="Book"> <!-- 范围查询 -->
   <include refid="selectBook"/>            <!-- 导入公共SQL语句 -->
   <where>                    <!-- where语句处理 -->
      bid IN
      <foreach collection="array" open="(" close=")" separator="," item="bid">
         #{bid}
      </foreach>
   </where>
</select>
<delete id="doRemove" parameterType="java.lang.Long">      <!-- 范围删除 -->
   DELETE FROM book
   <where>                    <!-- where语句处理 -->
      bid IN
      <foreach collection="array" open="(" close=")" separator="," item="bid">
         #{bid}
      </foreach>
   </where>
</delete>
<insert id="doCreateBatch" parameterType="Book">      <!-- 批量增加 -->
   INSERT INTO book (name, author, price) VALUES
   <foreach collection="list" separator="," item="book">
      (#{book.name}, #{book.author}, #{book.price})
   </foreach>
</insert>
```

MyBatis 为了解决 SQL 语句的重复定义问题,提供了<sql>定义标签,在使用其他语句时,可以通过<include>标签进行内容的引用。需要注意的是,在配置<foreach>标签的 collection 属性时,

如果配置的数据是普通的数据（如 int、long、String 等），可以将其定义为数组（array），而在配置对象集合（如 List<Book>）时，可以使用列表（list）进行接收。程序每次迭代时会将当前数据保存在 item 配置的表格之中，这样就可以在 SQL 语句内部直接进行成员引用。

（2）【mybatis 子模块】指定图书编号范围进行查询。

```
@Test
public void testFindByIds() {
    long bids [] = new long [] {1L, 3L, 5L};                          // 待查询编号
    List<Book> books = MyBatisSessionFactory.getSession().selectList(
            "com.yootk.mapper.BookNS.findByIds", bids);               // 数据查询
    for (Book book : books) {                                         // 集合迭代
        LOGGER.info("【数据查询】图书编号：{}；图书名称：{}；图书作者：{}；图书价格：{}",
                book.getBid(), book.getName(), book.getAuthor(), book.getPrice());
    }
    MyBatisSessionFactory.close();                                    // 关闭session
}
```

程序执行结果：

```
Preparing: SELECT bid, name, author, price FROM book WHERE bid IN ( ? , ? , ? )
Parameters: 1(Long), 3(Long), 5(Long)
```

（3）【mybatis 子模块】删除指定编号范围的图书数据。

```
@Test
public void testDoRemove() {
    Set<Long> bids = Set.of(7L, 8L, 9L);                              // 图书编号
    int line = MyBatisSessionFactory.getSession().delete(
            "com.yootk.mapper.BookNS.doRemove", bids.toArray());      // 数据更新
    LOGGER.info("【数据更新】更新操作影响的数据行数：{}", line);
    MyBatisSessionFactory.getSession().commit();                      // 事务提交
    MyBatisSessionFactory.close();                                    // 关闭session
}
```

程序执行结果：

```
Preparing: DELETE FROM book WHERE bid IN ( ? , ? , ? )
Parameters: 7(Long), 8(Long), 9(Long)
```

（4）【mybatis 子模块】批量增加数据。

```
@Test
public void testDoCreateBatch() {
    List<Book> all = new ArrayList<>();
    for (int x = 0; x < 5; x++) {                                     // 循环生成数据
        Book book = new Book();                                       // 实例化VO对象
        book.setName("Spring Boot开发实战 - " + x);                    // 属性设置
        book.setAuthor("李兴华");                                      // 属性设置
        book.setPrice(69.8 + x);                                      // 属性设置
        all.add(book);                                                // 保存集合数据
    }
    int line = MyBatisSessionFactory.getSession().insert(
            "com.yootk.mapper.BookNS.doCreateBatch", all);            // 数据更新
    LOGGER.info("【数据更新】更新操作影响的数据行数：{}", line);
    MyBatisSessionFactory.getSession().commit();                      // 事务提交
    MyBatisSessionFactory.close();                                    // 关闭session
}
```

程序执行结果：

```
Preparing: INSERT INTO book (name, author, price) VALUES (?, ?, ?) , (?, ?, ?) , (?, ?, ?) , (?, ?, ?) ,
(?, ?, ?)
Parameters: Spring Boot开发实战 - 0(String), 李兴华(String), 69.8(Double), Spring Boot开发实战 -
1(String), 李兴华(String), 69.8(Double), （其余参数内容略）
```

# 3.4 数据缓存

为了减少项目中的数据库查询压力,开发者往往会进行缓存的配置处理。MyBatis 作为数据层开发组件,其本身支持缓存设计,可以提供一级缓存、二级缓存,并且可以基于 Redis 数据库实现二级缓存数据的存储控制。本节将对 MyBatis 的缓存操作进行详细说明。

>  **提示:建议使用 Spring Cache。**
>
> MyBatis 与 JPA 的作用类似,并且二者都有自身的缓存实现。考虑到实际项目环境,本书建议读者在使用 MyBatis 时以业务层的缓存操作为主。这方面的内容以及缓存的基本概念,已经在本系列的《Spring 开发实战(视频讲解版)》一书中有所说明,本书不对此进行重复讲解。

## 3.4.1 一级缓存

一级缓存

**视频名称** 0313_【理解】一级缓存

**视频简介** SqlSession 代表每一个不同的操作线程,MyBatis 默认提供一级缓存的处理支持。本视频为读者分析一级缓存的使用,同时分析一级缓存的控制方法。

一级缓存是 MyBatis 默认开启的缓存支持,使用 SqlSession 进行指定 ID 数据查询后,对应的查询结果会自动保存在一级缓存之中。这样当再次进行同样 ID 的数据查询时就不会重复发出查询指令(见图 3-13)。利用这样的处理机制可以有效地提升对同一 ID 的数据的查询性能。

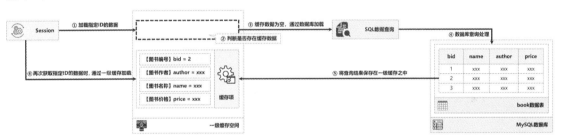

图 3-13 一级缓存

范例:【mybatis 子模块】观察一级缓存的应用。

```
@Test
public void testCache() {                                // 数据查询测试
    // 第一次查询,由于此时数据未缓存,因此将发出数据库查询指令
    Book bookA = MyBatisSessionFactory.getSession().selectOne(
        "com.yootk.mapper.BookNS.findById", 1L);        // 数据查询
    LOGGER.info("【数据查询】图书编号:{};图书名称:{};图书作者:{};图书价格:{}",
        bookA.getBid(), bookA.getName(), bookA.getAuthor(), bookA.getPrice());
    // 第二次查询,查询相同ID的数据,此时不会向数据库发出查询指令,而是通过缓存直接加载
    Book bookB = MyBatisSessionFactory.getSession().selectOne(
        "com.yootk.mapper.BookNS.findById", 1L);        // 数据查询
    LOGGER.info("【数据查询】图书编号:{};图书名称:{};图书作者:{};图书价格:{}",
        bookB.getBid(), bookB.getName(), bookB.getAuthor(), bookB.getPrice());
    MyBatisSessionFactory.close();                       // 关闭session
}
```

第一次查询:

```
Preparing: SELECT bid, name, author, price FROM book WHERE bid=?
Parameters: 1(Long)
【数据查询】图书编号:1;图书名称:Java程序设计开发实战;图书作者:李兴华;图书价格:89.8
```

第二次查询：

【数据查询】图书编号：1；图书名称：Java程序设计开发实战；图书作者：李兴华；图书价格：89.8

此程序进行了两次数据查询处理。第一次查询时，由于没有缓存数据，因此程序会向数据库发出查询指令。而在第二次查询时，由于指定 ID 的数据已经实现了缓存，因此程序直接通过缓存加载所需数据，从而避免了重复且低效的数据库查询操作。

由于一级缓存始终存在，因此在当前的 SqlSession 接口实例未关闭的情况下，数据将始终被缓存，即便此时缓存中的数据已经和实际数据表中的数据不一致，再次查询时也只会进行缓存数据的加载，如图 3-14 所示。为了解决这样的问题，可以使用 SqlSession 接口提供的 clearCache()方法进行缓存清除操作。

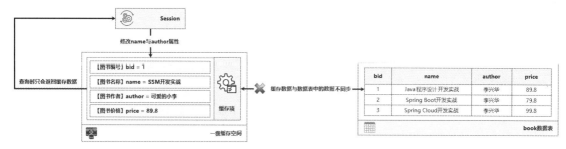

图 3-14　缓存数据不一致

范例：【mybatis 子模块】缓存清除操作。

```java
@Test
public void testCache() {                                    // 数据查询测试
    // 第一次查询，由于此时数据未缓存，因此将发出数据库查询指令
    Book bookA = MyBatisSessionFactory.getSession().selectOne(
            "com.yootk.mapper.BookNS.findById", 1L);         // 数据查询
    LOGGER.info("【数据查询】图书编号：{}；图书名称：{}；图书作者：{}；图书价格：{}",
            bookA.getBid(), bookA.getName(), bookA.getAuthor(), bookA.getPrice());
    bookA.setAuthor("可爱的小李");                            // 属性修改
    bookA.setName("SSM开发实战");                             // 属性修改
    // 第二次查询，查询相同ID的数据，此时不会向数据库发出查询指令，而是通过缓存直接加载
    Book bookB = MyBatisSessionFactory.getSession().selectOne(
            "com.yootk.mapper.BookNS.findById", 1L);         // 数据查询
    LOGGER.info("【数据查询】图书编号：{}；图书名称：{}；图书作者：{}；图书价格：{}",
            bookB.getBid(), bookB.getName(), bookB.getAuthor(), bookB.getPrice());
    MyBatisSessionFactory.getSession().clearCache();         // 缓存清除
    // 第三次查询，由于缓存数据已经清除，因此将会发出数据库查询指令
    Book bookC = MyBatisSessionFactory.getSession().selectOne(
            "com.yootk.mapper.BookNS.findById", 1L);         // 数据查询
    LOGGER.info("【数据查询】图书编号：{}；图书名称：{}；图书作者：{}；图书价格：{}",
            bookC.getBid(), bookC.getName(), bookC.getAuthor(), bookC.getPrice());
    MyBatisSessionFactory.close();                           // 关闭session
}
```

第一次查询：

```
Preparing: SELECT bid, name, author, price FROM book WHERE bid=?
Parameters: 1(Long)
```
【数据查询】图书编号：1；图书名称：Java程序设计开发实战；图书作者：李兴华；图书价格：89.8

第二次查询：

【数据查询】图书编号：1；图书名称：SSM开发实战；图书作者：可爱的小李；图书价格：89.8

第三次查询：

```
Preparing: SELECT bid, name, author, price FROM book WHERE bid=?
Parameters: 1(Long)
```
【数据查询】图书编号：1；图书名称：Java程序设计开发实战；图书作者：李兴华；图书价格：89.8

在发出第二次查询指令前，缓存数据已经被修改，所以第二次查询返回的结果是缓存中已有的内容。而在第三次查询前由于使用 clearCache()方法清除了缓存数据，因此程序会再次发出数据库查询指令，重新加载指定 ID 的数据。

### 3.4.2 二级缓存

视频名称 0314_【理解】二级缓存

视频简介 二级缓存是一种跨多个 session 实现数据共享的处理机制，也是日常开发中较为常见的缓存模式。本视频通过实例为读者分析二级缓存的作用，同时分析 MyBatis 提供的各类二级缓存清除算法的区别。

一级缓存只允许当前的 session 实现缓存数据的处理，而二级缓存可以在多个 session 之间进行缓存的处理，如图 3-15 所示。考虑到在实际开发中会同时有多个线程并行实现数据的访问处理，所以二级缓存的设计更符合实际项目的需要，但是二级缓存并不是默认开启的，需要开发者手动开启。下面来看一下具体的实现步骤。

图 3-15 二级缓存

（1）【mybatis 子模块】修改 mybatis.cfg.xml 配置文件，启用二级缓存。

```
<settings>
    <setting name="cacheEnabled" value="true"/>   <!-- 启用二级缓存 -->
</settings>
```

（2）【mybatis 子模块】修改 Book.xml 映射文件，追加二级缓存配置项。

```
<cache/>                              <!-- 启用二级缓存 -->
```

默认情况下，只要配置了<cache>元素，就表示当前映射文件内的全部查询操作都要进行缓存处理。该元素允许配置的属性如表 3-3 所示。

表 3-3　<cache>元素的配置属性

| 序号 | 配置属性 | 描述 |
|---|---|---|
| 1 | eviction | 设置要使用的缓存清除算法，MyBatis 有如下几种默认的算法。<br>"LRU"：最近最少使用算法，也是默认的缓存清除算法。<br>"FIFO"：先进先出，最早保留的对象会首先被清除。<br>"SOFT"：采用 Java 软引用机制，垃圾回收触发后将根据内存占用情况进行缓存清除。<br>"WEAK"：采用 Java 弱引用机制，只要执行了垃圾回收就立刻进行缓存清除 |
| 2 | flushInterval | 设置缓存的刷新时间间隔 |
| 3 | readOnly | 是否设置为只读缓存。缓存主要分为读写缓存、只读缓存、只写缓存，如果使用的是读写缓存，那么在进行缓存的时候就需要考虑数据的更新问题，但是这种更新可能会导致严重的性能问题，所以一般采用只读缓存 |
| 4 | size | 设置缓存占用的内存大小，不建议修改 |
| 5 | blocking | 是否启用缓存队列，默认为 false，即不启用。设置为 true 表示启用缓存队列，在进行数据查询的时候会对相应的数据进行锁定，如果在缓存使用时已经明确地进行了某数据的命中处理操作，其他线程将无法直接对此数据进行修改，并且被阻止修改数据的线程将被设置到缓存队列之中 |
| 6 | type | 配置分布式缓存处理类 |

（3）【mybatis 子模块】二级缓存需要进行对象序列化处理，所以要修改 Book 类的定义，使其实现 Serializable 接口。

```
public class Book implements Serializable {}
```

（4）【mybatis 子模块】编写测试类。

```
@Test
public void testCache() {                              // 数据增加测试
    // 【Session-A】通过SqlSessionFactory获取一个新的SqlSession接口实例
    SqlSession sessionA = MyBatisSessionFactory.getSessionFactory().openSession();
    // 第一次查询，由于此时数据未缓存，因此将发出数据库查询指令
    Book bookA = sessionA.selectOne("com.yootk.mapper.BookNS.findById", 1L);    // 数据查询
    LOGGER.info("【数据查询】图书编号：{}；图书名称：{}；图书作者：{}；图书价格：{}",
        bookA.getBid(), bookA.getName(), bookA.getAuthor(), bookA.getPrice());
    sessionA.close();                          // 关闭SqlSession
    // 【Session-B】通过SqlSessionFactory获取一个新的SqlSession接口实例
    SqlSession sessionB = MyBatisSessionFactory.getSessionFactory().openSession();
    // 第二次查询，查询相同ID的数据，此时不会向数据库发出查询指令，而是通过缓存直接加载
    Book bookB = sessionB.selectOne("com.yootk.mapper.BookNS.findById", 1L);    // 数据查询
    LOGGER.info("【数据查询】图书编号：{}；图书名称：{}；图书作者：{}；图书价格：{}",
        bookB.getBid(), bookB.getName(), bookB.getAuthor(), bookB.getPrice());
    sessionB.close();                          // 关闭SqlSession
}
```

第一次查询：

```
Preparing: SELECT bid, name, author, price FROM book WHERE bid=?
Parameters: 1(Long)
【数据查询】图书编号：1；图书名称：Java程序设计开发实战；图书作者：李兴华；图书价格：89.8
```

第二次查询：

```
【数据查询】图书编号：1；图书名称：Java程序设计开发实战；图书作者：李兴华；图书价格：89.8
```

本程序创建了两个不同的 SqlSession 实例，并且对同一 ID 的数据进行了两次查询，由于二级缓存存在，所以第二次查询时并没有发出 SQL 命令。

> ⓘ **注意：不要缓存过多数据。**
>
> 在映射文件中一旦使用了 <cache> 缓存配置元素，该配置文件中的全部查询就都存在缓存支持，这样会造成缓存过大，并且会频繁触发缓存清除机制，造成程序整体的性能下降。常见的做法是在不需要缓存的查询元素中定义 "useCache="false"" 配置属性。

### 3.4.3　Redis 分布式缓存

Redis 分布式缓存

**视频名称** 0315_【理解】Redis 分布式缓存

**视频简介** MyBatis 支持分布式缓存，这样的设计可以有效地提升程序的处理性能。本视频为读者分析分布式缓存的意义，并分析自定义缓存数据存储的操作，最后通过 Redis 数据库实现分布式的缓存数据存储。

不管使用的是一级缓存还是二级缓存，所有的数据都是保存在当前应用的内存空间之中的，而随着项目应用规模的不断扩大，缓存的数据也会越来越多，这样一来所占用的内存空间会持续增加，最终导致整个服务的性能下降。为了进一步改善二级缓存的设计，MyBatis 提供了分布式缓存，其实现架构如图 3-16 所示。

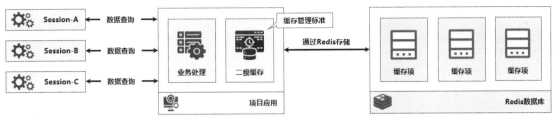

图 3-16　Redis 分布式缓存的实现架构

MyBatis 为了便于二级缓存设计的扩展，提供了 org.apache.ibatis.cache.Cache 缓存管理接口，该接口提供的方法如表 3-4 所示。开发者可以通过该接口自定义缓存数据处理操作，而后在\<cache\>元素中配置 Cache 实现类即可生效。

表 3-4　Cache 缓存管理接口提供的方法

| 序号 | 方法 | 类型 | 描述 |
|---|---|---|---|
| 1 | public String getId() | 普通 | 获取缓存数据的 ID |
| 2 | public void putObject(Object key, Object value) | 普通 | 写入缓存数据 |
| 3 | public Object getObject(Object key) | 普通 | 获取缓存数据 |
| 4 | public Object removeObject(Object key) | 普通 | 删除缓存数据 |
| 5 | public void clear() | 普通 | 清空缓存数据 |
| 6 | public int getSize() | 普通 | 获取缓存数据的个数 |
| 7 | default ReadWriteLock getReadWriteLock() | 普通 | 获取读写锁实例 |

MyBatis 在进行数据缓存时，会传入要缓存数据的 KEY（键）和 VALUE（值），所以在进行缓存数据写入时需要进行有效的序列化处理，将数据转为二进制内容进行存储，操作流程如图 3-17 所示。而在获取数据时，则需要对读取的二进制数据进行反序列化操作，以获取所保存的对象实例。

图 3-17　序列化处理

考虑到处理性能的问题，本节在开发中将基于 Lettuce 组件实现 Redis 客户端的应用编写，同时为了便于所有数据库连接的管理，将创建 RedisConnectionUtil 工具类，实现有状态连接（StatefulRedisConnection）的管理。MyBatis 分布式缓存处理架构如图 3-18 所示，具体实现步骤如下。

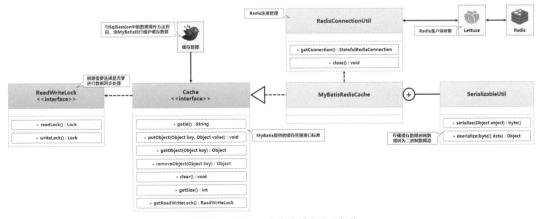

图 3-18　MyBatis 分布式缓存处理架构

（1）【SSM 项目】修改 build.gradle 配置文件，为 mybatis 子模块引入 Redis 相关类库。

```
implementation('org.apache.commons:commons-pool2:2.11.1')
implementation('io.lettuce:lettuce-core:6.2.0.RELEASE')
```

（2）【mybatis 子模块】创建 Redis 连接管理类。

```
package com.yootk.util.redis;
public class RedisConnectionUtil {
    public static final String REDIS_ADDRESS = "redis:        //hello@redis-server:6379/0";
    private static final int MAX_IDLE = 10;                    // 最大维持连接数量
    private static final int MIN_IDLE = 1;                     // 最小维持连接数量
    private static final int MAX_TOTAL = 1;                    // 最大的可用连接数量
    private static final boolean TEST_ON_BORROW = true;        // 测试后返回
    private static GenericObjectPool<StatefulRedisConnection<byte[], byte[]>> pool;
    private static final RedisURI REDIS_URI = RedisURI.create(REDIS_ADDRESS);
    private static final RedisClient REDIS_CLIENT = RedisClient.create(REDIS_URI);
    private static final ThreadLocal<StatefulRedisConnection<byte[], byte[]>>
        REDIS_CONNECTION_THREAD_LOCAL = new ThreadLocal<>();   // 保存Redis连接
    static {
        GenericObjectPoolConfig config = new GenericObjectPoolConfig();  // 配置对象池
        config.setMaxIdle(MAX_IDLE);                           // 设置最大维持连接数量
        config.setMinIdle(MIN_IDLE);                           // 设置最小维持连接数量
        config.setMaxTotal(MAX_TOTAL);                         // 连接池最大的可用连接数量
        config.setTestOnBorrow(TEST_ON_BORROW);                // 连接测试后返回
        pool = ConnectionPoolSupport.createGenericObjectPool(
            () -> REDIS_CLIENT.connect(new ByteArrayCodec()), config); // 获取连接池实例
    }
    public static StatefulRedisConnection getConnection() {    // 获取连接
        StatefulRedisConnection<byte[], byte[]> connection =
            REDIS_CONNECTION_THREAD_LOCAL.get();               // 获取连接
        if (connection == null) {                              // 连接不存在
            connection = build();                              // 创建连接
            REDIS_CONNECTION_THREAD_LOCAL.set(connection);     // 连接保存
        }
        return connection;
    }
    public static void close() {                               // 连接关闭
        StatefulRedisConnection<byte[], byte[]> connection =
            REDIS_CONNECTION_THREAD_LOCAL.get();               // 获取连接
        if (connection != null) {                              // 连接存在
            connection.close();                                // 关闭连接
            REDIS_CONNECTION_THREAD_LOCAL.remove();            // 对象清除
        }
    }
    private static StatefulRedisConnection build() {           // 建立连接
        try {
            return pool.borrowObject();                        // 通过连接池获取连接
        } catch (Exception e) {
            return null;
        }
    }
}
```

（3）【mybatis 子模块】创建 MyBatis 缓存管理类。

```
package com.yootk.util.cache;
public class MyBatisRedisCache implements Cache {              // 缓存实现
    private static final Logger LOGGER = LoggerFactory.getLogger(MyBatisRedisCache.class);
    private StatefulRedisConnection<byte[], byte[]> connection =
        RedisConnectionUtil.getConnection();                   // 获取Redis连接
    private String id;                                         // 缓存ID
    public MyBatisRedisCache(String id) {
```

```
        LOGGER.debug("【设置缓存ID】id = {}", id);
        this.id = id;
    }
    @Override
    public String getId() {                                  // 获取缓存ID
        LOGGER.debug("【获取缓存ID】id = {}", this.id);
        return this.id;
    }
    @Override
    public void putObject(Object key, Object value) {        // 写入缓存数据
        LOGGER.debug("【缓存数据写入】key = {}、value = {}", key, value);
        this.connection.sync().set(SerializableUtil.serialize(key),
                SerializableUtil.serialize(value));
    }
    @Override
    public Object getObject(Object key) {                    // 读取缓存数据
        byte data[] = this.connection.sync().get(SerializableUtil.serialize(key));
        if (data == null) {                                  // 没有数据存储
            return null;
        }
        Object value = SerializableUtil.dserialize(data);
        LOGGER.debug("【缓存数据读取】key = {}、value = {}", key, value);
        return value;
    }
    @Override
    public Object removeObject(Object key) {                 // 删除缓存数据
        LOGGER.debug("【删除缓存数据】key = {}", key);
        return this.connection.sync().del(SerializableUtil.serialize(key));
    }
    @Override
    public void clear() {                                    // 缓存清空
        LOGGER.debug("【清除缓存数据】");
        this.connection.sync().flushdb();
    }
    @Override
    public int getSize() {                                   // 获取缓存大小
        int size = this.connection.sync().dbsize().intValue();
        LOGGER.debug("【获取缓存大小】size = {}", size);
        return size;
    }
    private static class SerializableUtil {                  // 实现序列化与反序列化的处理
        private SerializableUtil() {}
        public static byte[] serialize(Object object) {     // 对象序列化
            byte result[] = null;                            // 保存最终的序列化处理结果
            ObjectOutputStream oos = null;                   // 对象输出流
            ByteArrayOutputStream bos = null;                // 内存输出流
            try {
                bos = new ByteArrayOutputStream();           // 实例化内存输出流
                oos = new ObjectOutputStream(bos);           // 实例化对象输出流
                oos.writeObject(object);                     // 将对象写入对象输出流
                result = bos.toByteArray();                  // 获取二进制数据内容
            } catch (Exception e) {
            } finally {
                if (oos != null) {                           // 对象不为空
                    try {
                        oos.close();                         // 关闭对象输出流
                    } catch (IOException e) {}
                }
                if (bos != null) {                           // 对象不为空
                    try {
```

```
                bos.close();                           // 关闭内存输出流
            } catch (IOException e) {}
        }
    }
    return result;
}
public static Object dserialize(byte[] data) {        // 对象反序列化
    Object result = null;                             // 保存返回对象
    ObjectInputStream ois = null;                     // 对象输入流
    ByteArrayInputStream bis = null;                  // 内存输入流
    try {
        bis = new ByteArrayInputStream(data);         // 获取内存输入流
        ois = new ObjectInputStream(bis);             // 实例化对象输入流
        result = ois.readObject();                    // 对象读取
    } catch (Exception e) {
    } finally {
        if (bis != null) {                            // 内存输入流不为空
            try {
                bis.close();                          // 关闭内存输入流
            } catch (IOException e) {}
        }
        if (ois != null) {                            // 对象输入流不为空
            try {
                ois.close();                          // 关闭对象输入流
            } catch (IOException e) {}
        }
    }
    return result;                                    // 返回对象实例
    }
  }
}
```

（4）【mybatis 子模块】此时增加了自定义的缓存管理类。修改 Book.xml 映射文件，在<cache>元素中通过 type 属性定义新的缓存管理类。

```
<cache type="com.yootk.util.cache.MyBatisRedisCache"/><!-- 启用二级缓存 -->
```

配置完成后，再次运行二级缓存的测试代码，MyBatis 会首先执行数据库查询，而后会将查询结果缓存到 Redis 之中。打开 Redis 客户端可以发现在 Redis 中已经存在相应的缓存数据，即便当前的应用已经关闭，只要缓存中的数据存在，Redis 就会通过缓存对数据进行加载。

# 3.5  拦截器

拦截器简介

**视频名称** 0316_【理解】拦截器简介

**视频简介** 拦截器是 AOP 的重要工具，为了便于拦截器的实现，MyBatis 提供了 Interceptor 拦截器处理接口。本视频通过实例为读者分析该接口的使用，同时基于源代码分析拦截器与 JDK 动态代理实现之间的关联。

在常规的方法调用中，用户都是直接调用所需的核心业务方法来进行相关业务的处理的，而考虑到更多同类方法的逻辑处理问题，可以在项目中追加拦截器的定义。这样在每次调用方法时，都可以基于特定的拦截器进行处理，如图 3-19 所示。

MyBatis 作为数据层的开发框架，在每次进行数据的更新与查询处理时，也提供了拦截器的实现支持。为了便于拦截器开发的标准化，MyBatis 提供了 Interceptor 接口，开发者只需要让拦截器处理类实现该接口，并使用该接口提供的 plugin()方法，即可实现目标操作对象实例的包装，这样在调用方法时就可以自动进行拦截操作。

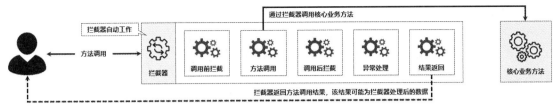

图 3-19 拦截器与方法调用

新版本的 MyBatis 已经不要求使用者强制性地覆写 Interceptor 类的 plugin()方法了。打开该方法的源代码，可以发现该方法内部封装了一个 Plugin.wrap()的调用。通过源代码的解读可以看到 wrap()方法实际上就是 JDK 动态代理的实现（见图 3-20），所以 MyBatis 中的拦截器本质上就是动态代理机制的一种应用。为便于读者理解，下面将通过一个基本的拦截操作，为读者分析 Interceptor 接口及相关注解的使用。

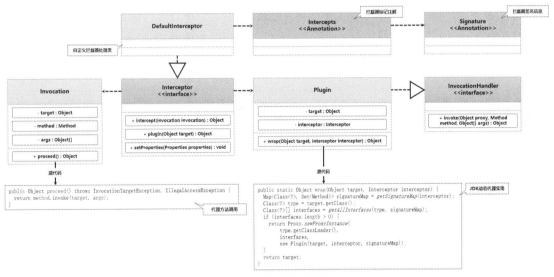

图 3-20 拦截器实现架构

范例：定义 MyBatis 拦截器。

```java
package com.yootk.test;
public class TestInterceptor {
    public static void main(String[] args) {
        Map<String, String> map = (Map<String, String>) new DefaultInterceptor()
                .plugin(new HashMap<String, String>());        // 获取拦截器代理对象
        System.out.println("yootk = " + map.get("yootk"));      // 数据查询
    }
    @Intercepts(value = {
            @Signature(args = {Object.class}, method = "get", type = Map.class)
    })
    private static class DefaultInterceptor implements Interceptor { // 拦截器
        @Override
        public Object intercept(Invocation invocation) throws Throwable {
            Object result = invocation.proceed();              // 调用真实方法
            if (result == null) {                              // 数据为空
                result = "沐言科技：www.yootk.com";              // 设置默认值
            }
            return result;                                     // 结果返回
        }
    }
}
```

程序执行结果：

```
yootk = 沐言科技：www.yootk.com
```

本程序定义了一个 DefaultInterceptor 拦截器处理类，并且覆写了 Interceptor 类所提供的 intercept()方法，而该方法主要实现了真实方法的调用，并且会根据方法调用的结果来决定最终的返回值。要想让拦截器生效，需要通过 Interceptor 类所提供的 plugin()方法对真实的对象进行封装，封装后将返回代理对象，从而实现拦截处理操作。

### 3.5.1 Executor 执行拦截

视频名称 0317_【理解】Executor 执行拦截

视频简介 在 MyBatis 中拦截器是一种扩展插件，基于切面的配置实现控制。本视频将拦截器整合在 MyBatis 的查询与更新应用中，并实现属性的配置与获取操作。

Executor 执行拦截

MyBatis 中的拦截器工作时，需要通过@Signature 注解绑定要拦截的处理方法，这样才能够对数据的更新与查询操作进行拦截。MyBatis 中所有的数据操作方法都是由 Executor 接口定义的，该接口提供了 query()查询方法以及 update()更新方法，用户可以对这两个方法进行拦截绑定，如图 3-21 所示。

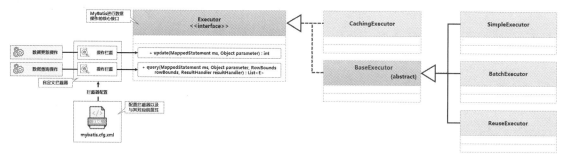

图 3-21　数据操作拦截器

Interceptor 接口还提供了一个 setProperties()方法，该方法可以实现拦截器属性的获取，这些属性可以直接在 MyBatis 配置文件中进行定义。下面通过一个具体的实现进行说明。

（1）【mybatis 子模块】创建拦截器并在拦截处理中进行日志输出。

```java
package com.yootk.interceptor;
@Intercepts(value = {
    @Signature(args = { MappedStatement.class, Object.class,
            RowBounds.class, ResultHandler.class }, method = "query",
            type = Executor.class),
    @Signature(args = { MappedStatement.class, Object.class,},
            method = "update", type = Executor.class)}
)                                                   // 对指定方法进行拦截
public class YootkInterceptor implements Interceptor {   // 自定义拦截器
    private static final Logger LOGGER = LoggerFactory.getLogger(YootkInterceptor.class);
    private String prefix;                          // 前缀标记
    private String suffix;                          // 后缀标记
    @Override
    public Object intercept(Invocation invocation) throws Throwable {
        LOGGER.debug("【对象实例】{}", invocation.getTarget().getClass().getName());
        LOGGER.debug("【执行方法】{}", invocation.getMethod().getName());
        LOGGER.debug("【参数接收】{}", Arrays.toString(invocation.getArgs()));
        Object result = invocation.proceed();       // 方法调用
        LOGGER.debug("【执行结果】{}", result);
```

```
        return result;
    }
    @Override
    public void setProperties(Properties properties) {
        this.prefix = properties.getProperty("prefix");    // 获取插件配置参数
        this.suffix = properties.getProperty("suffix");    // 获取插件配置参数
        LOGGER.info("【配置参数】prefix = {}", this.prefix);
        LOGGER.info("【配置参数】suffix = {}", this.suffix);
    }
}
```

（2）【mybatis 子模块】在 mybatis.cfg.xml 配置文件中定义拦截器。

```
<plugins>                          <!-- 配置拦截器插件 -->
    <plugin interceptor="com.yootk.interceptor.YootkInterceptor"> <!-- 拦截器 -->
        <property name="prefix" value="Muyan"/>          <!-- 属性配置 -->
        <property name="suffix" value="Yootk"/>          <!-- 属性配置 -->
    </plugin>
</plugins>
```

（3）【mybatis 子模块】拦截器定义完成后，执行数据查询操作（根据 ID 查询），并且观察日志输出。

```
【配置参数】prefix = Muyan
【配置参数】suffix = Yootk
【对象实例】org.apache.ibatis.executor.CachingExecutor
【执行方法】query
【参数接收】[org.apache.ibatis.mapping.MappedStatement@4bc222e, 1, org.apache.ibatis.session.RowBounds@
2dc9b0f5, null]
Preparing: SELECT bid, name, author, price FROM book WHERE bid=?
Parameters: 1(Long)
【执行结果】[com.yootk.vo.Book@71a9b4c7]
【数据查询】图书编号：1；图书名称：Java程序设计开发实战；图书作者：李兴华；图书价格：89.8
```

（4）【mybatis 子模块】执行数据增加操作并观察日志输出。

```
【配置参数】prefix = Muyan
【配置参数】suffix = Yootk
【对象实例】org.apache.ibatis.executor.CachingExecutor
【执行方法】update
【参数接收】[org.apache.ibatis.mapping.MappedStatement@a1f72f5, com.yootk.vo.Book@4b2c5e02]
Preparing: INSERT INTO book (name, author, price) VALUES ( ?, ?, ? )
Parameters: Spring Boot开发实战(String), 李兴华(String), 89.8(Double)
【执行结果】1
【数据增加】更新数据行数：1
```

　　通过此时的日志信息可以发现，在进行具体的数据操作时，拦截器会根据定义的拦截方法自动进行调用前拦截（前置拦截）或调用后拦截（后置拦截），最终的操作需要通过 invocation.proceed() 方法进行触发。

### 3.5.2　StatementHandler 执行拦截

StatementHandler
执行拦截

　　视频名称　0318_【理解】StatementHandler 执行拦截
　　视频简介　StatementHandler 是整个 MyBatis 中执行数据操作的核心接口，拦截器基于该接口实例可以获取要执行的 SQL 命令。本视频通过实例分析该接口的使用，并通过源代码结构分析 RoutingStatementHandler 类的作用。

　　在 MyBatis 中，虽然 Executor 接口定义了数据操作的执行方法，但是最终的 JDBC 执行却是由 StatementHandler 接口实现的。StatementHandler 接口实现设计中有 3 类 JDBC 操作支持，分别为 SimpleStatementHandler（Statement 处理实现）、PreparedStatementHandler（Prepared Statement 处理

实现）、CallableStatementHandler（CallableStatement 处理实现）。这 3 个不同的实现类同时继承了 BaseStatementHandler 父抽象类，便于管理。而在具体执行 JDBC 操作时，会由 RoutingStatementHandler 类根据当前的 SQL 命令选择具体的执行子类。MyBatis 为了便于不同 JDBC 操作的分类管理，提供了 StatementType 枚举类，里面的枚举常量对应着 BaseStatementHandler 的 3 个子类，继承结构如图 3-22 所示。

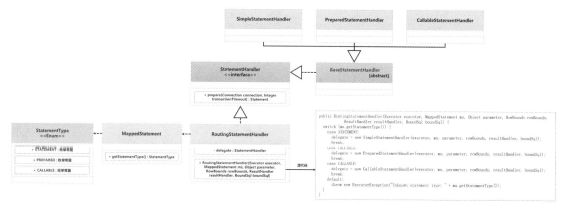

图 3-22　StatementHandler 的继承结构

StatementHandler 接口提供了一个 prepare()处理方法，MyBatis 中的所有数据操作，在执行前都要默认调用此方法以进行 Statement 或其相关子接口的对象实例化处理。如果此时要对该方法进行拦截操作，可以基于反射机制获取 RoutingStatementHandler 类中的 delegate 属性，并依据此属性获取执行的 SQL 命令（BoundSql 类实例）、执行数据（ParameterHandler 接口实例）以及 JDBC 中的 Connection 接口实例，关联结构如图 3-23 所示。

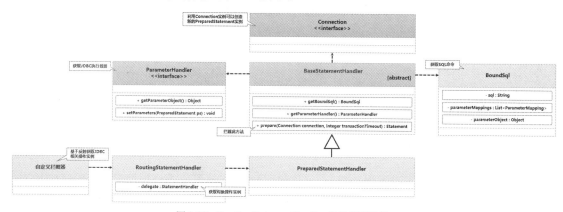

图 3-23　RoutingStatementHandler 类的关联结构

范例：拦截 StatementHandler 操作。

```
package com.yootk.interceptor;
@Intercepts(value = {
        @Signature(args = { java.sql.Connection.class, java.lang.Integer.class },
             method = "prepare", type = StatementHandler.class) }
)                                                        // 对指定接口中的方法进行拦截
public class YootkInterceptor implements Interceptor {   // 自定义拦截器
    private static final Logger LOGGER = LoggerFactory.getLogger(YootkInterceptor.class);
    @Override
    public Object intercept(Invocation invocation) throws Throwable {
        LOGGER.debug("【JDBC连接对象】{}", invocation.getArgs()[0]);   // 获取连接
```

```
    if (invocation.getTarget() instanceof RoutingStatementHandler) { // 类型判断
        RoutingStatementHandler handler = (RoutingStatementHandler)
                invocation.getTarget();                    // 获取指定类型的实例
        // 通过反射机制获取RoutingStatementHandler类中的delegate成员属性
        Field delegateField = handler.getClass().getDeclaredField("delegate");
        delegateField.setAccessible(true);                 // 取消封装
        PreparedStatementHandler delegate = (PreparedStatementHandler)
                delegateField.get(handler);
        BoundSql boundSql = delegate.getBoundSql();         // 取得SQL命令
        LOGGER.debug("【SQL命令】{}", boundSql.getSql());
        LOGGER.debug("【参数映射】{}", boundSql.getParameterMappings());
        LOGGER.debug("【参数内容】{}", boundSql.getParameterObject());
    }
    return invocation.proceed();
}
```

数据查询日志：

```
【JDBC连接对象】org.apache.ibatis.logging.jdbc.ConnectionLogger@54361a9
【SQL命令】SELECT bid, name, author, price FROM book WHERE bid=?
【参数映射】[ParameterMapping{property='bid', mode=IN, javaType=class java.lang.Long, jdbcType=null,
numericScale=null, resultMapId='null', jdbcTypeName='null', expression='null'}]
【参数内容】1
Preparing: SELECT bid, name, author, price FROM book WHERE bid=?
Parameters: 1(Long)
【数据查询】图书编号：1；图书名称：Java程序设计开发实战；图书作者：李兴华；图书价格：89.8
```

拦截器通过 RoutingStatementHandler 类实例获取了其内部的 delegate 成员属性，这样就可以借助于 BoundSql 类获取当前执行的 SQL 命令的相关信息。

> 💡 提示：MyBatis 拦截器的作用。
>
> 只要定义好了 MyBatis 拦截器的拦截类型以及被拦截的方法，程序在调用该拦截方法时就可以自动进行处理，开发者可以基于此机制实现更加丰富的处理逻辑。
>
> 以数据分页查询为例，传统的做法是在编写 MyBatis 数据层代码时进行两次查询，第一次查询数据，第二次统计结果。如果使用拦截器（见图 3-24），在查询时将所有的分页参数封装在 PageSplitUtil 类中，而后在拦截器中除了执行目标查询，还需要对传入的 SQL 命令进行解析，使其可以实现统计查询，并且基于引用的方式将统计结果保存在 PageSplitUtil 实例中。这样虽然外部只发出了一次查询命令，但是实际上可以自动完成其他相关的查询，简化了代码的调用逻辑（相关功能在第 4 章讲解）。

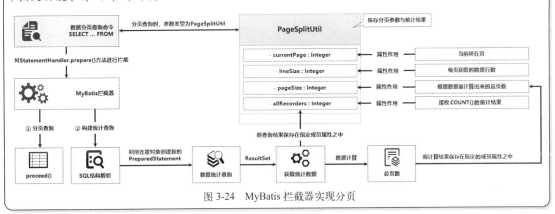

图 3-24　MyBatis 拦截器实现分页

# 3.6　ResultMap

视频名称　0319_【理解】ResultMap

视频简介　考虑到数据表结构设计的灵活性，MyBatis 也提供了数据字段与类成员属性之间的映射配置，可以通过 ResultMap 进行定义。本视频通过实例分析 ResultMap 的作用。

　　MyBatis 开发之中，数据表的结构一般都要与 VO 类的结构一一对应，这样在进行数据查询后，就可以直接根据查询结果的列名称找到与之匹配的成员属性名称，并通过反射机制实现属性内容的定义。但是在很多项目中为了便于数据库结构的标注，开发者可能会在字段上加一些前缀，这样一来就需要对查询结果进行别名处理了。

　　（1）【MySQL 数据库】创建一张新的 yootk_book 数据表，每一个字段都使用 "yootk_" 进行前缀标记。

```sql
USE yootk;
CREATE TABLE yootk_book (
   yootk_bid        BIGINT  AUTO_INCREMENT comment '图书编号',
   yootk_name       VARCHAR(50)            comment '图书名称',
   yootk_author     VARCHAR(50)            comment '图书作者',
   yootk_price DOUBLE                      comment '图书价格',
   CONSTRAINT pk_yootk_bid PRIMARY KEY(yootk_bid)
) engine=innodb;
INSERT INTO yootk_book(yootk_name, yootk_author, yootk_price)
   VALUES ('Java进阶编程实战', '李兴华', 89.80);
```

　　（2）【mybatis 子模块】修改 Book.xml 映射文件，在查询时定义别名。

```xml
<select id="findOne" parameterType="java.lang.Long" resultType="Book">
   SELECT yootk_bid AS bid, yootk_name AS name, yootk_author AS author, yootk_price AS price
   FROM yootk_book WHERE yootk_bid=#{bid}
</select>
```

　　此时的别名与 Book 类的成员属性名称一致，这样在查询结果返回后，MyBatis 就可以依据别名基于反射实现数据列与成员属性之间的赋值处理。但是如果每一次的操作都这样去实现，不仅会出现代码重复问题，而且不利于程序的维护。为此，MyBatis 提供了一个 <resultMap> 映射结构，通过该结构可以将数据表返回的列名称与目标类型的成员属性进行映射配置，而在查询时，直接返回 ResultMap 类型的数据即可，操作结构如图 3-25 所示。

图 3-25　ResultMap 的操作结构

　　（3）【mybatis 子模块】修改 Book.xml 映射文件，追加结果集映射处理。

```xml
<resultMap id="BookMap" type="Book">          <!-- id为结果映射的标记 -->
   <!-- column指定列名称，property指定属性名称 -->
   <id column="yootk_bid" property="bid"/>
   <result column="yootk_name" property="name"/>        <!-- 数据列与类成员属性映射 -->
   <result column="yootk_author" property="author"/> <!-- 数据列与类成员属性映射 -->
```

```
    <result column="yootk_price" property="price"/> <!-- 数据列与类成员属性映射 -->
</resultMap>
<select id="findResultMap" parameterType="java.lang.Long" resultMap="BookMap">
    SELECT yootk_bid, yootk_name, yootk_author, yootk_price
    FROM yootk_book WHERE yootk_bid=#{bid}
</select>
```

有了<resultMap>的配置之后，在每次查询时直接使用其配置属性就可以实现映射结果的关联。这样的配置方式可以简化 SQL 命令的编写，也更利于项目的维护。

### 3.6.1　调用存储过程

调用存储过程

**视频名称** 0320_【了解】调用存储过程

**视频简介** 存储过程是数据库提供的一种常见对象结构，MyBatis 作为数据层实现组件，也提供了存储过程的调用支持。本视频为读者分析存储过程的使用，并通过实例演示 MySQL 下存储过程的创建，以及 MyBatis 中多个查询结果集的接收。

为了更好地实现数据操作的统一管理，关系数据库提供了存储过程的结构支持。利用存储过程，开发者可以有效地实现业务逻辑的封装处理，也可以进行多张数据表的数据处理控制，如图 3-26 所示。

图 3-26　MyBatis 与存储过程

> **(!)　注意：项目尽量避免使用存储过程。**
>
> 　　使用存储过程进行项目开发是早期的技术形式，由于程序开发理念日渐完善，以及各类高性能系统的设计要求，现代的项目中已经很少使用存储过程了，主要的原因有如下几点：
> ① 存储过程之中需要编写大量的业务处理逻辑，而这些业务处理逻辑已经被业务层所代替；
> ② 存储过程不利于数据库的库表分离设计，导致在高并发环境下产生扩展局限性；
> ③ 存储过程的代码不利于维护，导致数据库负载过重，存在死机隐患。

JDBC 有存储过程的调用结构（CallableStatement 子接口），在 MyBatis 框架中也通过该接口实现了存储过程的调用，只需要在映射文件中直接使用 CALL 语句即可，并且 MyBatis 也可以通过结果映射的方式实现多个结果集的接收。下面演示在 MySQL 中进行存储过程的定义，并通过程序进行调用。

（1）【MySQL 数据库】定义返回单一结果集的存储过程。

```
DROP PROCEDURE IF EXISTS book_select_proc;
CREATE PROCEDURE book_select_proc(IN p_name VARCHAR(50))
BEGIN
    IF p_name IS NOT NULL AND p_name != '' THEN
        SELECT bid, name, author, price FROM book WHERE name LIKE CONCAT('%', p_name, '%');
    ELSE
        SELECT bid, name, author, price FROM book;
    END IF;
END;
DELIMITER;
```

（2）【MySQL 数据库】测试 book_select_proc()实现的存储过程。

```
CALL book_select_proc('Spring');
```

（3）【MySQL 数据库】定义一个返回多个查询结果的存储过程。

```
DROP PROCEDURE IF EXISTS book_multi_select_proc;
CREATE PROCEDURE book_multi_select_proc(IN p_start INT, IN p_linesize INT)
BEGIN
    SELECT bid, name, author, price FROM book LIMIT p_start, p_linesize ;
    SELECT COUNT(*) FROM book;
END;
```

（4）【MySQL 数据库】测试存储过程。

```
CALL book_multi_select_proc(1, 2);
```

（5）【mybatis 子模块】存储过程的调用需要在 Book.xml 映射文件之中进行定义。由于此时调用的是存储过程，所以在定义\<select\>元素时要使用 "statementType="CALLABLE"" 进行标记。

```
<select id="producerSingle" parameterType="string"
        resultType="Book" statementType="CALLABLE">
   { CALL book_select_proc( #{param, jdbcType=VARCHAR, mode=IN} )}
</select>
```

（6）【mybatis 子模块】定义返回多个结果集的存储过程调用。

```
<resultMap id="BookMap" type="Book">                 <!-- 接收图书信息 -->
   <id column="bid" property="bid"/>
   <result column="name" property="name"/> <!-- 数据列与类成员属性映射 -->
   <result column="author" property="author"/> <!-- 数据列与类成员属性映射 -->
   <result column="price" property="price"/> <!-- 数据列与类成员属性映射 -->
</resultMap>
<resultMap type="java.lang.Integer" id="CountMap">      <!-- 接收统计信息 -->
   <result column ="count" property="value"/>
</resultMap>
<select id="producerMulti" parameterType="map" resultMap="BookMap, CountMap"
      resultSets="books, count" statementType="CALLABLE">
   { CALL book_multi_select_proc(
      #{start, jdbcType=INTEGER, mode=IN}, #{lineSize, jdbcType=INTEGER, mode=IN})}
</select>
```

调用 producerMulti 存储过程后，会返回多个查询结果集。对于这样的查询结果，必须使用 ResultMap 进行封装，所以本程序定义了两个 ResultMap，以分别接收 Book 数据集和 COUNT 统计结果，如图 3-27 所示。MyBatis 会将该查询结果以 "List\<List\<?\>\>" 的形式返回调用处。

图 3-27　多个查询结果集的映射

（7）【mybatis 子模块】测试 producerSingle 存储过程调用。

```
@Test
public void testProducerSingle() {                              // 存储过程测试
   List<Book> books = MyBatisSessionFactory.getSession().selectList(
         "com.yootk.mapper.BookNS.producerSingle", "Spring");   // 数据查询
   for (Book book : books) {
      LOGGER.info("【数据查询】图书编号：{}；图书名称：{}；图书作者：{}；图书价格：{}",
            book.getBid(), book.getName(), book.getAuthor(), book.getPrice());
   }
   MyBatisSessionFactory.close();                               // 关闭session
}
```

程序执行结果：

```
Preparing: { CALL book_select_proc( ? )}
```

```
Parameters: Spring(String)
Total: 15（book表有15条数据满足查询条件）
```

（8）【mybatis 子模块】测试 producerMulti 存储过程调用。

```
@Test
public void testProducerMulti() {                   // 存储过程测试
    Map<String, Integer> param = Map.of("start", 0, "lineSize", 3);
    List<List<?>> result = MyBatisSessionFactory.getSession().selectList(
            "com.yootk.mapper.BookNS.producerMulti", param);
    LOGGER.info("【查询结果】图书数据: {}; 记录行数: {}", result.get(0), result.get(1));
    MyBatisSessionFactory.close();                   // 关闭session
}
```

程序执行结果：

```
Preparing: { CALL book_multi_select_proc( ?, ?)}
Parameters: 0(Integer), 3(Integer)
Total: 3（返回的图书数据个数，即第1个映射结果的数据行数）
Total: 1（返回图书数据统计，即第2个映射结果的统计数据）
```

### 3.6.2 鉴别器

鉴别器

**视频名称** 0321_【理解】鉴别器

**视频简介** 一张表中同时保存多个不同实体的数据时，基于鉴别器可以将不同的数据映射到不同的类之中，实现逻辑上的结构划分。本视频为读者分析鉴别器的实现机制，并通过具体的操作实例实现鉴别器的应用。

在标准化的设计之中，每一张数据表都会对应一个完整的实体数据集。但是在一些特殊环境下，有可能一张数据表中同时保存若干种不同的子实体数据，而为了便于在操作中对不同子实体进行区分，可以基于鉴别器对其进行处理。

例如，现在要定义描述雇员信息与学生信息的数据表，但是雇员信息和学生信息中包含一些相同的字段（编号、姓名、年龄、性别等），考虑到数据字段的重用性设计问题，将雇员信息和学生信息都定义在用户数据表中，而后利用一个 type 字段进行数据的区分，当 type 内容为 stu 时表示为学生信息（需要记录成绩和专业），而当 type 内容为 emp 时表示为雇员信息（需要记录工资和部门），设计结构如图 3-28 所示。

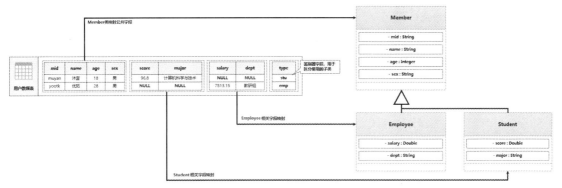

图 3-28    数据表的设计结构

此时的用户数据表中存在字段的继承逻辑，所以在进行映射类设计时，可以考虑将公共的字段映射到一个父类中，而后将每个不同子类映射为各自所需的字段。例如，在 Employee 子类中定义工资和部门属性，而在 Student 子类中定义成绩和专业属性。这样一来开发者就需要在每次更新时手动配置 type 的数据项。而在查询时，为了便于查询结果的映射，则可以在<resultMap>中定义<discriminator>元素，用不同的 type 内容映射不同的子类（见图 3-29）。下面通过具体的实例来进行 MyBatis 鉴别器的使用说明。

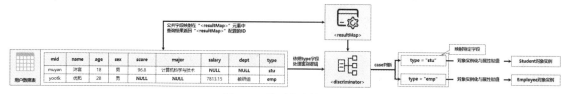

图 3-29　鉴别器映射处理

（1）【MySQL 数据库】创建用户数据表，该数据表同时保存学生与雇员信息。

```
USE yootk;
CREATE TABLE member (
    mid         VARCHAR(50)     comment '用户编号',
    name        VARCHAR(50)     comment '用户姓名',
    age         INT             comment '用户年龄',
    sex         VARCHAR(10)     comment '用户性别',
    score       DOUBLE          comment '学生成绩',
    major       VARCHAR(50)     comment '学生专业',
    salary      DOUBLE          comment '雇员工资',
    dept        VARCHAR(50)     comment '所属部门',
    type        VARCHAR(50)     comment '类型区分',
    CONSTRAINT pk_mid PRIMARY KEY(mid)
) engine=innodb;
```

（2）【mybatis 子模块】创建 Member 父类。

```
package com.yootk.vo;
public class Member implements Serializable {      // 定义基础信息
    private String mid;                            // mid字段映射
    private String name;                           // name字段映射
    private Integer age;                           // age字段映射
    private String sex;                            // sex字段映射
    // Setter方法、Getter方法、无参构造方法、多参构造方法等略
}
```

（3）【mybatis 子模块】创建 Student 子类。

```
package com.yootk.vo;
public class Student extends Member implements Serializable {   // 学生信息类
    private Double score;                          // score字段映射
    private String major;                          // major字段映射
    // Setter方法、Getter方法、无参构造方法、多参构造方法等略
}
```

（4）【mybatis 子模块】创建 Employee 子类。

```
package com.yootk.vo;
public class Employee extends Member implements Serializable {   // 雇员信息类
    private Double salary;                         // salary字段映射
    private String dept;                           // dept字段映射
    // Setter方法、Getter方法、无参构造方法、多参构造方法等略
}
```

（5）【mybatis 子模块】创建 Member.xml 映射文件，通过 ResultMap 的配置来启用鉴别器。

```
<?xml version="1.0" encoding="UTF-8"?>
<!DOCTYPE mapper PUBLIC "-//mybatis.org//DTD Mapper 3.0//EN"
        "http://mybatis.org/dtd/mybatis-3-mapper.dtd">
<mapper namespace="com.yootk.mapper.MemberNS">     <!-- 用户表操作映射 -->
    <resultMap type="Member" id="MemberResultMap">    <!-- 用户查询结果映射 -->
        <id property="mid" column="mid"/>        <!-- 映射mid字段 -->
        <result property="name" column="name"/>     <!-- 映射name字段 -->
        <result property="age" column="age"/>   <!-- 映射age字段 -->
```

```
        <result property="sex" column="sex"/>  <!-- 映射sex字段 -->
        <discriminator javaType="java.lang.String" column="type">  <!-- 鉴别器 -->
            <case value="stu" resultType="Student">        <!-- 学生标记 -->
                <result property="score" column="score"/> <!-- 映射score字段 -->
                <result property="major" column="major"/>  <!-- 映射major字段 -->
            </case>
            <case value="emp" resultType="Employee">       <!-- 雇员标记 -->
                <result property="salary" column="salary"/>    <!-- 映射salary字段 -->
                <result property="dept" column="dept"/>       <!-- 映射dept字段 -->
            </case>
        </discriminator>
    </resultMap>
    <insert id="doCreateStudent" parameterType="Student">     <!-- 增加学生数据 -->
        INSERT INTO member(mid, name, age, sex, score, major, type)
        VALUES (#{mid}, #{name}, #{age}, #{sex}, #{score}, #{major}, 'stu')
    </insert>
    <insert id="doCreateEmployee" parameterType="Employee">   <!-- 增加雇员数据 -->
        INSERT INTO member(mid, name, age, sex, salary, dept, type)
        VALUES (#{mid}, #{name}, #{age}, #{sex}, #{salary}, #{dept}, 'emp')
    </insert>
    <select id="findAllStudent" resultMap="MemberResultMap"> <!-- 查询学生数据 -->
        SELECT mid, name, age, sex, score, major, type FROM member WHERE type='stu'
    </select>
    <select id="findAllEmployee" resultMap="MemberResultMap"><!-- 查询雇员数据 -->
        SELECT mid, name, age, sex, salary, dept, type FROM member WHERE type='emp'
    </select>
</mapper>
```

由于 member 表中的 type 字段主要用于数据鉴别，因此在 ResultMap 配置时，通过<discriminator>元素对 type 字段进行了配置。这样程序在查询时会根据该字段返回的结果找到与之匹配的对象类型，而在进行数据更新时，也会通过固定的字符串进行不同分类的标记。

（6）【mybatis 子模块】修改 mybatis.cfg.xml 配置文件，配置新的映射文件。

```
<mapper resource="mybatis/mapper/Member.xml" />           <!-- 映射文件路径 -->
```

（7）【mybatis 子模块】编写测试方法，对映射文件中的 doCreateStudent 增加操作进行测试。

```
@Test
public void testDoCreateStudent() {              // 数据增加测试
    Student stu = new Student();                 // 实例化子类对象
    stu.setMid("muyan");                         // 设置对象属性
    stu.setName("沐言");                          // 设置对象属性
    stu.setAge(18);                              // 设置对象属性
    stu.setSex("男");                            // 设置对象属性
    stu.setScore(96.8);                          // 设置对象属性
    stu.setMajor("计算机科学与技术");             // 设置对象属性
    LOGGER.info("【数据增加】更新数据行数：{}", MyBatisSessionFactory.getSession().insert(
        "com.yootk.mapper.MemberNS.doCreateStudent", stu));   // 数据增加
    MyBatisSessionFactory.getSession().commit();              // 事务提交
    MyBatisSessionFactory.close();                            // 关闭session
}
```

程序执行结果：

```
Preparing: INSERT INTO member(mid, name, age, sex, score, major, type) VALUES (?, ?, ?, ?, ?, ?, 'stu')
【数据增加】更新数据行数：1
```

（8）【mybatis 子模块】编写测试方法，对映射文件中的 doCreateEmployee 增加操作进行测试。

```
@Test
public void testDoCreateEmployee() {             // 数据增加测试
    Employee emp = new Employee();               // 实例化子类对象
    emp.setMid("yootk");                         // 设置对象属性
```

```
emp.setName("优拓");                          // 设置对象属性
emp.setAge(28);                              // 设置对象属性
emp.setSex("男");                            // 设置对象属性
emp.setSalary(7813.15);                      // 设置对象属性
emp.setDept("教研组");                        // 设置对象属性
LOGGER.info("【数据增加】更新数据行数: {}", MyBatisSessionFactory.getSession().insert(
        "com.yootk.mapper.MemberNS.doCreateEmployee", emp));  // 数据增加
MyBatisSessionFactory.getSession().commit();              // 事务提交
MyBatisSessionFactory.close();                           // 关闭session
}
```

程序执行结果：

```
Preparing: INSERT INTO member(mid, name, age, sex, salary, dept, type) VALUES (?, ?, ?, ?, ?, ?, 'emp')
【数据增加】更新数据行数: 1
```

（9）【mybatis 子模块】编写测试方法，对映射文件中的 findAllStudent 查询操作进行测试。

```
@Test
public void testFindAllStudent() {                       // 数据查询测试
   List<Student> students = MyBatisSessionFactory.getSession().selectList(
           "com.yootk.mapper.MemberNS.findAllStudent");  // 数据查询
   for (Student stu : students) {                        // 迭代输出
      LOGGER.info("【学生信息】学生编号: {}; 学生姓名: {}; 学生成绩: {}; 学生专业: {}",
              stu.getMid(), stu.getName(), stu.getScore(), stu.getMajor());
   }
   MyBatisSessionFactory.close();                        // 关闭session
}
```

程序执行结果：

```
Preparing: SELECT mid, name, age, sex, score, major, type FROM member WHERE type='stu'
【学生信息】学生编号: muyan; 学生姓名: 沐言; 学生成绩: 96.8; 学生专业: 计算机科学与技术
```

（10）【mybatis 子模块】编写测试方法，对映射文件中的 findAllEmployee 查询操作进行测试。

```
@Test
public void testFindAllEmployee() {                      // 数据查询测试
   List<Employee> employees = MyBatisSessionFactory.getSession().selectList(
           "com.yootk.mapper.MemberNS.findAllEmployee");  // 数据查询
   for (Employee emp : employees) {                      // 迭代输出
      LOGGER.info("【雇员信息】雇员编号: {}; 雇员姓名: {}; 雇员工资: {}; 所属部门: {}",
              emp.getMid(), emp.getName(), emp.getSalary(), emp.getDept());
   }
   MyBatisSessionFactory.close();                        // 关闭session
}
```

程序执行结果：

```
Preparing: SELECT mid, name, age, sex, salary, dept, type FROM member WHERE type='emp'
【雇员信息】雇员编号: yootk; 雇员姓名: 优拓; 雇员工资: 7813.15; 所属部门: 教研组
```

虽然在 Member.xml 配置文件中定义的查询的返回结果类型统一为 memberResultMap，但鉴别器处理机制会自动根据 type 字段的查询结果返回不同的子类实例。

### 3.6.3　类型转换器

类型转换器

**视频名称** 0322_【理解】类型转换器

**视频简介** 数据层开发中，程序结构要与数据表结构有效对应。考虑到程序开发逻辑的配置灵活性，可以在数据类型不匹配的环境下，通过类型转换器实现数据类型的改变。本视频为读者分析类型转换器的操作原理，并通过具体的实例讲解类型转换器的使用。

随着关系数据库的不断发展，其所支持的数据类型越来越多。考虑到不同数据库的使用环境，开发者在进行数据表结构的设计时，往往会采用一些基本类型的数据，如字符串、数字、日期时间

等。现在假设有一个账户数据表 account，为了便于账户的控制，为其设置了一个 status 字段，该字段描述当前账户的锁定状态。此时较为传统的做法是将其定义为整型数据，status = 0 表示该账户未被锁定（活跃状态），status = 1 表示该账户已被锁定，如图 3-30 所示。

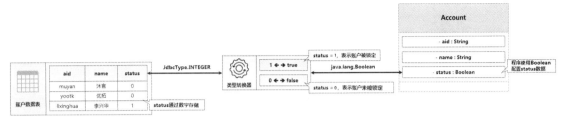

图 3-30 类型转换器

status 实际上是一个逻辑控制字段，所以在定义 Account 类的时候使用 Boolean 声明该成员属性是较为合理的，但是这样会出现数据列类型与类成员属性类型之间不匹配的情况。为了便于数据类型的转换处理，MyBatis 提供了类型转换器支持，开发者只需要实现 TypeHandler 接口并覆写表 3-5 所示的方法，即可实现自定义转换功能。

表 3-5 TypeHandler 接口的方法

| 序号 | 方法 | 类型 | 描述 |
|---|---|---|---|
| 1 | public void setParameter(PreparedStatement ps, int i, T parameter, JdbcType jdbcType) throws SQLException | 普通 | 设置转换处理字段的数据内容 |
| 2 | public T getResult(ResultSet rs, String columnName) throws SQLException | 普通 | 根据列名称获取查询内容并返回转换后的结果 |
| 3 | public T getResult(ResultSet rs, int columnIndex) throws SQLException | 普通 | 根据列索引获取查询内容并返回转换后的结果 |
| 4 | public T getResult(CallableStatement cs, int columnIndex) throws SQLException | 普通 | 调用存储过程时，根据列索引获取查询内容并返回转换后的结果 |

TypeHandler 接口提供了需要转换的参数的设置以及结果的获取和处理方法，在使用 PreparedStatement 进行参数设置时，可以通过 setParameter()将 Java 数据类型设置为指定的数据类型，在查询结果返回时，利用 getResult()方法将查询列中返回数据的类型转换为 Java 类中的成员属性类型，如图 3-31 所示。下面分步实现数据类型转换的处理操作。

图 3-31 定义类型转换器

（1）【MySQL 数据库】创建账户数据表，在该表中利用 status 字段的数据表示账户是否处于活跃状态。

```
USE yootk;
CREATE TABLE account (
   aid        VARCHAR(50)    comment '账户编号',
   name       VARCHAR(50)    comment '账户名称',
   status     INT            comment '账户锁定状态,0表示活跃,1表示锁定',
   CONSTRAINT pk_aid PRIMARY KEY(aid)
) engine=innodb;
INSERT INTO account(aid, name, status) VALUES ('muyan', '沐言', 0);
INSERT INTO account(aid, name, status) VALUES ('yootk', '优拓', 0);
INSERT INTO account(aid, name, status) VALUES ('lixinghua', '李兴华', 1);
```

（2）【mybatis 子模块】创建 Account 程序类，并使用布尔型定义 status 成员属性。

```
package com.yootk.vo;
import java.io.Serializable;
public class Account implements Serializable {
    private String aid;                     // 与aid字段映射
    private String name;                    // 与name字段映射
    private boolean status;                 // 与status字段映射
    // Setter方法、Getter方法、无参构造方法、多参构造方法等略
}
```

（3）【mybatis 子模块】创建类型转换器，实现布尔型与整型互相转换的处理操作。

```
package com.yootk.handler;
public class BooleanAndIntegerTypeHandler implements TypeHandler<Boolean> { // 类型转换器
    @Override
    public void setParameter(PreparedStatement ps, int i,
        Boolean parameter, JdbcType jdbcType) throws SQLException {
        if (parameter == null) {                    // 没有传递内容
            ps.setNull(i, java.sql.Types.NULL);     // 设置null数据
        } else {                                    // 设置具体数据
            if (parameter == true) {                // 锁定对应的是1（非0）
                ps.setInt(i, 1);                    // 表示true
            } else {
                ps.setInt(i, 0);                    // 表示false
            }
        }
    }
    @Override
    public Boolean getResult(ResultSet rs, String columnName) throws SQLException {
        Integer flag = rs.getInt(columnName) ;      // 获取指定列名称数据
        return flag != 0 ;                          // flag!=0结果为true, flag=0结果为false
    }
    @Override
    public Boolean getResult(ResultSet rs, int columnIndex) throws SQLException {
        Integer flag = rs.getInt(columnIndex);      // 获取指定列索引数据
        return flag != 0;                           // flag!=0结果为true, flag=0结果为false
    }
    @Override
    public Boolean getResult(CallableStatement cs, int columnIndex) throws SQLException {
        Integer flag = cs.getInt(columnIndex);      // 获取指定列索引数据
        return flag != 0;                           // flag!=0结果为true, flag=0结果为false
    }
}
```

（4）【mybatis 子模块】创建 Account.xml 映射文件。

```
<?xml version="1.0" encoding="UTF-8"?>
<!DOCTYPE mapper PUBLIC "-//mybatis.org//DTD Mapper 3.0//EN"
        "http://mybatis.org/dtd/mybatis-3-mapper.dtd">
<mapper namespace="com.yootk.mapper.AccountNS">   <!-- 账户数据表操作映射 -->
    <resultMap type="Account" id="AccountResultMap"> <!-- 账户查询结果映射 -->
        <id property="aid" column="aid"/>         <!-- 映射mid字段 -->
        <result property="name" column="name"/>    <!-- 映射name字段 -->
        <result property="status" javaType="java.lang.Boolean" jdbcType="INTEGER"
                column="status" />
    </resultMap>
    <insert id="doCreate" parameterType="Account">
        INSERT INTO account(aid, name, status) VALUES
        (#{aid}, #{name}, #{status, javaType=java.lang.Boolean, jdbcType=INTEGER})
    </insert>
    <select id="findAll" resultMap="AccountResultMap"> <!-- 查询账户数据 -->
        SELECT aid, name, status FROM account
```

```
    </select>
</mapper>
```

（5）【mybatis 子模块】修改 mybatis.cfg.xml 配置文件，追加 Mapper 文件配置与类型转换器配置。

```
<typeHandlers>
    <typeHandler handler="com.yootk.handler.BooleanAndIntegerTypeHandler"
            javaType="java.lang.Boolean" jdbcType="INTEGER" />
</typeHandlers>
<mapper resource="mybatis/mapper/Account.xml" />       <!-- 映射文件路径 -->
```

（6）【mybatis 子模块】编写方法测试 doCreate 数据增加操作。

```
@Test
public void testDoCreate() {                      // 数据增加测试
    Account account = new Account();              // 实例化VO对象
    account.setAid("happy");                      // 属性设置
    account.setName("小李");                       // 属性设置
    account.setStatus(true);                      // 属性设置
    LOGGER.info("【数据增加】更新数据行数：{}", MyBatisSessionFactory.getSession().insert(
        "com.yootk.mapper.AccountNS.doCreate", account));   // 数据增加
    MyBatisSessionFactory.getSession().commit();            // 事务提交
    MyBatisSessionFactory.close();                          // 关闭session
}
```

程序执行结果：

```
Preparing: INSERT INTO account(aid, name, status) VALUES (?, ?, ?)
Parameters: happy(String), 小李(String), 1(Integer)
【数据增加】更新数据行数：1
```

（7）【mybatis 子模块】编写方法测试 findAll 数据查询操作。

```
@Test
public void testFindAll() {                              // 数据查询测试
    List<Account> accounts = MyBatisSessionFactory.getSession().selectList(
        "com.yootk.mapper.AccountNS.findAll");          // 数据查询
    for (Account account : accounts) {                   // 集合迭代
        LOGGER.info("【数据查询】账户编号：{}；账户名称：{}；账户状态：{}",
            account.getAid(), account.getName(), account.isStatus());
    }
    MyBatisSessionFactory.close();                       // 关闭session
}
```

程序执行结果：

```
Preparing: SELECT aid, name, status FROM account
【数据查询】账户编号：lixinghua；账户名称：李兴华；账户状态：true
【数据查询】账户编号：muyan；账户名称：沐言；账户状态：false
【数据查询】账户编号：yootk；账户名称：优拓；账户状态：false
```

在执行数据增加操作时，本程序会通过类型转换器将 Account 类中 status 对应的布尔型数据转为 account 表中 status 对应的整型数据，而在查询结果返回时也可以将整型数据转为布尔型数据，这样做可以更好地满足程序逻辑设计的需求。

# 3.7　数据关联

为了满足不同业务的需求，往往需要进行不同数据表的关联结构设计。数据库的开发支持一对一、一对多以及多对多的数据关联结构。MyBatis 为了更好地满足数据层的开发要求，也支持这 3 种关联结构的映射，而映射实现的核心就是 <resultMap>。本节将为读者讲解这 3 种关联结构的使用。

>  **提示：数据表尽量不要配置关联结构。**
>
> 　　开发环境不断变化,关系数据库中的表应尽量保持独立,同时表中字段的约束也要尽量减少。这样做的目的一是便于库表分离设计,二是提高程序的处理性能。

### 3.7.1　一对一数据关联

| 视频名称 | 0323＿【理解】一对一数据关联 |
| --- | --- |
| 视频简介 | 在项目设计中为了更加清晰地描述出实体的详情,开发者往往会采用一对一的数据关联结构进行表设计。本视频通过银行账户的基本信息与详情,为读者讲解如何在 MyBatis 中实现一对一的结果集映射处理。 |

一对一数据关联

　　在数据库设计中,为了简化数据表的结构以及减小数据存储量,可以将一张完整的数据表拆分为若干张不同的表,这些表之间可以通过同一个主键进行关联。例如,在进行银行账户表设计时,由于其所需要的数据项较多,因此可以将银行账户表拆分为账户表(account)与账户详情表(details)两张表,关联结构如图 3-32 所示。

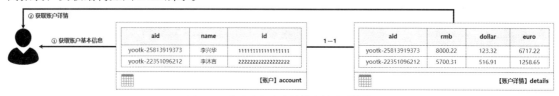

图 3-32　账户表与账户详情表的关联结构

　　在一对一的关联结构中,虽然存在两张不同的实体表,但是在程序中这两张表利用同一 ID 进行关联,从整体结构上讲它们依然是一组相关数据,所以在进行账户数据获取时,也应该获取对应的详情。为此 MyBatis 提供了一对一的关联结构设计,下面来看一下具体的实现。

　　（1）【MySQL 数据库】创建具有一对一关联结构的数据表。

```
DROP DATABASE IF EXISTS yootk;
CREATE DATABASE yootk CHARACTER SET UTF8;
USE yootk;
CREATE TABLE account (
  aid      VARCHAR(50)        comment '账户编号',
  name     VARCHAR(50)        comment '开户人',
  id       VARCHAR(18)        comment '身份证编号',
  CONSTRAINT pk_aid1 PRIMARY KEY(aid)
) engine=innodb;
CREATE TABLE details (
  aid      VARCHAR(50)        comment '账户编号',
  rmb      DOUBLE             comment '人民币存款总额',
  dollar   DOUBLE             comment '美元存款总额',
  euro     DOUBLE             comment '欧元存款总额',
  CONSTRAINT pk_aid2 PRIMARY KEY(aid)
) engine=innodb;
INSERT INTO account(aid, name, id) VALUES ('yootk-25813919373', '李兴华', 1111111111111111111);
INSERT INTO account(aid, name, id) VALUES ('yootk-22351096212', '李沐言', 222222222222222222);
INSERT INTO details(aid, rmb, dollar, euro) VALUES
        ('yootk-25813919373', 8000.22, 123.32, 6717.22);
INSERT INTO details(aid, rmb, dollar, euro) VALUES
        ('yootk-22351096212', 5700.31, 516.91, 1258.65);
```

　　（2）【mybatis 子模块】创建与账户表 account 对应的 Account 类。

```
package com.yootk.vo;
public class Account implements java.io.Serializable {    // 银行账户
    private String aid;                       // 账户编号
    private String name;                      // 开户人
```

```
private String id;                              // 身份证编号
private Details details;                        // 账户详情
// Setter方法、Getter方法、无参构造方法、多参构造方法、toString()方法等略
}
```

（3）【mybatis 子模块】创建与账户详情表 details 对应的 Details 类。

```
package com.yootk.vo;
public class Details implements java.io.Serializable {    // 账户详情
    private String aid;                         // 账户编号
    private Double rmb;                         // 人民币存款总额
    private Double dollar;                      // 美元存款总额
    private Double euro;                        // 欧元存款总额
    private Account account;                    // 账户信息
    // Setter方法、Getter方法、无参构造方法、多参构造方法、toString()方法等略
}
```

（4）【mybatis 子模块】创建 Account.xml 映射文件。

```
<?xml version="1.0" encoding="UTF-8"?>
<!DOCTYPE mapper PUBLIC "-//mybatis.org//DTD Mapper 3.0//EN"
    "http://mybatis.org/dtd/mybatis-3-mapper.dtd">
<mapper namespace="com.yootk.mapper.AccountNS">   <!-- 账户表操作映射 -->
    <resultMap type="Account" id="AccountResultMap"> <!-- 账户查询结果映射 -->
        <id property="aid" column="aid"/>       <!-- 映射aid字段 -->
        <result property="name" column="name"/>    <!-- 映射name字段 -->
        <result property="id" column="id"/>     <!-- 映射id字段 -->
        <association property="details" column="aid"
                javaType="com.yootk.vo.Details"
                select="com.yootk.mapper.DetailsNS.findById"/>
    </resultMap>
    <select id="findById" parameterType="java.lang.String"
        resultMap="AccountResultMap">               <!-- 查询账户 -->
        SELECT aid, name, id FROM account WHERE aid=#{aid}
    </select>
</mapper>
```

（5）【mybatis 子模块】创建 Details.xml 映射文件。

```
<?xml version="1.0" encoding="UTF-8"?>
<!DOCTYPE mapper PUBLIC "-//mybatis.org//DTD Mapper 3.0//EN"
    "http://mybatis.org/dtd/mybatis-3-mapper.dtd">
<mapper namespace="com.yootk.mapper.DetailsNS">   <!-- 账户详情表操作映射 -->
    <resultMap type="Details" id="DetailsResultMap"> <!-- 账户详情查询结果映射 -->
        <id property="aid" column="aid"/>        <!-- 映射aid字段 -->
        <result property="rmb" column="rmb"/>   <!-- 映射rmb字段 -->
        <result property="dollar" column="dollar"/>    <!-- 映射dollar字段 -->
        <result property="euro" column="euro"/>        <!-- 映射euro字段 -->
        <association property="account" column="aid"
                javaType="com.yootk.vo.Account"
                select="com.yootk.mapper.AccountNS.findById"/>
    </resultMap>
    <select id="findById" parameterType="java.lang.String"
        resultMap="DetailsResultMap">                <!-- 查询账户详情 -->
        SELECT aid, rmb, dollar, euro FROM details WHERE aid=#{aid}
    </select>
</mapper>
```

由于 MyBatis 中的数据关联只对 ResultMap 结果集映射有效，因此本程序定义映射文件时，只定义了 findById 的查询操作。由于<resultMap>元素中<association>子元素的配置，在查询 account 表中的数据或者 details 表中的数据时，本程序都会自动加载相应的级联数据。映射文件的配置结构如图 3-33 所示。

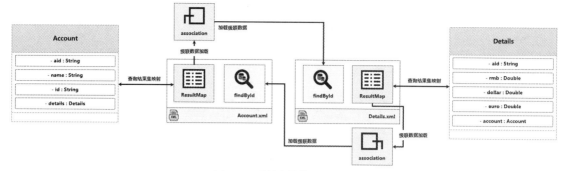

图 3-33　映射文件的配置结构

（6）【mybatis 子模块】在 mybatis.cfg.xml 文件中配置映射文件。

```
<mapper resource="mybatis/mapper/Account.xml" />       <!-- 映射文件路径 -->
<mapper resource="mybatis/mapper/Details.xml" />       <!-- 映射文件路径 -->
```

（7）【mybatis 子模块】编写测试方法，通过查询账户信息获取对应的账户详情。

```
@Test
public void testFindAccount() {                     // 数据查询测试
    Account account = MyBatisSessionFactory.getSession().selectOne(
            "com.yootk.mapper.AccountNS.findById", "yootk-25813919373"); // 数据查询
    LOGGER.info("【账户信息】账户编号：{}；开户人：{}；身份证编号：{}",
            account.getAid(), account.getName(), account.getId());
    LOGGER.info("【账户详情】人民币存款总额：{}；美元存款总额：{}；欧元存款总额：{}",
            account.getDetails().getRmb(), account.getDetails().getDollar(),
            account.getDetails().getEuro());
    MyBatisSessionFactory.close();                  // 关闭session
}
```

程序执行结果：

```
Preparing: SELECT aid, name, id FROM account WHERE aid=?
Preparing: SELECT aid, rmb, dollar, euro FROM details WHERE aid=?
【账户信息】账户编号：yootk-25813919373；开户人：李兴华；身份证编号：111111111111111111
【账户详情】人民币存款总额：8000.22；美元存款总额：123.32；欧元存款总额：6717.22
```

（8）【mybatis 子模块】编写测试方法，查询账户详情，并获取对应的账户信息。

```
@Test
public void testFindDetails() {                     // 数据查询测试
    Details details = MyBatisSessionFactory.getSession().selectOne(
            "com.yootk.mapper.DetailsNS.findById", "yootk-25813919373"); // 数据查询
    LOGGER.info("【账户详情】人民币存款总额：{}；美元存款总额：{}；欧元存款总额：{}",
            details.getRmb(), details.getDollar(), details.getEuro());
    LOGGER.info("【账户信息】账户编号：{}；开户人：{}；身份证编号：{}",
            details.getAccount().getAid(), details.getAccount().getName(),
            details.getAccount().getId());
    MyBatisSessionFactory.close();                  // 关闭session
}
```

程序执行结果：

```
Preparing: SELECT aid, rmb, dollar, euro FROM details WHERE aid=?
Preparing: SELECT aid, name, id FROM account WHERE aid=?
【账户详情】人民币存款总额：8000.22；美元存款总额：123.32；欧元存款总额：6717.22
【账户信息】账户编号：yootk-25813919373；开户人：李兴华；身份证编号：111111111111111111
```

　　通过两个测试方法的执行结果可以发现，由于结果集映射级联的配置，当根据主键查询一对一数据关联结构中任何一张表的数据时，程序会自动查询与之对应的数据项，所以每次返回的对象实例都是一个完整数据集。

### 3.7.2　一对多数据关联

一对多数据关联

> **视频名称** 0324_【理解】一对多数据关联
> **视频简介** 为了便于业务数据的分类管理，在设计数据表时，开发者会基于一对多数据关联结构进行数据存储。本视频通过角色与权限的数据关联，讲解 MyBatis 中对于查询结果的映射以及集合查询处理，并分析延迟加载的作用与配置实现。

在项目的设计中经常需要对一些数据进行归类管理，例如，在进行图书系统设计时，每一本图书都应该对应其所属的学科；在进行商城系统设计时，不同的商品也应该归类管理。那么此时就应该采用数据库设计的第三范式，用一对多数据关联结构进行数据存储。

在实际项目中，考虑到系统的安全，开发者会进行有效的用户授权管理；考虑到用户权限的有效管理，往往会通过角色进行归类，即一个角色包含若干个不同的权限（见图 3-34），这样的表就呈现典型的一对多结构。下面使用 MyBatis 实现该结构的开发。

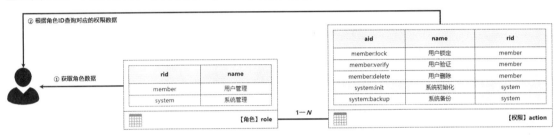

图 3-34　角色表与权限表的关联结构

（1）【MySQL 数据库】编写数据库脚本，创建一对多数据关联结构。

```sql
DROP DATABASE IF EXISTS yootk;
CREATE DATABASE yootk CHARACTER SET UTF8;
USE yootk;
CREATE TABLE role (
    rid             VARCHAR(50)         comment '角色编号',
    name            VARCHAR(50)         comment '角色名称',
    CONSTRAINT pk_rid PRIMARY KEY(rid)
) engine=innodb;
CREATE TABLE action (
    aid             VARCHAR(50)         comment '权限编号',
    name            VARCHAR(50)         comment '权限名称',
    rid             VARCHAR(50)         comment '角色编号',
    CONSTRAINT pk_aid PRIMARY KEY(aid)
) engine=innodb;
INSERT INTO role(rid, name) VALUES ('member', '用户管理');
INSERT INTO role(rid, name) VALUES ('system', '系统管理');
INSERT INTO action(aid, name, rid) VALUES ('member:delete', '用户删除', 'member');
INSERT INTO action(aid, name, rid) VALUES ('member:lock', '用户锁定', 'member');
INSERT INTO action(aid, name, rid) VALUES ('member:verify', '用户验证', 'member');
INSERT INTO action(aid, name, rid) VALUES ('system:init', '系统初始化', 'system');
INSERT INTO action(aid, name, rid) VALUES ('system:backup', '系统备份', 'system');
```

（2）【mybatis 子模块】创建 Role.xml 映射文件。

```java
package com.yootk.vo;
import java.util.List;
public class Role implements java.io.Serializable {  // 角色
    private String rid;                                 // 角色编号
    private String name;                                // 角色名称
```

```
    private List<Action> actions;                           // 拥有的权限
    // Setter方法、Getter方法、无参构造方法、多参构造方法、toString()方法等略
}
```

（3）【mybatis 子模块】创建 action 数据表映射类。

```
package com.yootk.vo;
public class Action implements java.io.Serializable {        // 权限
    private String aid;                                      // 权限编号
    private String name;                                     // 权限名称
    private Role role;                                       // 所属角色
    // Setter方法、Getter方法、无参构造方法、多参构造方法、toString()方法等略
}
```

（4）【mybatis 子模块】创建 Role.xml 映射文件。

```xml
<?xml version="1.0" encoding="UTF-8"?>
<!DOCTYPE mapper PUBLIC "-//mybatis.org//DTD Mapper 3.0//EN"
        "http://mybatis.org/dtd/mybatis-3-mapper.dtd">
<mapper namespace="com.yootk.mapper.RoleNS"> <!-- 角色表操作映射 -->
    <resultMap type="Role" id="RoleResultMap">      <!-- 角色查询结果映射 -->
        <id property="rid" column="rid"/>          <!-- 映射rid字段 -->
        <result property="name" column="name"/>    <!-- 映射name字段 -->
        <collection property="actions" column="rid" javaType="java.util.List"
                select="com.yootk.mapper.ActionNS.findAllByRole"
                ofType="com.yootk.vo.Action" fetchType="lazy"/>
    </resultMap>
    <select id="findById" parameterType="java.lang.String" resultMap="RoleResultMap">
        SELECT rid, name FROM role WHERE rid=#{rid}
    </select>
</mapper>
```

（5）【mybatis 子模块】创建 Action.xml 映射文件。

```xml
<?xml version="1.0" encoding="UTF-8"?>
<!DOCTYPE mapper PUBLIC "-//mybatis.org//DTD Mapper 3.0//EN"
        "http://mybatis.org/dtd/mybatis-3-mapper.dtd">
<mapper namespace="com.yootk.mapper.ActionNS">    <!-- 权限表操作映射 -->
    <resultMap type="Action" id="ActionResultMap">      <!-- 权限查询结果映射 -->
        <id property="aid" column="aid"/>          <!-- 映射aid字段 -->
        <result property="name" column="name"/>    <!-- 映射name字段 -->
        <result property="role.rid" column="rid"/>      <!-- 映射rid字段 -->
        <association property="role" column="rid" javaType="com.yootk.vo.Role"
                select="com.yootk.mapper.RoleNS.findById" fetchType="lazy"/>
    </resultMap>
    <select id="findById" parameterType="java.lang.String" resultMap="ActionResultMap">
        SELECT aid, name, rid FROM action WHERE aid=#{aid}
    </select>
    <select id="findAllByRole" parameterType="java.lang.String"
            resultMap="ActionResultMap">                <!-- 查询权限 -->
        SELECT aid, name, rid FROM action WHERE rid=#{rid}
    </select>
</mapper>
```

　　本程序由于实现的是一对多数据关联结构，因此在 Role.xml 配置文件中使用<collection>子元素配置了多方数据的加载，因为配置了延迟加载项（fetchType="lazy"），所以只会在获取多方数据时发出权限表的查询指令；在 Action.xml 配置文件中使用<association>实现了权限与对应角色的关联，并且由于同样配置了延迟加载，在未通过指定权限获取角色数据时，不会发出角色表的查询指令。这两个映射文件的配置结构如图 3-35 所示。

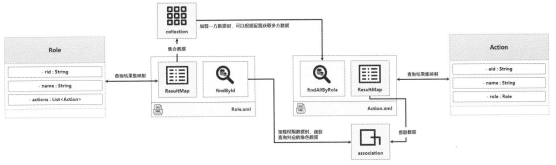

图 3-35 映射文件的配置结构

> 💡 **提示：利用 resultMap 属性实现数据加载。**
>
> 在本节定义的 Action.xml 配置文件中，<association>元素内部使用 select 属性实现了级联数据的加载，实际上此时也可以使用 resultMap 属性替换 select 属性。
>
> **范例：resultMap 映射级联。**
>
> ```
> <association property="role" column="rid" javaType="com.yootk.vo.Role"
>     resultMap="com.yootk.mapper.RoleNS.RoleResultMap" fetchType="lazy"/>
> ```
>
> 这样一来在进行授权数据查询时，会自动映射到 Role.xml 配置文件中定义的 RoleResultMap 结果集，并且会由 MyBatis 自动实现所需数据的加载。

（6）【mybatis 子模块】在 mybatis.cfg.xml 配置文件中增加映射文件。

```
<mapper resource="mybatis/mapper/Role.xml" />      <!-- 映射文件路径 -->
<mapper resource="mybatis/mapper/Action.xml" />        <!-- 映射文件路径 -->
```

（7）【mybatis 子模块】查询角色数据并通过级联获取对应的授权数据。

```
@Test
public void testFindRole() {                              // 数据查询测试
    Role role = MyBatisSessionFactory.getSession().selectOne(
        "com.yootk.mapper.RoleNS.findById", "member");      // 数据查询
    LOGGER.info("【角色信息】角色编号：{}；角色名称：{}", role.getRid(), role.getName());
    // 由于延迟加载的作用，在执行role.getActions()方法时才会查询该角色对应的授权数据
    for (Action action : role.getActions()) {               // 迭代权限集合
        LOGGER.info("【权限信息】权限编号：{}；权限名称：{}", action.getAid(), action.getName());
    }
    MyBatisSessionFactory.close();                          // 关闭session
}
```

程序执行结果：

```
Preparing: SELECT rid, name FROM role WHERE rid=?
Parameters: member(String)
【角色信息】角色编号：member；角色名称：用户管理

Preparing: SELECT aid, name, rid FROM action WHERE rid=?
Parameters: member(String)
【权限信息】权限编号：member:delete；权限名称：用户删除
【权限信息】权限编号：member:lock；权限名称：用户锁定
【权限信息】权限编号：member:verify；权限名称：用户验证
```

（8）【mybatis 子模块】查询权限并获取权限对应的角色数据。

```
@Test
public void testFindAction() {                              // 数据查询测试
    Action action = MyBatisSessionFactory.getSession().selectOne(
        "com.yootk.mapper.ActionNS.findById", "member:lock"); // 数据查询
    LOGGER.info("【权限信息】权限编号：{}；权限名称：{}", action.getAid(), action.getName());
```

```
    // 由于延迟加载的作用,在获取权限对应的角色信息时,才会执行角色表查询操作
    LOGGER.info("【角色信息】角色编号:{};角色名称:{}",
            action.getRole().getRid(), action.getRole().getName());
    MyBatisSessionFactory.close();              // 关闭session
}
```

程序执行结果:

```
Preparing: SELECT aid, name, rid FROM action WHERE aid=?
Parameters: member:lock(String)
【权限信息】权限编号:member:lock;权限名称:用户锁定

Preparing: SELECT rid, name FROM role WHERE rid=?
Parameters: member(String)
【角色信息】角色编号:member;角色名称:用户管理
```

　　通过此时的查询结果可以发现,所有配置延迟加载的部分都只在获取对应数据时才会发出数据库的查询指令,这在实际的开发中对于性能的优化是非常有帮助的,可以有效地避免"1 + N"次查询问题的出现。

### 3.7.3　多对多数据关联

多对多数据关联

| 视频名称 | 0325_【理解】多对多数据关联 |
| --- | --- |

视频简介　多对多数据关联是一对多数据关联的扩充,也是项目中常见的数据关联结构。本视频通过具体的应用实例,为读者分析 MyBatis 中多对多数据关联的映射配置以及类结构定义,并分析 MyBatis 与 Spring Data JPA 在多对多数据关联处理上的区别。

　　多对多数据关联结构是一种双向的一对多数据关联结构实现。在实际的项目开发中,一个学生可能对应不同的课程,而一门课程也会有多名学生参加,这样的结构就属于多对多数据关联结构,如图 3-36 所示。

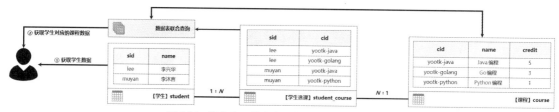

图 3-36　学生表、学生选课表和课程表的关联结构

　　在多对多数据关联结构中,需要引入一个中间表进行关联 ID 的配置,而在查询时也需要采用联合查询的形式,基于中间表获取指定 ID 的数据。下面来看一下如何在 MyBatis 中实现多对多映射处理。

　　(1)【MySQL 数据库】创建多对多数据关联结构。

```
DROP DATABASE IF EXISTS yootk;
CREATE DATABASE yootk CHARACTER SET UTF8;
USE yootk;
CREATE TABLE student (
    sid         VARCHAR(50)         comment '学生编号',
    name        VARCHAR(50)         comment '学生姓名',
    CONSTRAINT pk_rid PRIMARY KEY(sid)
) engine=innodb;
CREATE TABLE course (
    cid         VARCHAR(50)         comment '课程编号',
    name        VARCHAR(50)         comment '课程名称',
    credit   INT                    comment '课程学分',
    CONSTRAINT pk_cid PRIMARY KEY(cid)
) engine=innodb;
```

```
CREATE TABLE student_course (
    sid     VARCHAR(50)         comment '学生编号',
    cid     VARCHAR(50)         comment '课程编号'
) engine=innodb;
INSERT INTO student(sid, name) VALUES ('lee', '李兴华');
INSERT INTO student(sid, name) VALUES ('muyan', '李沐言');
INSERT INTO course(cid, name, credit) VALUES ('yootk-java', 'Java编程', 5);
INSERT INTO course(cid, name, credit) VALUES ('yootk-golang', 'Go编程', 3);
INSERT INTO course(cid, name, credit) VALUES ('yootk-python', 'Python编程', 1);
INSERT INTO student_course(sid, cid) VALUES ('lee', 'yootk-java');
INSERT INTO student_course(sid, cid) VALUES ('lee', 'yootk-golang');
INSERT INTO student_course(sid, cid) VALUES ('muyan', 'yootk-java');
INSERT INTO student_course(sid, cid) VALUES ('muyan', 'yootk-python');
```

（2）【mybatis 子模块】创建与 student 表对应的类结构。

```
package com.yootk.vo;
import java.io.Serializable;
import java.util.List;
public class Student implements Serializable {        // 学生类
    private String sid;                                // 学生编号
    private String name;                               // 学生姓名
    private List<Course> courses;                      // 学生参加的课程
    // Setter方法、Getter方法、无参构造方法、多参构造方法等略
}
```

（3）【mybatis 子模块】创建与 course 表对应的类结构。

```
package com.yootk.vo;
import java.io.Serializable;
import java.util.List;
public class Course implements Serializable {          // 课程类
    private String cid;                                // 课程编号
    private String name;                               // 课程名称
    private Integer credit;                            // 课程学分
    private List<Student> students;                    // 参加课程的学生
    // Setter方法、Getter方法、无参构造方法、多参构造方法等略
}
```

（4）【mybatis 子模块】考虑到中间表的数据维护问题，定义一个 StudentCourseLink 类。

```
package com.yootk.vo.link;
public class StudentCourseLink implements java.io.Serializable {   // 关系表映射
    private Student student;                           // 学生类
    private Course course;                             // 课程类
    // Setter方法、Getter方法、无参构造方法、多参构造方法等略
}
```

当前的数据库中存在一个 student_course 关系表（学生选课表），由于 MyBatis 无法自动实现关联关系的维护，因此在进行类结构映射时就需要定义一个关系表的结构类，定义形式如图 3-37 所示。在该类中要保留 Student 与 Course 的引用，并且需要提供专属的 Mapper 文件。

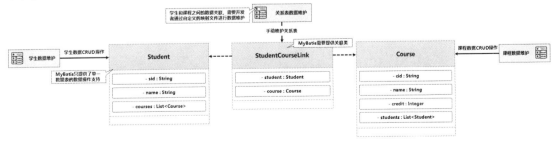

图 3-37 多对多类关联

（5）【mybatis 子模块】创建 Student.xml 映射文件。

```xml
<?xml version="1.0" encoding="UTF-8"?>
<!DOCTYPE mapper PUBLIC "-//mybatis.org//DTD Mapper 3.0//EN"
        "http://mybatis.org/dtd/mybatis-3-mapper.dtd">
<mapper namespace="com.yootk.mapper.StudentNS">   <!-- 学生表操作映射 -->
    <resultMap type="Student" id="StudentBaseResultMap">  <!-- 学生查询结果映射 -->
        <id property="sid" column="sid"/>         <!-- 映射sid字段 -->
        <result property="name" column="name"/>     <!-- 映射name字段 -->
    </resultMap>
    <resultMap type="Student" id="StudentResultMap" extends="StudentBaseResultMap">
        <collection property="courses" column="sid" javaType="java.util.List"
                ofType="Course" fetchType="lazy"
                select="com.yootk.mapper.CourseNS.findAllByStudent"/>
    </resultMap>
    <select id="findById" parameterType="java.lang.String"
            resultMap="StudentResultMap">          <!-- 查询学生信息 -->
        SELECT sid, name FROM student WHERE sid=#{sid}
    </select>
    <select id="findAllByCourse" parameterType="java.lang.String"
            resultMap="StudentResultMap">          <!-- 查询参加课程的学生信息 -->
        SELECT sid, name FROM student WHERE sid IN (
            SELECT sid FROM student_course WHERE cid=#{cid})
    </select>
    <insert id="doCreate" parameterType="Student">     <!-- 增加学生信息 -->
        INSERT INTO student (sid, name) VALUES (#{sid}, #{name})
    </insert>
    <delete id="doRemove" parameterType="java.lang.String">   <!-- 删除学生信息 -->
        DELETE FROM student
        <where>
            sid IN
            <foreach collection="array" open="(" close=")" separator="," item="sid">
              #{sid}
            </foreach>
        </where>
    </delete>
</mapper>
```

在进行<resultMap>元素配置时，考虑到代码层次的关系，也可以通过继承结构来进行配置。例如，本程序配置的 StudentBaseResultMap 实现了一些基本字段的映射。定义 StudentResultMap 时让其继承 StudentBaseResultMap 父配置，而后在子配置中定义一些关联结构，这样的配置方式有助于映射的结构化管理。

（6）【mybatis 子模块】创建 Course.xml 映射文件。

```xml
<?xml version="1.0" encoding="UTF-8"?>
<!DOCTYPE mapper PUBLIC "-//mybatis.org//DTD Mapper 3.0//EN"
        "http://mybatis.org/dtd/mybatis-3-mapper.dtd">
<mapper namespace="com.yootk.mapper.CourseNS">     <!-- 课程表操作映射 -->
    <resultMap type="Course" id="CourseBaseResultMap"> <!-- 课程查询结果映射 -->
        <id property="cid" column="cid"/>         <!-- 映射cid字段 -->
        <result property="name" column="name"/>     <!-- 映射name字段 -->
        <result property="credit" column="credit"/>   <!-- 映射credit字段 -->
    </resultMap>
    <resultMap type="Course" id="CourseResultMap" extends="CourseBaseResultMap">
        <collection property="students" column="cid" javaType="java.util.List"
                ofType="Student" fetchType="lazy"
                select="com.yootk.mapper.StudentNS.findAllByCourse"/>
    </resultMap>
    <select id="findById" parameterType="java.lang.String" resultMap="CourseResultMap">
        SELECT cid, name, credit FROM course WHERE cid=#{cid}
```

```
        </select>
        <select id="findAllByStudent" parameterType="java.lang.String"
                resultMap="CourseResultMap">            <!-- 查询学生参加的课程 -->
            SELECT cid, name, credit FROM course WHERE cid IN (
                SELECT cid FROM student_course WHERE sid=#{sid})
        </select>
        <delete id="doRemove" parameterType="java.lang.String">   <!-- 删除课程关联 -->
            DELETE FROM course
            <where>
                cid IN
                <foreach collection="array" open="(" close=")" separator="," item="cid">
                    #{cid}
                </foreach>
            </where>
        </delete>
</mapper>
```

（7）【mybatis 子模块】创建 StudentCourseLink.xml 映射文件。

```
<?xml version="1.0" encoding="UTF-8"?>
<!DOCTYPE mapper PUBLIC "-//mybatis.org//DTD Mapper 3.0//EN"
        "http://mybatis.org/dtd/mybatis-3-mapper.dtd">
<mapper namespace="com.yootk.mapper.StudentCourseNS"> <!-- 学生选课表操作映射 -->
        <insert id="doCreate" parameterType="StudentCourseLink"> <!-- 配置数据关联 -->
            INSERT INTO student_course(sid, cid) VALUES
            <foreach collection="list" separator="," item="link">
                ( #{link.student.sid}, #{link.course.cid} )
            </foreach>
        </insert>
        <delete id="doRemoveByStudent" parameterType="java.lang.String"> <!--删除学生信息-->
            DELETE FROM student_course
            <where>
                sid IN
                <foreach collection="array" open="(" close=")" separator="," item="sid">
                    #{sid}
                </foreach>
            </where>
        </delete>
        <delete id="doRemoveByCourse" parameterType="java.lang.String"> <!-- 删除课程信息 -->
            DELETE FROM student_course
            <where>
                cid IN
                <foreach collection="array" open="(" close=")" separator="," item="cid">
                    #{cid}
                </foreach>
            </where>
        </delete>
</mapper>
```

程序定义了 3 个映射文件，分别对应着数据库中的 3 张数据表。用户在进行学生或课程信息增加、修改、删除以及查询操作时，都有可能使用到 student_course 表。为便于读者理解这 3 个映射文件中命令的作用，下面根据功能分类对这些命令进行总结，如表 3-6 所示。

表 3-6　多对多数据关联命令分类

| 序号 | 功能 | 类型 | SQL 映射 |
|---|---|---|---|
| 1 | 增加学生信息 | 更新 | com.yootk.mapper.StudentNS.doCreate |
| | | 更新 | com.yootk.mapper.StudentCourseNS.doCreate |
| 2 | 删除学生信息 | 更新 | com.yootk.mapper.StudentNS.doRemove |
| | | 更新 | com.yootk.mapper.StudentCourseNS.doRemoveByStudent |

| 序号 | 功能 | 类型 | SQL 映射 |
|---|---|---|---|
| 3 | 删除课程信息 | 更新 | com.yootk.mapper.CourseNS.doRemove |
| | | 更新 | com.yootk.mapper.StudentCourseNS.doRemoveByCourse |
| 4 | 查询学生信息 | 查询 | com.yootk.mapper.StudentNS.findById |
| | | 查询 | com.yootk.mapper.CourseNS.findAllByStudent |
| 5 | 查询课程信息 | 查询 | com.yootk.mapper.CourseNS.findById |
| | | 查询 | com.yootk.mapper.StudentNS.findAllByCourse |

（8）【mybatis 子模块】修改 mybatis.cfg.xml 配置文件，追加新的映射文件定义。

```
<mapper resource="mybatis/mapper/Student.xml" />      <!-- 映射文件路径 -->
<mapper resource="mybatis/mapper/Course.xml" />        <!-- 映射文件路径 -->
<mapper resource="mybatis/mapper/StudentCourseLink.xml" />  <!-- 映射文件路径 -->
```

（9）【mybatis 子模块】查询学生信息。

```
@Test
public void testFindStudent() {                               // 数据查询测试
    Student student = MyBatisSessionFactory.getSession().selectOne(
            "com.yootk.mapper.StudentNS.findById", "lee");    // 数据查询
    LOGGER.info("【学生信息】学生编号：{}；姓名：{}", student.getSid(), student.getName());
    for (Course course : student.getCourses()) {              // 获取课程信息集合
        LOGGER.info("【课程信息】课程编号：{}；课程名称：{}；课程学分：{}",
                course.getCid(), course.getName(), course.getCredit());
    }
    MyBatisSessionFactory.close();                            // 关闭session
}
```

程序执行结果：

```
Preparing: SELECT sid, name FROM student WHERE sid=?
【学生信息】学生编号：lee；姓名：李兴华

Preparing: SELECT cid, name, credit FROM course WHERE cid IN (
          SELECT cid FROM student_course WHERE sid=?)
【课程信息】课程编号：yootk-java；课程名称：Java编程；课程学分：5
【课程信息】课程编号：yootk-golang；课程名称：Go编程；课程学分：3
```

（10）【mybatis 子模块】查询课程信息。

```
@Test
public void testFindCourse() {                                // 数据查询测试
    Course course = MyBatisSessionFactory.getSession().selectOne(
            "com.yootk.mapper.CourseNS.findById", "yootk-java");  // 数据查询
    LOGGER.info("【课程信息】课程编号：{}；课程名称：{}；课程学分：{}",
                course.getCid(), course.getName(), course.getCredit());
    for (Student student : course.getStudents()) {            // 获取学生信息集合
        LOGGER.info("【学生信息】学生编号：{}；姓名：{}", student.getSid(), student.getName());
    }
    MyBatisSessionFactory.close();                            // 关闭session
}
```

程序执行结果：

```
Preparing: SELECT cid, name, credit FROM course WHERE cid=?
【课程信息】课程编号：yootk-java；课程名称：Java编程；课程学分：5

Preparing: SELECT sid, name FROM student WHERE sid IN (
          SELECT sid FROM student_course WHERE cid=?)
【学生信息】学生编号：lee；姓名：李兴华
【学生信息】学生编号：muyan；姓名：李沐言
```

（11）【mybatis 子模块】增加学生信息。

```
@Test
public void testDoCreateStudent() {                              // 数据增加测试
    Student student = new Student();                             // 实例化新对象
    student.setSid("yootk");                                     // 属性配置
    student.setName("优拓");                                      // 属性配置
    List<StudentCourseLink> links = new ArrayList<>();           // 关联集合
    for (String cid : new String [] {"yootk-java", "yootk-python", "yootk-golang"}) {
        StudentCourseLink link = new StudentCourseLink();        // 关联配置
        link.setStudent(student);                                // 配置学生数据
        Course course = new Course();                            // 课程数据
        course.setCid(cid);                                      // 设置课程编号
        link.setCourse(course);                                  // 配置课程数据
        links.add(link);                                         // 集合存储
    }
    int count = MyBatisSessionFactory.getSession().insert(
            "com.yootk.mapper.StudentNS.doCreate", student);     // 实体表增加
    if (count > 0) {                                             // 更新成功
        MyBatisSessionFactory.getSession().insert(
                "com.yootk.mapper.StudentCourseNS.doCreate", links); // 关系表增加
    }
    MyBatisSessionFactory.getSession().commit();                 // 事务提交
    MyBatisSessionFactory.close();
}
```

程序执行结果：

```
Preparing: INSERT INTO student (sid, name) VALUES (?, ?)

Preparing: INSERT INTO student_course(sid, cid) VALUES ( ?, ? ) , ( ?, ? ) , ( ?, ? )
```

（12）【mybatis 子模块】删除学生信息。

```
@Test
public void testDoRemoveStudent() {                              // 数据删除测试
    String [] sids = new String[] {"muyan", "yootk"};
    int count = MyBatisSessionFactory.getSession().delete(
            "com.yootk.mapper.StudentNS.doRemove", sids);        // 实体表删除
    if (count > 0) {
        MyBatisSessionFactory.getSession().delete(
                "com.yootk.mapper.StudentCourseNS.doRemoveByStudent", sids); // 关系表删除
    }
    MyBatisSessionFactory.getSession().commit();                 // 事务提交
    MyBatisSessionFactory.close();
}
```

程序执行结果：

```
DELETE FROM student WHERE sid IN ( ?, ? )

Preparing: DELETE FROM student_course WHERE sid IN ( ?, ? )
```

（13）【mybatis 子模块】删除课程信息。

```
@Test
public void testDoRemoveCourse() {                               // 数据删除测试
    String [] cids = new String[] {"yootk-java", "yootk-python"};
    int count = MyBatisSessionFactory.getSession().delete(
            "com.yootk.mapper.CourseNS.doRemove", cids);         // 实体表删除
    if (count > 0) {
        MyBatisSessionFactory.getSession().delete(
                "com.yootk.mapper.StudentCourseNS.doRemoveByCourse", cids); // 关系表删除
    }
    MyBatisSessionFactory.getSession().commit();                 // 事务提交
```

```
        MyBatisSessionFactory.close();
}
```

程序执行结果：

```
Preparing: DELETE FROM course WHERE cid IN ( ? , ? )

Preparing: DELETE FROM student_course WHERE cid IN ( ? , ? )
```

通过以上的几个数据操作可以发现，MyBatis 中的多对多只是在查询时基于<resultMap>实现关联数据的加载配置。MyBatis 中数据的更新操作依然需要开发者手动维护关系表，这一点与 Spring Data JPA 的处理机制是不同的，也正是因为这一点，本书建议读者采用单表的方式进行程序的开发。

# 3.8　整合 Spring 与 MyBatis

整合 Spring 与 MyBatis

**视频名称**　0326_【掌握】整合 Spring 与 MyBatis
**视频简介**　为了实现统一的开发框架整合，MyBatis 官方提供了 Spring 的整合依赖库。本视频讲解框架整合的意义，并通过具体的配置步骤讲解 Spring 与 MyBatis 整合的具体实现。

　　MyBatis 是工作在数据层中的服务组件，同时也是基于 JDBC 实现的 ORM 开发组件。为了满足数据层的开发要求，在默认情况下，MyBatis 需要自己进行数据库连接池的管理、事务更新管理以及缓存等辅助功能的实现，所以为了进一步简化 MyBatis 组件的使用，同时也为了便于与更多的服务组件整合，实际的项目中往往会基于 Spring 整合 MyBatis 开发框架，以实现良好的组件分工。一个基础的框架整合结构如图 3-38 所示。

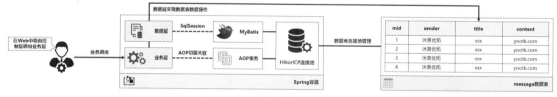

图 3-38　一个基础的框架整合结构

　　在整合 Spring 与 MyBatis 之后，Spring 可以基于自身的开发要求，整合各类数据库连接池组件，也可以基于 AOP 切面控制实现有效的事务管理，并且使用 Spring Cache 在业务层上实现缓存操作的统一。这样就使得 MyBatis 只关注数据层的开发实现，并且可以基于 Mapper 文件简化数据层的代码实现。为了便于读者理解，下面分步实现 Spring 与 MyBatis 的整合。

　　（1）【MySQL 数据库】创建本节使用的 message 数据表。

```
DROP DATABASE IF EXISTS yootk;
CREATE DATABASE yootk CHARACTER SET UTF8;
USE yootk;
CREATE TABLE message (
    mid        BIGINT  AUTO_INCREMENT comment '消息编号',
    sender     VARCHAR(50)            comment '消息发送者',
    title      VARCHAR(50)            comment '消息标题',
    content    TEXT                   comment '消息内容',
    CONSTRAINT pk_mid PRIMARY KEY(mid)
) engine=innodb;
```

　　（2）【SSM 项目】修改 build.gradle 配置文件，为 mybatis 子模块添加与 Spring 相关的依赖。

```
implementation('org.springframework:spring-tx:6.0.0-M3')
implementation('org.springframework:spring-jdbc:6.0.0-M3')
```

```
implementation('mysql:mysql-connector-java:8.0.27')
implementation('com.zaxxer:HikariCP:5.0.1')
implementation('org.mybatis:mybatis-spring:2.0.7')
```

（3）【mybatis 子模块】在 src/main/profiles/dev 源代码目录中创建 config/database.properties 配置文件，在该配置文件中定义数据库连接的基础信息以及与 HikariCP 连接池有关的配置项。

```
yootk.database.driverClassName=com.mysql.cj.jdbc.Driver      # 数据库驱动类
yootk.database.jdbcUrl=jdbc:mysql://localhost:3306/yootk      # 数据库连接地址
yootk.database.username=root                                 # 连接用户名
yootk.database.password=mysqladmin                           # 连接密码
yootk.database.connectionTimeOut=3000                        # 数据库连接超时
yootk.database.readOnly=false                                # 非只读数据库
yootk.database.pool.idleTimeOut=3000                         # 一个连接的最小维持时长
yootk.database.pool.maxLifetime=60000                        # 一个连接的最大生命周期
yootk.database.pool.maximumPoolSize=60                       # 连接池中的最大维持连接数量
yootk.database.pool.minimumIdle=20                           # 连接池中的最小维持连接数量
```

（4）【mybatis 子模块】创建 DataSourceConfig 配置类，该类要加载 database.properties 文件，并注册数据源实例。

```
package com.yootk.ssj.config;
@Configuration                                                           // 配置类
@PropertySource("classpath:config/database.properties")                  // 配置加载
public class DataSourceConfig {                                          // 数据源配置Bean
    @Value("${yootk.database.driverClassName}")                          // 资源文件读取配置项
    private String driverClassName;                                      // 数据库驱动类
    @Value("${yootk.database.jdbcUrl}")                                  // 资源文件读取配置项
    private String jdbcUrl;                                              // 数据库连接地址
    @Value("${yootk.database.username}")                                 // 资源文件读取配置项
    private String username;                                             // 用户名
    @Value("${yootk.database.password}")                                 // 资源文件读取配置项
    private String password;                                             // 密码
    @Value("${yootk.database.connectionTimeOut}")                        // 资源文件读取配置项
    private long connectionTimeout;                                      // 连接超时
    @Value("${yootk.database.readOnly}")                                 // 资源文件读取配置项
    private boolean readOnly;                                            // 只读配置
    @Value("${yootk.database.pool.idleTimeOut}")                         // 资源文件读取配置项
    private long idleTimeout;                                            // 连接的最小维持时长
    @Value("${yootk.database.pool.maxLifetime}")                         // 资源文件读取配置项
    private long maxLifetime;                                            // 连接的最大生命周期
    @Value("${yootk.database.pool.maximumPoolSize}")                     // 资源文件读取配置项
    private int maximumPoolSize;                                         // 连接池中的最大维持连接数量
    @Value("${yootk.database.pool.minimumIdle}")                         // 资源文件读取配置项
    private int minimumIdle;                                             // 连接池中的最小维持连接数量
    @Bean("dataSource")                                                  // Bean注册
    public DataSource dataSource() {                                     // 配置数据源
        HikariDataSource dataSource = new HikariDataSource();            // DataSource子类实例化
        dataSource.setDriverClassName(this.driverClassName);            // 驱动程序
        dataSource.setJdbcUrl(this.jdbcUrl);                            // JDBC连接地址
        dataSource.setUsername(this.username);                          // 用户名
        dataSource.setPassword(this.password);                          // 密码
        dataSource.setConnectionTimeout(this.connectionTimeout);        // 连接超时
        dataSource.setReadOnly(this.readOnly);                          // 是否为只读数据库
        dataSource.setIdleTimeout(this.idleTimeout);                    // 连接的最小维持时长
        dataSource.setMaxLifetime(this.maxLifetime);                    // 连接的最大生命周期
        dataSource.setMaximumPoolSize(this.maximumPoolSize);            // 连接池中的最大维持连接数量
        dataSource.setMinimumIdle(this.minimumIdle);                    // 连接池中的最小维持连接数量
        return dataSource;                                              // 返回Bean实例
    }
}
```

（5）【mybatis 子模块】创建 TransactionConfig 事务配置类。因为 MyBatis 主要依赖于 JDBC 的事务控制，所以此时直接使用 DataSourceTransactionManager 实现事务控制即可。

```
package com.yootk.config;
@Configuration                                              // 配置类
@Aspect                                                     // 切面事务管理
public class TransactionConfig {                            // AOP事务配置类
   @Bean("transactionManager")                              // Bean注册
   public PlatformTransactionManager transactionManager(DataSource dataSource) {
      DataSourceTransactionManager transactionManager =
            new DataSourceTransactionManager();             // 事务管理对象实例化
      transactionManager.setDataSource(dataSource);         // 配置数据源
      return transactionManager;
   }
   @Bean("txAdvice")                                        // 事务拦截器
   public TransactionInterceptor transactionConfig(
         TransactionManager transactionManager) {           // 定义事务控制切面
      RuleBasedTransactionAttribute readOnlyRule = new RuleBasedTransactionAttribute();
      readOnlyRule.setReadOnly(true);                       // 只读事务
      readOnlyRule.setPropagationBehavior(
            TransactionDefinition.PROPAGATION_NOT_SUPPORTED); // 非事务运行
      readOnlyRule.setTimeout(5);                           // 事务超时
      RuleBasedTransactionAttribute requiredRule = new RuleBasedTransactionAttribute();
      requiredRule.setPropagationBehavior(
            TransactionDefinition.PROPAGATION_REQUIRED);    // 事务开启
      requiredRule.setTimeout(5);                           // 事务超时
      Map<String, TransactionAttribute> transactionMap = new HashMap<>();
      transactionMap.put("add*", requiredRule);             // 事务方法前缀
      transactionMap.put("edit*", requiredRule);            // 事务方法前缀
      transactionMap.put("delete*", requiredRule);          // 事务方法前缀
      transactionMap.put("get*", readOnlyRule);             // 事务方法前缀
      NameMatchTransactionAttributeSource source =
            new NameMatchTransactionAttributeSource();      // 命名匹配事务
      source.setNameMap(transactionMap);                    // 设置事务方法
      TransactionInterceptor transactionInterceptor = new
            TransactionInterceptor(transactionManager, source); // 事务拦截器
      return transactionInterceptor;
   }
   @Bean
   public Advisor transactionAdviceAdvisor(TransactionInterceptor interceptor) {
      String express = "execution (* com.yootk..service.*.*(..))"; // 定义切面表达式
      AspectJExpressionPointcut pointcut = new AspectJExpressionPointcut();
      pointcut.setExpression(express);                      // 定义切面
      return new DefaultPointcutAdvisor(pointcut, interceptor);
   }
}
```

（6）【mybatis 子模块】创建项目启动类，并进行包扫描配置。

```
package com.yootk;
@ComponentScan({"com.yootk"})                          // 扫描包
// Spring与MyBatis的整合中，如果不添加此注解，则无法实现事务控制（出错时事务无法回滚）
@EnableAspectJAutoProxy                                // 启用AOP切面配置
public class StartMyBatisApplication {}
```

（7）【mybatis 子模块】创建 MyBatisConfig 配置类。

```
package com.yootk.config;
@Configuration                                        // 配置类
public class MyBatisConfig {
   @Bean("sqlSessionFactoryBean")                     // Bean注册
   public SqlSessionFactoryBean sqlSessionFactoryBean(
```

```
      @Autowired DataSource dataSource) throws IOException {
    SqlSessionFactoryBean factoryBean = new SqlSessionFactoryBean();
    factoryBean.setDataSource(dataSource);                       // 设置数据源
    factoryBean.setTypeAliasesPackage("com.yootk.vo");           // 类型扫描包
    PathMatchingResourcePatternResolver resolver =
        new PathMatchingResourcePatternResolver();
    String mapperPath = PathMatchingResourcePatternResolver.CLASSPATH_ALL_URL_PREFIX +
        "/mybatis/mapper/*.xml";                                 // 映射文件匹配路径
    factoryBean.setMapperLocations(resolver.getResources(mapperPath)); // 文件扫描包
    return factoryBean;
}
@Bean                                                          // Bean注册
public MapperScannerConfigurer mapperScannerConfigurer() {       // 映射配置
    MapperScannerConfigurer scannerConfigurer = new MapperScannerConfigurer();
    scannerConfigurer.setBasePackage("com.yootk.dao");         // DAO实现包
    scannerConfigurer.setAnnotationClass(Mapper.class);        // 匹配注解
    return scannerConfigurer;
}
}
```

由于 Spring 可以简化 MyBatis 数据层实现类的定义，因此在常规使用时，一般都需要创建一个匹配注解。本程序直接使用了 MyBatis 提供的@Mapper 注解进行标注，这样在定义数据层接口时只需要使用该注解进行声明，就可以在 Spring 容器执行时自动地创建数据层接口实现子类，并在使用时进行数据层接口实例的注入。程序配置结构如图 3-39 所示。

图 3-39　整合 Spring 与 MyBatis 的程序配置结构

> 💡 提示：标准开发中要定义数据层匹配注解。
>
> 在进行 MapperScannerConfigurer 配置时，并不需要强制性地设置匹配的注解，所以如果此处没有进行任何注解配置，则数据层中也不需要追加任何额外配置。但是考虑到项目开发的标准化问题，同时也为了更好地与后续的 Spring Boot 课程进行衔接，本书建议在整合 MyBatis 与 Spring 时追加相关的匹配注解（可以是用户自定义的注解）。

（8）【mybatis 子模块】创建描述消息实体的 Message 类。

```
package com.yootk.vo;
public class Message implements java.io.Serializable{          // 消息类
    private Long mid;                                          // 消息编号
    private String sender;                                     // 消息发送者
    private String title;                                      // 消息标题
    private String content;                                    // 消息内容
    // Setter方法、Getter方法、无参构造方法、多参构造方法等略
}
```

由于本节的代码将按照标准的开发架构进行业务层与数据层整合（见图 3-40），因此数据的传输会基于 Message 类实现，同时在 MyBatis 配置类中自动进行开发包的配置，这样在映射文件中直接通过该类的别名即可对其进行访问。此时的数据层接口实现类也会基于映射文件的定义自动生成实例并在 Spring 容器中注册。

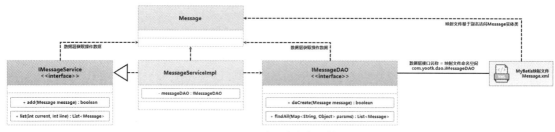

图 3-40　业务层与数据层整合

（9）【mybatis 子模块】创建 IMessageDAO 数据层操作接口。

```
package com.yootk.dao;
@Mapper                                                // 配置数据层接口标记
public interface IMessageDAO {                         // 数据层接口
    public boolean doCreate(Message message);          // 数据增加
    /**
     * 数据分页查询，根据传入的分页参数进行分页控制
     * @param params 分页操作相关参数，包含以下两个数据项
     *              1. key = start、value = 分页开始的数据行数
     *              2. key = line、value = 每页抓取的数据量
     * @return 获取的数据集合
     */
    public List<Message> findAll(Map<String, Object> params);// 数据查询
}
```

（10）【mybatis 子模块】创建 Message.xml 映射文件。

```
<?xml version="1.0" encoding="UTF-8"?>
<!DOCTYPE mapper PUBLIC "-//mybatis.org//DTD Mapper 3.0//EN"
        "http://mybatis.org/dtd/mybatis-3-mapper.dtd">
<!-- 整合Spring与MyBatis后如果不使用数据层定义，则需要保证映射文件的命名空间与DAO接口名称一致 -->
<mapper namespace="com.yootk.dao.IMessageDAO"> <!-- 消息表操作映射 -->
    <insert id="doCreate" parameterType="Message"> <!-- 增加数据 -->
        INSERT INTO message(sender, title, content) VALUES (#{sender}, #{title}, #{content})
    </insert>
    <select id="findAll" resultType="Message"> <!-- 查询数据 -->
        SELECT mid, sender, title, content FROM message LIMIT #{start}, #{line}
    </select>
</mapper>
```

此时映射文件的命名空间与数据层接口的名称完全匹配，Spring 容器启动时，会自动生成数据层接口实现类，并基于包扫描的方式实现数据层实例 Bean 的注册，这样就可以基于依赖注入的环境实现 Bean 的引用与相关方法调用。

> 💡 提示：SqlSession 接口操作。
>
> 　　MyBatisConfig 配置类提供了 SqlSessionFactoryBean 的实例，在开发中可以通过该类实例获取 SqlSession 接口实例，这样就可以实现最终的数据操作。而如果此时开发者要定义数据层接口实现子类，那么本质上也只是包装了 "factoryBean.getObject().openSession().insert()" 这样一行代码。正是基于此，Spring 才提供了通过映射文件实现数据层接口实现类的支持。

（11）【mybatis 子模块】创建 IMessageService 业务层接口。

```
public interface IMessageService {                     // 数据层接口
    public boolean add(Message message);               // 消息增加
    public List<Message>list(int current,int line);    // 消息查询
```

（12）【mybatis 子模块】创建 MessageServiceImpl 业务接口实现子类。

```
package com.yootk.service.impl;
@Service
```

```java
public class MessageServiceImpl implements IMessageService {   // 业务接口实现子类
    @Autowired
    private IMessageDAO messageDAO;                            // 数据层实例
    @Override
    public boolean add(Message message) {
        return this.messageDAO.doCreate(message);             // 数据层调用
    }
    @Override
    public List<Message> list(int current, int line) {        // 数据列表
        Map<String, Object> params = new HashMap<>();         // 参数封装
        params.put("start", (current - 1) * line);            // 计算开始页
        params.put("line", line);                             // 最大抓取行数
        return this.messageDAO.findAll(params);               // 数据层调用
    }
}
```

（13）【mybatis 子模块】编写测试类。

```java
package com.yootk.test;
@ContextConfiguration(classes = StartMyBatisApplication.class)   // 启动配置类
@ExtendWith(SpringExtension.class)                               // 使用JUnit 5测试工具
public class TestMessageService {
    private static final Logger LOGGER = LoggerFactory.getLogger(TestMessageService.class);
    @Autowired
    private IMessageService messageService;                      // 业务实例
    @Test
    public void testAdd() {                                      // 更新测试
        Message message = new Message();                         // 实例化对象
        message.setSender("李兴华");                              // 消息发送者
        message.setTitle("沐言科技");                            // 消息标题
        message.setContent("www.yootk.com");                     // 消息内容
        LOGGER.info("增加消息: {}", this.messageService.add(message)); // 数据增加
    }
    @Test
    public void testList() {                                     // 查询测试
        List<Message> messages = this.messageService.list(1, 2);
        for (Message msg : messages) {
            LOGGER.info("【消息】编号: {}; 发送者: {}; 标题: {}; 内容: {}",
                    msg.getMid(), msg.getSender(), msg.getTitle(), msg.getContent());
        }
    }
}
```

增加执行结果：

```
Preparing: INSERT INTO message(sender, title, content) VALUES (?, ?, ?)
```

查询执行结果：

```
Preparing: SELECT mid, sender, title, content FROM message LIMIT ?, ?
```

本程序已经实现了 Spring 与 MyBatis 框架的整合。通过最终的执行结果可以发现，基于 Spring 框架的 MyBatis 开发，可以依据 Mapper 文件的配置，直接省略数据层实现子类的定义，这样将极大地简化用户代码的编写。

## 3.8.1 使用注解配置 SQL 命令

使用注解配置 SQL 命令

**视频名称** 0327_【理解】使用注解配置 SQL 命令
**视频简介** 现代的开发强调减少映射文件的使用，为此，MyBatis 提供了注解的配置方式。本视频为读者讲解相关注解的作用，并对已有的代码进行修改，通过注解实现数据层中 SQL 命令的配置。

MyBatis 基于映射文件的方式实现了所有 SQL 命令的定义，这样数据层就可以基于映射文件的方式生成所需要的对象实例，但是随着数据层功能的逐步增加，映射文件的配置项必然增加。这样在进行代码维护时，就需要花费大量的时间进行配置定位。为了解决这样的设计问题，MyBatis 提供了注解的配置支持，即在数据层上通过注解配置要使用的 SQL 语句，以代替映射文件的使用，如图 3-41 所示。

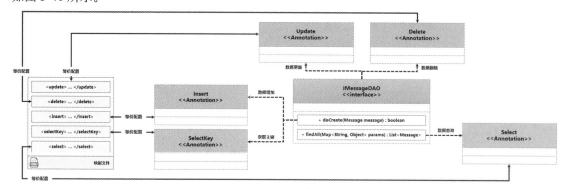

图 3-41　SQL 注解配置

MyBatis 为 SQL 的操作提供了 5 个注解：@Insert、@SelectKey、@Update、@Delete、@Select。这 5 个注解与映射文件中的配置元素一一对应，开发者直接在注解中编写相应的 SQL 命令即可实现数据层开发。下面来看一下此方式的具体实现。

（1）【mybatis 子模块】修改 MyBatis 配置类，此时的 SqlSessionFactoryBean 的配置不再需要映射文件扫描路径配置。

```
@Bean("sqlSessionFactoryBean")                              // Bean注册
public SqlSessionFactoryBean sqlSessionFactoryBean(
        DataSource dataSource) throws IOException {
    SqlSessionFactoryBean factoryBean = new SqlSessionFactoryBean();
    factoryBean.setDataSource(dataSource);                  // 设置数据源
    factoryBean.setTypeAliasesPackage("com.yootk.vo");      // 类型扫描包
    return factoryBean;
}
```

（2）【mybatis 子模块】修改 IMessageDAO 接口，使用注解定义 SQL 命令。

```
package com.yootk.dao;
@Mapper                                                     // 配置数据层接口标记
public interface IMessageDAO {                              // 数据层接口
    @Insert("INSERT INTO message(sender, title, content) " +
        "VALUES (#{sender}, #{title}, #{content})")
    @SelectKey(before = false, keyProperty = "mid", keyColumn = "mid",
        resultType = java.lang.Long.class, statement = "SELECT LAST_INSERT_ID()")
    public boolean doCreate(Message message);              // 数据增加
    @Select("SELECT mid, sender, title, content FROM message LIMIT #{start}, #{line}")
    public List<Message> findAll(Map<String, Object> params);// 数据查询
}
```

此程序在执行时不再使用 Message.xml 映射文件，而是直接基于注解的方式进行 SQL 命令的配置，这样在代码维护时，维护一个程序文件即可。

### 3.8.2　SQL 命令构建器

**视频名称**　0328_【理解】SQL 命令构建器

**视频简介**　数据层开发中最为烦琐的操作之一就是 SQL 命令的配置，虽然 MyBatis 提供了基于注解的配置方式。面对复杂 SQL 命令编写时，可以基于 SQL 命令构建器来进行配置。本视频为读者分析 SQL 类的方法以及与之相关的注解的使用。

SQL 命令构建器

在项目开发中，应用程序主要依靠 SQL 命令实现各类数据操作。考虑到实际项目中的 SQL 命令定义较为烦琐，MyBatis 提供了 SQL 命令构建器，开发者只需要定义一个专属的 SQL 类，就可以通过其定义的方法实现 SQL 命令的生成操作，如图 3-42 所示。

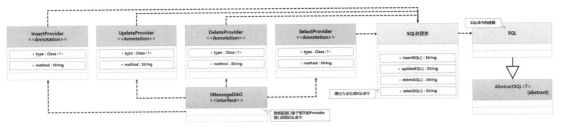

图 3-42 SQL 命令构建器

SQL 命令构建器的核心处理类是 SQL，该类提供了常见的 SQL 命令构建方法，如表 3-7 所示。在使用时直接采用相关的@×××Provider 注解，即可实现 SQL 类和 SQL 命令构建方法的引用。下面通过 SQL 命令构建器改写前面的数据层代码。

表 3-7 SQL 命令构建方法

| 序号 | 方法 | 类型 | 描述 |
| --- | --- | --- | --- |
| 1 | public T UPDATE(String table) | 普通 | 设置进行更新操作的数据表名称 |
| 2 | public T SET(String... sets) | 普通 | 设置要更新的数据列 |
| 3 | public T INSERT_INTO(String tableName) | 普通 | 设置进行增加操作的数据表名称 |
| 4 | public T INTO_COLUMNS(String... columns) | 普通 | 设置进行增加操作的数据列 |
| 5 | public T INTO_VALUES(String... values) | 普通 | 设置进行增加操作的内容 |
| 6 | public T SELECT(String... columns) | 普通 | 设置进行查询操作的列名称 |
| 7 | public T SELECT_DISTINCT(String... columns) | 普通 | 设置进行去掉重复记录的查询操作的列名称 |
| 8 | public T DELETE_FROM(String table) | 普通 | 设置进行删除操作的数据表名称 |
| 9 | public T FROM(String... tables) | 普通 | 设置使用 FROM 子句的数据表名称 |
| 10 | public T JOIN(String... joins) | 普通 | 设置多表关联 |
| 11 | public T INNER_JOIN(String... joins) | 普通 | 设置内连接查询 |
| 12 | public T LEFT_OUTER_JOIN(String... joins) | 普通 | 设置左外连接查询 |
| 13 | public T RIGHT_OUTER_JOIN(String... joins) | 普通 | 设置右外连接查询 |
| 14 | public T OUTER_JOIN(String... joins) | 普通 | 设置外连接查询 |
| 15 | public T WHERE(String... conditions) | 普通 | 设置 WHERE 限定条件 |
| 16 | public T OR() | 普通 | 使用 OR 连接多个条件 |
| 17 | public T AND() | 普通 | 使用 AND 连接多个条件 |
| 18 | public T GROUP_BY(String... columns) | 普通 | 设置分组字段 |
| 19 | public T HAVING(String... conditions) | 普通 | 设置分组过滤条件 |
| 20 | public T ORDER_BY(String... columns) | 普通 | 设置数据排序列 |
| 21 | public T LIMIT(String variable) | 普通 | 设置分页加载项 |
| 22 | public T ADD_ROW() | 普通 | 增加换行 |

（1）【mybatis 子模块】创建 MessageSQL 工具类，通过该类定义与消息操作有关的 SQL 命令。

```java
package com.yootk.sql;
public class MessageSQL {
    public String insertMessageSQL() {                          // 增加命令
        return new SQL()
                .INSERT_INTO("message")                         // 进行增加操作的数据表名称
                .INTO_COLUMNS("sender", "title", "content")     // 列名称
```

```
            .INTO_VALUES("#{sender}", "#{title}", "#{content}")        // 数据标记
            .toString();
    }
    public String selectMessageSplitSQL() {                           // 分页查询
        return new SQL()
            .SELECT("mid", "sender", "title", "content")              // 查询字段
            .FROM("message")                                          // 进行查询操作的数据表名称
            .LIMIT("#{start}, #{line}")                               // 分页查询
            .toString();
    }
}
```

（2）【mybatis 子模块】修改 IMessageDAO 接口，通过 SQL 命令构建器构建 SQL 命令。

```
package com.yootk.dao;
@Mapper                                                               // 数据层接口标记
public interface IMessageDAO {                                        // 数据层接口
    @InsertProvider(type = MessageSQL.class, method = "insertMessageSQL")
    @SelectKey(before = false, keyProperty = "mid", keyColumn = "mid",
            resultType = java.lang.Long.class, statement = "SELECT LAST_INSERT_ID()")
    public boolean doCreate(Message message);                        // 数据增加
    @SelectProvider(type = MessageSQL.class, method = "selectMessageSplitSQL")
    public List<Message> findAll(Map<String, Object> params);        // 数据查询
}
```

此时数据层中的代码已经实现了改造，所有相关的 SQL 命令的定义统一通过 MessageSQL 类对应的方法获取，这样在编写较为复杂的 SQL 命令时，可以实现代码的进一步规范化。

> 💡 **提示：建议保留映射文件。**
>
> 　　根据官方的解释以及当前软件的开发要求，使用注解的方式进行 SQL 命令的配置是一种常规的推荐做法，但是本书还是建议采用保留映射文件的方式。这种方式虽然可能存在映射文件过多而造成的代码维护问题，但是比较适合复杂 SQL 命令的编写。

### 3.8.3　MyBatis 代码生成器

　　视频名称　0329_【理解】MyBatis 代码生成器
　　视频简介　数据层开发有着一定的代码相似性，为了减小数据层开发代码的重复度，在实际工作中可以基于 MyBatis 代码生成器实现映射文件、VO 类以及 DAO 接口的生成。本视频通过实例为读者讲解这一功能的具体实现。

MyBatis 代码生成器

　　数据层的代码是整个项目实现的核心，但是其中又存在大量重复的编码实现。例如，现在有 20 张数据表，那么在开发中就需要为这 20 张数据表分别定义功能相同但操作类型不同的 CRUD 方法，如图 3-43 所示，这样一来就会出现大量重复且必要的程序编码。

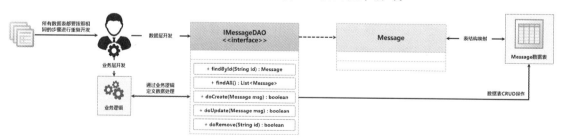

图 3-43　重复的 CRUD 功能

　　为了进一步提升项目开发的效率，最佳做法是使用一些专属的工具帮助用户自动地生成指定数据表的 VO 类、DAO（Data Access Object，数据访问对象）接口以及 SQL 映射文件，这些生成

的内容可以包含基础的 CRUD 功能，生成流程如图 3-44 所示。这样开发者就可以基于当前已生成的代码进行扩展，从而避免大量重复功能的编写。

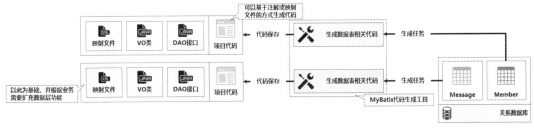

图 3-44　MyBatis 代码生成流程

要想实现这样的代码生成处理，一般需要使用 Gradle 或 Maven 构建工具的插件。本节将基于 Gradle 工具讲解代码生成的实现，实现的核心配置如图 3-45 所示，具体的操作步骤如下。

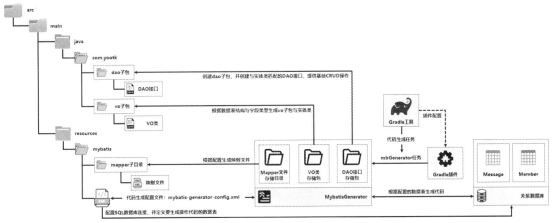

图 3-45　MyBatis 代码生成器

（1）【SSM 项目】为便于代码生成演示，创建一个 generator 子模块，随后修改项目中的 build.gradle 配置文件，为该模块添加 MyBatisGenerator 插件。

```
project(":generator") {                    // 配置generator子模块
    dependencies {}                        // 根据需要进行依赖配置
}
```

（2）【generator 子模块】在 src/main/resources/mybatis 目录下创建 mybatis-generator-config.xml 配置文件。

```
<?xml version="1.0" encoding="UTF-8"?>
<!DOCTYPE generatorConfiguration
        PUBLIC "-//mybatis.org//DTD MyBatis Generator Configuration 1.0//EN"
        "http://mybatis.org/dtd/mybatis-generator-config_1_0.dtd" >
<generatorConfiguration>
    <!-- 数据库驱动程序路径:选择本地硬盘上面的数据库驱动包，路径中不要出现中文-->
    <classPathEntry location="D:\workspace\local_lib\mysql-connector-java-8.0.30.jar"/>
    <context id="YootkContext" targetRuntime="MyBatis3">
        <commentGenerator>
            <property name="suppressDate" value="true"/> <!-- 去除时间戳 -->
            <property name="suppressAllComments" value="true"/> <!-- 去除注释 -->
        </commentGenerator>
        <jdbcConnection driverClass="com.mysql.cj.jdbc.Driver"
                        connectionURL="jdbc:mysql://localhost:3306/yootk"
                        userId="root" password="mysqladmin"> <!-- JDBC连接信息 -->
```

```
        </jdbcConnection>
        <javaTypeResolver> <!-- 在数据库类型和Java类型之间进行转换 -->
            <property name="forceBigDecimals" value="false"/>
        </javaTypeResolver>
        <!-- 生成VO类所在的包名，以及程序类的保存位置-->
        <javaModelGenerator targetPackage="com.yootk.vo" targetProject="src/main/java">
            <property name="enableSubPackages" value="true"/> <!-- 允许生成子包 -->
            <property name="constructorBased" value="true"/>   <!-- 添加构造方法 -->
            <property name="trimStrings" value="true"/>      <!-- 去除空格 -->
            <!-- 建立的VO对象不可改变  即生成的VO对象不会提供Setter方法，只提供构造方法 -->
            <property name="immutable" value="false"/>
        </javaModelGenerator>
        <!-- 保存Mapper文件的目录，每一张数据表都会生成对应的SQL映射文件 -->
        <sqlMapGenerator targetPackage="mybatis/mapper"
                targetProject="src/main/resources">
            <property name="enableSubPackages" value="true"/> <!-- 允许生成子包 -->
        </sqlMapGenerator>
        <!-- 数据层代码生成配置，有3种生成方案，分别是映射配置、注解配置、SQL命令构建器配置-->
        <!-- type="ANNOTATEDMAPPER"，基于注解的方式生成DAO接口，同时会自动生成SQL命令构建器工具类 -->
        <!-- type="MIXEDMAPPER"，基于注解的方式生成DAO接口，同时生成SQL映射文件 -->
        <!-- type="XMLMAPPER"，创建原生DAO接口，并生成与之对应的SQL映射文件 -->
        <javaClientGenerator type="XMLMAPPER" targetPackage="com.yootk.dao"
                targetProject="src/main/java">
            <property name="enableSubPackages" value="true"/> <!-- 允许生成子包 -->
        </javaClientGenerator>
        <!-- 配置数据表信息，每一张实体表都对应一个VO类，根据需要生成不同的样例代码 -->
        <table tableName="message" domainObjectName="Message"
            enableCountByExample="false" enableUpdateByExample="false"
            enableDeleteByExample="false" enableSelectByExample="false"
            selectByExampleQueryId="false"/>
    </context>
</generatorConfiguration>
```

在执行 MyBatis 代码生成任务时，由于要执行的是 Gradle 任务，因此在配置文件中需要定义 MySQL 驱动路径，这样才可以正常触发代码生成任务。

（3）【generator 子模块】修改 build.gradle 配置文件，添加 MyBatis 代码生成任务。

MyBatis 插件配置：

```
plugins {
    id 'java'
    id "com.thinkimi.gradle.MybatisGenerator" version "2.3"   // 生成插件
}
```

配置生成任务：

```
def file = 'src/main/resources/mybatis/mybatis-generator-config.xml'
mybatisGenerator {                        // MyBatis代码生成任务
    verbose = true                        // 显示详细信息
    configFile = file                     // 配置文件路径
}
```

（4）【generator 子模块】配置完成后，当前的子模块中就会存在一个名为 mbGenerator 的新任务，直接执行此任务就可以在相应的目录中生成数据层操作代码。

```
gradle mbGenerator
```

程序执行结果：

```
Task :generator:mbGenerator
```

任务执行完成后，MyBatisGenerator 插件会自动连接 MySQL 数据库，并根据 mybatis-generator-config.xml 配置文件中定义的表名称生成与之相匹配的 VO 类、DAO 接口以及映射文件。

# 3.9 本章概览

1．MyBatis 是一个半自动化的 ORM 开发框架，其并没有 Hibernate 那样的高度集成化的处理操作，是一种更接近于 JDBC 的数据层开发框架，所以其性能比 Hibernate 更强。

2．MyBatis 中的核心操作接口是 SqlSession，利用该接口可以实现数据的 CRUD 操作。

3．为了便于 Mapper 文件的创建，可以利用包扫描的方式配置别名，这样就可以在数据操作方法的参数接收以及返回值类型上使用别名进行定义。

4．MyBatis 在进行数据增加时，可以利用 Statement 配置获取生成的主键，也可以使用额外的查询进行数据 ID 的获取。

5．使用 MyBatis 进行数据查询时，可以利用 ResultHandler 接口进行返回结果集的处理。

6．在映射文件中开发者可以编写动态语句，这样可以基于分支、循环等逻辑结构降低数据层 SQL 代码的重复度。

7．MyBatis 提供了数据层缓存支持，同时也提供了一级缓存和二级缓存，可以基于 Redis 实现分布式缓存处理，但是考虑到程序开发的可维护性，建议使用 Spring Cache 来代替数据层的缓存实现。

8．MyBaits 中的拦截器基于动态代理机制实现，只需要设置指定类型的方法即可实现代码的拦截处理。在拦截器中可以基于当前所拦截的方法获取相关的 JDBC 对象实例。

9．ResultMap 是 MyBatis 提供的结果集映射，利用该映射可以解决查询列与实体类成员属性不匹配的问题。在通过存储过程查询时，如果返回多个数据集，也可以基于 ResultMap 实现该类数据的接收。

10．在一张数据表中开发者可能会依据不同的业务定义若干个不同的实体，此时可以基于标记字段进行区分。MyBatis 提供了鉴别器的概念，利用鉴别器可以匹配不同的实体子类。

11．在实体类成员属性类型与数据列类型不匹配时，MyBatis 可以通过类型转换器实现更新与查询时的数据处理。

12．MyBatis 支持数据的一对一关联、一对多关联、多对多关联，在数据加载时也应采用延迟加载的方式处理。

13．Spring 与 MyBatis 整合时，是通过 SqlSessionFactoryBean 的配置来获取 SqlSessionFactory 以及 SqlSession 实例的，此时会由 Spring 基于 AOP 实现事务管理和数据源的配置管理。

14．使用 MyBatis 时可以基于注解的方式进行 SQL 命令的配置，也可以通过 SQL 命令构建器进行 SQL 命令的构建。

15．对于重复的数据层开发操作，可以基于 MyBatisGenerator 插件自动生成所需代码。

# 3.10 课程案例

前后端分离架构是当前的主流应用形式，使用 SSM（Spring + Spring MVC + MyBatis）框架可以有效地进行后端 Web 接口的创建。请使用 Vue.js 前端技术和 ElementUI 视图组件并结合 SSM 实现数据的 CRUD 功能开发。

# 第4章

# MyBatis-Plus

**本章学习目标**

1. 掌握 MyBatis 与 MyBatis-Plus 之间的联系以及二者在开发中的整合使用方法；
2. 掌握 BaseMapper 接口中各个方法的作用，并可以基于此接口实现数据的 CRUD 操作；
3. 掌握 MyBatis 中4种主键生成策略，并可以基于雪花算法实现分布式 ID 生成；
4. 掌握 MyBatis 中的全局配置策略的定义和使用方法；
5. 掌握条件构造器的使用方法，并可以基于条件构造器实现数据的查询处理；
6. 掌握 MyBatis-Plus 的各类常用插件的使用方法，并可以基于插件实现乐观锁、分页、更新防护等操作的配置；
7. 理解 AR 模式的使用，并可以基于该模式实现数据的 CRUD 操作；
8. 理解 MyBatis-Plus 逆向工程的配置，并可以基于逆向工程生成完整的项目代码。

为了避免数据层开发时代码的重复编写，在现代的 SSM 开发中，开发者会更多地使用 MyBatis-Plus 与 MyBatis 配合。本章将为读者详细解释 MyBatis 与 MyBatis-Plus 之间的关联，并通过具体的功能分析以及实现案例讲解 MyBatis-Plus 的相关概念。

## 4.1 MyBatis-Plus 数据操作

MyBatis-Plus 简介

**视频名称** 0401_【理解】MyBatis-Plus 简介

**视频简介** MyBatis 提供了全面的数据层开发支持，但是由于其提供的支持有限，开发中会出现大量重复的代码。为了简化 MyBatis 开发，可以使用 MyBatis-Plus。本视频为读者分析 MyBatis-Plus 的作用及其框架结构。

MyBatis 是一款兼顾性能与开发简洁性的 ORM 组件，但是由于其在实际的开发中需要与数据库进行绑定，并且有可能会使用到一些特定数据库的专属 SQL 命令，因此它的可移植性较差，同时数据层的开发中存在大量的重复代码。为了进一步提高 MyBatis 的代码开发效率，可以基于 MyBatis-Plus 进行简化。

MyBatis-Plus 是一款国产的开源插件，对原始 MyBatis 框架的功能进行了增强。开发者使用该框架可以自动地生成一系列的 CRUD 操作。MyBatis-Plus 的主要特点如下。

（1）无侵入：已有的 MyBatis 项目不需要做任何改变，就可以直接切换到 MyBatis-Plus 开发模式，与原有的 MyBatis 开发互不影响。

（2）损耗小：在程序启动时自动注入基本的 CRUD 对象实例，没有任何动态处理的性能损耗；采用面向对象提供操作模式，并且可提供 BaseMapper 数据层标记接口。

（3）强大的 CRUD 操作：内置通用的映射文件、Service 实现，开发者使用少量的配置即可实现大部分的单表 CRUD 操作；同时可提供强大的条件构造器，用于满足各类数据操作需要，简化数据层 CRUD 操作的代码开发。

（4）支持 Lambda 形式调用：在查询数据时，可以基于 Lambda 表达式方便地编写各类查询条件。

（5）支持主键自动生成：支持 4 种主键生成策略，并且支持分布式唯一主键生成策略。

（6）支持 AR 模式：只需要让实体类继承 Model 类，即可基于实体类对象实现 CRUD 操作。

（7）支持自定义全局通用操作：基于全局通用配置，只需配置一次即可对全局数据操作生效。

（8）内置代码生成器：采用 Maven 或 Gradle 插件，可以快速进行逆向工程的创建，自动生成映射文件、VO 类、Service 层、控制层等的代码，同时支持各类模板引擎。

（9）内置分页插件：基于 MyBatis 物理分页，开发者无须关心具体的查询配置。

（10）分页插件支持多种数据库：分页插件支持 MySQL、MariaDB、Oracle、DB2、H2、HSQL、SQLite、PostgreSQL、SQL Server 等数据库。

（11）内置性能分析插件：可输出 SQL 语句及其执行时间，在代码测试时可以通过该功能检查慢查询问题。

（12）内置全局拦截插件：提供全表删除、更新操作智能分析阻断，也可以自定义拦截规则，预防误更新操作。

> 提示：MyBatis-plus 是非官方开发中的 Spring Data JPA。
>
> JPA/Hibernate 最为重要的一项技术特点就是数据库的可移植性，在 Spring Data 技术的支持下，其又提供了自动化的 CRUD 处理支持。MyBatis-Plus 的设计思想和实现模式与 Spring Data JPA 的非常类似，并且提供了更加丰富的数据操作支持。

MyBatis-Plus 是一个不断维护的开源项目，开发者可以通过其官方网站获取该项目的信息，同时该网站也提供了该组件的使用指南以及相关讨论信息。图 4-1 所示为 MyBatis-Plus 官方网站的首页。

图 4-1　MyBatis-Plus 官方网站的首页

MyBatis-Plus 是在 MyBatis 框架的基础上构建的，其主要简化了数据层中的方法定义，基于一些特定的代码生成逻辑，减少了重复的 SQL 命令定义，最终的执行指令依然由 MyBatis 框架发出。在配置 MyBatis-Plus 之前需要在项目中整合好 Spring 与 MyBatis，随后利用 MyBatis 特定的标记进行数据层定义，以实现最终的数据层开发。图 4-2 所示为 MyBatis-Plus 官方提供的框架结构。

图 4-2　MyBatis-Plus 官方提供的框架结构

### 4.1.1 MyBatis-Plus 编程起步

MyBatis-Plus
编程起步

**视频名称** 0402_【掌握】MyBatis-Plus 编程起步

**视频简介** 在已有的 Spring+MyBatis 开发环境中，直接引入 MyBatis-Plus 即可实现数据层的简化定义。本视频在已有项目的基础上进行改造，通过具体的应用实例为读者讲解 MyBatis-Plus 项目的搭建与开发，并分析项目所引用的核心依赖组成结构。

使用 MyBatis-Plus 进行代码开发主要是简化了数据层的操作。为了便于程序开发与实例管理，整个应用依然要运行在 Spring 容器之中，并且由 Spring 容器维护数据源、AOP 事务以及 MyBatis 的相关环境配置。下面通过"Spring + MyBatis + MyBatis-Plus"的开发模式，基于数据层实现数据增加操作。

（1）【MySQL 数据库】创建项目数据表。

```
DROP DATABASE IF EXISTS yootk;
CREATE DATABASE yootk CHARACTER SET UTF8;
USE yootk;
CREATE TABLE project (
  pid      BIGINT  AUTO_INCREMENT  comment '项目ID',
  name     VARCHAR(50)             comment '项目名称',
  charge   VARCHAR(50)             comment '项目主管',
  note     TEXT                    comment '项目描述',
  status   INT                     comment '项目状态',
  CONSTRAINT pk_pid PRIMARY KEY(pid)
) engine=innodb;
```

（2）【SSM 项目】创建一个名为"mybatis-plus"的子模块，编辑 build.gradle 配置文件，引入所需的项目依赖。

```
project(":mybatis-plus") {                    // 配置子模块
  dependencies {                              // 根据需要进行依赖配置
     implementation('com.baomidou:mybatis-plus:3.4.2')
     implementation('org.springframework:spring-orm:6.0.0-M3')
  }
}
```

本节的开发直接引入了 mybatis-plus 和 spring-orm 两个依赖。因为图 4-3 所示的依赖关联存在，所以此时的项目中也会自动引入 spring-jdbc、spring-tx、spring-core、spring-beans、mybatis 等核心依赖。

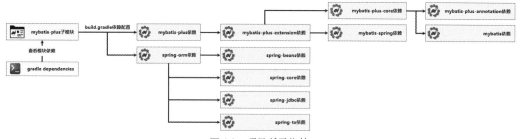

图 4-3 项目所需依赖

（3）【mybatis-plus 子模块】创建 StartMyBatisPlusApplication 启动程序类，配置包扫描注解，并启用 AOP 代理支持。

```
package com.yootk;
@ComponentScan({"com.yootk"})                 // 扫描包
@EnableAspectJAutoProxy                        // 启用AOP代理支持
public class StartMyBatisPlusApplication {}
```

（4）【mybatis-plus 子模块】在项目中引入 database.properties 配置文件，并引入 DataSourceConfig、TransactionConfig 两个配置类，这样就定义好了数据源以及 AOP 切面事务。

（5）【mybatis-plus 子模块】创建 MyBatisPlusConfig 配置类。

```
package com.yootk.config;
import com.baomidou.mybatisplus.extension.spring.MybatisSqlSessionFactoryBean;
@Configuration                                              // 配置类
public class MyBatisPlusConfig {
    @Bean
    public MybatisSqlSessionFactoryBean sqlSessionFactoryBean(DataSource dataSource) {
        MybatisSqlSessionFactoryBean factoryBean = new MybatisSqlSessionFactoryBean();
        factoryBean.setDataSource(dataSource);              // 设置数据源
        factoryBean.setTypeAliasesPackage("com.yootk.vo");  // 类型扫描包
        return factoryBean;
    }
    @Bean                                                   // Bean注册
    public MapperScannerConfigurer mapperScannerConfigurer() {  // 映射配置
        MapperScannerConfigurer scannerConfigurer = new MapperScannerConfigurer();
        scannerConfigurer.setBasePackage("com.yootk.dao");  // DAO程序包
        scannerConfigurer.setAnnotationClass(Mapper.class); // 匹配注解
        return scannerConfigurer;
    }
}
```

在整合 MyBatis 与 Spring 时，需要在 Spring 容器中配置 SqlSessionFactoryBean 类型的 Bean 对象，后续才可以使用 SqlSession 接口实例进行操作。而在配置 MyBatis-Plus 时，所配置的对象类型为 MybatisSqlSessionFactoryBean，其他的配置与传统的 MyBatis 配置类似。

（6）【mybatis-plus 子模块】创建 Project 程序类，该类的成员属性定义与 project 表对应，定义时要使用 MyBatis-Plus 提供的注解进行数据表以及映射字段的声明，同时也要对数据表的主键字段进行配置。

```
package com.yootk.vo;
@TableName                                              // 类名称为表名称
public class Project implements Serializable {          // 实体类与项目表映射
    @TableId(type = IdType.AUTO)                        // 主键自动生成
    private Long pid;                                   // pid字段映射
    @TableField                                         // 属性与字段不一致时定义该注解
    private String name;                                // name字段映射
    private String charge;                              // charge字段映射
    private String note;                                // note字段映射
    private Integer status;                             // status字段映射
    // Setter方法、Getter方法、无参构造方法、多参构造方法、toString()方法等略
}
```

此时的 VO 类的定义与在 MyBatis 中的有所不同，在类中采用了大量的配置注解，相关注解的作用如图 4-4 所示。在最终执行程序的时候 MyBatis-Plus 会依据当前配置的注解生成所需的 SQL 命令，从而驱动 MyBatis 实现数据操作。

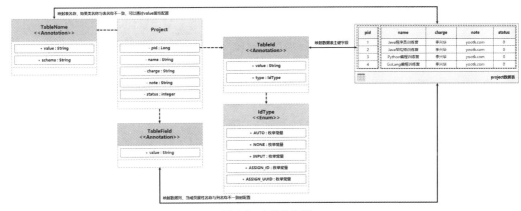

图 4-4　实体类注解

（7）【mybatis-plus 子模块】创建 IProjectDAO 数据层接口，该接口需要继承 BaseMapper 父接口。

```
package com.yootk.dao;
@Mapper
public interface IProjectDAO extends BaseMapper<Project> {}
```

（8）【mybatis-plus 子模块】创建测试类，通过 IProjectDAO 接口实现数据增加。

```
package com.yootk.test;
@ContextConfiguration(classes = StartMyBatisPlusApplication.class)    // 启动配置类
@ExtendWith(SpringExtension.class)                                    // 使用JUnit 5测试工具
public class TestProjectDAO {
    private static final Logger LOGGER = LoggerFactory.getLogger(TestProjectDAO.class);
    @Autowired
    private IProjectDAO projectDAO;                                   // 数据层接口实例
    @Test
    public void testAdd() {
        Project project = new Project();                              // 实例化VO对象
        project.setName("Java高薪就业编程训练营");                      // 属性设置
        project.setCharge("李兴华");                                   // 属性设置
        project.setNote("传授Java程序员与Java架构师综合技能。");          // 属性设置
        project.setStatus(0);                                         // 属性设置
        LOGGER.info("更新数据行数: {}, 当前项目ID: {}", this.projectDAO.insert(project),
                project.getPid());                                    // 数据增加
    }
}
```

程序执行结果：

```
Preparing: INSERT INTO project ( name, charge, note, status ) VALUES ( ?, ?, ?, ? )
更新数据行数: 1, 当前项目ID: 1
```

此程序之中并没有编写任何的 SQL 映射文件，但是 MyBatis-Plus 会在程序执行时根据实体类中配置的注解自动生成所需要的 SQL 命令，而后就可以像传统方式一样，通过 MyBatis 实现数据更新操作。

>  提示：MyBatis-Plus 允许定义映射文件。
>
> MyBatis-Plus 虽然提供了完善的数据操作方法，但是考虑到实际开发中各类烦琐的数据查询操作，用户依然可以根据自身的需要创建所需的 SQL 映射文件（映射文件的命名空间与 DAO 接口名称相同），这一点与原始的 MyBatis 开发没有任何的冲突。

### 4.1.2  BaseMapper 接口

**视频名称** 0403_【掌握】BaseMapper 接口

**视频简介** BaseMapper 接口是 MyBatis-Plus 进行数据层代码优化的核心接口。本视频通过数据更新的操作，为读者分析 MyBatis-Plus 与动态代理之间的关联，同时为读者列出 BaseMapper 接口中的全部方法，并基于这些方法实现完整的 CRUD 操作。

BaseMapper 接口

MyBatis-Plus 的核心功能是通过程序自动地生成最终要执行的 SQL 命令，而这一功能的实现主要依赖于 BaseMapper 接口。图 4-5 所示为该接口的继承结构。

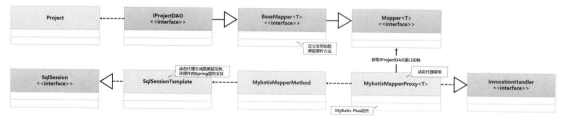

图 4-5  BaseMapper 接口的继承结构

MyBatis-Plus 为了实现程序的可扩展性，提供了一个 Mapper 父接口作为公共映射的处理标记，而用户在实际开发中所使用的是 BaseMapper 子接口，该接口提供的方法如表 4-1 所示。

表 4-1　BaseMapper 接口提供的方法

| 序号 | 方法 | 类型 | 描述 |
|---|---|---|---|
| 1 | public int insert(T entity) | 普通 | 根据传入的实体实现数据增加 |
| 2 | public int deleteById(Serializable id) | 普通 | 根据 ID 删除指定的数据 |
| 3 | public int deleteById(T entity) | 普通 | 根据传入的实体删除数据 |
| 4 | public int deleteByMap(@Param(Constants.COLUMN_MAP) Map<String, Object> columnMap) | 普通 | 根据条件删除数据 |
| 5 | public int delete(@Param(Constants.WRAPPER) Wrapper<T> queryWrapper) | 普通 | 根据 Wrapper 封装的条件删除数据 |
| 6 | public int deleteBatchIds(@Param(Constants.COLL) Collection<?> idList) | 普通 | 批量删除指定 ID 的数据 |
| 7 | public int updateById(@Param(Constants.ENTITY) T entity) | 普通 | 根据 ID 更新数据 |
| 8 | public int update(@Param(Constants.ENTITY) T entity, @Param(Constants.WRAPPER) Wrapper<T> updateWrapper) | 普通 | 根据 Wrapper 封装的条件更新数据 |
| 9 | public T selectById(Serializable id) | 普通 | 根据 ID 查询数据，并返回实体对象 |
| 10 | public List<T> selectBatchIds(@Param(Constants.COLL) Collection<? extends Serializable> idList) | 普通 | 批量查询指定 ID 的数据 |
| 11 | public List<T> selectByMap(@Param(Constants.COLUMN_MAP) Map<String, Object> columnMap) | 普通 | 根据条件查询实体数据 |
| 12 | public default T selectOne(@Param(Constants.WRAPPER) Wrapper<T> queryWrapper) | 普通 | 根据 Wrapper 封装的条件查询数据 |
| 13 | public default boolean exists(Wrapper<T> queryWrapper) | 普通 | 根据 Wrapper 封装的条件判断数据是否存在 |
| 14 | public Long selectCount(@Param(Constants.WRAPPER) Wrapper<T> queryWrapper); | 普通 | 根据 Wrapper 封装的条件统计数据 |
| 15 | public List<T> selectList(@Param(Constants.WRAPPER) Wrapper<T> queryWrapper) | 普通 | 根据 Wrapper 封装的条件查询数据 |
| 16 | public List<Map<String, Object>> selectMaps(@Param(Constants.WRAPPER) Wrapper<T> queryWrapper) | 普通 | 根据 Wrapper 封装的条件查询数据 |
| 17 | public List<Object> selectObjs(@Param(Constants.WRAPPER) Wrapper<T> queryWrapper) | 普通 | 根据 Wrapper 封装的条件查询，并返回第一个字段的数据 |
| 18 | public <P extends IPage<T>> P selectPage(P page, @Param(Constants.WRAPPER) Wrapper<T> queryWrapper) | 普通 | 数据分页查询 |
| 19 | public <P extends IPage<Map<String, Object>>> P selectMapsPage(P page, @Param(Constants.WRAPPER) Wrapper<T> queryWrapper); | 普通 | 数据分页查询 |

通过 BaseMapper 接口的定义可以发现，在应用开发中单表的基本数据操作方法该接口都提供，这样不同的数据接口只需要继承 BaseMapper 并传入对应的实体类型，就可以非常轻松地实现数据的 CRUD 操作。下面通过几个实例来观察一下该接口中的基本数据操作方法的使用。

（1）【mybatis-plus 子模块】根据 ID 进行数据更新。

```
@Test
public void testEdit() {
    Project project = new Project();            // 实例化VO对象
    project.setPid(1L);                         // 设置更新ID
    project.setName("GoLang编程训练营");          // 属性设置
    project.setCharge("李兴华");                  // 属性设置
    project.setNote("高并发应用开发");             // 属性设置
    project.setStatus(0);                       // 属性设置
    LOGGER.info("更新数据行数：{}", this.projectDAO.updateById(project));  // 数据更新
}
```

程序执行结果：

```
Preparing: UPDATE project SET name=?, charge=?, note=?, status=? WHERE pid=?
更新数据行数: 1
```

（2）【mybatis-plus 子模块】根据 ID 查询数据。

```
@Test
public void testSelectId() {
    Project project = this.projectDAO.selectById(1L);        // 根据ID查询数据
    LOGGER.info("【项目信息】项目ID: {}; 项目名称: {}; 负责人: {}; 项目说明: {}; 项目状态: {}",
            project.getPid(), project.getName(), project.getCharge(),
            project.getNote(), project.getStatus());
}
```

程序执行结果：

```
Preparing: SELECT pid,name,charge,note,status FROM project WHERE pid=?
【项目信息】项目ID: 1; 项目名称: GoLang编程训练营; 负责人: 李兴华; 项目说明: 高并发应用开发; 项目状态: 0
```

（3）【mybatis-plus 子模块】设置多个查询条件，多个条件之间使用 AND 连接。

```
@Test
public void testSelectMap() {
    Map<String, Object> params = new HashMap<>();           // 多个条件使用AND连接
    params.put("pid", 1L);                                  // 条件配置
    params.put("charge", "李兴华");                          // 条件配置
    params.put("status", 0);                                // 条件配置
    List<Project> projects = this.projectDAO.selectByMap(params);  // 数据查询
    for (Project project : projects) {                      // 数据迭代
        LOGGER.info("【项目信息】项目ID: {}; 项目名称: {}; 负责人: {}",
                project.getPid(), project.getName(), project.getCharge());
    }
}
```

程序执行结果：

```
Preparing: SELECT pid,name,charge,note,status FROM project
            WHERE charge = ? AND pid = ? AND status = ?
【项目信息】项目ID: 1; 项目名称: GoLang编程训练营; 负责人: 李兴华
```

（4）【mybatis-plus 子模块】根据 ID 删除指定数据。

```
@Test
public void testDeleteId() {
    LOGGER.info("删除项目数据: {}",
            this.projectDAO.deleteBatchIds(List.of(1L, 2L, 3L)));   // 数据删除
}
```

程序执行结果：

```
Preparing: DELETE FROM project WHERE pid=?
删除项目数据: 1
```

### 4.1.3　条件构造器

Wrapper 条件构造器

**视频名称** 0404_【掌握】Wrapper 条件构造器

**视频简介** 完整的数据处理中，除了会根据 ID 进行数据操作，也会基于一些特定的条件进行处理，所以 MyBatis-Plus 提供了 Wrapper 条件构造器。本视频为读者讲解条件构造器的类关联结构，并通过具体的案例演示条件构造器的使用。

在 SQL 语句的编写中，往往需要基于一些特定的条件进行数据的更新或查询操作，如通过 WHERE 子句并结合一系列的表达式进行限定查询、使用 GROUP BY 进行数据的分组统计、使用 ORDER BY 进行结果集排序等操作。为了满足实现此类操作的需要，MyBatis-Plus 提供了 Wrapper 条件构造器，其结构如图 4-6 所示。

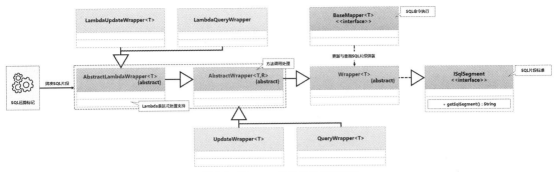

图 4-6  Wrapper 条件构造器的结构

AbstractWrapper 抽象类提供了大量的 SQL 命令配置方法,如 isNull()、eq()、between()、groupby()、having()等。为了便于管理这些方法,AbstractWrapper 同时实现了 Compare、Nested、Join、Func 这 4 个父接口,通过图 4-7 所示的继承结构,可以发现这 4 个父接口中定义了常见的 SQL 命令方法。为便于读者理解这些方法的使用,下面就通过几个具体的案例来实现数据操作的条件配置。

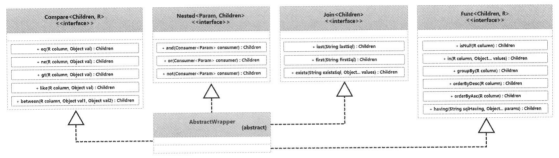

图 4-7  AbstractWrapper 类的继承结构

（1）【mybatis-plus 子模块】根据项目 ID 查询信息。

```java
@Test
public void testSelectId() {
    QueryWrapper<Project> wrapper = new QueryWrapper<>();       // 条件构造器
    wrapper.eq("pid", 1L);                                      // 设置查询条件
    Project project = this.projectDAO.selectOne(wrapper);       // 条件查询
    LOGGER.info("【项目信息】项目ID: {}; 项目名称: {}; 负责人: {}",
            project.getPid(), project.getName(), project.getCharge());
}
```

程序执行结果：

```
Preparing: SELECT pid,name,charge,note,status FROM project WHERE (pid = ?)
【项目信息】项目ID: 1; 项目名称: GoLang编程训练营; 负责人: 李兴华
```

（2）【mybatis-plus 子模块】根据负责人的姓名以及项目名称获取匹配的项目信息。

```java
@Test
public void testSelectCharge() {
    QueryWrapper<Project> wrapper = new QueryWrapper<>();       // 条件构造器
    wrapper.and(c -> c.eq("charge","李兴华").like("name", "编程"));
    List<Project> projects = this.projectDAO.selectList(wrapper);   //查询项目集合
    for (Project project : projects) {                          // 集合迭代
        LOGGER.info("【项目信息】项目ID: {}; 项目名称: {}; 负责人: {}",
                project.getPid(), project.getName(), project.getCharge());
    }
}
```

程序执行结果：

```
Preparing: SELECT pid,name,charge,note,status FROM project WHERE ((charge = ? AND name LIKE ?))
Parameters: 李兴华(String), %编程%(String)
```

175

【项目信息】项目ID：1；项目名称：GoLang编程训练营；负责人：李兴华

（3）【mybatis-plus 子模块】删除指定编号范围对应的项目数据。

```
@Test
public void testDelete() {
    QueryWrapper<Project> wrapper = new QueryWrapper<>();        // 条件构造器
    wrapper.eq("charge", "李兴华").or().between("pid", 10, 30);
    LOGGER.info("根据条件删除项目：{}", this.projectDAO.delete(wrapper));
}
```

程序执行结果：

```
Preparing: DELETE FROM project WHERE (charge = ? OR pid BETWEEN ? AND ?)
根据条件删除项目：1
```

（4）【mybatis-plus 子模块】统计出每位负责人所参与的项目数量。

```
@Test
public void testGroup() {
    QueryWrapper<Project> wrapper = new QueryWrapper<>();        // 条件构造器
    wrapper.select("charge", "COUNT(*) AS count");               // 配置查询列
    wrapper.groupBy("charge");                                   // 分组字段
    wrapper.having("count >= 1");                                // 分组过滤
    wrapper.orderByDesc("count");                                // 降序排列
    List<Map<String, Object>> results = this.projectDAO.selectMaps(wrapper);
    for (Map<String, Object> result : results) {                 // 数据迭代
        LOGGER.info("【分组统计查询】负责人：{}；项目数量：{}",
            result.get("charge"), result.get("count"));
    }
}
```

程序执行结果：

```
Preparing: SELECT charge,COUNT(*) AS count FROM project GROUP BY charge HAVING count >= 1 ORDER
BY count DESC
【分组统计查询】负责人：李兴华；项目数量：1
```

（5）【mybatis-plus 子模块】使用 Lambda 表达式实现数据查询条件配置。

```
@Test
public void testGroupLambda() {
    LambdaQueryWrapper<Project> wrapper = new LambdaQueryWrapper<>();
    wrapper.eq(Project::getPid, 1L).or().eq(Project::getStatus, 0);
    List<Project> projects = this.projectDAO.selectList(wrapper);    // 查询项目集合
    for (Project project : projects) {                              // 集合迭代
        LOGGER.info("【项目信息】项目ID：{}；项目名称：{}；负责人：{}",
            project.getPid(), project.getName(), project.getCharge());
    }
}
```

程序执行结果：

```
Preparing: SELECT pid,name,charge,note,status FROM project WHERE (pid = ? OR status = ?)
【分组统计查询】负责人姓名：李兴华；项目数量：1
```

以上的几个查询案例，全部使用了 AbstractWrapper 类提供的方法包装需要的查询参数。在
BaseMapper 接口中除了可以进行查询条件判断，也可以进行指定条件的更新操作。

（6）【mybatis-plus 子模块】设置数据更新条件。

```
@Test
public void testUpdate() {
    QueryWrapper<Project> wrapper = new QueryWrapper<>();        // 条件构造器
    wrapper.and(c -> {
        c.eq("pid", 1L).eq("status", 0);
    });                                                          // 设置更新条件
    Project project = new Project();                             // 实例化数据对象
    project.setName("Python编程训练营");                         // 更新属性设置
    project.setCharge("小李老师");                               // 更新属性设置
```

```
    LOGGER.info("数据更新操作：{}", this.projectDAO.update(project, wrapper));        // 数据更新
}
```

程序执行结果：

```
Preparing: UPDATE project SET name=?, charge=? WHERE ((pid = ? AND status = ?))
数据更新操作: 1
```

此程序在进行数据更新时，通过 QueryWrapper 对象包装了数据更新条件，这样在进行实体配置时只需定义要修改的属性内容即可。

# 4.2　GlobalConfig

MyBatis-Plus 考虑到项目的全局环境配置定义，提供了专属的 GlobalConfig 全局配置类，开发者基于该类可以实现主键生成、逻辑删除、通用枚举等。表 4-2 为读者列出了该类中的常用配置方法。

表 4-2　GlobalConfig 中的常用配置方法

| 序号 | 方法 | 类型 | 描述 |
|------|------|------|------|
| 1 | public GlobalConfig() | 构造 | 构建全局配置实例 |
| 2 | public DbConfig getDbConfig() | 普通 | 获取数据配置实例 |
| 3 | public GlobalConfig setDbConfig(final DbConfig dbConfig) | 普通 | 设置数据配置实例 |
| 4 | public SqlSessionFactory getSqlSessionFactory() | 普通 | 获取 SqlSessionFactory 实例 |
| 5 | public GlobalConfig setSqlSessionFactory(final SqlSession Factory sqlSessionFactory) | 普通 | 设置 SqlSessionFactory 实例 |
| 6 | public GlobalConfig setBanner(final boolean banner) | 普通 | 是否启用 Banner |
| 7 | public GlobalConfig setSqlInjector(final ISqlInjector sqlInjector) | 普通 | 设置 SQL 注入器实例 |
| 8 | public GlobalConfig setMetaObjectHandler(final MetaObject Handler metaObjectHandler) | 普通 | 数据填充配置 |
| 9 | public GlobalConfig setIdentifierGenerator(final Identifier Generator identifierGenerator) | 普通 | 设置主键生成策略 |

## 4.2.1　逻辑删除

逻辑删除

**视频名称**　0405_【掌握】逻辑删除

**视频简介**　逻辑删除是一种基于状态位更新的数据处理方式，在大型项目中使用较多。为了避免 SQL 命令的重复编写，MyBatis-Plus 提供了逻辑删除的自动处理支持。本视频基于全局配置方式讲解逻辑删除的定义，并分析该操作对删除方法的影响。

运行在生产环境中的项目都有大量的业务数据，由于这些数据会与具体的业务产生关联，因此一般不会对其采用 DELETE 这种物理删除的方式。常用的做法是进行数据的逻辑删除，即在数据表中追加一个逻辑删除的字段，设置该字段为某个数值（图 4-8 中设置为 1）表示删除状态，在进行数据查询时不再返回此数据项，操作流程如图 4-8 所示。

图 4-8　逻辑删除的操作流程

传统的逻辑删除开发中，需要开发者以手动编写 SQL 命令的方式进行逻辑删除的实现，MyBatis-Plus 为了简化这一操作，提供了 GlobalConfig.DbConfig 配置类。在该类中可以配置逻辑删除的具体数值，从而便于数据更新以及数据查询等操作。下面通过具体的步骤来观察其使用方法。

（1）【mybatis-plus 子模块】修改 MyBatisPlusConfig 配置类，为其追加 GlobalConfig.DbConfig 实例的配置。

```
@Bean
public GlobalConfig.DbConfig dbConfig() {                    // 数据配置
  GlobalConfig.DbConfig dbConfig = new GlobalConfig.DbConfig();
  dbConfig.setLogicDeleteValue("1");                        // 逻辑删除数据
  dbConfig.setLogicNotDeleteValue("0");                     // 逻辑未删除数据
  return dbConfig;
}
```

（2）【mybatis-plus 子模块】修改 Project 类中的 status 属性定义，利用@TableLogic 注解进行标记。

```
@TableLogic                                                 // 逻辑字段
private Integer status;                                     // status字段映射
```

（3）【mybatis-plus 子模块】编写数据删除测试方法，此时执行的 SQL 命令已经由 DELETE 变为 UPDATE。

```
@Test
public void testDeleteId() {
  LOGGER.info("删除项目数据：{}",
        this.projectDAO.deleteBatchIds(List.of(3L, 5L, 7L)));  // 数据删除
}
```

程序执行结果：

```
Preparing: UPDATE project SET status=1 WHERE pid IN ( ? , ? , ? ) AND status=0
```

（4）【mybatis-plus 子模块】编写数据查询测试方法，在查询时自动将 status=0 的条件附加在 WHERE 子句之后。

```
@Test
public void testSelectId() {
  Project project = this.projectDAO.selectById(2L);         // 根据ID查询数据
  LOGGER.info("【项目信息】项目ID：{}；项目名称：{}；负责人：{}",
        project.getPid(), project.getName(), project.getCharge());
}
```

程序执行结果：

```
Preparing: SELECT pid,name,charge,note,status FROM project WHERE pid=? AND status=0
```

### 4.2.2　数据填充

视频名称　0406_【掌握】数据填充

视频简介　在项目业务处理中，要对一些固定数据进行配置，往往需要在业务层中进行处理，为了简化这一操作，MyBatis-Plus 提供了数据填充支持。本视频通过具体的应用案例为读者分析 MetaObjectHandler 的使用。

数据填充

在一些业务逻辑烦琐的项目开发中，业务层除了需要接收数据对象，还需进行这些对象中部分数据的填充处理（见图 4-9），例如，将当前的系统日期保存在数据对象之中，或者配置数据对象中的某个成员属性为固定内容，而进行这些操作的目的就是保证存储数据的有效性。

在 MyBatis-Plus 之中，为了简化业务层中数据填充的

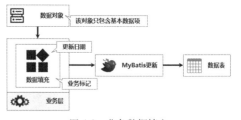

图 4-9　业务数据填充

操作逻辑，可以基于全局配置的方式在数据增加或数据修改时自动对指定的数据进行填充处理，如图 4-10 所示。这一操作需要通过 MetaObjectHandler 接口实现，该接口的配置结构如图 4-11 所示。

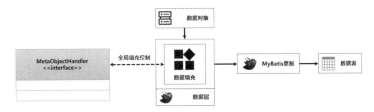

图 4-10　MyBatis-Plus 自动填充

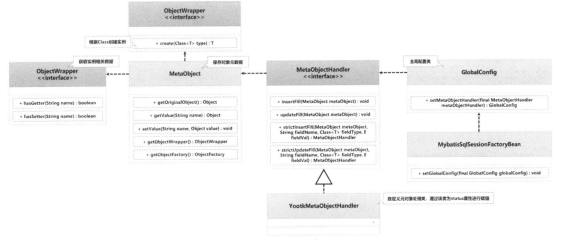

图 4-11　MetaObjectHandler 接口的配置结构

子类实现 MetaObjectHandler 接口后，需要覆写该接口的两个方法：一个是 insertFill() 方法，用于在数据增加前进行填充；另一个是 updateFill() 方法，用于在数据修改前进行填充。本节将基于这两个方法实现 status 字段的自动填充处理，在数据增加和修改时将 status 的值默认设置为 0（表示未删除状态），具体的实现步骤如下。

（1）【mybatis-plus 子模块】定义一个新的数据处理类，配置 status 成员属性自动填充。

```java
package com.yootk.handler;
@Component
public class YootkMetaObjectHandler implements MetaObjectHandler {        // 对象处理
    private static final Logger LOGGER =
                     LoggerFactory.getLogger(YootkMetaObjectHandler.class);
    @Override
    public void insertFill(MetaObject metaObject) {                       // 增加填充
        LOGGER.info("【MetaObject】获取原始对象：{}" , metaObject.getOriginalObject());
        LOGGER.info("【MetaObject】获取name属性内容：{}" , metaObject.getValue("name"));
        LOGGER.info("【MetaObject】是否存在getName()方法：{}" , metaObject.hasGetter("name"));
        LOGGER.info("【MetaObject】是否存在setName()方法：{}" , metaObject.hasSetter("name"));
        this.strictInsertFill(metaObject, "status", Integer.class, 0);    // 填充数据
    }
    @Override
    public void updateFill(MetaObject metaObject) {                       // 修改填充
        this.strictUpdateFill(metaObject, "status", Integer.class, 0);    // 填充数据
    }
}
```

（2）【mybatis-plus 子模块】修改 MyBatisPlusConfig 配置类，追加 GlobalConfig 全局配置。

```
package com.yootk.config;
@Configuration                                          // 配置类
public class MyBatisPlusConfig {
    @Bean
    public MybatisSqlSessionFactoryBean sqlSessionFactoryBean(DataSource dataSource,
                GlobalConfig globalConfig) {
        MybatisSqlSessionFactoryBean factoryBean = new MybatisSqlSessionFactoryBean();
        factoryBean.setDataSource(dataSource);          // 设置数据源
        factoryBean.setTypeAliasesPackage("com.yootk.vo");  // 类型扫描包
        factoryBean.setGlobalConfig(globalConfig);      // 定义全局配置
        return factoryBean;
    }
    // 其他重复配置方法代码略
    @Bean
    public GlobalConfig globalConfig(YootkMetaObjectHandler metaObjectHandler) {
        GlobalConfig config = new GlobalConfig();        // 全局配置
        config.setMetaObjectHandler(metaObjectHandler); // 数据填充
        return config;
    }
}
```

（3）【mybatis-plus 子模块】修改 Project 类，为 status 属性添加自动填充注解。

```
@TableLogic                                             // 逻辑字段
@TableField(fill = FieldFill.INSERT_UPDATE)             // 增加与修改时填充
private Integer status;                                 // status 属性映射
```

@TableField 注解的核心功能是配置成员属性与数据表的列名称之间的映射，在该注解中可以利用 fill 属性进行填充策略的定义。为便于填充策略的管理，MyBatis-Plus 提供了 FieldFill 枚举类，该类提供的枚举项如表 4-3 所示。

表 4-3　FieldFill 类提供的枚举项

| 序号 | 枚举项 | 描述 |
|---|---|---|
| 1 | FieldFill.DEFAULT | 默认不进行填充处理 |
| 2 | FieldFill.INSERT | 数据增加时填充，执行 MetaObjectHandler 接口中的 insertFill()方法 |
| 3 | FieldFill.UPDATE | 数据修改时填充，执行 MetaObjectHandler 接口中的 updateFill()方法 |
| 4 | FieldFill.INSERT_UPDATE | 数据增加和修改时填充，根据不同操作调用 insertFill()方法或 updateFill()方法 |

（4）【mybatis-plus 子模块】编写数据增加测试方法，在增加时不需要配置 status 属性内容。

```
@Test
public void testAdd() {
    Project project = new Project();                    // 实例化VO对象
    project.setName("GoLang编程训练营");                 // 属性设置
    project.setCharge("李兴华");                          // 属性设置
    project.setNote("高并发编程");                        // 属性设置
    LOGGER.info("更新数据行数：{}，当前项目ID：{}",
            this.projectDAO.insert(project), project.getPid());  // 数据增加
}
```

程序执行结果：

```
【MetaObject】获取原始对象：com.yootk.vo.Project@35835fa
【MetaObject】获取name属性内容：GoLang编程训练营
【MetaObject】是否存在getName()方法：true
【MetaObject】是否存在setName()方法：true
Preparing: INSERT INTO project ( name, charge, note, status ) VALUES ( ?, ?, ?, ? )
Parameters: GoLang编程训练营(String), 李兴华(String), 高并发编程(String), 0(Integer)
```

配置完成后，当调用 IProjectDAO 接口提供的 insert() 方法时，程序会自动通过 MetaObjectHandler 接口中的 insertFill() 方法进行默认数据的填充。而通过当前的程序执行结果可以发现，MetaObject 对象实例可以完整地获取当前操作类的相关信息，这样开发者就可以根据这些信息来实现填充处理逻辑的判断。

### 4.2.3 主键策略

主键策略

**视频名称** 0407_【掌握】主键策略

**视频简介** 为了便于分布式系统的开发，MyBatis-Plus 有主键生成策略的扩展。本视频通过标准的分布式集群设计方式为读者分析主键生成中存在的问题及其解决方案，并基于雪花算法实现自定义主键处理策略。

为了提高项目的并发吞吐量，现代的 Java 应用往往采用分布式集群设计方式进行项目的部署，如图 4-12 所示。考虑到数据库中数据的可维护性，在项目设计时，主键字段一般不会采用自动增长列的方式实现，而是基于特定的程序算法来实现主键的生成操作。

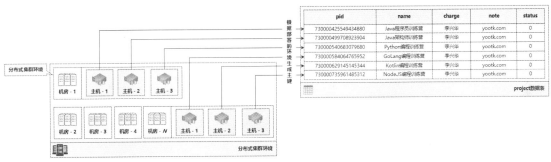

图 4-12 分布式集群设计方式

为了防止分布式集群环境中不同的主机节点产生相同的主键，一般的做法是基于推特（Twitter）公司开源的雪花算法实现分布式 ID 生成。该算法的优点在于，整体上按照时间进行自增排序，对不同的应用根据当前所处的机房以及主机编号进行标识，这样就可避免主键碰撞的问题，并且效率较高（每秒能够产生 26 万个 ID）。雪花算法生成的 ID 是一个长整型的数值，其中每一位都遵循明确的组成规范，组成结构如图 4-13 所示，具体说明如下。

（1）最高位标识（占 1 位）：由于长整型数据在 Java 中是带有符号位的，因此为了描述正数，最高位必须是 0。

（2）毫秒级时间戳（占 41 位）：保存时间戳差值（当前时间戳 – 开始时间戳），一般开始时间戳由程序来设置。

（3）数据机器位（10 位）：用于避免重复 ID 的产生，由于不同的主机会部署在不同的机房，因此数据机器位会被拆分为数据中心 ID（5 位）和工作主机 ID（5 位），最多支持 32 个数据中心，每个数据中心最多支持 32 台主机。

（4）序列号（12 位）：毫秒内的计数，支持每个节点产生的 ID（每毫秒产生 4096 个 ID）。

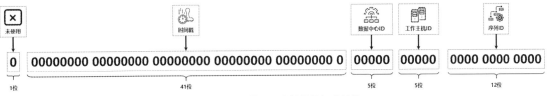

图 4-13 雪花算法生成的值的组成结构

**提问：为什么不使用 UUID 生成分布式主键？**

从 JDK 1.5 开始，Java 提供了 UUID（Universally Unique Identifier，通用唯一识别码）的生成策略，可以基于以太网卡地址、纳秒级时间、芯片 ID 等唯一标记数据生成主键。而且 UUID 由一组 32 位的十六进制数字所构成，理论上生成的 ID 总数为 $16^{32}=2^{128}$，约等于 $3.4 \times 10^{123}$，也就是说若每纳秒产生 100 万个 UUID，要花近 100 亿年才会将所有 UUID 用完，那为什么不使用 UUID 生成分布式主键呢？

**回答：UUID 数据过长而且安全性不高。**

使用 UUID 的确可以解决分布式 ID 生成的问题，但是每一组 UUID 的数据包含 16 个字节（128 位，通常以长度为 36 的字符串描述），所以 UUID 的数据太长了。而且其只能使用字符串进行描述，如果直接在数据表中以 UUID 作为主键，那么建立数据库索引的代价较大，会影响到数据库的性能。UUID 还包含网卡的 MAC 地址，也会造成一定的安全隐患。

在进行分布式主键生成时，最佳做法是基于数字类型存储，数据（可以存放到基本数据类型之中）越短越好，并且可以进行趋势递增的处理。正是由于这样的设计要求，因此推荐使用雪花算法。

MyBatis-Plus 考虑到了主键生成策略的设计需要，所以提供了 IdentifierGenerator 接口，该接口的关联结构如图 4-14 所示。在使用时需要在 GlobalConfig 全局配置类中定义 IdentifierGenerator 接口实例，在进行主键字段配置时，需要通过@TableId(type = IdType.ASSIGN_ID)注解进行 ID 的生成策略的指派，这样在每次数据增加时，程序就会自动地将 IdentifierGenerator 接口实现类返回的主键数据填充到相应的字段上。为便于理解，下面通过具体的代码进行实现。

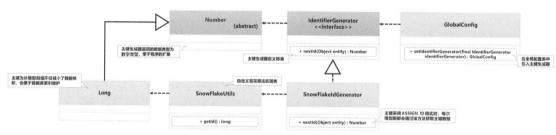

图 4-14　IdentifierGenerator 接口的关联结构

（1）【mybatis-plus 子模块】创建雪花算法工具类，利用该类生成 ID。

```java
package com.yootk.util;
public class SnowFlakeUtils {                              // 雪花算法工具类
    private final static long START_STAMP = 1487260800000L;  // 2017-02-17 21:35:27.915
    private final static long SEQUENCE_BIT = 12;           // 序列号占用的位数
    private final static long MACHINE_BIT = 5;             // 工作主机占用的位数，256个机器
    private final static long DATACENTER_BIT = 5;          // 数据中心占用位数，256个数据中心
    private final static long MAX_DATACENTER_NUM =
            -1L ^ (-1L << DATACENTER_BIT);                 // 数据中心最大值（31）
    private final static long MAX_MACHINE_NUM =
            -1L ^ (-1L << MACHINE_BIT);                    // 工作主机最大值（31）
    private final static long MAX_SEQUENCE =
            -1L ^ (-1L << SEQUENCE_BIT);                   // 序列号最大值（4095）
    private final static long MACHINE_LEFT = SEQUENCE_BIT;  // 左位移
    private final static long DATACENTER_LEFT = SEQUENCE_BIT + MACHINE_BIT;     // 左位移
    private final static long TIMESTMP_LEFT = DATACENTER_LEFT + DATACENTER_BIT; // 左位移
    private long datacenterId;                             // 数据中心
    private long machineId;                                // 工作主机
```

```
private long sequence = 0L;                              // 序列号
private long lastStamp = -1L;                            // 上一个时间戳
/**
 * 构建雪花算法生成器实例
 * @param datacenterId 数据中心ID
 * @param machineId                                       // 工作主机ID
 */
public SnowFlakeUtils(long datacenterId, long machineId) {
    if (datacenterId > MAX_DATACENTER_NUM || datacenterId < 0) {
        throw new IllegalArgumentException("datacenterId can't be greater than " +
        MAX_DATACENTER_NUM + " or less than 0");
    }
    if (machineId > MAX_MACHINE_NUM || machineId < 0) {
        throw new IllegalArgumentException("machineId can't be greater than " +
        MAX_MACHINE_NUM + " or less than 0");
    }
    this.datacenterId = datacenterId;                    // 属性初始化
    this.machineId = machineId;                          // 属性初始化
}
public synchronized long nextId() {                      // 获取下一个ID
    long currentStamp = getCurrentStamp();               // 获取当前时间戳
    if (currentStamp < this.lastStamp) {                 // 时间戳判断
        throw new RuntimeException("Clock moved backwards. Refusing to generate id");
    }
    if (currentStamp == lastStamp) {                     // 相同毫秒内，序列号自增
        this.sequence = (this.sequence + 1) & MAX_SEQUENCE;
        if (this.sequence == 0L) {   // 同一毫秒的序列数已经达到最大
            for (int i = 0; i < 100; i++) {              // 循环获取几次，尽量避免重复
                currentStamp = getNextMillis();          // 获取下一个时间戳
                if (currentStamp != this.lastStamp) {    // 结束判断
                    break;                               // 退出循环
                }
            }
        }
    } else {                                             // 不同毫秒内，序列号置为0
        this.sequence = 0L;
    }
    this.lastStamp = currentStamp;                       // 保存当前时间戳
    return (currentStamp - START_STAMP) << TIMESTMP_LEFT // 时间戳部分
            | datacenterId << DATACENTER_LEFT            // 数据中心部分
            | machineId << MACHINE_LEFT                  // 工作主机部分
            | sequence;                                  // 序列号部分
}
private long getNextMillis() {
    long mills = getCurrentStamp();                      // 获取当前时间戳
    while (mills <= this.lastStamp) {                    // 如果小于最后一次获取的时间戳
        mills = getCurrentStamp();                       // 重新获取时间戳
    }
    return mills;                                        // 返回时间戳
}
private long getCurrentStamp() {                         // 获取当前时间戳
    return System.currentTimeMillis();
}
public static long getId() {                             // 获取ID
    SnowFlakeUtils idGenerator = new SnowFlakeUtils(1, 1);
    return idGenerator.nextId();
}
}
```

（2）【mybatis-plus 子模块】创建主键生成器实现类。

```
package com.yootk.generator;
@Component                                          // Bean注册
public class SnowFlakeIdGenerator implements IdentifierGenerator {   //主键生成器实现类
    @Override
    public Number nextId(Object entity) {
        return SnowFlakeUtils.getId();              // 获取ID
    }
}
```

（3）【mybatis-plus 子模块】修改 MyBatisPlusConfig 配置类，在 GlobalConfig 配置中追加主键生成器实例。

```
@Bean
public GlobalConfig globalConfig(YootkMetaObjectHandler metaObjectHandler,
                        IdentifierGenerator identifierGenerator) {
    GlobalConfig config = new GlobalConfig();                   // 全局配置
    config.setMetaObjectHandler(metaObjectHandler);            // 数据填充
    config.setIdentifierGenerator(identifierGenerator);        // 主键生成器
    return config;
}
```

（4）【mybatis-plus 子模块】修改 Project 实体类，在主键声明处配置主键类型为指派类型。

```
@TableId(type = IdType.ASSIGN_ID)                   // 主键自动生成
private Long pid;                                   // pid字段映射
```

当前配置完成后，再次执行数据增加操作，此时的主键不再由数据库自动生成，而是填充已生成的 ID 数据，这样的程序即便运行在分布式的集群环境中，也可以保证主键的唯一性。

### 4.2.4　SQL 注入器

SQL 注入器

**视频名称**　0408_【掌握】SQL 注入器

**视频简介**　当 BaseMapper 操作方法不满足要求时怎么办？需要进行全局数据操作方法的扩充。为了便于扩展，MyBatis-Plus 提供了对 SQL 生成器的支持。本视频为读者讲解这一机制的实现结构，并通过具体的案例配置自定义 SQL 注入器。

MyBatis-Plus 中所有的数据层接口只要继承了 BaseMapper 接口，就可以自动实现数据的 CRUD 操作，而在数据层接口中的每一个默认方法，本质上都对应一个 SQL 命令生成类。以 BaseMapper 接口中的 insert() 和 selectById() 方法为例，SQL 生成器的实现结构如图 4-15 所示。

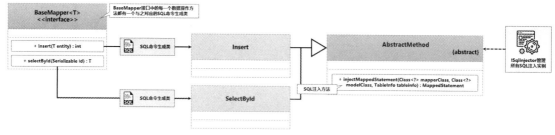

图 4-15　SQL 生成器的实现结构

为了便于对数据层方法生成命令的统一管理，MyBatis-Plus 提供了 AbstractMethod 抽象类。不同操作的子类只需要覆写该类提供的 injectMappedStatement() 方法，即可进行 SQL 命令的配置。所有被定义的 SQL 生成器都需要绑定数据层接口的方法，同时还需要在 SQL 注入器中进行注册。这意味着除了 MyBatis-Plus 内置的数据层操作方法，开发者也可以依据图 4-16 所示的方式扩充 SQL 生成器。

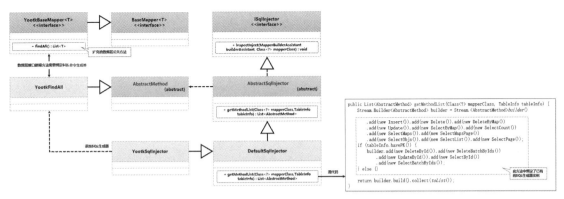

图 4-16 扩充 SQL 生成器

MyBatis-Plus 为了便于管理 SQL 生成器,提供了 ISqlInjector 接口,同时该接口还提供了 Default SqlInjector 子类,通过该子类的 getMethodList()方法实现可以发现,MyBatis-Plus 会自动注册与 BaseMapper 接口中的数据层操作方法相关的 SQL 命令生成类实例。如果开发者需要扩充新的数据 层操作父接口,就可以基于此方法进行配置。下面来看一下具体的实现步骤。

(1)【mybatis-plus 子模块】创建 BaseMapper 子接口,并通过该子接口扩充数据层操作方法。

```
package com.yootk.mapper;
public interface YootkBaseMapper<T> extends BaseMapper<T> {
    public List<T> findAll();                      // 查询全部数据
}
```

(2)【mybatis-plus 子模块】修改 IProjectDAO 接口定义,使其继承 YootkBaseMapper 父接口。

```
package com.yootk.dao;
@Mapper
public interface IProjectDAO extends YootkBaseMapper<Project> {}
```

(3)【mybatis-plus 子模块】要想正确地使用 findAll()方法进行查询,还需要创建一个 AbstractMethod 子类,在该类中定义要使用的 SQL 命令。

```
package com.yootk.mapper.impl;
public class YootkFindAll extends AbstractMethod {           // 定义SQL命令
    private static final String METHOD_NAME = "findAll";     // 方法名称
    public YootkFindAll() {                                  // 无参构造方法
        super(METHOD_NAME);                                  // 传递方法名称
    }
    @Override
    public MappedStatement injectMappedStatement(Class<?> mapperClass,
        Class<?> modelClass, TableInfo tableInfo) {
        String sql = "SELECT * FROM " + tableInfo.getTableName();   // 获取表名称
        SqlSource sqlSource = languageDriver.createSqlSource(configuration,
            sql, modelClass);                               // 创建SQL实例
        return this.addSelectMappedStatementForTable(mapperClass,
            sqlSource, tableInfo);                          // 添加SQL映射
    }
}
```

此时的 YootkFindAll 类绑定了 YootkBaseMapper 接口中的 findAll()方法,因为该方法对所有的 数据层接口均有效,所以此时可以通过 TableInfo 获取与当前操作实例有关的信息,如实体类类型、 表名称、ID 生成模式、ResultMap、主键列、表字段列表等信息。

(4)【mybatis-plus 子模块】配置 SqlInjector 实现子类。

```
package com.yootk.inject;
```

```
@Component
public class YootkSqlInjector extends DefaultSqlInjector {        // 创建SQL注入器
   @Override
   public List<AbstractMethod> getMethodList(Class<?> mapperClass,
      TableInfo tableInfo) {
      List<AbstractMethod> methods = new ArrayList<>();              // SQL方法集合
      methods.addAll(super.getMethodList(mapperClass, tableInfo));   // 保存已有的SQL方法
      methods.add(new YootkFindAll());                               // 增加新的SQL方法
      return methods;
   }
}
```

（5）【mybatis-plus 子模块】修改 MyBatisPlusConfig 配置类，在 GlobalConfig 配置中追加 SQL 注入器实例。

```
@Bean
public GlobalConfig globalConfig(YootkMotaObjectHandler metaObjectHandler,
                    IdentifierGenerator identifierGenerator,
                    ISqlInjector sqlInjector) {
   GlobalConfig config = new GlobalConfig();                      // 全局配置
   config.setMetaObjectHandler(metaObjectHandler);               // 数据填充
   config.setIdentifierGenerator(identifierGenerator);           // 主键生成器
   config.setSqlInjector(sqlInjector);                           // SQL注入器
   return config;
}
```

（6）【mybatis-plus 子模块】编写测试方法，测试 IProjectDAO 接口中的 findAll()方法。

```
@Test
public void testFindAll() {
   List<Project> projects = this.projectDAO.findAll();           // 查询全部
   for (Project project : projects) {                            // 数据迭代
      LOGGER.info("【项目信息】项目ID: {}; 项目名称: {}; 负责人: {}",
            project.getPid(), project.getName(), project.getCharge());
   }
}
```

程序执行结果:

```
Preparing: SELECT * FROM project
```

此时的程序已经可以正确调用 YootkFindAll 生成类所创建的 SQL 命令，并且可以根据当前调用的实体类执行不同数据表的查询。最为重要的是，可以基于以上操作实现通用操作的全局配置，进一步简化数据层中的代码。

# 4.3　MyBatis-Plus 插件

MyBatis-Plus 插件

视频名称　0409_【理解】MyBatis-Plus 插件

视频简介　考虑到各种无侵入的代码支持，MyBatis-Plus 扩展了 MyBatis 中的拦截器机制，提供了专属的 InnerInterceptor 处理接口。本视频为读者分析该接口的使用形式，并通过自定义插件说明拦截器操作的配置方式以及核心实现结构。

MyBaits 开发框架提供了拦截器的处理机制，可以利用@Intercepts 和@Signature 两个注解定义拦截的具体类型以及拦截方法，这样在每次进行数据操作前都可以由开发者进行一些自定义的功能实现。MyBatis-Plus 插件提供了 MybatisPlusInterceptor 内置拦截器，该拦截器可以在数据更新与查询操作前进行处理，随后基于 InnerInterceptor 内置接口实现 MyBatis-Plus 插件配置，设计结构如图 4-17 所示。

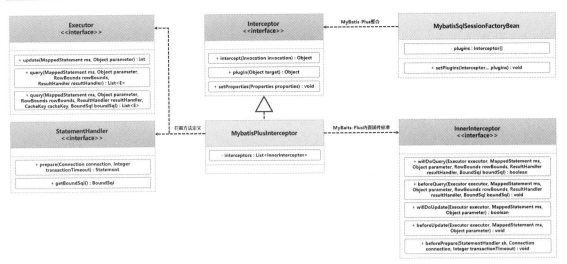

图 4-17 MyBatis-Plus 插件的设计结构

InnerInterceptor 接口简化了 MyBatis 中传统拦截器的拦截方法的定义，同时提供了多个抽象方法，可以在查询或更新操作前进行拦截处理。为了便于读者理解其应用，下面通过一个具体的案例进行拦截操作的说明，代码实现步骤如下。

（1）【mybatis-plus 子模块】创建 InnerInterceptor 接口子类。

```java
package com.yootk.interceptor;
public class YootkInnerInterceptor implements InnerInterceptor { // 内置拦截器
    private static final Logger LOGGER =
        LoggerFactory.getLogger(YootkInnerInterceptor.class);
    @Override
    public boolean willDoQuery(Executor executor, MappedStatement ms,
            Object parameter, RowBounds rowBounds, ResultHandler resultHandler,
            BoundSql boundSql) throws SQLException {
        LOGGER.info("【willDoQuery()方法执行】绑定SQL：{}", boundSql.getSql());
        return false;
    }
    @Override
    public void beforeQuery(Executor executor, MappedStatement ms,
            Object parameter, RowBounds rowBounds, ResultHandler resultHandler,
            BoundSql boundSql) throws SQLException {
        LOGGER.info("【beforeQuery()方法执行】绑定SQL：{}", boundSql.getSql());
    }
}
```

（2）【mybatis-plus 子模块】修改 MyBatisPlusConfig 配置类，在该类中配置 MyBatis-Plus 拦截器。

```java
package com.yootk.config;
@Configuration                                          // 配置类
public class MyBatisPlusConfig {
    @Bean
    public MybatisSqlSessionFactoryBean sqlSessionFactoryBean(DataSource dataSource,
                MybatisPlusInterceptor mybatisPlusInterceptor,
                GlobalConfig globalConfig) {
        MybatisSqlSessionFactoryBean factoryBean = new MybatisSqlSessionFactoryBean();
        factoryBean.setDataSource(dataSource);              // 设置数据源
        factoryBean.setTypeAliasesPackage("com.yootk.vo");  // 类型扫描包
        factoryBean.setPlugins(new Interceptor[]{mybatisPlusInterceptor});  // 配置拦截器
        factoryBean.setGlobalConfig(globalConfig);          // 定义全局配置
        return factoryBean;
```

```
    }
    // 其他重复配置方法代码略
    @Bean
    public MybatisPlusInterceptor mybatisPlusInterceptor() {              // 配置拦截器
        MybatisPlusInterceptor interceptor = new MybatisPlusInterceptor();   // 拦截器
        interceptor.addInnerInterceptor(new YootkInnerInterceptor());        // 自定义拦截器
        return interceptor;
    }
}
```

数据查询测试：

```
【willDoQuery()方法执行】绑定SQL: SELECT pid,name,charge,note,status FROM project …
【beforeQuery()方法执行】绑定SQL: SELECT pid,name,charge,note,status FROM project …
```

在当前项目中配置完自定义内置拦截器后，如果 willDoQuery()方法返回了 true，则程序会继续执行 beforeQuery()方法进行处理；如果 willDoQuery()方法返回了 false，那么将不再执行后续的处理操作。相应的更新操作方法的工作原理与之相同。

MyBatis-Plus 考虑到了用户经常会使用的一些功能，所以内置了许多拦截器（MyBatis-Plus 将其称为插件），如图 4-18 所示。

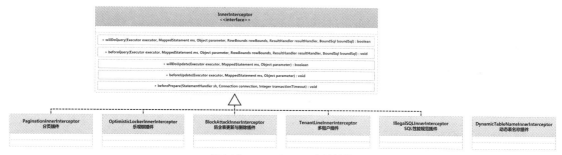

图 4-18　MyBatis-Plus 内置插件

### 4.3.1　分页插件

视频名称　0410_【掌握】分页插件

视频简介　分页是项目中的基本功能，为了简化分页操作的实现过程，MyBatis-Plus 提供了数据分页拦截器。本视频为读者分析该拦截器的作用与配置，并基于 IPage 接口实现分页参数的配置以及分页查询结果的接收。

分页插件

为避免数据表加载数据过多，在项目开发中程序往往要提供数据的分页加载支持。在每次分页时，除了要进行所需数据的加载，还需要进行数据行数的统计。传统的做法是在数据层中定义两个数据查询指令，以分别获取不同的数据，而 MyBatis-Plus 为了简化这一操作，提供了专属的数据分页拦截器。数据分页拦截器的操作结构如图 4-19 所示。

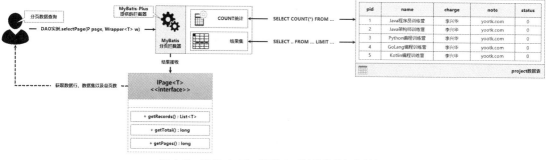

图 4-19　MyBatis-Plus 数据分页拦截器的操作结构

MyBatis-Plus 充分考虑到了不同数据库的分页查询支持,提供了 PaginationInnerInterceptor 拦截器处理类,可以在该类中通过 DbType 枚举类定义当前所使用的数据库类型。这样就可以在查询数据时,自动生成与当前数据库匹配的分页 SQL 命令。PaginationInnerInterceptor 类实现了 InnerInterceptor 父接口,该接口为 MyBatis-Plus 提供的扩展接口,要想与 MyBatis 拦截器整合在一起,则需要通过 MybatisPlusInterceptor 类进行包装。最后还需要将定义的拦截器与 MybatisSqlSession FactoryBean 实例整合在一起,使其生效。相关类结构如图 4-20 所示。下面通过具体的代码讲解该功能的实现。

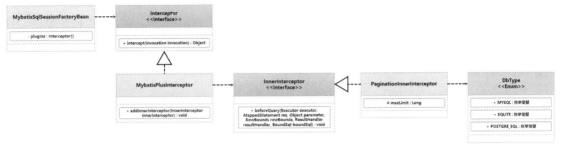

图 4-20　MyBatis-Plus 整合分页组件

(1)【mybatis-plus 子模块】修改 MyBatisPlusConfig 类中的 MybatisPlusInterceptor 拦截器配置,为其追加分页插件。

```
@Bean
public MybatisPlusInterceptor mybatisPlusInterceptor() {          // 配置拦截器
    MybatisPlusInterceptor interceptor = new MybatisPlusInterceptor();  // 拦截器
    PaginationInnerInterceptor page = new PaginationInnerInterceptor(DbType.MYSQL);
    page.setMaxLimit(500L);                                       // 最多返回500行数据
    interceptor.addInnerInterceptor(page);                        // 使用MySQL分页实现
    return interceptor;
}
```

(2)【mybatis-plus 子模块】调用分页查询获取分页信息与结果集。

```
@Test
public void testSplitPage() {
    int currentPage = 1;                                          // 当前所在页
    int lineSize = 5;                                             // 每页加载行数
    String keyword = "";                                          // 查询关键字
    QueryWrapper<Project> wrapper = new QueryWrapper<>();          // 条件构造
    wrapper.like("name", keyword);                                // 查询包装
    IPage<Project> page = new Page<>(currentPage, lineSize, true); // 包装分页数据
    IPage<Project> result = this.projectDAO.selectPage(page, wrapper);  // 查询数据
    LOGGER.info("【分页统计】总页数: {}", result.getPages());
    LOGGER.info("【分页统计】总记录数: {}", result.getTotal());
    for (Project project : result.getRecords()) {                 // 集合迭代
        LOGGER.info("【项目信息】项目ID: {}; 项目名称: {}; 负责人: {}",
                project.getPid(), project.getName(), project.getCharge());
    }
}
```

程序执行结果:

```
Preparing: SELECT COUNT(*) AS total FROM project WHERE (name LIKE ?)

Preparing: SELECT pid,name,charge,note,status FROM project WHERE (name LIKE ?) LIMIT ?
```

在进行分页查询时,需要通过 IPage 接口封装所需的分页数据,这样程序在调用 IProjectDAO 接口的 selectPage()方法时,就会根据传入的分页参数进行所需数据的加载,同时所有的查询结果

会保存在 IPage 接口实例之中。最终程序通过该接口提供的方法获取总页数、总记录数以及结果集。

## 4.3.2 乐观锁插件

**视频名称** 0411_【理解】乐观锁插件

**视频简介** 乐观锁是一种高并发更新情况下的高性能同步处理机制，MyBatis-Plus 完善了此机制的实现，并基于插件的方式提供配置。本视频为读者分析乐观锁的处理流程，并通过具体的代码操作实现乐观锁插件的应用。

为了保证在并发情况下数据更新的有效性，常规的做法是采用数据锁保护指定的数据行，但是传统的悲观锁并不适用于高并发的应用场景。为了得到良好的锁处理性能，在开发中推荐使用乐观锁，采用版本号方式进行更新控制，实现流程如图 4-21 所示。

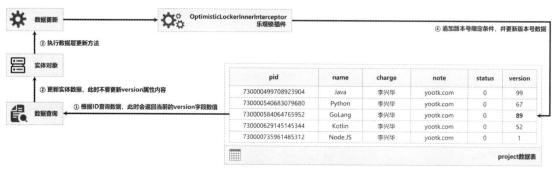

图 4-21 乐观锁插件的实现流程

在项目中一旦引入了乐观锁的管理机制，就需要在对应的实体类中增加乐观锁对应的成员属性，这样在每次更新数据前都需要查询当前的版本号，在更新时乐观锁插件就会自动追加指定版本号的数值，并对版本号进行自增的控制。下面通过具体的实现步骤对这一功能进行说明。

（1）【MySQL 数据库】在 project 表中增加一个版本号字段，用于乐观锁更新处理。

```
ALTER TABLE project ADD version INT DEFAULT 1;
```

（2）【mybatis-plus 子模块】修改 Project 实体类，在该类中追加乐观锁控制属性。

```
@Version                                    // 版本号控制
private Integer version;                     // 乐观锁版本号
```

（3）【mybatis-plus 子模块】修改 MyBatisPlusConfig 配置类，追加乐观锁插件。

```
@Bean
public MybatisPlusInterceptor mybatisPlusInterceptor() {              // 配置乐观锁插件
    MybatisPlusInterceptor interceptor = new MybatisPlusInterceptor();  // MyBatis拦截器
    OptimisticLockerInnerInterceptor lock = new OptimisticLockerInnerInterceptor();
    interceptor.addInnerInterceptor(lock);                           // 乐观锁支持
    return interceptor;
}
```

（4）【mybatis-plus 子模块】编写更新测试方法，通过执行 SQL 命令观察乐观锁插件的使用。

```
@Test
public void testOptimisticLockEdit() {
    Project project = this.projectDAO.selectById(99L);               // 查询数据
    project.setName("Node.JS编程训练营");                            // 修改数据内容
    LOGGER.info("更新数据行数: {}", this.projectDAO.updateById(project)); // 数据更新
}
```

程序执行结果：

```
Preparing: SELECT pid,name,charge,note,status,version FROM project WHERE pid=? AND status=0
```

```
Preparing: UPDATE project SET name=?, charge=?, note=?, version=? WHERE pid=? AND version=? AND
status=0
```

通过当前的执行结果可以发现，在进行数据修改前需要根据 ID 查询出对应的数据，这样就可以返回当前的版本号（version 字段数值）。在更新时也需要配置匹配的版本号，才可以实现数据的正确更新。

### 4.3.3 防全表更新与删除插件

防全表更新与删除插件

**视频名称** 0412_【理解】防全表更新与删除插件

**视频简介** 数据是现代应用项目的核心元素，错误更新或删除数据有可能会造成整个应用的崩溃。为了应付此类情况，MyBatis-Plus 提供了防全表更新与删除插件。本视频为读者分析该类操作的影响，并讲解该插件的使用。

在项目运行过程之中，所有的代码都必须回避数据表的全表更新操作。如果错误地执行了批量删除操作（未添加 WHERE 限定子句），那么可能会导致数据表中的数据被清空。而如果在更新数据时没有设置更新条件（未添加 WHERE 限定子句），那么可能会导致更新事务长时间锁定，此时其他的会话事务将无法正常更新，造成大量请求积压，最终导致数据库出现问题，甚至导致应用的崩溃。所以良好的项目中必须回避全表更新操作。

在传统的项目开发中，对于全表更新操作，开发者应在编写业务代码时有意识地进行回避，但是一个项目团队中存在技术和业务理解上的差异，为了防止由此导致相关问题，MyBatis-Plus 提供了一个防全表更新与删除插件，如图 4-22 所示。该插件的核心逻辑在于如果发现当前执行的是 UPDATE 或 DELETE 语句，并且没有设置 WHERE 子句，就会阻止当前的更新或删除操作，并抛出异常。下面来观察一下该插件的具体使用。

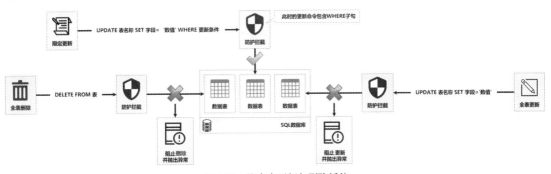

图 4-22 防全表更新与删除插件

> 💡 **提示：BaseMapper 未提供全表更新支持。**
>
> MyBatis-Plus 数据层的核心实现是基于 BaseMapper 接口完成的，但是在该接口中并没有定义删除全部数据和更新全部数据的处理，所以本节将在项目中引入原始 MyBatis 的映射文件，并手动编写 SQL 命令。

（1）【mybatis-plus 子模块】修改 MyBatisPlusConfig 配置类，追加防全表更新与删除拦截器。

```
@Bean
public MybatisPlusInterceptor mybatisPlusInterceptor() {                              // 配置拦截器
    MybatisPlusInterceptor interceptor = new MybatisPlusInterceptor();    // MyBatis拦截器
    BlockAttackInnerInterceptor block = new BlockAttackInnerInterceptor();
    interceptor.addInnerInterceptor(block);                                           // 阻止全表更新
    return interceptor;
}
```

（2）【mybatis-plus 子模块】由于 BaseMapper 接口不提供全表更新与全表删除操作，所以此时可以采用原始 MyBatis 映射文件的方式实现该类操作。需要修改 MyBatisPlusConfig 配置类中的 MybatisSqlSessionFactoryBean 实例配置，添加映射文件扫描路径。

```java
@Bean
public MybatisSqlSessionFactoryBean sqlSessionFactoryBean(DataSource dataSource,
                        MybatisPlusInterceptor mybatisPlusInterceptor,
                        GlobalConfig globalConfig) {
    MybatisSqlSessionFactoryBean factoryBean = new MybatisSqlSessionFactoryBean();
    factoryBean.setDataSource(dataSource);                          // 设置数据源
    factoryBean.setTypeAliasesPackage("com.yootk.vo");              // 类型扫描包
    factoryBean.setPlugins(new Interceptor[]{mybatisPlusInterceptor});  // 配置拦截器
    factoryBean.setGlobalConfig(globalConfig);                      // 定义全局配置
    PathMatchingResourcePatternResolver resolver =
new PathMatchingResourcePatternResolver();
    String mapperPath = PathMatchingResourcePatternResolver.CLASSPATH_ALL_URL_PREFIX +
        "/mybatis/mapper/*.xml";                                    // 映射文件扫描路径
    try {                                                           // 映射文件扫描包
        factoryBean.setMapperLocations(resolver.getResources(mapperPath));
    } catch (IOException e) {}
    return factoryBean;
}
```

（3）【mybatis-plus 子模块】在 IProjectDAO 数据接口中追加新的方法用于实现全表更新操作。

```java
package com.yootk.dao;
@Mapper
public interface IProjectDAO extends YootkBaseMapper<Project> {
    public long doUpdateAll();              // 全表更新
}
```

（4）【mybatis-plus 子模块】在 src/main/resources 源代码目录中创建 mybatis/mapper/Project.xml 映射文件。

```xml
<?xml version="1.0" encoding="UTF-8"?>
<!DOCTYPE mapper PUBLIC "-//mybatis.org//DTD Mapper 3.0//EN"
        "http://mybatis.org/dtd/mybatis-3-mapper.dtd">
<mapper namespace="com.yootk.dao.IProjectDAO">       <!-- 项目表操作映射 -->
    <update id="doUpdateAll">                        <!-- 全表更新 -->
        UPDATE project SET charge='小李老师'
    </update>
</mapper>
```

（5）【mybatis-plus 子模块】编写测试方法，调用 IProjectDAO 接口中的 doUpdateAll()全表更新方法。

```java
@Test
public void testDoUpdateAll() {
    LOGGER.info("【全表更新】更新数据行：{}", this.projectDAO.doUpdateAll());
}
```

程序执行结果：

```
com.baomidou.mybatisplus.core.exceptions.MybatisPlusException: Prohibition of table update operation
```

由于当前项目已经配置了 BlockAttackInnerInterceptor 拦截器，因此一旦发现当前的更新操作没有添加 WHERE 限定子句，则会自动抛出禁止表更新的异常，从而保护整个应用的安全。

### 4.3.4　动态表名插件

动态表名插件

视频名称　0413_【理解】动态表名插件

视频简介　考虑到不同的项目团队有不同的表命名风格，以及数据表的动态迁移问题，MyBatis-Plus 提供了动态表名插件，该插件可以根据用户的需要自动修改表名称。本视频为读者讲解该插件的意义，以及具体的应用实现。

在一些项目开发中，有些时候为了进行数据表的标记，往往会给表名称加上前缀或后缀，例如，当前描述项目的表名称为 project，但是在定义数据库时，往往会将其定义为 muyan_yootk_project 或者 project_dev。有可能还存在数据源切换的问题，当程序切换到数据库-A 时，数据表名称为 muyan_project，而当程序切换到数据库-B 时，数据表名称为 yootk_project，如图 4-23 所示。

> 💡 **提示：Spring Boot 中分析多数据源的应用场景。**
>
> MyBatis-Plus 中的多数据源切换处理，是需要通过其他依赖库来实现的。考虑到学习的层次性，本书中的内容以单数据源的操作为主，有需要的读者可以继续学习本系列的《Spring Boot 开发实战（视频讲解版）》一书，里面有多数据源以及分布式事务的处理实现分析。

在 MyBatis-Plus 之中，由于每一个实体类都会绑定一张对应的数据表，因此在默认情况下，每当执行数据操作时，程序都会根据当前实体类绑定的数据表的名称进行操作。为了适应不同的开发环境，MyBatis-Plus 提供了 TableNameHandler 接口，开发者可以在该接口中配置表名称的生成逻辑，随后将其与 DynamicTableNameInnerInterceptor 拦截器整合在一起即可生效。下面来看一下该操作的具体实现。

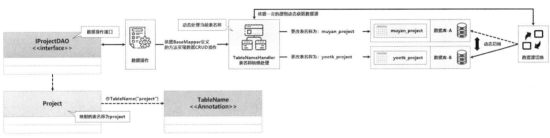

图 4-23　表名称动态切换

（1）【mybatis-plus 子模块】创建表名称转换器，此处只进行表名称前缀的配置。

```java
package com.yootk.table;
public class YootkTableNameHandler implements TableNameHandler {
    @Override
    public String dynamicTableName(String sql, String tableName) {
        return "muyan_yootk_" + tableName;                    // 表名称转换
    }
}
```

（2）【mybatis-plus 子模块】修改 MyBatisPlusConfig 配置类中的 GlobalConfig 配置。

```java
@Bean
public MybatisPlusInterceptor mybatisPlusInterceptor() {       // 配置拦截器
    MybatisPlusInterceptor interceptor = new MybatisPlusInterceptor();  // MyBatis拦截器
    DynamicTableNameInnerInterceptor dynaTable =
     new DynamicTableNameInnerInterceptor();                   // 动态表名称拦截器
    dynaTable.setTableNameHandler(new YootkTableNameHandler());     // 设置表名称转换器
    interceptor.addInnerInterceptor(dynaTable);               // 动态表名称处理
    return interceptor;
}
```

程序执行结果：

```
SELECT pid,name,charge,note,status,version FROM muyan_yootk_project WHERE pid=? AND status=0
```

当前程序配置完动态表名称拦截器后，在每次执行数据操作前，都会基于自定义的 Yootk TableNameHandler 处理类进行表名称的转换处理，所以最终执行的 SQL 命令中的表名称由 project 变为了 muyan_yootk_project。

### 4.3.5　多租户插件

| | |
|---|---|
| **视频名称** | 0414_【理解】多租户插件 |
| **视频简介** | 多租户是一种在 SaaS 系统中常见的功能，开发者可利用多租户实现不同用户的数据管理。为配合云服务系统开发，MyBatis-Plus 提供了多租户的实现支持。本视频为读者分析多租户的实现模式，并根据 TenantLineInnerInterceptor 插件实现数据维护。 |

多租户插件

随着当前 SaaS（Software as a Service，软件即服务）技术的不断发展，越来越多的企业采用云办公平台，这样平台在进行数据库设计时，就需要对数据进行有效的维护。例如，现有项目表要转为 SaaS 运行机制，就应该在 project 表中追加一个名为"tenant_id"的字段，该字段描述的是租户 ID，在进行数据操作时，可以利用该字段区分不同租户的数据。多租户模式如图 4-24 所示。

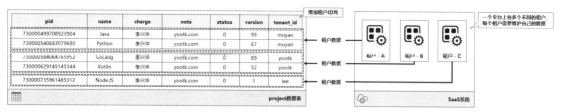

图 4-24　多租户模式

为了便于多租户模式的实现，MyBatis-Plus 提供了 TenantLineInnerInterceptor 插件（多租户插件），并且提供了 TenantLineHandler 租户处理接口，在该接口中开发者可以设置不同租户的信息以及与之匹配的数据字段。多租户模式的实现结构如图 4-25 所示。

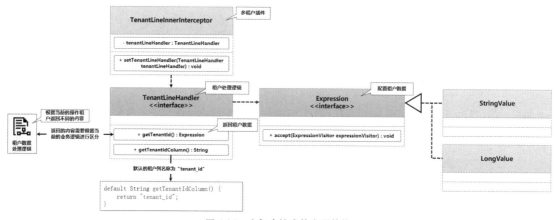

图 4-25　多租户模式的实现结构

在 TenantLineHandler 接口中重点要使用两个方法：使用 getTenantIdColumn()方法确定表中要使用的数据列，使用 getTenantId()方法（该方法应该根据当前租户返回不同的数值）配置该数据列当前的内容。为了便于理解，下面将进行多租户模式的实现，而为了简化逻辑，此时只返回一个固定租户的内容。开发步骤如下。

（1）【MySQL 数据库】修改 project 数据表，为其追加租户 ID 列。

```
ALTER TABLE project ADD tenant_id VARCHAR(50) DEFAULT 'muyan';
```

（2）【mybatis-plus 子模块】修改 MyBatisPlusConfig 配置类中的 MybatisPlusInterceptor 配置项，追加新的拦截器定义。

```
@Bean
public MybatisPlusInterceptor mybatisPlusInterceptor() {                    // 配置拦截器
    MybatisPlusInterceptor interceptor = new MybatisPlusInterceptor();      // MyBatis拦截器
    interceptor.addInnerInterceptor(new YootkInnerInterceptor());           // 自定义拦截器
```

```
TenantLineInnerInterceptor tenant = new TenantLineInnerInterceptor();   // 多租户拦截器
tenant.setTenantLineHandler(new TenantLineHandler() {
    @Override
    public Expression getTenantId() {
        return new StringValue("muyan");                                   // 返回固定内容
    }
});
interceptor.addInnerInterceptor(tenant);                                  // 多租户模式
return interceptor;
}
```

程序执行结果：

```
Preparing: SELECT pid, name, charge, note, status, version FROM project
WHERE pid = ? AND status = 0 AND project.tenant_id = 'muyan'
```

配置完多租户插件后，在每次进行数据处理时，本程序都会自动地在 WHERE 子句中添加一个租户信息判断，而该判断的列的名称以及数值均由 TenantLineHandler 接口实例指派。

### 4.3.6　SQL 性能规范插件

视频名称　0415_【理解】SQL 性能规范插件

视频简介　良好的 SQL 语句是保障项目高性能运行的关键，为了保障开发者编写出良好的 SQL 语句，MyBatis-Plus 提供了 SQL 性能规范插件。本视频为读者分析常见的 SQL 性能问题，以及 IllegalSQLInnerInterceptor 插件的使用。

SQL 性能规范插件

使用 MyBatis 进行应用开发最大的好处在于，所有要执行的 SQL 语句都可以由开发者自行定义，但是由于不同开发者的技术水平存在差距，因此很难保证其所编写出来的 SQL 语句一定是良好的，例如，开发者可能在进行数据查询或更新操作时没有编写 WHERE 子句、在根据某个字段查询时没有使用索引等。SQL 性能规范插件的结构如图 4-26 所示。为了解决这类问题，MyBatis-Plus 提供了一个 SQL 性能规范插件，如果发现当前用户执行的 SQL 语句存在问题，则会直接抛出异常。下面来看一下该插件的具体使用。

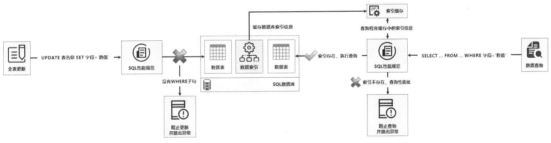

图 4-26　SQL 性能规范插件的结构

（1）【mybatis-plus 子模块】修改 IProjectDAO 接口，追加根据负责人姓名查询全部项目信息的方法。需要注意的是，在当前 project 数据表中并没有针对 charge 设置索引。

```
package com.yootk.dao;
@Mapper
public interface IProjectDAO extends YootkBaseMapper<Project> {
    public List<Project> findAllByCharge(String charge); // 根据项目负责人姓名查询
}
```

（2）【mybatis-plus 子模块】在 Project.xml 配置文件中，添加与 findAllByCharge()方法对应的查询语句。

```
<select id="findAllByCharge" resultType="Project" parameterType="string">
    SELECT pid, name, charge, note, status, version FROM project WHERE charge=#{charge}
```

```
</select>
```

（3）【mybatis-plus 子模块】修改 MyBatisPlusConfig 配置类，追加 SQL 性能规范插件。

```
@Bean
public MybatisPlusInterceptor mybatisPlusInterceptor() {              // 配置拦截器
    MybatisPlusInterceptor interceptor = new MybatisPlusInterceptor(); // MyBatis拦截器
    IllegalSQLInnerInterceptor sql = new IllegalSQLInnerInterceptor();
    interceptor.addInnerInterceptor(sql);                            // SQL性能规范插件
    return interceptor;
}
```

（4）【mybatis-plus 子模块】编写测试方法，调用 IProject 接口中的 findAllByCharge()方法。

```
@Test
public void testFindAllByCharge() {
    List<Project> projects = this.projectDAO.findAllByCharge("李兴华");  // 查询全部项目信息
}
```

程序执行结果：

```
com.baomidou.mybatisplus.core.exceptions.MybatisPlusException:
非法SQL，SQL未使用到索引, table:project, columnName:charge
```

（5）【MySQL 数据库】为验证 SQL 性能规范插件的作用，可以在 MySQL 数据库中为 project.charge 列添加位图索引。

```
CREATE INDEX project_bitmap ON project(charge);
```

（6）【mybatis-plus 子模块】执行 testFindAllByCharge()方法，此时就可以正常进行数据查询操作了，日志输出信息如下。

```
Preparing: SELECT pid, name, charge, note, status, version FROM project WHERE charge=?
```

# 4.4　数据安全保护

数据安全保护

视频名称　0416_【理解】数据安全保护

视频简介　应用项目主要运行在公网之中，并且项目的所有核心配置项也都要部署在应用服务器上，这可能会导致一系列的安全问题。本视频为读者分析数据库明文配置处理所存在的问题，并基于 AES 算法实现配置项的加密和解密操作。

商业应用项目的核心业务流程大多是基于数据库实现的。在当前的应用开发中，为了便于项目的开发以及数据库配置项的维护，开发者往往会将所有的 JDBC 信息都定义在 database.properties 配置文件之中，并且将该配置文件基于明文的方式部署在应用服务器上（见图 4-27），这就有可能因操作系统的漏洞而造成该配置文件内容的泄露，从而导致数据库出现安全问题。

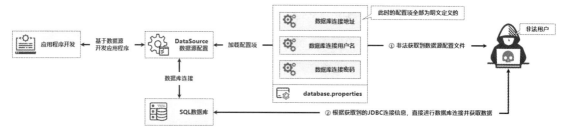

图 4-27　采用明文方式配置

考虑到项目应用的安全性，需要对一些核心的配置文件中的核心配置项进行加密存储（见图 4-28）。这样一来即便各种漏洞导致配置文件丢失，由于加密算法的密钥为应用程序所有，也能够保证核心数据安全。

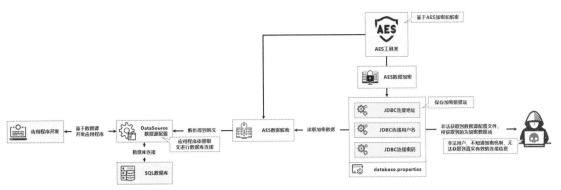

图 4-28　AES 加密存储

> **提示：AES 加密模式。**
>
> AES（Advanced Encryption Standard，高级加密标准）加密，又称 Rijndael 加密，是美国联邦政府采用的一种区块加密标准。AES 算法已然成为对称加密中最流行的算法之一。加密与解密时用同一个密钥的加密方式叫作对称加密，用不同密钥的加密方式则叫作非对称加密。AES 支持 128 位、192 位、256 位 3 种长度的密钥。
>
> AES 加密有 5 种模式：CBC（Cipher Block Chaining，密文分组链接）模式、ECB（Electronic Codebook，电子密码本）、CTR（CounTeR，计数器）模式、CFB（Cipher FeedBack，密文反馈）模式、OFB（Output FeedBack，输出反馈）模式。本节使用的是 CBC 模式。

项目中引入安全加密处理机制后，在每次进行数据库连接配置时，都需要使用专属的加密工具进行处理，而在应用程序进行数据源配置时，又必须对读取到的加密数据进行解密，这样才可以实现正确的数据库连接管理。下面通过具体的步骤对这一功能进行实现。

（1）【mybatis-plus 子模块】创建 AESUtil 工具类，用于生成 AES 加密数据和进行数据解密。

```java
package com.yootk.util;
import javax.crypto.Cipher;
import javax.crypto.spec.IvParameterSpec;
import javax.crypto.spec.SecretKeySpec;
import java.util.Base64;
public class AESUtil {                                          // AES加密工具
    public static final String KEY = "www.JIXIANIT.com";        // 密钥
    private static final String CHARSET = "UTF-8";              // 编码
    private static int OFFSET = 16;                             // 偏移量
    private static String TRANSFORMATION = "AES/CBC/PKCS5Padding"; // AES加密模式
    private static String ALGORITHM = "AES";                    // 加密算法
    public static String encrypt(String content) {             // 数据加密
        return encrypt(content, KEY);                           // 使用默认KEY加密
    }
    public static String decrypt(String content) {             // 数据解密
        return decrypt(content, KEY);                           // 使用默认KEY解密
    }
    public static String encrypt(String content, String key) { // 数据加密
        try {
            SecretKeySpec skey = new SecretKeySpec(key.getBytes(), ALGORITHM); // 密钥KEY
            IvParameterSpec iv = new IvParameterSpec(
          key.getBytes(), 0, OFFSET);                           // 初始化向量
            Cipher cipher = Cipher.getInstance(TRANSFORMATION);  // 加密模式
            byte[] byteContent = content.getBytes(CHARSET);      // 获取字节数组
            cipher.init(Cipher.ENCRYPT_MODE, skey, iv);          // 初始化加密模式
            byte[] result = cipher.doFinal(byteContent);         // AES加密
```

```
            return Base64.getEncoder().encodeToString(result);          // Base64加密
        } catch (Exception e) {
            return null;
        }
    }
    public static String decrypt(String content, String key) {          // 数据解密
        try {
            SecretKeySpec skey = new SecretKeySpec(key.getBytes(), ALGORITHM);   // 加密KEY
            IvParameterSpec iv = new IvParameterSpec(
         key.getBytes(), 0, OFFSET);                                   // 初始化向量
            Cipher cipher = Cipher.getInstance(TRANSFORMATION);         // 加密模式
            cipher.init(Cipher.DECRYPT_MODE, skey, iv);                 // 初始化解密模式
            byte [] data = Base64.getDecoder().decode(content);         // Base64解密
            byte[] result = cipher.doFinal(data);                       // AES解密
            return new String(result);                                  // 解密
        } catch (Exception e) {}
        return null;
    }
}
```

（2）【mybatis-plus 子模块】加密数据库连接信息。

```
package com.yootk.test;
import com.yootk.util.AESUtil;
public class TestAES {
    public static void main(String[] args) {
        String jdbcUrl = "jdbc:mysql://localhost:3306/yootk";           // 数据库连接地址
        String username = "root";                                      // 数据库用户名
        String password = "mysqladmin";                                // 数据库密码
        System.out.println("JDBC连接地址: " + AESUtil.encrypt(jdbcUrl));  // 数据加密
        System.out.println("数据库用户名: " + AESUtil.encrypt(username));  // 数据加密
        System.out.println("数据库密码: " + AESUtil.encrypt(password));   // 数据加密
    }
}
```

程序执行结果：

```
JDBC连接地址:
rT7odPPV+bL9HMpaC1fJ3gr3mXkE7+BMIF+j+WPY8jvjnqvILSmSkDYxVdh4JEH9
数据库用户名: qQuA179BGazDbdMZ/jB4zQ==
数据库密码: l/QJC3VvJIF8q/iFbqamkg==
```

（3）【mybatis-plus 子模块】修改 database.properties 资源文件，将 JDBC 连接地址、用户名以及密码更换为加密数据。

```
# 【数据加密配置】数据库连接地址
yootk.database.jdbcUrl=rT7odPPV+bL9HMpaC1fJ3gr3mXkE7+BMIF+j+WPY8jvjnqvILSmSkDYxVdh4JEH9
# 【数据加密配置】数据库用户名
yootk.database.username=qQuA179BGazDbdMZ/jB4zQ==
# 【数据加密配置】数据库密码
yootk.database.password=l/QJC3VvJIF8q/iFbqamkg==
```

（4）【mybatis-plus 子模块】修改 DataSourceConfig 配置类，在获取相关数据库配置信息时进行解密。

```
package com.yootk.config;
@Configuration                                                         // 配置类
@PropertySource("classpath:config/database.properties")                // 配置加载
public class DataSourceConfig {                                         // 数据源配置Bean
    // 重复属性定义与资源注入配置代码略
```

```
@Bean("dataSource")                                              // Bean注册
public DataSource dataSource() {                                 // 配置数据源
    HikariDataSource dataSource = new HikariDataSource();        // DataSource子类实例化
    dataSource.setJdbcUrl(AESUtil.decrypt(this.jdbcUrl));        // JDBC连接地址
    dataSource.setUsername(AESUtil.decrypt(this.username));      // 用户名
    dataSource.setPassword(AESUtil.decrypt(this.password));      // 密码
    // 关于DataSource的其他重复属性配置项，代码略
    return dataSource;                                           // 返回Bean实例
}
```

以上配置完成后，database.properties 资源文件中的核心配置项采用了密文定义。开发者在使用 data Source()配置方法处理时，对于数据库连接、用户名以及密码的配置项，都需要先进行解密才可以实现正确配置。

# 4.5 AR

AR

**视频名称** 0417_【理解】AR

**视频简介** AR 模式可以基于实体类的结构实现数据层的开发处理，可以进一步简化数据层的开发模型，这样就可以更直观地描述 ORM 的设计思想。本视频为读者分析 AR 模式的作用，并通过实例讲解 AR 模式下的数据操作。

为了便于数据操作，常见的 ORM 开发框架一般都会提供一个专属的数据操作类（如 MyBatis 提供的 SqlSession）。为了便于业务的开发，开发者会将这个操作类的方法调用包装在数据层实现类之中，最终往往由数据层基于实体类的方式实现数据操作。

在 MyBatis-Plus 中，由于需要提供实体类与数据表之间的映射配置，因此要在实体类中添加大量的注解。为了进一步发挥实体类的作用，MyBatis-Plus 提供了一种 AR（Active Record，活动记录）模式，该模式是一种领域模型，可直接基于实体类实现数据操作。AR 模式的基本实现结构如图 4-29 所示。

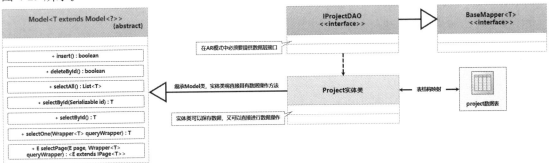

图 4-29　AR 模式的基本实现结构

在 AR 模式中，实体类除了需要实现操作数据的存储，还需要通过 Model 父类获取与数据操作有关的处理方法，这样用户直接利用 Project 类实例就可以实现 CRUD 功能，但是该实现依然需要数据层接口的支持。下面通过具体的步骤实现 AR 模式。

（1）【mybatis-plus 子模块】修改 Project 实体类的定义，使其多继承一个 Model 父类。

```
package com.yootk.vo;
@TableName                              // 类名称为表名称
public class Project extends Model<Project> implements Serializable {   // 项目表映射
    // 其他成员属性配置代码略
}
```

（2）【mybatis-plus 子模块】编写测试方法，直接通过 Project 实体类实现数据层操作。

```java
package com.yootk.test;
@ContextConfiguration(classes = StartMyBatisPlusApplication.class)     //启动配置类
@ExtendWith(SpringExtension.class)                          // 使用JUnit 5测试工具
public class TestProject {
    private static final Logger LOGGER = LoggerFactory.getLogger(TestProject.class);
    @Test
    public void testAdd() {
        Project project = new Project();                    // 实例化VO对象
        project.setName("GoLang编程训练营");                 // 属性设置
        project.setCharge("李兴华");                         // 属性设置
        project.setNote("高并发编程");                       // 属性设置
        LOGGER.info("更新数据行数：{}；当前项目ID：{}", project.insert(), project.getPid());
    }
    @Test
    public void testSelectId() {
        Project project = new Project();                    // 实例化VO对象
        project.setPid(3L);                                 // 设置查询ID
        Project result = project.selectById();              // 根据ID查询
        LOGGER.info("【项目信息】项目ID：{}；项目名称：{}；负责人：{}",
                result.getPid(), result.getName(), result.getCharge());
    }
}
```

上面编写了数据增加以及数据查询的测试方法，此时的程序不再需要注入数据层接口实例，在进行基础 CRUD 操作时，可直接通过实体类对象中成员属性的内容进行所需数据的处理。

# 4.6　通用枚举

通用枚举

**视频名称** 0418_【理解】通用枚举

**视频简介** 枚举可以实现有限范围内数据的定义。为了进一步明确实体类的结构，可以基于枚举类进行字段的配置。本视频通过案例为读者分析枚举的使用。

常规的项目开发中，实体类中所使用数据的类型一般都要与数据列中数据的类型有所对应，但是考虑到项目管理方面的需要，对于一些有限范围内的数据，可以基于枚举的方式进行定义。例如，一个项目的负责人只有两个，那么这时就可以考虑定义一个 ChargeEnum 枚举类，Project 类中的 charge 属性也需要将类型定义为 ChargeEnum，如图 4-30 所示。

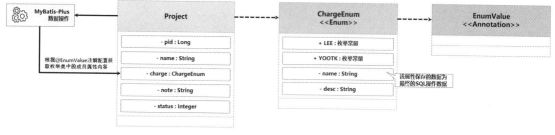

图 4-30　枚举操作

枚举类中的每个对象可能有多个不同的属性定义，在操作数据表时，所需要的仅仅是其中的一个属性，该属性需要使用@EnumValue 注解进行配置。为便于读者理解此操作，下面通过具体的实现进行说明。

（1）【mybatis-plus 子模块】创建描述负责人的枚举类。

```
package com.yootk.type;
public enum ChargeEnum {                            // 自定义枚举类
    LEE("李兴华", "编程技术讲师"), YOOTK("沐言优拓", "编程训练营");
    @EnumValue
    private String name;                            // 核心属性
    private String desc;                            // 辅助属性
    private ChargeEnum(String name, String desc) {  // 构造方法初始化
        this.name = name;                           // 属性赋值
        this.desc = desc;                           // 属性赋值
    }
}
```

（2）【mybatis-plus 子模块】修改 Project 实体类的定义。

```
package com.yootk.vo;
@TableName                                          // 类名称为表名称
public class Project extends Model<Project> implements Serializable {    // 项目表映射
    // 其他成员属性配置代码略，Setter方法、Getter方法、无参构造方法、多参构造方法、toString()方法等略
    private ChargeEnum charge;                       // 枚举配置
}
```

（3）【mybatis-plus 子模块】修改测试类，通过枚举定义负责人属性内容。

```
@Test
public void testAdd() {
    Project project = new Project();                 // 实例化VO对象
    project.setName("GoLang编程训练营");              // 属性设置
    project.setCharge(ChargeEnum.LEE);               // 属性设置
    project.setNote("高并发编程");                    // 属性设置
    LOGGER.info("更新数据行数：{}；当前项目ID：{}",
            this.projectDAO.insert(project), project.getPid());    // 数据增加
}
```

程序执行结果：

```
Preparing: INSERT INTO project ( pid, name, charge, note, status ) VALUES ( ?, ?, ?, ?, ? )
Parameters: 732134567472926720(Long), GoLang编程训练营(String), 李兴华(String), 高并发编程(String),
0(Integer)
```

此时虽然在 Project 类中 charge 属性被定义为枚举类，但是由于@EnumValue 注解的存在，本程序会自动获取注解中的 name 成员属性内容，以实现最终的数据增加操作。

# 4.7 IService

IService

**视频名称** 0419_【理解】IService

**视频简介** 项目中必然存在大量的基础 CRUD 业务功能，为了进一步简化业务层的实现机制，MyBatis-Plus 又提供了 IService 接口，并基于该接口实现了大量业务功能的定义。本视频为读者分析该接口的作用以及组成，并通过具体代码实现业务调用。

业务层是进行数据操作整合的关键，MyBatis-Plus 帮助用户简化了数据层代码，但是业务层依然需要根据项目需求进行一系列的重复接口定义。为了解决此类开发重复的问题，MyBatis-Plus 又提供了一个 IService 公共业务接口，表4-4 为读者列出了该接口的常用方法及其描述。

表 4-4  IService 接口的常用方法

| 序号 | 方法 | 描述 |
|---|---|---|
| 1 | default boolean save(T entity) | 保存实体数据 |
| 2 | default boolean saveBatch(Collection<T> entityList) | 批量保存实体数据 |
| 3 | public boolean saveBatch(Collection<T> entityList, int batchSize) | 批量保存实体数据，并设置批量大小 |
| 4 | default boolean saveOrUpdateBatch(Collection<T> entityList) | 批量保存或修改实体数据 |
| 5 | public boolean saveOrUpdateBatch(Collection<T> entityList, int batchSize) | 批量保存或修改实体数据 |
| 6 | default boolean removeById(Serializable id) | 根据 ID 删除数据 |
| 7 | default boolean removeById(T entity) | 删除实体数据 |
| 8 | default boolean removeByMap(Map<String, Object> columnMap) | 设置有多个条件的删除操作 |
| 9 | default boolean remove(Wrapper<T> queryWrapper) | 删除 Wrapper 包装的数据 |
| 10 | default boolean removeByIds(Collection<?> list) | 删除多个主键数据 |
| 11 | default boolean removeBatchByIds(Collection<?> list) | 删除多个实体数据 |
| 12 | default boolean removeBatchByIds(Collection<?> list, int batchSize) | 批量删除多个指定主键的数据 |
| 13 | default boolean updateById(T entity) | 根据 ID 更新数据 |
| 14 | default boolean update(Wrapper<T> updateWrapper) | 根据 Wrapper 更新数据 |
| 15 | default boolean update(T entity, Wrapper<T> updateWrapper) | 根据 Wrapper 更新指定的实体数据 |
| 16 | public boolean saveOrUpdate(T entity) | 保存或更新实体数据 |
| 17 | default T getById(Serializable id) | 根据 ID 查询实体数据 |
| 18 | default List<T> listByIds(Collection<? extends Serializable> idList) | 根据指定范围的 ID 查询实体数据 |
| 19 | default long count() | 获取统计结果 |
| 20 | default long count(Wrapper<T> queryWrapper) | 根据 Wrapper 获取统计结果 |
| 21 | default List<T> list(Wrapper<T> queryWrapper) | 根据 Wrapper 进行数据查询 |
| 22 | default <E extends IPage<T>> E page(E page, Wrapper<T> queryWrapper) | 数据分页查询 |

为了实现业务层的简化，在定义具体业务接口时，需要多继承一个 IService 父接口，同时 IService 接口本身也定义了大量的抽象方法，这些抽象方法的实现主要依靠的是 ServiceImpl 子类，所以在实际的项目开发中，可以按照图 4-31 所示的结构进行业务层的定义。下面来看一下 IService 接口的具体应用。

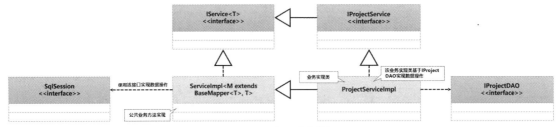

图 4-31  业务层结构简化

（1）【mybatis-plus 子模块】修改 IProjectService 业务接口。

```
package com.yootk.service;
public interface IProjectService extends IService<Project> {}          //定义业务实现标准
```

（2）【mybatis-plus 子模块】创建 ProjectServiceImpl 业务实现类。

```
package com.yootk.service.impl;
@Service                                          // Bean注册
public class ProjectServiceImpl extends ServiceImpl<IProjectDAO, Project>
    implements IProjectService {}                 // 业务实现类
```

（3）【mybatis-plus 子模块】编写测试类，进行批量数据增加。

```
package com.yootk.test;
@ContextConfiguration(classes = StartMyBatisPlusApplication.class)   // 启动配置类
@ExtendWith(SpringExtension.class)                                   // 使用JUnit 5测试工具
public class TestProjectService {
    private static final Logger LOGGER = LoggerFactory.getLogger(TestProjectService.class);
    @Autowired
    private IProjectService projectService;                     // 业务层接口实例
    @Test
    public void testAddBatch() {                                // 批量增加
        List<Project> projects = new ArrayList<>();             // 项目集合
        for (int x = 0; x < 10; x++) {
            Project pro = new Project();                        // 实例化VO对象
            pro.setName("Java - " + x);                         // 属性设置
            pro.setCharge(ChargeEnum.LEE);                      // 属性设置
            pro.setNote("传授Java程序员与Java架构师综合技能。");    // 属性设置
            projects.add(pro);                                  // 集合存储
        }
        LOGGER.info("批量增加: ", this.projectService.saveOrUpdateBatch(projects));
    }
}
```

# 4.8  MyBatis-Plus 逆向工程

MyBatis-Plus
逆向工程

视频名称  0420_【理解】MyBatis-Plus 逆向工程

视频简介  SSM 项目包含多种配置文件、接口以及实现类等元素，为了减少这些结构的重复开发，MyBatis-Plus 提供了逆向工程支持。本视频为读者讲解逆向工程的创建，通过 FastAutoGenerator 实现逆向工程。

合理的 MVC 设计模式之中，所有的业务处理操作都需要经由控制层执行。虽然 MyBatis-Plus 提供 BaseMapper 简化了数据层开发，又提供 IService 接口简化了业务层开发，但是这样的支持还远远不足。因为一个完善的 SSM 应用需要考虑到每一张实体表的基础 CRUD 处理，所以 MyBatis-Plus 直接提供了逆向工程支持，即可以根据指定数据库中实体表的结构自动生成所需的程序源代码，如图 4-32 所示。下面来看一下具体的实现步骤。

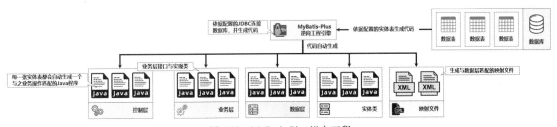

图 4-32  MyBatis-Plus 逆向工程

（1）【mybatis-plus 子模块】修改 build.gradle 配置文件，引入 MyBatis-Plus 逆向工程所需依赖库。

```
implementation('com.baomidou:mybatis-plus-generator:3.4.3')
implementation('org.apache.velocity:velocity-engine-core:2.3')
```

（2）【mybatis-plus 子模块】定义逆向工程。

```
package com.yootk.test;
```

```
public class CreateEngine {
    public static final String URL = "jdbc:mysql://localhost:3306/yootk";    //JDBC连接地址
    public static final String USERNAME = "root";                        // 用户名
    public static final String PASSWORD = "mysqladmin";                  // 密码
    public static void main(String[] args) {
        FastAutoGenerator.create(URL, USERNAME, PASSWORD)                // JDBC配置
                .globalConfig(builder -> {                                // 全局配置
                    builder.author("李兴华")                              // 设置作者
                            .enableSwagger()                              // 开启Swagger模式
                            .outputDir("D://");                           // 指定输出目录
                })
                .packageConfig(builder -> {
                    builder.parent("com.yootk")                          // 设置父包名
                            .moduleName("SSM")                           // 设置父包模块名
                            .pathInfo(Collections.singletonMap(OutputFile.xml,
                                "D://mpr"));                             // Mapper文件生成路径
                })
                .strategyConfig(builder -> {
                    builder.addInclude("project")                        // 设置需要生成的表名
                            .addTablePrefix("");                         // 设置过滤表前缀
                })
                .execute();                                              // 执行创建
    }
}
```

此程序运行之后,会自动为用户生成控制层代码、业务层代码(基于 IService 接口实现)、数据层代码、实体类代码以及对应数据层的映射文件,开发者只需要将代码按照开发项目的结构保存,就可以轻松地实现基础数据操作。

# 4.9　本章概览

1．MyBatis-Plus 对 MyBaits 的开发支持进行了加强,利用 SQL 注入器实现了 SQL 语句的生成管理,从而避免了在映射文件中编写大量功能重复的 SQL 语句。

2．考虑到项目之中数据查询的复杂性,MyBatis-Plus 提供了 Wrapper 接口,基于此接口可以实现条件的封装。

3．MyBatis-Plus 提供了 GlobalConfig 全局配置处理,可以实现逻辑删除、数据填充、主键策略的配置。

4．如果需要创建自定义的全局 SQL 处理方法,则可以基于 AbstractMethod 扩展数据操作方法,定义新操作方法所使用的 SQL 语句。

5．MyBatis-Plus 插件可以提供辅助的数据处理支持,该操作基于 MyBatis 中的拦截器扩展实现。

6．为了保证应用程序中配置文件的安全性,可以对已有的配置项进行加密处理。

7．采用 AR 模式,可以直接通过实体类实现数据操作。

8．为了简化业务层中的基础数据操作方法的定义,MyBatis-Plus 提供了 IService 接口以及 ServiceImpl 实现类,定义业务层时只需要根据结构要求扩展,即可简化业务层代码编写。

9．为了减少项目中重复性的代码开发,MyBatis-Plus 提供了逆向工程支持,利用逆向工程可以自动生成控制层代码、业务层代码、数据层代码、实体类代码以及映射文件。

# 4.10 综合项目实战

SSM 整合是开发者由 Jakarta EE 标准过渡到 Spring 框架开发的重要支持结构，而随着技术的不断进步，很多开发者已经明确地发现了 MyBatis 的优点与不足，所以现阶段的 SSM 开发应该为如下几种技术的组合：Spring + Spring MVC + Spring Security + MyBatis-Plus。开发者使用 Spring 容器实现 Bean 管理，使用 Spring MVC 简化 MVC 操作，使用 Spring Security 进行授权检测，使用 MyBatis-Plus 简化数据层开发。请使用当前的架构完成一个在线学习指导系统的开发，代码开发要求如下：

（1）提供完整的数据库表结构设计，考虑到性能问题，在设计中尽量回避外键约束的使用；

（2）后台管理采用单 Web 实例开发的形式，前端页面可以基于 Bootstrap + jQuery 实现；

（3）后台用户登录与授权检测使用 Spring Security 进行控制；

（4）用户界面使用 Vue.js + ElementUI 技术实现，并且在后台要提供 RESTful 接口，以实现数据交互。

# 第 5 章

# Spring Batch

**本章学习目标**

1. 掌握 Spring Batch 的设计目的以及传统项目开发中的应用性能问题；
2. 掌握 Spring Batch 开发环境的搭建方法，并理解 Spring Batch 中数据表的主要作用；
3. 掌握 Spring Batch 中作业与作业步骤之间的关系；
4. 掌握 ItemReader、ItemProcessor、ItemWriter 接口的作用与设计目的；
5. 掌握 Spring Batch 的容错处理支持，并可以实现批处理作业的异常跳过以及错误重试机制；
6. 掌握 Spring Task 组件的使用以及任务调度池的配置方法。

在信息交互设计中，批处理是项目之中较为常见的一种数据处理形式，为了提高批处理的性能以及操作的稳定性，Spring 提供了 Spring Batch 开发框架。本章将为读者分析该框架的主要特点，并对其组成部分进行说明。

## 5.1　Spring Batch 快速上手

**视频名称**　0501_【理解】数据批处理简介

**视频简介**　在大规模数据存储的应用环境下，批处理是提高数据处理性能的重要技术手段，而该手段不仅仅可应用在数据库中，也可应用在数据的处理逻辑中。本视频为读者讲解批处理的意义，并介绍 Spring Batch 框架的主要特点。

项目中所有的业务都是以数据为支撑的，而不同的项目平台之间也存在数据对接的需要。为了提高数据发送的效率，开发者往往会将所发送的数据封装成一个庞大的数据文件发送给指定的数据处理接口，如图 5-1 所示。在该接口中，为了便于该批量数据文件的处理，往往要先采用分批的方式进行读取与处理，再根据最终的需要将处理后的数据保存在指定的存储介质之中。

图 5-1　数据批量处理结构

为了更好地实现批处理操作的功能管理，Spring 提供了 Spring Batch 批处理开发框架，该框架提供了日志记录与跟踪、事务管理、作业处理统计、作业重启、跳过和资源管理等可重用的功能，同时还可以通过优化和分区技术实现大容量和高性能的批处理功能。不管是复杂的大数据量业务还是简单的大数据量业务，Spring Batch 框架都可以提供良好的可扩展支持。

**提示：Spring Batch 与 Accenture。**

埃森哲（Accenture）公司在批处理架构上有着丰富的设计经验，在设计 Spring Batch 时，Accenture 公司让 SpringSource 公司共享了使用数十年的批处理框架，为 Spring Batch 的设计提供了大量的参考经验。Spring Batch 由于拥有强大的技术背景，因此被大量的应用所使用。

Spring Batch 框架可为开发者提供强大的批处理支持，开发者只需要依据 Spring Batch 所提供的结构单元进行业务逻辑的开发。Spring Batch 考虑到程序开发的便捷性，提供了图 5-2 所示的分层技术架构，该架构有 3 个重要的组成部分，每个部分的作用如下。

（1）应用层（Application）：包含所有批处理任务以及开发者使用 Spring Batch 编写的其他程序代码。

（2）核心层（Batch Core）：可提供运行与管理批处理任务的支持，包含批处理启动和控制所需的核心类，如 JobLauncher（作业运行器）、Job（作业）、Step（作业步骤）等。

（3）基础架构层（Batch Infrastructure）：应用层和核心层建立在基础架构层之上，该层可提供数据的统一读（ItemReader）、写（ItemWriter）、处理（ItemProcessor）和服务（如 RetryTemplate 提供的重试支持）。

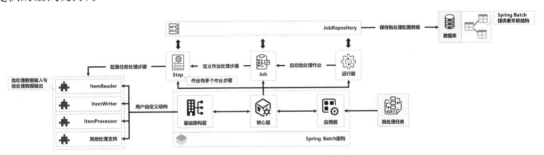

图 5-2　Spring Batch 的分层技术架构

每一个 Spring Batch 应用都包含一个作业，每一个作业就像一个容器，在这个容器中封装了若干个作业步骤，每一个作业步骤通过专属的服务接口实现数据的读、写以及处理等操作。用户要启动一个作业时，可以通过外部的 JobLauncher 实现（根据作业步骤配置依次执行批处理步骤）。相关数据的持久化处理是由 JobRepository 提供的，该类可以与特定的数据库建立连接，以实现批处理数据的持久化存储。

### 5.1.1　Spring Batch 数据存储结构

**视频名称** 0502_【理解】Spring Batch 数据存储结构
**视频简介** Spring Batch 在进行批处理操作时，将所有的核心元数据都保存在 SQL 数据库之中，Spring Batch 给出的官方代码提供了专属的数据库脚本。本视频为读者说明批处理数据表的作用，并基于 MySQL 数据库创建 Spring Batch 开发所需的数据库。

Spring Batch 数据存储结构

运行 Spring Batch 项目必须提供 JobRepository（作业仓库），同时要提供与 JobRepository 对应的数据库存储表结构，这样才可以在运行批处理作业时实现相关信息的记录。由于 Spring Batch 对数据表结构有明确的要求，因此开发者需要先通过 Spring Batch 的官方仓库获取数据库的创建脚本，脚本保存的路径如图 5-3 所示。

范例：创建 Spring Batch 所需数据库。

```
DROP DATABASE IF EXISTS batch;
CREATE DATABASE batch CHARACTER SET UTF8;
USE batch;
```

```
CREATE TABLE BATCH_JOB_INSTANCE  (
    JOB_INSTANCE_ID      BIGINT          NOT NULL PRIMARY KEY ,
    VERSION              BIGINT ,
    JOB_NAME             VARCHAR(100)    NOT NULL,
    JOB_KEY              VARCHAR(32)     NOT NULL,
    constraint JOB_INST_UN unique (JOB_NAME, JOB_KEY)
) ENGINE=InnoDB;
CREATE TABLE BATCH_JOB_EXECUTION  (
    JOB_EXECUTION_ID     BIGINT          NOT NULL PRIMARY KEY ,
    VERSION      BIGINT ,
    JOB_INSTANCE_ID      BIGINT          NOT NULL,
    CREATE_TIME          DATETIME(6)     NOT NULL,
    START_TIME           DATETIME(6)     DEFAULT NULL ,
    END_TIME             DATETIME(6)     DEFAULT NULL ,
    STATUS               VARCHAR(10) ,
    EXIT_CODE            VARCHAR(2500) ,
    EXIT_MESSAGE         VARCHAR(2500) ,
    LAST_UPDATED         DATETIME(6),
    constraint JOB_INST_EXEC_FK foreign key (JOB_INSTANCE_ID)
    references BATCH_JOB_INSTANCE(JOB_INSTANCE_ID)
) ENGINE=InnoDB;
CREATE TABLE BATCH_JOB_EXECUTION_PARAMS  (
    JOB_EXECUTION_ID     BIGINT          NOT NULL ,
    TYPE_CD              VARCHAR(6)      NOT NULL ,
    KEY_NAME             VARCHAR(100)    NOT NULL ,
    STRING_VAL           VARCHAR(250) ,
    DATE_VAL             DATETIME(6)     DEFAULT NULL ,
    LONG_VAL             BIGINT ,
    DOUBLE_VAL           DOUBLE PRECISION ,
    IDENTIFYING          CHAR(1)         NOT NULL ,
    constraint JOB_EXEC_PARAMS_FK foreign key (JOB_EXECUTION_ID)
    references BATCH_JOB_EXECUTION(JOB_EXECUTION_ID)
) ENGINE=InnoDB;
CREATE TABLE BATCH_STEP_EXECUTION  (
    STEP_EXECUTION_ID  BIGINT            NOT NULL PRIMARY KEY ,
    VERSION            BIGINT            NOT NULL,
    STEP_NAME          VARCHAR(100)      NOT NULL,
    JOB_EXECUTION_ID   BIGINT            NOT NULL,
    CREATE_TIME        DATETIME(6)       NOT NULL,
    START_TIME         DATETIME(6)       DEFAULT NULL ,
    END_TIME           DATETIME(6)       DEFAULT NULL ,
    STATUS      VARCHAR(10) ,
    COMMIT_COUNT       BIGINT ,
    READ_COUNT         BIGINT ,
    FILTER_COUNT       BIGINT ,
    WRITE_COUNT        BIGINT ,
    READ_SKIP_COUNT    BIGINT ,
    WRITE_SKIP_COUNT   BIGINT ,
    PROCESS_SKIP_COUNT BIGINT ,
    ROLLBACK_COUNT BIGINT ,
    EXIT_CODE          VARCHAR(2500) ,
    EXIT_MESSAGE       VARCHAR(2500) ,
    LAST_UPDATED       DATETIME(6),
    constraint JOB_EXEC_STEP_FK foreign key (JOB_EXECUTION_ID)
    references BATCH_JOB_EXECUTION(JOB_EXECUTION_ID)
) ENGINE=InnoDB;
CREATE TABLE BATCH_STEP_EXECUTION_CONTEXT  (
    STEP_EXECUTION_ID  BIGINT     NOT NULL PRIMARY KEY,
    SHORT_CONTEXT      VARCHAR(2500)  NOT NULL,
    SERIALIZED_CONTEXT TEXT ,
```

```
    constraint STEP_EXEC_CTX_FK foreign key (STEP_EXECUTION_ID)
    references BATCH_STEP_EXECUTION(STEP_EXECUTION_ID)
) ENGINE=InnoDB;
CREATE TABLE BATCH_JOB_EXECUTION_CONTEXT (
    JOB_EXECUTION_ID    BIGINT       NOT NULL PRIMARY KEY,
    SHORT_CONTEXT       VARCHAR(2500) NOT NULL,
    SERIALIZED_CONTEXT  TEXT ,
    constraint JOB_EXEC_CTX_FK foreign key (JOB_EXECUTION_ID)
    references BATCH_JOB_EXECUTION(JOB_EXECUTION_ID)
) ENGINE=InnoDB;
CREATE TABLE BATCH_STEP_EXECUTION_SEQ (
    ID             BIGINT        NOT NULL,
    UNIQUE_KEY     CHAR(1)       NOT NULL,
    constraint UNIQUE_KEY_UN unique (UNIQUE_KEY)
) ENGINE=InnoDB;
INSERT INTO BATCH_STEP_EXECUTION_SEQ (ID, UNIQUE_KEY) select * from (select 0 as ID, '0' as UNIQUE_KEY)
as tmp where not exists(select * from BATCH_STEP_EXECUTION_SEQ);
CREATE TABLE BATCH_JOB_EXECUTION_SEQ (
    ID             BIGINT        NOT NULL,
    UNIQUE_KEY     CHAR(1)       NOT NULL,
    constraint UNIQUE_KEY_UN unique (UNIQUE_KEY)
) ENGINE=InnoDB;
INSERT INTO BATCH_JOB_EXECUTION_SEQ (ID, UNIQUE_KEY) select * from (select 0 as ID, '0' as UNIQUE_KEY)
as tmp where not exists(select * from BATCH_JOB_EXECUTION_SEQ);
CREATE TABLE BATCH_JOB_SEQ (
    ID             BIGINT     NOT NULL,
    UNIQUE_KEY     CHAR(1)       NOT NULL,
    constraint UNIQUE_KEY_UN unique (UNIQUE_KEY)
) ENGINE=InnoDB;
INSERT INTO BATCH_JOB_SEQ (ID, UNIQUE_KEY) select * from (select 0 as ID, '0' as UNIQUE_KEY) as
tmp where not exists(select * from BATCH_JOB_SEQ);
```

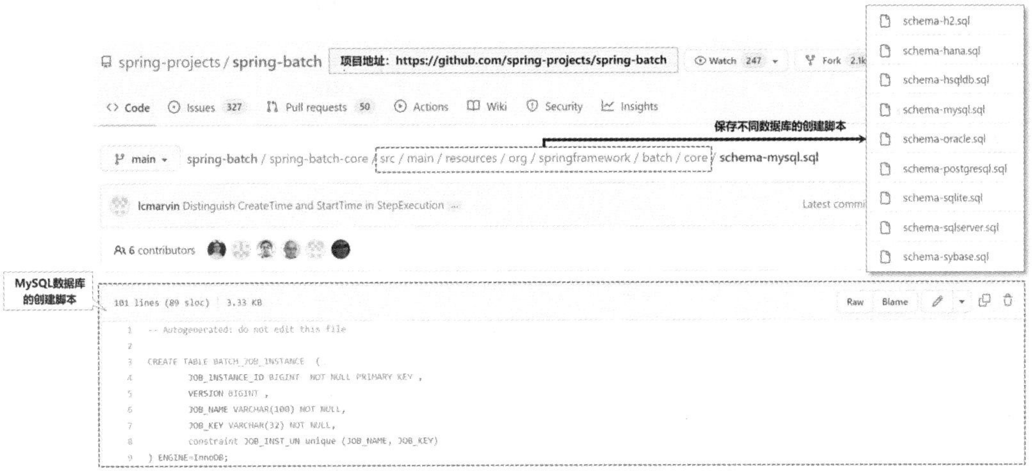

图 5-3　获取 Spring Batch 数据库的创建脚本

为了便于数据的管理，本节创建了一个 batch 数据库，同时执行了 Spring Batch 官方仓库中的数据库创建脚本。执行这些脚本将会创建 9 张数据表，这些数据表的作用如表 5-1 所示。

表 5-1　Spring Batch 的批处理数据表

| 序号 | 表名称 | 描述 |
| --- | --- | --- |
| 1 | BATCH_JOB_INSTANCE | 作业实例信息表，用于存储每一个作业的数据 |
| 2 | BATCH_JOB_EXECUTION_PARAMS | 作业参数表，用于存储每个作业执行时的参数信息 |
| 3 | BATCH_JOB_EXECUTION_CONTEXT | 作业执行上下文表，用于存储作业运行器的上下文信息 |

| 序号 | 表名称 | 描述 |
|---|---|---|
| 4 | BATCH_JOB_EXECUTION_SEQ | 用于存储作业执行序列号 |
| 5 | BATCH_JOB_EXECUTION | 用于存储作业的详细信息（开始时间或结束时间等） |
| 6 | BATCH_JOB_SEQ | 作业序列表，为 BATCH_JOB_EXECUTION_CONTEXT 提供主键 |
| 7 | BATCH_STEP_EXECUTION_CONTEXT | 作业步骤上下文，用于记录作业的每个执行部分 |
| 8 | BATCH_STEP_EXECUTION | 用于记录作业步骤的详细信息（步骤名称、操作时间等） |
| 9 | BATCH_STEP_EXECUTION_SEQ | 作业步骤序列表，为 BATCH_STEP_EXECUTION_CONTEXT 提供主键 |

## 5.1.2　Spring Batch 编程起步

Spring Batch 编程
起步

视频名称　0503_【掌握】Spring Batch 编程起步

视频简介　用 Spring Batch 进行项目开发时，需要严格地遵守其既定的开发标准。本视频基于基础的 Job 与 Step 结构为读者讲解一个 "Hello World" 级的入门项目的开发，帮助读者明确 Spring Batch 的基本实现结构。

一个批处理作业之中存在若干个作业步骤，所以 Spring Batch 提供了 Job 与 Step 接口标准，以便开发者进行应用的定义。在进行批处理作业定义时，开发者可以在一个 Job 接口实例中配置若干个 Step 接口实例，以描述不同的作业步骤。用户可以使用 StepBuilderFactory 构建工厂类进行 Step 接口实例的创建，结构如图 5-4 所示，而对于 Job 接口实例的创建，也可以采用类似的结构，Spring Batch 提供了 JobBuilderFactory 构建工厂类，结构如图 5-5 所示。

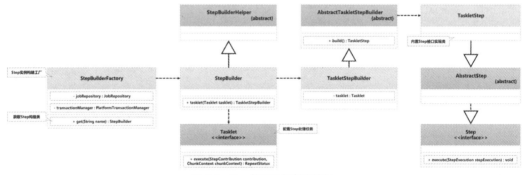

图 5-4　Step 接口实例创建结构

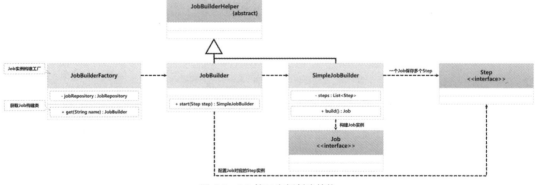

图 5-5　Job 接口实例创建结构

要想创建 Job 与 Step 接口实例，首先就需要在当前的项目中获取 StepBuilderFactory 与

JobBuilderFactory 两个类的实例化对象。为了更好地与 Spring 容器整合，Spring Batch 提供了一个 @EnableBatchProcessing 批处理启用注解，该注解可以基于 ImportSelector 配置实现相关 Bean 的注册，这一点可以通过图 5-6 所示的结构观察到。下面就基于此结构实现 Spring Batch 中基础功能的开发。

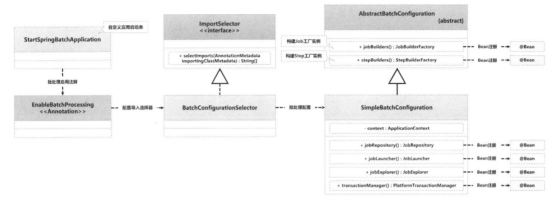

图 5-6 @EnableBatchProcessing 批处理启用注解

（1）【SSM 项目】创建 batch 子模块，随后修改 build.gradle 配置文件，为项目添加所需依赖库。由于 Spring Batch 需要通过数据库进行相关数据的存储，因此本节还需要同时引入 MySQL 驱动和 HikariCP 数据库连接池组件。

```
project(":batch") {                          // 配置子模块
    dependencies {                           // 根据需要进行依赖配置
        implementation('org.springframework.batch:spring-batch-core:5.0.0-M3')
        implementation('org.springframework.batch:spring-batch-infrastructure:5.0.0-M3')
        implementation('com.zaxxer:HikariCP:5.0.1')
        implementation('mysql:mysql-connector-java:8.0.27')
    }
}
```

（2）【batch 子模块】在 src/main/profiles/dev 源代码目录中创建 config/database.properties 配置文件，考虑到后续的项目扩展需要，本节在配置数据库连接信息时将加入一个 batch 标记，对于其他的数据库也可以根据自己的需要定义标记。为了简化处理，本节将采用非加密的方式进行数据库连接信息的定义。

```
batch.database.driverClassName=com.mysql.cj.jdbc.Driver      # 数据库驱动程序
batch.database.jdbcUrl=jdbc:mysql://localhost:3306/batch     # 数据库连接地址
batch.database.username=root                                 # 数据库用户名
batch.database.password=mysqladmin                           # 数据库密码
batch.database.connectionTimeOut=3000                        # 数据库连接超时配置
batch.database.readOnly=false                                # 非只读数据库
batch.database.pool.idleTimeOut=3000                         # 一个连接的最小维持时长
batch.database.pool.maxLifetime=60000                        # 一个连接的最大维持生命周期
batch.database.pool.maximumPoolSize=60                       # 连接池中的最大维持连接数量
batch.database.pool.minimumIdle=20                           # 连接池中的最小维持连接数量
```

（3）【batch 子模块】创建 BatchDataSourceConfig 配置类。

```
package com.yootk.config;
@Configuration                                               // 配置类
@PropertySource("classpath:config/database.properties")     // 配置加载
public class BatchDataSourceConfig {                         // 数据源配置Bean
    @Value("${batch.database.driverClassName}")             // 资源文件读取配置项
    private String driverClassName;                          // 数据库驱动程序
    @Value("${batch.database.jdbcUrl}")                     // 资源文件读取配置项
    private String jdbcUrl;                                  // 数据库连接地址
    @Value("${batch.database.username}")                    // 资源文件读取配置项
    private String username;                                 // 用户名
```

```
    @Value("${batch.database.password}")                    // 资源文件读取配置项
    private String password;                                 // 密码
    @Value("${batch.database.connectionTimeOut}")           // 资源文件读取配置项
    private long connectionTimeout;                          // 连接超时
    @Value("${batch.database.readOnly}")                    // 资源文件读取配置项
    private boolean readOnly;                                // 只读配置
    @Value("${batch.database.pool.idleTimeOut}")           // 资源文件读取配置项
    private long idleTimeout;                                // 连接的最小维持时长
    @Value("${batch.database.pool.maxLifetime}")           // 资源文件读取配置项
    private long maxLifetime;                                // 连接的最大生命周期
    @Value("${batch.database.pool.maximumPoolSize}")       // 资源文件读取配置项
    private int maximumPoolSize;                             // 连接池中的最大维持连接数量
    @Value("${batch.database.pool.minimumIdle}")           // 资源文件读取配置项
    private int minimumIdle;                                 // 连接池中的最小维持连接数量
    @Bean                                                    // Bean注册
    @Primary                                                 // 注入首选
    public DataSource batchDataSource() {                    // 配置数据源
        HikariDataSource dataSource = new HikariDataSource(); // DataSource了类实例化
        dataSource.setDriverClassName(this.driverClassName); // 驱动程序
        dataSource.setJdbcUrl(this.jdbcUrl);                // JDBC连接地址
        dataSource.setUsername(this.username);              // 用户名
        dataSource.setPassword(this.password);              // 密码
        dataSource.setConnectionTimeout(this.connectionTimeout); // 连接超时
        dataSource.setReadOnly(this.readOnly);              // 是否为只读数据库
        dataSource.setIdleTimeout(this.idleTimeout);        // 连接的最小维持时长
        dataSource.setMaxLifetime(this.maxLifetime);        // 连接的最大生命周期
        dataSource.setMaximumPoolSize(this.maximumPoolSize); // 连接池中的最大维持连接数量
        dataSource.setMinimumIdle(this.minimumIdle);        // 连接池中的最小维持连接数量
        return dataSource;                                  // 返回Bean实例
    }
}
```

（4）【batch 子模块】创建一个任务处理类，该类主要用于输出日志信息。

```
package com.yootk.batch.tasklet;
public class MessageTasklet implements Tasklet {         // 任务处理类
    private static final Logger LOGGER = LoggerFactory.getLogger(MessageTasklet.class);
    @Override
    public RepeatStatus execute(StepContribution contribution,
            ChunkContext chunkContext) throws Exception {
        LOGGER.info("【数据批处理操作】沐言科技：www.yootk.com");
        return RepeatStatus.FINISHED;                    // 处理结束
    }
}
```

（5）【batch 子模块】定义 SpringBatchConfig 配置类，在该类中定义一个消息作业，并创建消息作业步骤。

```
package com.yootk.config;
@Configuration
public class SpringBatchConfig {                          // 批处理配置类
    private static final Logger LOGGER = LoggerFactory.getLogger(SpringBatchConfig.class);
    @Autowired
    private JobBuilderFactory jobBuilderFactory;          // 作业构建工厂
    @Autowired
    private StepBuilderFactory stepBuilderFactory;        // 作业步骤构建工厂
    @Bean
    public Job messageJob() {                             // 批处理作业
        return this.jobBuilderFactory.get("messageJob")  // 创建作业
                .start(this.messageStep()).build();      // 配置作业步骤
    }
    @Bean
```

```
public Step messageStep() {                              // 批处理作业步骤
    return this.stepBuilderFactory.get("messageStep")   // 创建指定名称的作业步骤
            .tasklet(this.messageTasklet()).build();    // 创建作业步骤
}
@Bean
public Tasklet messageTasklet() {                        // 作业处理
    return new MessageTasklet();
}
}
```

（6）【batch 子模块】当前的应用基于 Bean 配置，所以要创建一个应用启动类并配置扫描包。

```
package com.yootk;
@ComponentScan({"com.yootk.config", "com.yootk.batch"})  // 配置扫描包
@EnableBatchProcessing                                    // 启动批处理支持
public class StartSpringBatchApplication {}
```

（7）【batch 子模块】编写测试类，手动创建测试类，并通过 SimpleJobLauncher 运行作业。

```
package com.yootk.test;
@ContextConfiguration(classes = StartSpringBatchApplication.class)  //启动配置类
@ExtendWith(SpringExtension.class)                       // 使用JUnit 5测试工具
public class TestSpringBatch {
    private static final Logger LOGGER = LoggerFactory.getLogger(TestSpringBatch.class);
    @Autowired
    private Job messageJob;                              // 获取作业实例
    @Autowired
    private JobLauncher launcher;                        // 作业运行器
    @Test
    public void testJobRun() throws Exception {          // 作业运行器
        this.launcher.run(this.messageJob, new JobParameters());    // 作业运行
        TimeUnit.SECONDS.sleep(Long.MAX_VALUE);         // 等待作业运行完毕
    }
}
```

程序执行结果：

```
INFO com.yootk.batch.tasklet.MessageTasklet - 【数据批处理操作】沐言科技：www.yootk.com
```

在运行 Spring Batch 作业之前，需要在测试类中注入指定的 Job 接口实例，随后利用
JobLauncher 接口实例对象（对象类型为 SimpleJobLauncher），并按照图 5-7 所示的结构实现作业
的运行。

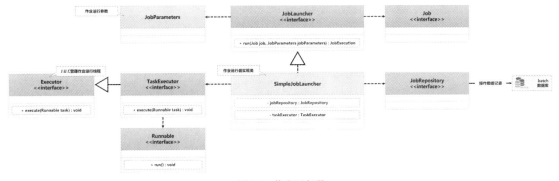

图 5-7 作业运行器

Spring Batch 在运行过程中，会通过 JobRepository 接口实例实现数据库中相关数据表的 CRUD
操作，该类操作主要基于 JdbcTemplate 模板技术实现，不同的数据表有不同的 DAO 接口和实现类，
JobRepository 接口关联结构如图 5-8 所示。

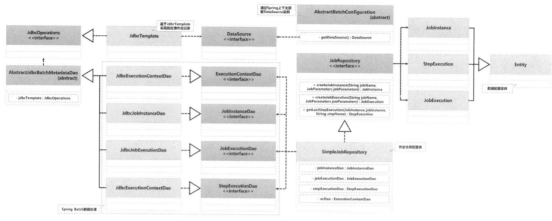

图 5-8　JobRepository 接口关联结构

> 💡 **提示：观察数据表记录。**
>
> 　　Spring Batch 中每一个作业的运行信息都会记录在相应的数据表中，程序运行完成后，开发者除了可以在控制台看见日志信息，也可以在 BATCH_JOB_INSTANCE 表中看见当前作业的运行信息，还可以在 BATCH_STEP_EXECUTION 表中看见与该作业有关的作业步骤的信息。需要注意的是，在当前的应用环境中，同一个作业不能重复运行（修改作业名称后可以重复运行）。

### 5.1.3　JobParameters

JobParameters

**视频名称**　0504_【掌握】JobParameters

**视频简介**　用户定义的所有作业都会被记录在数据表中，而为了区分不同的作业运行方式，在 Spring Batch 中可以基于 JobParameters 进行参数的配置。本视频为读者分析 JobParameters 的组成结构，并基于数据表中存储的数据分析该类的作用。

　　Spring Batch 之中所有的作业都需要在数据表中进行记录，所以当一个作业要重复运行时，就需要为其配置不同的参数。一个完整的作业实例（Job Instance）是由作业名称（Job Name）以及作业参数（Job Parameters）两个结构组成的，如图 5-9 所示。

图 5-9　作业实例的组成结构

　　每一个作业中都可能存在若干个不同的参数，所以为了便于作业参数的管理，Spring Batch 提供了 JobParameters 结构类。该类本身维护着一个 Map 集合，Map 集合中保存的参数使用 JobParameter 对象实例进行包装，允许配置的参数类型有 4 种（通过 JobParameter.ParameterType 枚举类进行定义），分别为字符串类型、日期类型、长整型以及浮点型。对于 JobParameters 实例，则可以依靠 JobParametersBuilder 构建器类进行创建。相关实现结构如图 5-10 所示。

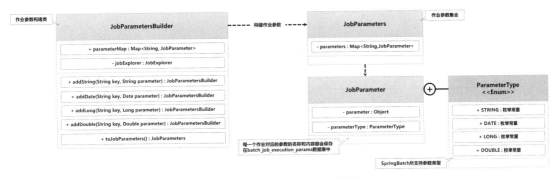

图 5-10  JobParameters 的实现结构

范例：为作业配置参数。

```
@Test
public void testJobRun() throws Exception {
    JobParameters jobParams = new JobParametersBuilder()
            .addString("project", "muyan-yootk")          // 参数配置
            .addString("dataResources", "file:d:/data/")   // 参数配置
            .addString("url", "www.yootk.com")             // 参数配置
            .addLong("timestamp", System.currentTimeMillis()) // 参数配置
            .toJobParameters();                             // 转换为Job参数
    this.launcher.run(this.messageJob, jobParams);          // 作业运行
    TimeUnit.SECONDS.sleep(Long.MAX_VALUE);                 // 等待作业运行完毕
}
```

# 5.2  作业配置

视频名称  0505_【理解】JobExplorer

视频简介  批处理的核心组成结构是作业，Spring Batch 在进行数据记录时也以作业作为核心单元，因此 Spring Batch 提供了 JobExplorer 作业浏览器。本视频通过实例讲解 JobExplorer 接口的作用，并利用该接口获取相关的作业信息。

作业是批处理之中的基本单元，在一个批处理项目之中，开发者可以根据自己的需要配置多个批处理作业。每一个批处理作业之中都存在若干个作业步骤，如图 5-11 所示。用户定义的所有作业都可以通过 JobLauncher 接口实例运行，并可以根据需要配置所需的作业参数。

图 5-11  作业与作业信息获取

由于项目中执行的批处理操作较多，因此 Spring Batch 会将每一次执行的批处理作业的信息保存在与之相关的作业表中。由于整个操作都是由 Spring Batch 的 DAO 接口实现的，因此为了便于用户查询作业的相关信息，Spring Batch 对外提供了一个 JobExplorer 接口，利用该接口可以获取作业以及对应的作业步骤的数据，同时每一个数据都会以实体类的形式返回。JobExplorer 接口的关联结构如图 5-12 所示。

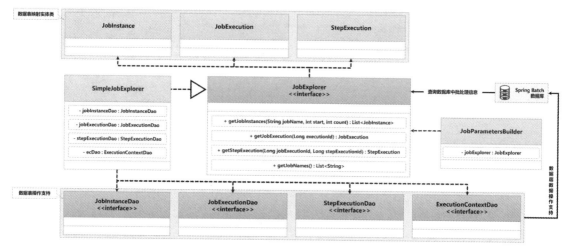

图 5-12 JobExplorer 接口的关联结构

范例：获取作业信息。

```
package com.yootk.test;
@ContextConfiguration(classes = StartSpringBatchApplication.class)//启动配置类
@ExtendWith(SpringExtension.class)                              // 使用JUnit 5测试工具
public class TestJobExplorer {
    private static final Logger LOGGER = LoggerFactory.getLogger(TestJobExplorer.class);
    @Auatowired
    private JobExplorer jobExplorer;                            // 作业浏览器
    @Test
    public void testExplorer() throws Exception {
        String jobName = "messageJob";                         // 要查询的作业名称
        List<String> names = this.jobExplorer.getJobNames();   // 获取作业名称列表
        LOGGER.info("【作业信息】作业列表: {}", names);
        LOGGER.info("【作业信息】messageJob作业数量: {}",
                this.jobExplorer.getJobInstanceCount(jobName));
        JobInstance jobInstance = this.jobExplorer.getLastJobInstance(jobName);  // 获取作业
        LOGGER.info("【作业信息】最后一次执行作业ID: {}；作业名称: {}",
                jobInstance.getInstanceId(), jobInstance.getJobName());
        List<JobExecution> executions = this.jobExplorer
                .getJobExecutions(jobInstance);                // 作业执行信息
        for (JobExecution execution : executions) {            // 作业执行迭代
            LOGGER.info("【作业信息】作业状态: {}；作业参数: {}", execution.getStatus(), execution.getJob
Parameters());
        }
    }
}
```

程序执行结果：

```
【作业信息】作业列表: [messageJob]
【作业信息】messageJob作业数量: 5
【作业信息】最后一次执行作业ID: 5；作业名称: messageJob
【作业信息】作业状态: COMPLETED；作业参数: {project=muyan-yootk,url=www.yootk.com,timestamp=1662522742280}
```

以上程序直接在测试类中注入了 JobExplorer 接口实例，这样就可以根据已有的作业名称，获取在数据表中所保存的批处理数据（作业名称、作业状态、作业参数等）。为了更好地进行作业的控制，以及作业信息的获取，Spring Batch 也为作业追加了许多相关的支持。下面为读者进行作业的详细分析。

### 5.2.1 作业参数验证

视频名称　0506_【掌握】作业参数验证

视频简介　每一个批处理作业都有不同的参数来标识，为了保证所需参数的正确传递，Spring Batch 提供了参数验证器。本视频为读者讲解参数验证器的实现格式，并通过内置的 DefaultJobParametersValidator 验证器进行 KEY 的检查。

作业参数验证

在一个完整的线上应用中，由于需要保证应用运行的稳定性，因此在进行批处理操作时，就需要基于参数的配置来进行作业的启动。作业运行也会使用到一些核心的控制参数，为了保证所需参数的正确配置，Spring Batch 提供了参数验证器，该验证器的处理形式如图 5-13 所示。

图 5-13　参数验证器的处理形式

为了便于作业参数验证处理逻辑的规范化开发，Spring Batch 提供了 JobParametersValidator 验证器接口，并提供了用于配置参数检查的 DefaultJobParametersValidator 默认实现类，其继承结构如图 5-14 所示。在该类中配置有两个重要的属性：requiredKeys（必须包含的属性 KEY）、optionalKeys（允许出现的属性 KEY）。在执行作业前，如果发现用户传递过来的 JobParameters 对象所包含的数据 KEY 不满足验证条件，那么程序将直接抛出异常，并结束当前的作业；如果满足验证条件，则可以进行作业的正确执行。由于该验证操作主要是进行配置定义，因此只需要修改 Spring Batch 配置类。下面看一下具体实现。

图 5-14　DefaultJobParametersValidator 类的继承结构

（1）【batch 子模块】在 SpringBatchConfig 配置类中追加作业验证 Bean 的定义。

```
@Bean
public DefaultJobParametersValidator jobValidator() {              // 作业验证器
    DefaultJobParametersValidator validator =
        new DefaultJobParametersValidator();                       // 参数验证器
    validator.setRequiredKeys(new String[] {"project"});           // 设置必备参数
    validator.setOptionalKeys(new String[] {"url", "timestamp"});  // 配置允许的参数
    return validator;
}
```

（2）【batch 子模块】修改 SpringBatchConfig 类中的 messageJob()配置方法，在构建作业时添加验证器。

```
@Bean
public Job messageJob() {                                    // 批处理作业
    return this.jobBuilderFactory.get("messageJob")          // 创建作业
        .start(this.messageStep())                           // 配置作业步骤
        .validator(this.jobValidator())                      // 配置作业参数验证器
        .build();                                            // 配置项目步骤
}
```

项目配置完成后，如果用户所配置的作业参数没有包含 project，或者参数不满足 optionalKeys 定义的条件，那么在作业执行时会出现"org.springframework.batch.core.JobParametersInvalidException"异常信息。

### 5.2.2　作业监听器

视频名称　0507_【掌握】作业监听器

视频简介　考虑到 AOP 的实现形式，Spring Batch 提供了作业的监听机制。本视频为读者讲解 JobExecutionListener 接口的使用及其在作业中的配置，并利用 JobExecution 获取作业执行前后的相关数据。

作业监听器

为便于作业执行的监听，Spring Batch 提供了作业监听器，同时提供了 JobExecutionListener 监听接口。这样开发者在配置作业时利用 listener() 方法即可将自定义的监听器实例定义到作业之中，程序在作业执行前和执行后会调用与之匹配的监听处理方法。作业监听器的实现结构如图 5-15 所示。

图 5-15　作业监听器的实现结构

JobExecutionListener 接口提供了两个监听方法，可以在作业执行前后自动进行调用。这两个方法都会提供一个 JobExecution 类的实例，该类是作业执行的实体类，可以通过该实体类获取与作业有关的信息。为便于理解，下面通过具体的步骤进行作业监听器的创建与配置。

（1）【batch 子模块】创建作业监听器实现类。

```
package com.yootk.batch.listener;
public class MessageJobExecutionListener implements JobExecutionListener {
    private static final Logger LOGGER =
            LoggerFactory.getLogger(MessageJobExecutionListener.class);
    @Override
    public void beforeJob(JobExecution jobExecution) {
        LOGGER.info("【作业执行前】作业ID：{}；作业名称：{}", jobExecution.getJobId(),
                jobExecution.getJobInstance().getJobName());
        LOGGER.info("【作业执行前】作业参数：{}", jobExecution.getJobParameters());
    }
    @Override
    public void afterJob(JobExecution jobExecution) {
        LOGGER.info("【作业执行后】作业状态：{}", jobExecution.getStatus());
    }
}
```

（2）【batch 子模块】修改 SpringBatchConfig 配置类，为作业配置监听器。

```
@Bean
public Job messageJob() {                                    // 批处理作业
```

```
    return this.jobBuilderFactory.get("messageJob")    // 创建作业
        .start(this.messageStep())                      // 配置作业步骤
        .listener(this.messageJobListener())            // 配置作业监听器
        .validator(this.jobValidator())                 // 配置作业参数验证器
        .build();                                       // 配置项目步骤
}
@Bean
public MessageJobExecutionListener messageJobListener() {
    return new MessageJobExecutionListener();
}
```

程序执行结果：

```
【作业执行前】作业ID：8；作业名称：messageJob
【作业执行前】作业参数：{project=muyan-yootk, url=www.yootk.com, timestamp=1662599536134}
【数据批处理操作】沐言科技：www.yootk.com
【作业执行后】作业状态：COMPLETED
```

当前的应用结构基于 JobExecutionListener 接口扩充了 MessageJobExecutionListener 监听子类，并在该子类中覆写了相应的监听方法，以便在作业执行前后获取所需的作业信息。

> 💡 **提示：使用注解代替 JobExecutionListener 监听接口。**
>
> JobExecutionListener 接口实现的监听模式属于传统的设计模式，而随着 Spring 框架设计的逐步完善，开发者也可以基于@BeforeJob 与@AfterJob 注解进行监听方法的配置。
>
> **范例：基于注解配置作业监听。**
>
> ```
> package com.yootk.batch.listener;
> public class MessageJobExecutionListener {
>     private static final Logger LOGGER =
>             LoggerFactory.getLogger(MessageJobExecutionListener.class);
>     @BeforeJob
>     public void beforeJobHandler(JobExecution jobExecution) {}
>     @AfterJob
>     public void afterJobHandler(JobExecution jobExecution) {}
> }
> ```
>
> 此时的监听类不再需要强制性地进行接口的实现，所以代码更加灵活，方法名称的配置也更加灵活。

### 5.2.3　作业退出

**视频名称**　0508_【掌握】作业退出

**视频简介**　作业的执行指令由 JobLauncher 接口实例发出，而在作业执行前或者执行中，如果发现了某些错误，则可以基于 JobOperator 进行作业的退出。本视频通过源代码组成分析该接口的关联结构，并基于监听器的前置监听操作实现作业中断处理。

作业退出

为了便于作业状态的控制，Spring Batch 提供了 JobOperator 接口。该接口配置了 SimpleJobOperator 实现子类，在该类中可以实现作业的启动（start()方法）、重启（restart()方法）以及停止（stop()方法）等操作。在开发中可以直接基于监听器来进行作业控制，实现架构如图 5-16 所示。

在标准的做法中，所有的作业只需要通过 JobLauncher 接口实例启动，而在启动时如果发现用户配置的指定参数没有包含特定的数据，就可以使用 SimpleJobOperator 对象实例进行作业的中断控制。下面来看一下具体的实现步骤。

（1）【batch 子模块】创建 AbortJobExecutionListener 监听器，并基于注解配置作业执行之前的拦截处理方法。

```
package com.yootk.batch.listener;
public class AbortJobExecutionListener {
    private static final Logger LOGGER =
```

```
                LoggerFactory.getLogger(AbortJobExecutionListener.class);
    @Autowired
    private JobExplorer explorer;                    // 注入作业浏览器实例
    @Autowired
    private JobRepository repository;                // 注入作业仓库
    @Autowired
    private JobRegistry registry;                    // 注入作业注册器实例
    @BeforeJob                                       // 作业执行前拦截
    public void beforeJobHandler(JobExecution jobExecution) {     // 作业执行前调用
        // 当前作业处于运行状态, 如果url参数中有yootk.com的信息则会进行作业中断操作
        if (jobExecution.isRunning() &&
                jobExecution.getJobParameters().getString("url").contains("yootk.com")) {
            SimpleJobOperator operator = new SimpleJobOperator(); // 作业操作类
            operator.setJobExplorer(this.explorer);          // 配置作业浏览器
            operator.setJobRepository(repository);           // 配置作业仓库
            operator.setJobRegistry(this.registry);          // 配置作业注册器
            try {
                operator.stop(jobExecution.getId());         // 中断作业执行
            } catch (NoSuchJobExecutionException e) {
                throw new RuntimeException(e);
            } catch (JobExecutionNotRunningException e) {
                throw new RuntimeException(e);
            }
        }
    }
}
```

图 5-16　Spring Batch 作业控制的实现架构

　　此时的操作目的主要是判断当前作业的状态（只暂停正在运行的作业），并且判断该作业所配置的参数是否包含指定的内容，如果包含则利用 SimpleJobOperator 类进行作业的中断处理。

　　（2）【batch 子模块】在 SpringBatchConfig 配置类中定义监听器的相关操作。

```
@Bean
public Job messageJob() {                                 // 批处理作业
    return this.jobBuilderFactory.get("messageJob")       // 创建作业
            .start(this.messageStep())                    // 配置作业步骤
            .listener(this.abortJobListener())            // 配置中断监听器
            .listener(this.messageJobListener())          // 配置作业监听器
            .validator(this.jobValidator())               // 配置作业参数验证器
            .build();                                      // 配置项目步骤
}
@Bean
public AbortJobExecutionListener abortJobListener() {     // 中断作业监听
    return new AbortJobExecutionListener();
}
```

程序执行结果：

```
org.springframework.batch.core.JobInterruptedException: Job interrupted status detected.
```

当前的作业启动后，首先会进入 AbortJobExecutionListener 监听器，当满足中断条件时，该作业会直接停止，并且对外抛出"JobInterruptedException"异常信息。

# 5.3　作业步骤配置

作业步骤配置

视频名称　0509_【掌握】作业步骤配置

视频简介　作业步骤是作业的基本组成单元，考虑到作业的处理逻辑，可以配置多个作业步骤。本视频通过实例讲解多作业步骤的定义，并分析 RepeatStatus 枚举类的作用。

作业步骤是批处理作业的基本组成单元，每一个批处理作业可以包含若干个作业步骤，每一个作业步骤都包含实际运行的批处理作业中的所有必需信息。同时每一个作业步骤在作业运行过程中，也可以基于 RepeatStatus 枚举类来配置重复执行的状态，如果返回的状态是"RepeatStatus.FINISHED"，表示可以执行下一步骤，而如果现在某一个步骤需要被重复执行，则直接返回"RepeatStatus.CONTINUABLE"状态即可，操作结构如图 5-17 所示。

图 5-17　配置多个作业步骤的操作结构

范例：【batch 子模块】修改 SpringBatchConfig 配置类，直接在配置类中定义 3 个作业步骤。

```java
package com.yootk.config;
@Configuration
public class SpringBatchConfig {                              // 批处理配置类
    private static final Logger LOGGER = LoggerFactory.getLogger(SpringBatchConfig.class);
    @Autowired
    private JobBuilderFactory jobBuilderFactory;              // 作业构建工厂
    @Autowired
    private StepBuilderFactory stepBuilderFactory;            // 作业步骤构建工厂
    @Bean
    public Job messageJob() {                                 // 批处理作业
        returan this.jobBuilderFactory.get("messageJob")     // 创建作业
                .start(this.messageReadStep())               // 配置作业步骤
                .next(this.messageHandlerStep())             // 配置作业步骤
                .next(this.messageWriteStep())               // 配置作业步骤
                .build();                                    // 配置项目步骤
    }
    @Bean
    public Step messagePrepareStep() {                       // 消息准备步骤
        return this.stepBuilderFactory.get("messagePrepareStep")  // 创建指定名称的步骤
                .tasklet(new Tasklet() {
                    @Override
                    public RepeatStatus execute(StepContribution contribution,
                        ChunkContext chunkContext) throws Exception {
                        LOGGER.info("【Step-0.消息准备步骤】初始化系统环境，连接服务接口。");
                        return RepeatStatus.FINISHED;
                    }
                }).build();                                  // 创建作业步骤
    }
```

```java
@Bean
public Step messageReadStep() {                               // 消息读取步骤
    return this.stepBuilderFactory.get("messageReadStep")     // 创建指定名称的步骤
            .tasklet(new Tasklet() {
                @Override
                public RepeatStatus execute(StepContribution contribution,
                        ChunkContext chunkContext) throws Exception {
                    LOGGER.info("【Step-1.消息读取步骤】通过输入源读取消息数据。");
                    return RepeatStatus.FINISHED;
                }
            }).build();                                       // 创建作业步骤
}
@Bean
public Step messageHandlerStep() {                            // 消息处理步骤
    return this.stepBuilderFactory.get("messageHandlerStep")  // 创建指定名称的步骤
            .tasklet(new Tasklet() {
                @Override
                public RepeatStatus execute(StepContribution contribution,
                        ChunkContext chunkContext) throws Exception {
                    LOGGER.info("【Step-2.消息处理步骤】检索出包含"yootk.com"的数据信息。");
                    return RepeatStatus.FINISHED;
                }
            }).build();                                       // 创建作业步骤
}
@Bean
public Step messageWriteStep() {                              // 消息写入步骤
    return this.stepBuilderFactory.get("messageWriteStep")    // 创建指定名称的步骤
            .tasklet(new Tasklet() {
                @Override
                public RepeatStatus execute(StepContribution contribution,
                        ChunkContext chunkContext) throws Exception {
                    LOGGER.info("【Step-3.消息写入步骤】将合法消息写入数据终端。");
                    return RepeatStatus.FINISHED;
                }
            }).build();                                       // 创建作业步骤
}
}
```

程序执行结果：

【Step-1.消息读取步骤】通过输入源读取消息数据。
【Step-2.消息处理步骤】检索出包含"yootk.com"的数据信息。
【Step-3.消息写入步骤】将合法消息写入数据终端。

　　每一个作业步骤都需要提供 Tasklet 对象实例，本程序为了简化这一操作，直接通过 SpringBatch 配置类定义若干个作业，并按照作业步骤将其配置到指定的批处理作业之中。由于每一个作业步骤都配置了完结状态，故所有的作业步骤都按照既定顺序依次执行。

### 5.3.1 作业步骤监听器

作业步骤监听器

视频名称 0510_【掌握】作业步骤监听器

视频简介 作业步骤执行时，可以为其配置监听操作，在步骤执行前后进行状态监听。本视频为读者分析 StepExecutionListener 接口的使用，并使用注解配置的方式实现作业步骤监听器的配置与相关实体数据的获取。

　　作业步骤属于核心的处理单元，为了配合该单元的使用，Spring Batch 提供了对应的监听器，以便在每个批处理步骤执行前后进行操作拦截。考虑到监听的标准化配置，Spring Batch 提供了 StepExecutionListener 监听接口与操作拦截方法，实现结构如图 5-18 所示。考虑到更灵活的监听配置，开发者也可以使用自定义方法，并结合@BeforeStep 与@AfterStep 注解，这样可以避免强制性

接口实现所带来的代码结构限制。考虑到实际开发的需要，本节将结合注解进行作业步骤监听器的
配置，具体代码实现步骤如下。

(1)【batch 子模块】创建作业步骤监听器实现类。

```
package com.yootk.batch.listener;
public class MessageStepExecutionListener {
    private static final Logger LOGGER =
            LoggerFactory.getLogger(MessageStepExecutionListener.class);
    @BeforeStep                        // 步骤执行前监听
    public void beforeStepHandler(StepExecution stepExecution) {
        LOGGER.info("【步骤执行前】步骤名称：{}；步骤状态：{}",
                stepExecution.getStepName(), stepExecution.getStatus());
    }
    @AfterStep                         // 步骤执行后监听
    public ExitStatus afterStepHandler(StepExecution stepExecution) {
        LOGGER.info("【步骤执行后】步骤名称：{}；步骤状态：{}",
                stepExecution.getStepName(), stepExecution.getStatus());
        return stepExecution.getExitStatus();  // 返回步骤状态
    }
}
```

图 5-18　作业步骤监听器实现

(2)【batch 子模块】修改 SpringBatchConfig 配置类中的步骤配置，为其中一个步骤添加监
听器。

```
@Bean
public Step messageReadStep() {                          // 消息读取步骤
    return this.stepBuilderFactory.get("messageReadStep") // 创建指定名称的步骤
            .tasklet(new Tasklet() {
                @Override
                public RepeatStatus execute(StepContribution contribution,
                        ChunkContext chunkContext) throws Exception {
                    LOGGER.info("【Step-1.消息读取步骤】通过输入源读取消息数据。");
                    return RepeatStatus.FINISHED;
                }
            }).listener(this.stepExecutionListener()).build(); // 创建作业步骤
}
@Bean
public MessageStepExecutionListener stepExecutionListener() {
    return new MessageStepExecutionListener();
}
```

程序执行结果：

```
【步骤执行前】步骤名称：messageReadStep；步骤状态：STARTED
【步骤执行后】步骤名称：messageReadStep；步骤状态：COMPLETED
```

程序启动作业之后，当执行到配置有监听器的步骤时，会自动在步骤执行前后找到与之对应的
方法进行调用。本程序主要进行了当前步骤名称与状态的输出。

## 5.3.2　Flow

**视频名称** 0511_【掌握】Flow

**视频简介** 为便于批处理业务的统一管理，Spring Batch 提供了 Flow 管理结构。本视频为读者分析 Flow 实例的配置结构，并基于 Flow 实现作业步骤的定义。

一个完整的批处理作业之中，经常有大量的作业步骤定义，为了便于同一类作业步骤的管理，Spring Batch 提供了 Flow 结构。每一个 Flow 可以配置一组相关的作业步骤，在一个作业中也可以定义多个不同的 Flow，配置结构如图 5-19 所示。

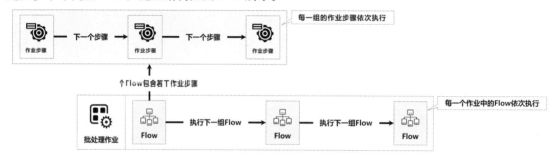

图 5-19　基于 Flow 管理作业步骤的配置结构

在一个作业之中，每一个配置的 Flow 将基于配置的顺序执行，每一个 Flow 中所有的作业步骤也按照配置的顺序执行。为便于 Flow 的创建，Spring Batch 提供了 FlowBuilder 构建工具类，利用该类可以进行若干个作业步骤的定义（这一点与配置作业类似），相关结构如图 5-20 所示。下面来看一下 Flow 的具体配置。

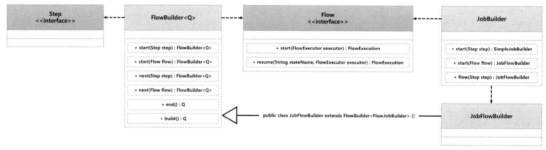

图 5-20　Flow 构建的相关结构

（1）【batch 子模块】修改 SpringBatchConfig 配置类，利用 Flow 封装多个批处理作业步骤。

```
@Bean
public Flow messageFlow() {
   FlowBuilder<Flow> flowBuilder = new FlowBuilder<>("muyanMessageFlow");
   return flowBuilder
        .start(this.messageReadStep())         // 配置作业步骤
        .next(this.messageHandlerStep())       // 配置作业步骤
        .next(this.messageWriteStep())         // 配置作业步骤
        .build();                              // 构建步骤顺序
}
```

在配置 Flow 实例时，其配置的方法与 Job 配置的方法类似，可以定义开始步骤（start()方法）和下一个步骤（next()方法），这样 Flow 执行时就会按照配置的顺序依次执行每一个作业步骤。

（2）【batch 子模块】修改 SpringBatchConfig 配置类中的作业定义，在作业中配置 Flow 实例，这样程序在执行时就会按照既定的顺序执行 Flow 中的所有 Step 实例。

```
@Bean
public Job messageJob() {                               // 批处理作业
```

```
return this.jobBuilderFactory.get("messageJob")        // 创建作业
    .start(this.messageFlow()).end()                   // 配置一组作业
    .build();                                          // 配置项目步骤
}
```

### 5.3.3　JobExecutionDecider

JobExecution
Decider

视频名称　0512_【掌握】JobExecutionDecider

视频简介　作业步骤在执行时除了可以按照顺序处理，也可以基于判断进行分支处理。Spring Batch 提供了作业决策器支持。本视频为读者分析作业决策器的处理逻辑与关联类定义，并通过具体的代码实现作业决策器。

　　在进行作业步骤的处理时，开发者可以根据自己的需要进行步骤的分支策略配置，为此 Spring Batch 提供了作业决策器支持，实现结构如图 5-21 所示。在作业决策器的处理中，开发者可以定义具体的分支逻辑，当满足某一逻辑时，程序执行特定的作业步骤。

图 5-21　作业决策器的实现结构

　　为了便于作业决策器的实现，Spring Batch 提供了 JobExecutionDecider 接口，该接口可以通过 JobExecution 与 StepExecution 两个接口的实例获取与作业步骤执行相关的对象实例，并通过 FlowExecutionStatus 封装执行步骤的处理标记，相关类的结构定义如图 5-22 所示，每一个处理标记都需要对应一个完整的作业步骤。为便于理解，下面通过具体的代码实现作业决策器。

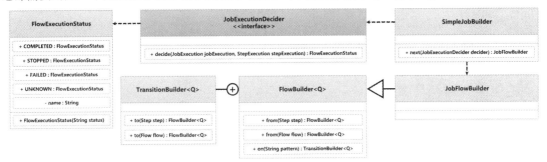

图 5-22　作业决策器实现类结构

（1）【batch 子模块】创建 JobExecutionDecider 实现类，根据奇偶数判断执行状态。

```
package com.yootk.batch.decider;
public class MessageJobExecutionDecider implements JobExecutionDecider {      // 作业决策器
    private int count = 0;                                                    // 计数标记
    @Override
    public FlowExecutionStatus decide(JobExecution jobExecution,
                          StepExecution stepExecution) {                      // 作业决策器
        if (this.count ++ % 2 == 0) {
            return new FlowExecutionStatus("HANDLER");                        // 配置执行标记
        } else {
            return new FlowExecutionStatus("WRITE");                          // 配置执行标记
        }
    }
}
```

（2）【batch 子模块】在 SpringBatchConfig 配置类中定义决策器实例。

```
@Bean
public MessageJobExecutionDecider messageDecider() { // 作业决策器
    return new MessageJobExecutionDecider();            // 作业决策器
}
```

（3）【batch 子模块】配置批处理作业。

```
@Bean
public Job messageJob() {                                   // 批处理作业
    return this.jobBuilderFactory.get("messageJob")         // 创建作业
            .start(this.messageReadStep())                  // 配置起始步骤
            .next(this.messageDecider())                    // 配置作业决策器
            .from(this.messageDecider()).on("HANDLER")
                    .to(this.messageHandlerStep())          // 步骤调用
            .from(this.messageDecider()).on("WRITE")
                    .to(this.messageWriteStep())            // 步骤调用
            .end().build();                                 // 配置项目步骤
}
```

程序执行结果：

【Step-1.消息读取步骤】通过输入源读取消息数据。
【Step-2.消息处理步骤】检索出包含 "yootk.com" 的数据信息。

### 5.3.4　异步作业

**视频名称**　0513_【掌握】异步作业
**视频简介**　为了得到更高的作业处理效率，Spring Batch 提供了异步作业支持。本视频为读者分析异步作业的处理模型，并基于 TaskExecutor 接口实现异步线程池的配置。

异步作业

JobLauncher 对象实例在进行作业执行时，默认采用的是同步的处理方式，即在 run()方法执行完成后才可以执行后续的处理业务，如图 5-23 所示。但是考虑到程序处理性能的优化，开发者往往会基于异步的方式对作业进行处理，这样每次调用 run()方法后，会启动一个异步线程执行批处理作业，而后无须等待即可实现后续的业务功能，如图 5-24 所示。

图 5-23　同步作业　　　　　　　　　　　　　　图 5-24　异步作业

JobLancher 支持同步与异步两种处理方式。Spring 为了便于异步作业的管理，提供了 TaskExecutor 接口，该接口提供了 SimpleAsyncTaskExecutor（异步任务）与 ThreadPoolTaskExecutor（线程池）两个常用子类，配置结构如图 5-25 所示。开发者在进行作业配置时，可以根据作业类型，配置所需的 TaskExecutor 接口实例。下面来看一下具体实现。

（1）【batch 子模块】修改 SpringBatchConfig 配置类，为其创建异步任务执行类实例。

```
@Bean
public TaskExecutor asyncTaskExecutor() {                      // 异步任务
    SimpleAsyncTaskExecutor executor =
            new SimpleAsyncTaskExecutor("spring_batch_");      // 任务名称前缀
    executor.setConcurrencyLimit(
            Runtime.getRuntime().availableProcessors() * 2);   // 并行数量
```

```
    return executor;
}
```

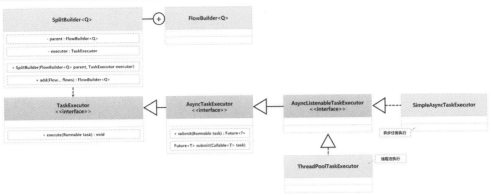

图 5-25　配置异步作业

（2）【batch 子模块】修改 SpringBatchConfig 配置类，添加任务分割器并设置多个 Flow。

```
@Bean
public Job messageJob() {                                    // 批处理作业
    return this.jobBuilderFactory.get("messageJob")          // 创建作业
            .start(this.messageReadStep())
            .split(asyncTaskExecutor())                      // 配置异步执行器
            .add(this.muyanMessageFlow(), this.yootkMessageFlow())// 配置Flow
            .end().build();                                  // 配置项目步骤
}
```

此程序在批处理作业之中会根据当前主机 CPU 的情况配置允许的并行任务数量，随后若干个 Flow 接口实例将采用并行的方式进行处理，这样不仅提高了整体业务的执行性能，也提高了多个 Flow 的并行处理性能。

### 5.3.5　Tasklet

视频名称　0514_【掌握】Tasklet

视频简介　Tasklet 是构成批处理作业的核心单元，在实际的开发中所有数据的读、写以及处理等操作都应由不同的 Tasklet 实例负责。本视频为读者分析内置 Tasklet 接口实现子类的情况，并通过代码演示相关类的使用。

Tasklet 主要用于实现每一个作业步骤的具体任务定义，开发者可以基于 Tasklet 接口定义自己的任务程序，这样在每一个作业步骤执行时，就可以调用对应的 Tasklet。考虑到开发者的程序设计需要，Spring Batch 内置了若干 Tasklet 接口实现子类，这些类的继承结构如图 5-26 所示，每个类的作用如表 5-2 所示。

表 5-2　内置的 Tasklet 接口实现子类

| 序号 | 子类 | 描述 |
| --- | --- | --- |
| 1 | CallableTaskletAdapter | Callable 接口适配器，用于通过 Callable 配置任务处理逻辑 |
| 2 | ChunkOrientedTasklet | 用于 Chunk 处理操作 |
| 3 | MethodInvokingTaskletAdapter | 自定义处理类，用于通过代理方式调用已存在的任务处理逻辑 |
| 4 | SystemCommandTasklet | 系统命令任务类，可以调用系统命令 |

利用内置的 Tasklet 接口实现子类，可以直接按照指定格式进行任务的配置，这样开发者就无须实现 Tasklet 接口。为便于理解，下面通过具体的操作演示 CallableTaskletAdapter 与 MethodInvokingTaskletAdapter 两个实现子类的使用。

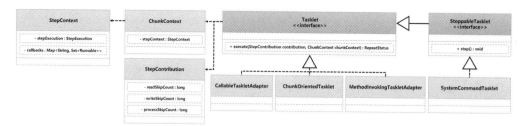

图 5-26　Tasklet 接口实现子类的继承结构

（1）【batch 子模块】使用 CallableTaskletAdapter 适配器类并结合 Callable 进行任务定义。

```java
@Bean
public Job messageJob() {                               // 批处理作业
    return this.jobBuilderFactory.get("messageJob")     // 创建作业
            .start(this.messageStep())                  // 消息处理步骤
            .build();                                   // 配置项目步骤
}
@Bean
public Step messageStep() {                             // 批处理步骤
    CallableTaskletAdapter tasklet = new CallableTaskletAdapter();
    tasklet.setCallable(()->{
        LOGGER.info("消息处理任务：www.yootk.com");
        return RepeatStatus.FINISHED;                   // 完成状态
    });
    return this.stepBuilderFactory.get("messageStep")   // 创建指定名称的步骤
            .tasklet(tasklet).build();  // 创建作业步骤
}
```

（2）【batch 子模块】使用 MethodInvokingTaskletAdapter 适配已有的任务处理类。

```java
@Bean
public Job messageJob() {                               // 批处理作业
    return this.jobBuilderFactory.get("messageJob")     // 创建作业
            .start(this.messageStep())                  // 消息处理步骤
            .build();                                   // 配置项目步骤
}
@Bean
public Step messageStep() {                             // 批处理步骤
    class MessageHandler {                              // 自定义消息处理类
        public RepeatStatus exec() {                    // 步骤处理
            LOGGER.info("消息处理任务：www.yootk.com");
            return RepeatStatus.FINISHED;               // 完成状态
        }
    }
    MethodInvokingTaskletAdapter tasklet =
        new MethodInvokingTaskletAdapter();             // 方法调用任务
    tasklet.setTargetObject(new MessageHandler());      // 自定义类对象
    tasklet.setTargetMethod("exec");                    // 处理方法
    return this.stepBuilderFactory.get("messageStep")   // 创建指定名称的步骤
            .tasklet(tasklet).build();                  // 创建作业步骤
}
```

# 5.4　批处理模型

批处理模型

**视频名称**　0515_【掌握】批处理模型

**视频简介**　批处理的核心意义在于数据的输入与输出操作，结合数据与业务逻辑就可以实现最终的批处理操作。本视频通过完整的对银行对账数据的操作，为读者分析批处理开发中可能存在的问题以及操作流程，并为后续的讲解提供设计依据。

完整的数据批处理开发之中，必然存在原始数据的读取、数据的处理逻辑配置以及数据的存储配置。Spring Batch 提供了完善的批处理管理结构，常见的批处理模型如图 5-27 所示。

图 5-27 批处理模型

在进行数据批处理操作之前，需要协商好数据的存储结构，这样在进行批处理操作时，才可以对数据进行正确的解析。开发中最为常见的 3 种传输数据分别为文本数据、JSON 数据和 XML 数据，如图 5-28 所示。在一些环境中数据也可以通过某些特定的数据库获取。

图 5-28 数据定义

由于批处理的数据文件一般较大，因此为了更好地提升处理性能，开发者往往会基于文本文件的方式进行数据发送。为了便于文本文件的解析，会对文件进行一些格式上的限定，常规的做法是通过图 5-29 所示的定长数据文件，或者基于图 5-30 所示的特定分隔符来处理，而这类文件由于没有包含关系结构的信息，因此被统一称为 Flat 文件。

图 5-29 定长数据文件

图 5-30 特定分隔符

范例：定义对账文本数据（bill.txt）。

```
91197276813101,李兴华,9830.23,2025-10-11 11:21:21,洛阳支行
91197276813101,李兴华,1265.13,2025-10-12 16:16:24,洛阳支行
91197276813101,李兴华,3891.13,2025-11-01 16:05:26,北京支行
91197276813101,李兴华,-1500.00,2025-11-02 20:09:27,北京ATM
91197276813101,李兴华,-1681.98,2025-11-03 15:24:28,信用卡
```

上面模拟了银行对账数据，每一行描述一次账户变动的信息，多个数据项间使用","分隔，根据顺序其组成的结构为"账户编号,姓名,金额,交易时间,交易位置"。为了便于数据读取，本节将该数据文件保存在资源目录（src/main/resources/data/bill.txt）中，下面的开发中读者可以直接通过 CLASSPATH 进行资源加载。

### 5.4.1 LineMapper

视频名称　0516_【掌握】LineMapper

视频简介　批处理中首先需要解决的就是数据的拆分问题，为此 Spring Batch 提供了 LineTokenizer 接口。本视频讲解该接口的作用，并使用该接口提供的默认子类实现数据拆分处理。

LineMapper 提供了一个数据拆分的标准化操作接口，由于传入的数据都有着严格的组织结构，因此在进行数据处理时就需要依据既定的结构对数据进行拆分。如果采用的是以分隔符的方式定义

的数据，则可以通过 DelimitedLineTokenizer 类拆分。如果采用的是定长数据，则可以使用 FixedLengthTokenizer 类拆分。而更加烦琐的数据，则可以使用正则表达式拆分，通过 RegexLineTokenizer 类进行配置。相关类结构如图 5-31 所示。

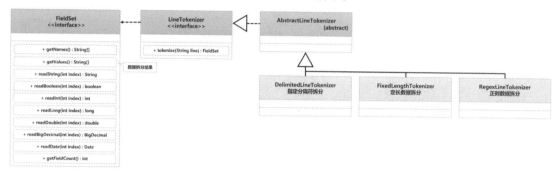

图 5-31　数据拆分操作的相关类结构

LineTokenizer 接口提供了 tokenize()方法，该方法每次会接收一行完整的数据，而后利用不同的子类对这些数据进行有效的拆分，实现结构如图 5-32 所示。为了便于数据的获取，所有返回的数据项会保存在 FieldSet 接口实例之中，在该接口中可以根据索引获取所需数据。下面来看一下数据分隔器的配置与使用。

图 5-32　数据拆分操作

（1）【batch 子模块】在 SpringBatchConfig 配置类中增加数据分隔器的定义，根据数据结构定义分隔符。

```
@Bean
public DelimitedLineTokenizer lineTokenizer() {                          // 数据分隔器
    DelimitedLineTokenizer tokenizer = new DelimitedLineTokenizer(); // 数据分隔器实例
    tokenizer.setDelimiter(",");                                         // 设置分隔符
    return tokenizer;
}
```

（2）【batch 子模块】编写测试类，测试数据拆分操作，并通过 FieldSet 实例获取数据。

```
package com.yootk.test;
@ContextConfiguration(classes = StartSpringBatchApplication.class)   // 启动配置类
@ExtendWith(SpringExtension.class)                                   // 使用JUnit 5测试工具
public class TestLineTokenizer {
    private static final Logger LOGGER = LoggerFactory.getLogger(TestLineTokenizer.class);
    @Autowired
    private DelimitedLineTokenizer lineTokenizer;
    @Test
    public void testSplit() {
        String lineData = "9197276813101,李兴华,9830.23,2025-10-11 11:21:21,洛阳支行";
        FieldSet fieldSet = this.lineTokenizer.tokenize(lineData);     // 数据拆分
        LOGGER.info("【交易信息】账户编号：{}；姓名：{}；金额：{}；交易时间：{}；交易位置：{}",
                fieldSet.readLong(0), fieldSet.readString(1), fieldSet.readDouble(2),
                fieldSet.readDate(3, "yyyy-MM-dd HH:mm:ss"), fieldSet.readString(4));
    }
}
```

程序执行结果：

【交易信息】账户编号：9197276813101；姓名：李兴华；金额：9830.23；交易时间：Sat Oct 11 11:21:21 CST 2025；交易位置：洛阳支行

此程序利用已经配置完成的 DelimitedLineTokenizer 对象实例进行数据拆分操作，考虑到每项数据的类型不同，可以通过 FieldSet 接口提供的方法直接返回目标类型的数据，以简化程序开发。

> 提示：FieldSet 读取数据时拥有纠错能力。
>
> 之所以使用 Spring Batch 提供的结构进行数据读取，是因为在数据中如果出现非法的字符，Spring Batch 可以帮助用户进行有效的过滤。例如，假设当前的交易数据中，账户编号中出现了非数字的信息（其中有字母），程序可以自动屏蔽掉非数字的内容，而只对数字内容进行转型处理，从而保证整个应用不会轻易地抛出异常，从而提升整个应用程序的稳定性。

## 5.4.2 FieldSetMapper

**视频名称** 0517_【掌握】FieldSetMapper

**视频简介** FieldSet 可以保存已拆分的数据，但是考虑到面向对象程序设计的开发要求，数据应该基于对象的方式处理，所以 Spring Batch 提供了 FiledSetMapper 转换支持。本视频为读者分析 Filed Set Mapper 的作用与配置，并基于该接口实现数据与对象实例之间的转换。

为了更好地将批处理文件中的数据与程序中的对象进行对接，Spring Batch 提供了对象映射转换支持，该转换的实现核心在于通过 FieldSet 接口获取已拆分数据，随后将数据填充到指定的对象之中，这样就可以通过数据对象完成后续的批处理操作。对象映射转换的处理流程如图 5-33 所示。

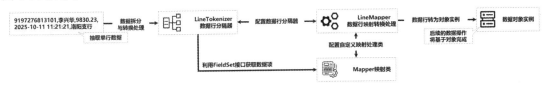

图 5-33 对象映射转换的处理流程

对于数据与对象转换的处理，Spring Batch 提供了一个完善的操作流程，并且提供了 LineMapper 映射转换接口，相关结构如图 5-34 所示。该接口提供了一个 mapLine() 方法，该方法可以接收要处理的数据，随后根据当前数据文件的组织结构选择合适的子类。如果是普通的文本数据，可以通过 DefaultLineMapper 子类进行数据处理；如果是 JSON 数据，则可以使用 JsonLineMapper 子类进行处理。每个子类都需要提供 LineTokenizer 接口实例，利用该接口实例对数据进行拆分，而后通过 FieldSetMapper 接口实例实现 FieldSet 与自定义对象实例之间的转换。为了便于读者理解此过程，下面通过具体的代码进行实现。

（1）【batch 子模块】创建 Bill 对象，利用该对象封装每一条交易记录。

```
package com.yootk.batch.vo;
public class Bill {
    private Long id;                          // 账户编号
    private String name;                      // 姓名
    private Double amount;                    // 金额
    private java.util.Date transaction;       // 交易时间
    private String location;                  // 交易位置
    // Setter方法、Getter方法、无参构造方法、全参构造方法代码略
}
```

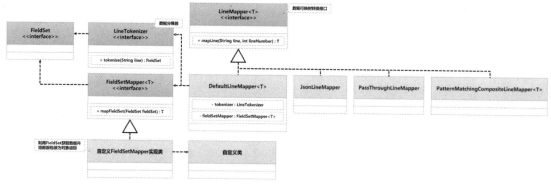

图 5-34　数据行映射转换

（2）【batch 子模块】创建 BillMapper 映射转换处理类。

```java
package com.yootk.batch.mapper;
public class BillMapper implements FieldSetMapper<Bill> {     // 映射转换处理类
    @Override
    public Bill mapFieldSet(FieldSet fieldSet) throws BindException {     // 数据处理
        Bill bill = new Bill();                                          // 创建数据保存对象
        bill.setId(fieldSet.readLong(0));                                // 保存数据项
        bill.setName(fieldSet.readString(1));                            // 保存数据项
        bill.setAmount(fieldSet.readDouble(2));                          // 保存数据项
        bill.setTransaction(fieldSet.readDate(3, "yyyy-MM-dd HH:mm:ss")); // 保存数据项
        bill.setLocation(fieldSet.readString(4));                        // 保存数据项
        return bill;
    }
}
```

（3）【batch 子模块】在 SpringBatchConfig 配置类中注册 BillMapper 对象实例。

```java
@Bean
public BillMapper billMapper() {
    return new BillMapper();
}
```

（4）【batch 子模块】在 SpringBatchConfig 配置类中增加 LineMapper 接口实例的定义。

```java
@Bean
public DefaultLineMapper<Bill> lineMapper() {                        // 映射处理
    DefaultLineMapper<Bill> mapper = new DefaultLineMapper<>();      // 数据映射
    mapper.setLineTokenizer(this.lineTokenizer());                  // 设置分隔器
    mapper.setFieldSetMapper(this.billMapper());                    // 设置数据映射
    return mapper;
}
```

（5）【batch 子模块】编写测试类，利用 LineMapper 接口实例进行数据转换处理。

```java
package co m.yootk.test;
@ContextConfiguration(classes = StartSpringBatchApplication.class)  // 启动配置类
@ExtendWith(SpringExtension.class)                                  // 使用JUnit 5测试工具
public class TestLineMapper {
    private static final Logger LOGGER = LoggerFactory.getLogger(TestLineMapper.class);
    @Autowired
    private LineMapper<Bill> lineMapper;                            // 数据行映射处理
    @Test
    public void testMapper() throws Exception {
        String lineData = "9197276813101,李兴华,9830.23,2025-10-11 11:21:21,洛阳支行";
        Bill bill = this.lineMapper.mapLine(lineData, 0); // 数据处理
        LOGGER.info("{}", bill);
    }
}
```

程序执行结果：

```
【交易信息】账户编号：9197276813101；姓名：李兴华；金额：9830.23；交易时间：Sat Oct 11 11:21:21 CST 2025；
交易位置：洛阳支行
```

当前的测试类中直接注入了 LineMapper 接口的实例，在处理数据时，直接将数据传入 mapLine()
方法内部，就可以通过 LineTokenizer 接口实例实现数据拆分，并利用 BillMapper 自定义映射转换
处理类实现数据的映射转换处理。

## 5.4.3 ItemReader

**视频名称** 0518_【掌握】ItemReader

**视频简介** 数据是批处理操作的核心，在项目开发中数据源有很多，数据的结构定义模式
有很多，为了解决数据读取规范化问题，Spring Batch 提供了 ItemReader 接口。本视频
为读者分析常见的数据源以及 ItemReader 相关实现子类的作用。

一个完整的数据批处理操作中，首先需要解决的就是数据源的问题，不同项目存在不同的应用环
境以及业务背景，所以批处理的数据可能来自文件，也可能来自数据库或者消息组件，如图 5-35 所示。

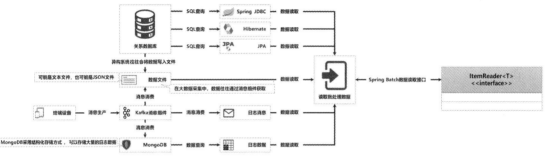

图 5-35　ItemReader 数据读取

面对众多的数据源，Spring Batch 框架提供了 ItemReader 数据读取接口，同时对于常见的数据
读取操作也提供了相应的实现子类，这些子类的核心实现结构如图 5-36 所示。由于本节的批处理
数据定义在文件（保存在应用路径下）之中，因此将使用 FlatFileItemReader 子类实现数据读取操
作，具体的代码实现如下。

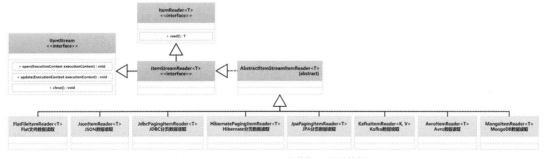

图 5-36　ItemReader 子类的核心实现结构

（1）【batch 子模块】修改 SpringBatchConfig 配置类，追加 FlatFileItemReader 实例配置。

```java
@Bean
public FlatFileItemReader<Bill> reader() {                           // 输入流
    FlatFileItemReader<Bill> reader = new FlatFileItemReader();      // 文件输入流
    reader.setLineMapper(this.lineMapper());                        // 数据行映射
    PathMatchingResourcePatternResolver resolver =
        new PathMatchingResourcePatternResolver();                  // 资源匹配
    String filePath = "classpath:data/bill.txt";                    // 映射文件匹配路径
```

```
    reader.setResource(resolver.getResource(filePath));              // 资源配置
    return reader;
}
```

（2）【batch 子模块】编写测试类，通过 ItemReader 进行数据读取。

```
package com.yootk.test;
@ContextConfiguration(classes = StartSpringBatchApplication.class)  // 启动配置类
@ExtendWith(SpringExtension.class)                          // 使用JUnit 5测试工具
public class TestItemReader {
    private static final Logger LOGGER = LoggerFactory.getLogger(TestItemReader.class);
    @Autowired
    private FlatFileItemReader<Bill> itemReader;              // 数据读取
    @Test
    public void testMapper() throws Exception {
        this.itemReader.open(new ExecutionContext());  // 设置执行上下文
        Bill bill = null;                              // 保存读取的数据
        while ((bill = itemReader.read()) != null) {  // 对象读取
            LOGGER.info("{}", bill);
        }
    }
}
```

程序执行结果：

```
【交易信息】ID: 9197276813101; 姓名: 李兴华; 金额: 9830.23; …
【交易信息】ID: 9197276813101; 姓名: 李兴华; 金额: 1265.13; …
【交易信息】ID: 9197276813101; 姓名: 李兴华; 金额: 3891.13; …
【交易信息】ID: 9197276813101; 姓名: 李兴华; 金额: -1500.0; …
【交易信息】ID: 9197276813101; 姓名: 李兴华; 金额: -1681.98; …
```

此时的程序已经实现了数据的读取操作，每读取完一行数据，会通过 FieldSetMapper 接口的实现子类将数据转为对象的形式返回，至此一个完整的数据读取模型就实现了。

使用 FlatFileItemReader 每次只能够读取一个数据文件，但是在现实的开发中，考虑到批处理文件过大，开发者会按照文件存储的阈值进行文件拆分操作，若要同时读取多个资源文件，就需要通过 MultiResourceItemReader 子类实现。需要注意的是，该类仅仅提供资源配置，具体的资源读取依然由 FlatFileItemReader 实现。设计结构如图 5-37 所示。

图 5-37　多个资源文件读取的设计结构

（3）【batch 子模块】修改 SpringBatchConfig 配置类，利用资源通配符对 data 目录下的文件进行资源匹配加载。

```
@Bean
public FlatFileItemReader<Bill> reader() {                        // 输入流
    FlatFileItemReader<Bill> reader = new FlatFileItemReader();  // 文件输入流
    reader.setLineMapper(this.lineMapper());                    // 数据行映射
    return reader;
}
@Bean
public MultiResourceItemReader<Bill> multiReader() throws IOException {    // 输入流
    MultiResourceItemReader<Bill> reader = new MultiResourceItemReader();  // 多个资源文件输入
    reader.setDelegate(this.reader());                          // 文件输入配置
```

```
    PathMatchingResourcePatternResolver resolver =
        new PathMatchingResourcePatternResolver();           // 资源匹配
    String filePath = "classpath:data/*.txt";                // 映射文件匹配路径
    reader.setResources(resolver.getResources(filePath));    // 资源配置
    return reader;
}
```

（4）【batch 子模块】编写测试类，基于 MultiResourceItemReader 实现数据读取。

```
package com.yootk.test;
@ContextConfiguration(classes = StartSpringBatchApplication.class)  // 启动配置类
@ExtendWith(SpringExtension.class)                          // 使用JUnit 5测试工具
public class TestMultiResourceItemReader {
    private static final Logger LOGGER =
LoggerFactory.getLogger(TestMultiResourceItemReader.class);
    @Autowired
    private MultiResourceItemReader<Bill> multiReader;      // 数据读取
    @Test
    public void testReader() throws Exception {
        this.multiReader.open(new ExecutionContext());      // 执行上下文
        Bill bill = null;                                    // 保存读取的数据
        while ((bill = multiReader.read()) != null) {       // 数据读取
            LOGGER.info("{}", bill);
        }
    }
}
```

此时的程序不再通过单一的文件进行数据读取，而是根据资源通配符的匹配情况获取操作数据。用户只需要配置好数据文件的后缀，即可使其参与到批处理之中。

### 5.4.4 ItemProcessor

视频名称 0519_【掌握】ItemProcessor

视频简介 批处理数据文件往往包含很多数据，对这些原始的数据可能要进行相应的处理，所以 Spring Batch 提供了 ItemProcessor 接口。本视频分析该接口的作用，并通过具体的实例讲解类型转换功能的配置。

我们已经成功实现文本数据与 Bill 对象实例之间的转换操作，但是由于不同批处理业务的需求不同，可能某些操作中要用到 Bill 对象，而某些操作中要用到 Account 对象，此时就需要进行对象结构的转换。为了便于这样的转换操作，Spring Batch 提供了 ItemProcessor 接口。在定义该接口实例时，需要设置好源对象与目标对象类型，而后调用 process()方法实现最终的转换处理（见图 5-38）。下面来看一下该接口的具体使用。

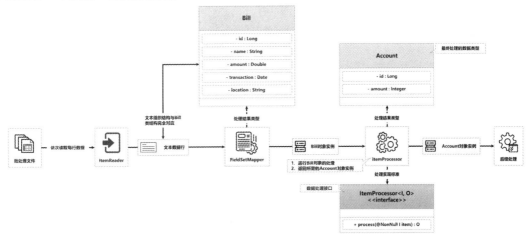

图 5-38 ItemProcessor 数据处理

（1）【batch 子模块】创建 Account 程序类，用于保存账户交易的金额数据。

```
package com.yootk.batch.vo;
public class Account {
    private Long id;                          // 账户编号
    private Integer amount;                   // 金额
    // Setter方法、Getter方法、无参构造方法、多参构造方法、toString()方法等略
}
```

（2）【batch 子模块】创建 BillToAccountItemProcessor 数据处理类，将传入的 Bill 对象转为 Account 对象。

```
package com.yootk.batch.processor;
public class BillToAccountItemProcessor implements ItemProcessor<Bill, Account> {
    @Override
    public Account process(Bill item) throws Exception {
        Account account = new Account();                    // 实例化账户数据
        account.setId(item.getId());                        // 账户编号
        account.setAmount((int) (item.getAmount() * 100));  // 数据存储
        return account;
    }
}
```

（3）【batch 子模块】在 SpringBatchConfig 配置类中注册 ItemProcessor 对象实例。

```
@Bean
public ItemProcessor<Bill, Account> itemProcessor() {
    return new BillToAccountItemProcessor();
}
```

（4）【batch 子模块】编写测试类实现转换处理。

```
package com.yootk.test;
@ContextConfiguration(classes = StartSpringBatchApplication.class)  // 启动配置类
@ExtendWith(SpringExtension.class)                                  // 使用JUnit 5测试工具
public class TestItemProcessor {
    private static final Logger LOGGER = LoggerFactory.getLogger(TestItemProcessor.class);
    @Autowired
    private FlatFileItemReader<Bill> itemReader;                     // 数据读取
    @Autowired
    private ItemProcessor<Bill, Account> itemProcessor;             // 数据处理
    @Test
    public void testProcess() throws Exception {
        this.itemReader.open(new ExecutionContext());               // 执行上下文
        Bill bill = null;                                           // 保存读取的数据
        while ((bill = itemReader.read()) != null) {               // 数据读取
            LOGGER.info("{}", this.itemProcessor.process(bill));   // 数据处理
        }
    }
}
```

程序执行结果：

```
【账户信息】账户编号：9197276813101；金额：983023
【账户信息】账户编号：9197276813101；金额：126513
【账户信息】账户编号：9197276813101；金额：389113
【账户信息】账户编号：9197276813101；金额：-150000
【账户信息】账户编号：9197276813101；金额：-168198
```

ItemProcessor 提供了一个数据转换的处理类，只需要传入源对象实例，就可以按照子类定义的方式进行所需的处理。考虑到实际开发的需要，Spring Batch 也内置了一些 ItemProcessor 接口的实现子类，如图 5-39 所示。

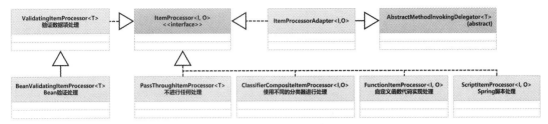

图 5-39 ItemProcessor 接口的实现子类

由于开发中数据转换处理使用较多，因此 ItemProcessor 接口提供了 ScriptItemProcessor 实现子类。该类可以基于 Spring 的脚本支持环境，通过 JavaScript 配置数据转换的操作代码，配置结构如图 5-40 所示。这样的配置有助于处理逻辑的修改与维护。下面通过具体的配置，修改当前的 ItemProcessor 实例的定义。

图 5-40 ItemProcessor 的配置结构

（5）【SSM 项目】修改 build.gradle 配置文件，为 batch 子模块引入 Java Script 引擎依赖库。

```
implementation('org.openjdk.nashorn:nashorn-core:15.4')
```

（6）【batch 子模块】在 src/main/resources 源代码目录中创建 data/billToAccount.js 脚本文件。

```
var account = new com.yootk.batch.vo.Account();    // 对象实例化
account.id = item.getId();                         // 属性设置
account.amount = parseInt(item.getAmount() * 100); // 属性设置
account;
```

（7）【batch 子模块】修改 SpringBatchConfig 配置类中的 itemProcessor()方法的定义，使其通过脚本进行数据处理。

```
@Bean
public ItemProcessor<Bill, Account> itemProcessor() {
    ScriptItemProcessor<Bill, Account> itemProcessor =
        new ScriptItemProcessor<>();                     // 脚本处理模式
    PathMatchingResourcePatternResolver resolver =
        new PathMatchingResourcePatternResolver();       // 资源匹配
    String filePath = "classpath:js/billToAccount.js";   // 映射文件匹配路径
    itemProcessor.setScript(resolver.getResource(filePath));
    itemProcessor.setItemBindingVariableName("item");    // 绑定属性名称，默认为item
    return itemProcessor;
}
```

此时的配置类中明确地加载了要参与数据处理的脚本，在脚本处理完成后，所返回的依然为 Account 类的对象，所以在进行代码测试时，可以直接使用步骤（4）所配置的测试类，无须进行修改即可得到相同的处理结果。

## 5.4.5 ItemWriter

**视频名称** 0520_【掌握】ItemWriter

**视频简介** 数据批处理结果的写入，需要通过 ItemWriter 进行标准化的配置，同时 Spring Batch 框架也提供了各类常用的写入机制。本视频基于数据库实现批处理结果的保存。

在对数据进行了若干步处理后，开发者已经从中获取了所需的重要信息。为了方便后续使用，需要对这些数据进行存储。考虑到实际应用的业务区别，Spring Batch 提供了消息组件存储、数据库存储、文件存储支持，如图 5-41 所示。

图 5-41  ItemWriter 实现批处理结果存储

为了满足不同数据存储的需要，Spring Batch 提供了 ItemWriter 接口，该接口默认提供不同的实现子类，这些子类的继承结构如图 5-42 所示。下面基于 Spring JDBC 的方式将批处理的结果保存在数据库之中。

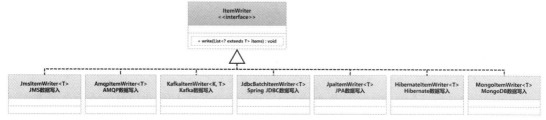

图 5-42  ItemWriter 接口提供的子类的继承结构

（1）【MySQL 数据库】创建 account 数据表，用于保存批处理结果，注意此时的 "id" 不要添加主键约束。

```
DROP DATABASE IF EXISTS yootk;
CREATE DATABASE yootk CHARACTER SET UTF8;
USE yootk;
CREATE TABLE account (
    id BIGINT,
    amount  INT
) ENGINE=InnoDB;
```

（2）【batch 子模块】修改 database.properties 配置文件，定义第二个数据源配置项。

```
yootk.database.driverClassName=com.mysql.cj.jdbc.Driver    # 数据库驱动程序
yootk.database.jdbcUrl=jdbc:mysql://localhost:3306/yootk    # 数据库连接地址
yootk.database.username=root                                # 数据库用户名
yootk.database.password=mysqladmin                          # 数据库密码
yootk.database.connectionTimeOut=3000                       # 数据库连接超时
yootk.database.readOnly=false                               # 非只读数据库
yootk.database.pool.idleTimeOut=3000                        # 一个连接的最小维持时长
yootk.database.pool.maxLifetime=60000                       # 一个连接的最大维持生命周期
yootk.database.pool.maximumPoolSize=60                      # 连接池中的最大维持连接数量
yootk.database.pool.minimumIdle=20                          # 连接池中的最小维持连接数量
```

（3）【batch 子模块】创建 YootkDataSourceConfig 配置类，定义新的数据源。

```
package com.yootk.config;
@Configuration                                              // 配置类
@PropertySource("classpath:config/database.properties")     // 配置加载
public class YootkDataSourceConfig {                        // 数据源配置Bean
    @Value("${yootk.database.driverClassName}")             // 资源文件读取配置项
    private String driverClassName;                          // 数据库驱动程序
    @Value("${yootk.database.jdbcUrl}")                     // 资源文件读取配置项
```

```
    private String jdbcUrl;                                     // 数据库连接地址
    @Value("${yootk.database.username}")                        // 资源文件读取配置项
    private String username;                                    // 用户名
    @Value("${yootk.database.password}")                        // 资源文件读取配置项
    private String password;                                    // 密码
    @Value("${yootk.database.connectionTimeOut}")               // 资源文件读取配置项
    private long connectionTimeout;                             // 连接超时
    @Value("${yootk.database.readOnly}")                        // 资源文件读取配置项
    private boolean readOnly;                                    // 只读配置
    @Value("${yootk.database.pool.idleTimeOut}")                // 资源文件读取配置项
    private long idleTimeout;                                    // 连接的最小维持时长
    @Value("${yootk.database.pool.maxLifetime}")                // 资源文件读取配置项
    private long maxLifetime;                                    // 连接的最大生命周期
    @Value("${yootk.database.pool.maximumPoolSize}")            // 资源文件读取配置项
    private int maximumPoolSize;                                 // 连接池中的最大维持连接数量
    @Value("${yootk.database.pool.minimumIdle}")                // 资源文件读取配置项
    private int minimumIdle;                                     // 连接池中的最小维持连接数量
    @Bean("yootkDataSource")                                    // Bean注册
    public DataSource yootkDataSource() {                       // 配置数据源
        HikariDataSource dataSource = new HikariDataSource();   //DataSource子类实例化
        dataSource.setDriverClassName(this.driverClassName);    // 驱动程序
        dataSource.setJdbcUrl(this.jdbcUrl);                    // JDBC连接地址
        dataSource.setUsername(this.username);                  // 用户名
        dataSource.setPassword(this.password);                  // 密码
        dataSource.setConnectionTimeout(this.connectionTimeout); // 连接超时
        dataSource.setReadOnly(this.readOnly);                  // 是否为只读数据库
        dataSource.setIdleTimeout(this.idleTimeout);            // 连接的最小维持时长
        dataSource.setMaxLifetime(this.maxLifetime);            // 连接的最大生命周期
        dataSource.setMaximumPoolSize(this.maximumPoolSize);    // 连接池中的最大维持连接数量
        dataSource.setMinimumIdle(this.minimumIdle);            // 连接池中的最小维持连接数量
        return dataSource;                                      // 返回Bean实例
    }
}
```

（4）【batch 子模块】修改 SpringBatchConfig 配置类，注入指定的 DataSource 接口实例，并基于 JdbcBatchItemWriter 实现数据输出配置。

```
@Autowired
private DataSource yootkDataSource;                             // 注入DataSource接口实例
@Bean
public JdbcBatchItemWriter<Account> itemWriter() {             // 数据写入处理
    JdbcBatchItemWriter<Account> itemWriter = new JdbcBatchItemWriter<>();
    itemWriter.setDataSource(this.yootkDataSource);            // 设置数据源
    String sql = "INSERT INTO account (id, amount) VALUES (:id, :amount)";
    itemWriter.setSql(sql);
    itemWriter.setItemSqlParameterSourceProvider(
        new BeanPropertyItemSqlParameterSourceProvider<>());   // SQL参数配置
    return itemWriter;
}
```

（5）【batch 子模块】编写测试类，测试数据库的数据写入是否正确。

```
package com.yootk.test;
@ContextConfiguration(classes = StartSpringBatchApplication.class) // 启动配置类
@ExtendWith(SpringExtension.class)                             // 使用JUnit 5测试工具
public class TestItemWriter {
    private static final Logger LOGGER = LoggerFactory.getLogger(TestItemWriter.class);
    @Autowired
    private ItemWriter<Account> itemWriter;                    // 数据写入
    @Autowired
    private MultiResourceItemReader<Bill> multiReader;         // 数据读取
    @Autowired
```

```
    private ItemProcessor<Bill, Account> itemProcessor;          // 数据处理
    @Test
    public void testWriter() throws Exception {
        List<Account> accountList = new ArrayList<>();           // 保存账户集合
        this.multiReader.open(new ExecutionContext());           // 执行上下文
        Bill bill = null;                                        // 保存读取的数据
        while ((bill = multiReader.read()) != null) {            // 数据读取
            accountList.add(this.itemProcessor.process(bill));   // 对象存储
        }
        this.itemWriter.write(accountList);                      // 批量写入
    }
}
```

在进行数据写入时，ItemWriter 接口定义的 write()方法采用的是批量写入的方式，所以会将每次获取的数据保存到 List 集合之中，而后在 JdbcBatchItemWriter 子类中实现数据批量写入数据库的操作。

### 5.4.6　创建批处理作业

视频名称　0521_【掌握】创建批处理作业

视频简介　完整的批处理链条搭建完毕后，就需要进行作业的配置，还需要考虑外部参数路径的定义。本视频将定义完整的批处理作业，分析@StepScope 注解的作用，并根据作业参数实现动态资源的加载。

创建批处理作业

Spring Batch 是以作业的形式进行处理的，所以最终的作业执行依然要通过 JobLauncher 实例触发，这样就需要在应用中进行作业以及作业步骤的配置。一个完整的作业步骤包含数据输入（ItemReader）、数据处理（ItemProcessor）以及数据输出（ItemWriter）等几项核心操作，作业配置结构应如图 5-43 所示。

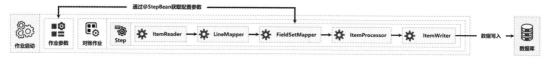

图 5-43　作业配置结构

考虑到代码配置的灵活性，Spring Batch 提供了@StepScope 注解，表示一个 Bean 的生命周期只在作业步骤范围之内，并且只有配置了该注解的 Bean 对象，才可以获取 JobParameters 配置的参数，这样可以实现更加灵活的编程结构。下面对先前的操作进行整合，使之形成一个完整的批处理作业。

> 提示：@StepScope 的适用范围。
>
> @Step Scope 注解是由 Spring Batch 提供的，需要与@Bean 注解一起使用，同时只能够用于 Step 的底层处理单位（ItemReader、ItemProcessor、ItemWriter、Tasklet）。结合@Value 注解与"#{jobParameters[参数名称]}"资源表达式可以获取 JobParameters 参数中的内容。

（1）【batch 子模块】修改 SpringBatchConfig 配置类，对于当前的资源输入路径将通过作业执行参数配置。

```
@Bean
@StepScope                                                        // 作业步骤处理范围
public MultiResourceItemReader<Bill> multiReader(
    @Value("#{jobParameters[path]}") String path) throws IOException { // 输入流
MultiResourceItemReader<Bill> reader = new MultiResourceItemReader(); // 多个资源文件输入
reader.setDelegate(this.reader());                                // 文件输入配置
PathMatchingResourcePatternResolver resolver =
    new PathMatchingResourcePatternResolver();                    // 资源匹配
```

```
    reader.setResources(resolver.getResources(path));              // 资源配置
    return reader;
}
```

（2）【batch 子模块】在 SpringBathConfig 配置类中定义 billStep()处理方法。

```
@Autowired
private MultiResourceItemReader<Bill> multiReader;              // 数据输入流
@Bean
public Step billStep() throws Exception {                        // 批处理步骤
    return this.stepBuilderFactory.get("billStep")              // 创建作业步骤
            .chunk(5)                                           // 每次处理5条记录
            .reader(this.multiReader)                           // 设置输入项
            .processor(this.itemProcessor())                    // 处理器
            .writer(this.itemWriter())                          // 设置写入处理
            .build();                                           // 构建Step实例
}
```

（3）【batch 子模块】在 SpringBatchConfig 配置类中定义作业实例。

```
@Bean
public Job billJob() throws Exception {                          // 批处理作业
    return this.jobBuilderFactory.get("billJob").flow(billStep()).end().build();
}
```

（4）【batch 子模块】编写测试类并传入资源路径。

```
package com.yootk.test;
@ContextConfiguration(classes = StartSpringBatchApplication.class)   // 启动配置类
@ExtendWith(SpringExtension.class)                              // 使用JUnit 5测试工具
public class TestBillJob {
    private static final Logger LOGGER = LoggerFactory.getLogger(TestBillJob.class);
    @Autowired
    private Job billJob;                                        // 获取作业实例
    @Autowired
    private JobLauncher launcher;                               // 作业运行器
    @Test
    public void testJobRun() throws Exception {
        JobParameters jobParams = new JobParametersBuilder()
                .addString("project", "muyan-yootk")           // 参数配置
                .addString("path", "classpath:data/*.txt")     // 参数配置
                .addString("url", "www.yootk.com")             // 参数配置
                .addLong("timestamp", System.currentTimeMillis())// 参数配置
                .toJobParameters();                            // 转换为作业参数
        this.launcher.run(this.billJob, jobParams);            // 任务运行
    }
}
```

本程序在每次执行时，需要通过 JobParameters 设置相应的作业参数。可以通过 path 参数进行作业处理文件的路径配置，作业启动后，程序会根据 billStep()方法进行数据读写处理。

### 5.4.7 操作监听

操作监听

视频名称 0522_【理解】操作监听

视频简介 为了便于 Spring 对数据处理步骤进行监听，Spring Batch 针对数据读取、数据处理以及数据写入提供了监听接口。本视频为读者讲解这些接口的操作，并通过实例代码分析数据写入监听接口，以及它与 chunk()配置方法之间的关联。

一次完整的数据写入操作需要进行大量的底层逻辑单元的配置,数据在其中的每一步处理中都可以通过监听器来获取。考虑到核心的底层单元包括读、处理、写 3 个操作，所以监听接口也有 3

个，分别是数据读取监听接口（ItemReadListener）、数据处理监听接口（ItemProcessListener）、数据写入监听接口（ItemWriteListener）。这 3 个接口的定义以及相关配置方法如图 5-44 所示。

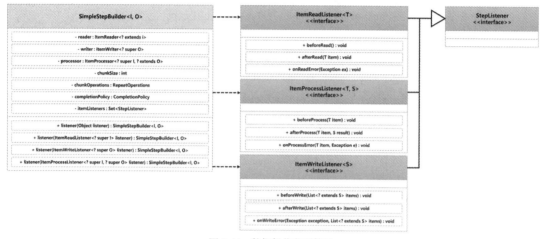

图 5-44　数据操作监听接口

可以发现这 3 个监听接口全部都属于 StepListener 的子接口，StepListener 只是一个标记性的接口，并未定义具体的处理方法，针对数据读取、数据写入以及数据处理会提供相应的子接口。为便于读者理解这些接口的作用，下面使用 ItemWriteListener 接口对数据写入操作进行监听。

（1）【batch 子模块】创建 ItemWriteListener 接口实现子类。

```
package com.yootk.batch.listener;
public class AccountItemWriteListener implements ItemWriteListener {
    private static final Logger LOGGER =
        LoggerFactory.getLogger(AccountItemWriteListener.class);
    @Override
    public void beforeWrite(List items) {          // 数据写入
        LOGGER.info("【数据写入监听】数据写入长度：{}", items.size());
    }
}
```

（2）【batch 子模块】在 SpringBatchConfig 配置类中注册 ItemWriteListener 接口实例。

```
@Bean
public AccountItemWriteListener itemWriteListener() {    // 数据写入监听
    return new AccountItemWriteListener();
}
```

（3）【batch 子模块】修改 SpringBatchConfig 配置类，在 billStep()配置方法中配置数据写入监听实例。

```
@Bean
public Step billStep() throws Exception {          // 批处理步骤
    return this.stepBuilderFactory.get("billStep")  // 创建作业
        .chunk(5)                                  // 每次处理5条记录
        .listener(this.itemWriteListener())        // 数据写入监听
        .reader(this.multiReader)                  // 设置输入项
        .processor(this.itemProcessor())           // 处理器
        .writer(this.itemWriter())                 // 设置写入处理
        .build();                                  // 构建Step实例
}
```

程序执行结果：

```
【数据写入监听】数据写入长度：5
```

此时的监听类已经配置在了 Step 实例之中，当前配置的 chunk()方法的长度为 5，表示每产生 5 条记录就会进行一次写入处理，因此 AccountItemWriteListener 类的 beforeWrite()方法中的集合长度为 5。

# 5.5 Chunk

视频名称 0523_【掌握】Chunk

视频简介 Chunk 是批处理的核心概念，实现了一个批处理的完整定义。本视频讲解一个完整批处理操作的各个组成结构，并且基于 CompletionPolicy 实现 Chunk 处理逻辑中的完成策略配置。

Step 在进行批处理操作时，依靠 Tasklet 接口定义具体的处理步骤，而一个作业步骤有可能需要数据读取、数据处理以及数据写入 3 个核心逻辑。为了便于执行任务的定义，Spring Batch 提供了 Chunk，其关联结构如图 5-45 所示。

图 5-45 Chunk 的关联结构

Chunk 元素定义面向批处理操作，一个完整的 Chunk 处理操作包含数据读取、数据处理以及数据写入 3 种逻辑，除此之外也支持数据的跳过策略、错误重试策略以及事务处理策略。SimpleStepBuilder 类对于 Chunk 的配置提供了两种不同的定义方法，如图 5-46 所示。

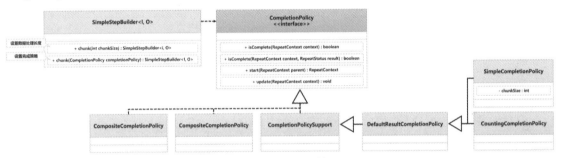

图 5-46 Chunk 配置

考虑到批处理问题，在每一次数据处理时，都需要进行多条数据的处理。为了进一步规范 Chunk 配置，Spring Batch 提供了 CompletionPolicy 完成策略接口，该接口提供了若干个子类，以 SimpleCompletionPolicy 为例，该类中定义了一个 chunkSize 属性，该属性的值表示每次批处理的数据长度。下面来看一下具体的配置实现。

（1）【batch 子模块】在 SpringBatchConfig 配置类中定义 CompletionPolicy 实例。

```
@Bean
public CompletionPolicy completionPolicy() {
    SimpleCompletionPolicy policy = new SimpleCompletionPolicy();     // 完成策略
    policy.setChunkSize(5);                                           // 批处理的数据长度
    return policy;
}
```

（2）【batch 子模块】修改 SpringBatchConfig 配置类中的 billStep()定义，替换掉已有的 chunk()方法。

```
@Bean
public Step billStep() throws Exception {                   // 批处理步骤
    return this.stepBuilderFactory.get("billStep")          // 创建作业
        .chunk(this.completionPolicy())                     // 配置完成策略
```

```
        .listener(this.itemWriteListener())          // 数据写入监听
        .reader(this.multiReader)                     // 设置输入项
        .processor(this.itemProcessor())             // 处理器
        .writer(this.itemWriter())                    // 设置写入处理
        .build();                                     // 构建Step实例
}
```

此程序利用完成策略配置了批处理操作的数据长度，在处理 5 条数据之后，会进行数据的写入处理。需要注意的是，SimpleStepBuilder 类提供的两个 chunk()方法不允许同时出现。

### 5.5.1　ChunkListener

**视频名称** 0524_【掌握】ChunkListener

**视频简介** Chunk 实现了完整的数据读写处理，为了便于用户对 Chunk 状态的监听操作，Spring Batch 提供了专属的 ChunkListener 监听接口。本视频讲解该监听接口的使用，同时总结 Spring Batch 中所有监听接口的层次关系。

Chunk 实现了每一个作业步骤中的核心操作逻辑定义，作业步骤在执行时会根据其配置的完成策略，重复地执行 Chunk 操作。为了便于用户实现 Chunk 状态的监听操作，Spring Batch 提供了 ChunkListener 监听接口，开发者利用该接口的实例可以在 Chunk 操作执行前后以及异常产生时进行所需操作，ChunkListener 接口的结构如图 5-47 所示。

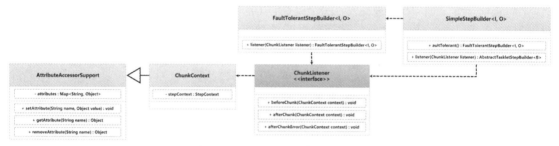

图 5-47　ChunkListener 接口的结构

在批处理作业中配置 ChunkListener，需要通过 FaultTolerantStepBuilder（容错步骤生成器）对象实例实现。在进行 Chunk 操作监听时，可以利用 ChunkContext 对象实例获取当前 Chunk 以及作业步骤的相关信息。而为了便于 Chunk 属性的传递，可以利用 AttributeAccessor Support 类提供的方法进行处理。下面来看一下 ChunkListener 的具体使用。

（1）【batch 子模块】创建 ChunkListener 接口子类。

```
package com.yootk.batch.listener;
public class BillStepChunkListener implements ChunkListener {
    private static final Logger LOGGER =
        LoggerFactory.getLogger(BillStepChunkListener.class);
    @Override
    public void beforeChunk(ChunkContext context) {
        context.setAttribute("book", "《SSM开发实战》");
        LOGGER.info("【Chunk监听 - beforeChunk()】步骤名称：{}；完成状态：{}",
            context.getStepContext().getStepName(), context.isComplete());
    }
    @Override
    public void afterChunk(ChunkContext context) {
        LOGGER.info("【Chunk监听 - afterChunk()】步骤名称：{}；完成状态：{}，book属性：{}",
            context.getStepContext().getStepName(), context.isComplete(),
            context.getAttribute("book"));
    }
    @Override
```

```
public void afterChunkError(ChunkContext context) {
    LOGGER.info("【Chunk监听 - afterChunkError()】步骤名称: {}; 完成状态: {}",
        context.getStepContext().getStepName(), context.isComplete());
}
}
```

（2）【batch 子模块】在 SpringBatchConfig 配置类中注册 ChunkListener 对象实例。

```
@Bean
public BillStepChunkListener chunkListener() {
    return new BillStepChunkListener();                // Chunk监听
}
```

（3）【batch 子模块】修改 SpringBatchConfig 配置类中的 billStep()配置方法，为其追加 ChunkListener 接口实例。

```
@Bean
public Step billStep() throws Exception {              // 批处理步骤
    return this.stepBuilderFactory.get("billStep")     // 创建作业
        .chunk(this.completionPolicy())                // Chunk完成策略
        .transactionManager(this.transactionManager()) // 事务管理器
        .listener(this.itemWriteListener())            // 数据写入监听
        .reader(this.multiReader)                      // 设置输入项
        .processor(this.itemProcessor())               // 处理器
        .writer(this.itemWriter())                     // 设置写入处理
        .faultTolerant()                               // 失败处理
        .listener(this.chunkListener())                // Chunk监听器
        .build();                                      // 构建Step实例
}
```

程序执行结果（抽取一次结果）：

```
【Chunk监听 - beforeChunk()】步骤名称: billStep; 完成状态: false
【Chunk监听 - afterChunk()】步骤名称: billStep; 完成状态: true; book属性:《SSM开发实战》
```

在 ChunkListener 的监听操作中，可以利用 ChunkContext 对象实例设置 Chunk 上下文的属性，这样就可以在 afterChunk()方法执行时获取 beforeChunk()方法所设置的标记属性，利用该接口的特性可以满足日志记录的处理需要。

> 💡 提示：Spring Batch 中的监听接口。
>
> Spring Batch 中的每一个元素几乎都有与之对应的监听接口，这样的设计便于开发者进行各个处理环节的监听。图 5-48 所示为这些接口的监听范围。
>
>
>
> 图 5-48　Spring Batch 的监听接口
>
> 为了进一步简化监听接口的实现结构，Spring Batch 提供与之相匹配的注解。在使用这些注解时需要考虑到方法定义参数的要求，而这些信息只能通过阅读相关接口的源代码获取。

### 5.5.2　Chunk 事务处理

Chunk 事务处理

视频名称　0525_【掌握】Chunk 事务处理

视频简介　Chunk 采用批处理的方式进行数据的写入操作,所以在每次执行时都会提供完整的事务处理。本视频为读者分析 Spring Batch 中的事务处理形式,并通过实例讲解如何在 Chunk 中实现自定义事务 Bean 的操作。

一个完整的批处理操作以作业步骤作为批处理的基本配置单位,考虑到数据处理的简洁性,每一个作业步骤都有独立的事务支持,而作业步骤执行 Chunk 时,也都会开启独立的事务。在完整的批处理读写过程中,事务会工作在 Chunk 之中,并且根据数据量以及批处理数据长度的配置,事务可能会重复执行多次。处理结构如图 5-49 所示。

图 5-49　事务处理结构

Spring Batch 使用 Spring 提供的 PlatformTransactionManager 实现了事务处理支持,用户在进行作业步骤配置的时候,可以利用 transactionManager()方法配置具体的事务处理实例,配置结构如图 5-50 所示。由于当前应用使用数据库作为批处理数据的存储位置,所以下面可以通过 DataSourceTransactionManager 实现类进行事务配置,具体实现步骤如下。

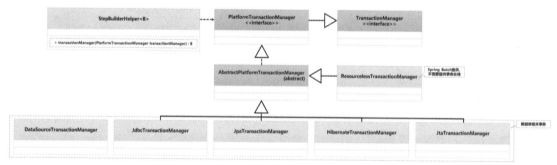

图 5-50　作业步骤事务配置结构

 提示:Spring Batch 内置数据库事务。

使用 Spring Batch 的项目一旦运行,就需要通过数据库进行一些作业信息的记录,所以 Spring Batch 在启动注解(@EnableBatchProcessing)配置处,会自动为用户创建一个 DataSourceTransactionManager 事务管理类。本节所讲解的数据库事务与实际业务开发中的数据库事务无关,只是 Chunk 每一次执行时的事务。

(1)【batch 子模块】在 SpringBatchConfig 配置类中追加事务管理器的定义。

```
@Autowired
@Qualifier("yootkDataSource")                                    // Bean名称标记
private DataSource yootkDataSource;                              // 注入数据源实例
@Bean
public PlatformTransactionManager transactionManager() {        // 数据源事务
   return new DataSourceTransactionManager(this.yootkDataSource);
}
```

(2)【batch 子模块】修改 SpringBatchConfig 配置类中的 billStep()配置方法,为作业步骤配置事务管理器实例。

```
@Bean
public Step billStep() throws Exception {          // 批处理步骤
    return this.stepBuilderFactory.get("billStep")  // 创建作业
        .chunk(this.completionPolicy())             // Chunk完成策略
        .transactionManager(this.transactionManager())  // 事务管理器
        .listener(this.itemWriteListener())         // 数据写入监听
        .reader(this.multiReader)                   // 设置输入项
        .processor(this.itemProcessor())            // 处理器
        .writer(this.itemWriter())                  // 设置写入处理
        .build();                                   // 构建Step实例
}
```

此时的程序已经手动为BillStep配置了数据库事务,这样在向指定数据源进行批量结果保存时,就可以通过该事务对象进行有效的控制。

### 5.5.3 异常跳过机制

异常跳过机制

**视频名称** 0526_【掌握】异常跳过机制

**视频简介** 为了解决批处理作业可能因各类异常产生的执行中断问题,Spring Batch 提供了异常跳过支持。本视频通过具体的案例为读者分析异常跳过机制的使用特点,同时讲解 SkipListener 接口的作用以及异常信息的记录。

Spring Batch 的数据批处理可表示为大量处理单元的总和,默认情况下批处理中只要有一个处理单元产生了异常,就可能导致整个批处理作业执行中断,如图 5-51 所示。

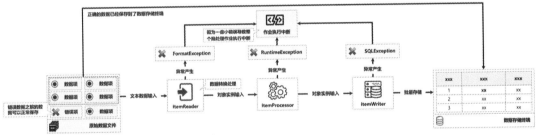

图 5-51 批处理作业执行中断

由于批处理作业的事务是以 Chunk 为单元进行控制的,因此正确的批处理数据结构是可以正常保存的,但是错误产生之后的数据将无法正常保存,这就会导致批处理作业不完整。为了让批处理作业正常执行完毕,Spring Batch 提供了异常跳过机制,这样当某些异常产生时程序就会跳过当前数据,并对下一条数据进行处理。以 ItemReader 的异常跳过机制为例,处理流程如图 5-52 所示。

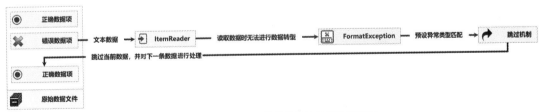

图 5-52 ItemReader 的异常跳过机制处理流程

虽然使用异常跳过机制可以有效地解决批处理作业执行中断的问题,但是这些错误数据本身依然具有某些价值,需要对这些错误数据进行有效的监听。为此 Spring Batch 提供了 SkipListener 监听接口,该接口提供了 3 个数据监听方法,分别对应着 ItemReader、ItemProcessor 以及 ItemWriter 这 3 种不同的接口(见图 5-53),开发者可以依据该接口的结构实现所需数据的记录。

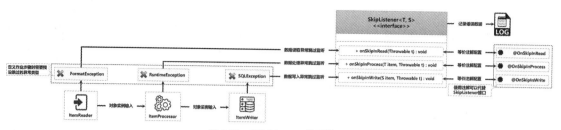

图 5-53　SkipListener 监听接口

　　要想配置异常跳过机制，在批处理作业中要通过 FaultTolerantStepBuilder 配置类进行处理，除了需要配置 SkipListener 接口实例，还需要配置跳过的异常类型，以及异常跳过策略（SkipPolicy），配置结构如图 5-54 所示。Spring Batch 提供了 5 种异常跳过策略的实现类，本节将使用 AlwaysSkipItemSkipPolicy 实现类（表示异常可以持续跳过）。下面通过具体的步骤进行异常跳过机制的实现。

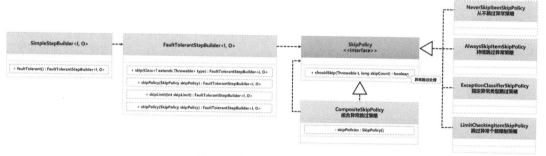

图 5-54　异常跳过机制配置结构

（1）【batch 子模块】创建 SkipListener 接口子类。

```java
package com.yootk.batch.listener;
public class BillStepSkipListener implements SkipListener {
    private static final Logger LOGGER = LoggerFactory.getLogger(
            BillStepSkipListener.class);
    @Override
    public void onSkipInRead(Throwable t) {
        LOGGER.info("【SkipInRead】数据读取错误，异常信息：{}", t.getMessage());
    }
    @Override
    public void onSkipInProcess(Object item, Throwable t) {
        LOGGER.info("【SkipInProcess】数据处理错误，当前数据：{}", item);
    }
    @Override
    public void onSkipInWrite(Object item, Throwable t) {
        LOGGER.info("【SkipInWrite】数据写入错误，当前数据：{}，异常信息：{}",
                item, t.getMessage());
    }
}
```

（2）【batch 子模块】在 SpringBatchConfig 配置类中追加 SkipListener 接口实例定义。

```java
@Bean
public BillStepSkipListener skipListener() {
    return new BillStepSkipListener();                    // 数据跳过监听
}
```

（3）【batch 子模块】在 SpringBatchConfig 配置类中追加 SkipPolicy 对象实例。

```java
public SkipPolicy skipPolicy() {                          // 异常跳过策略
    return new AlwaysSkipItemSkipPolicy();                // 总是跳过错误数据
}
```

（4）【batch 子模块】修改 SpringBatchConfig 配置类中的 billStep()配置方法，追加跳过的异常以及允许跳过的最大长度。

```
@Bean
public Step billStep() throws Exception {              // 批处理步骤
    return this.stepBuilderFactory.get("billStep")     // 创建作业
        .chunk(this.completionPolicy())                // Chunk完成策略
        .transactionManager(this.transactionManager()) // 事务管理器
        .listener(this.itemWriteListener())            // 数据写入监听
        .reader(this.multiReader)                      // 设置输入项
        .processor(this.itemProcessor())               // 处理器
        .writer(this.itemWriter())                     // 设置写入处理
        .faultTolerant()                               // 步骤容错处理
        .listener(this.chunkListener())
        .skip(NumberFormatException.class)             // 数据转换异常
        .skip(DuplicateKeyException.class)             // KEY重复异常
        .skipLimit(Integer.MAX_VALUE)                  // 允许跳过的最大长度
        .skipPolicy(this.skipPolicy())                 // 跳过策略
        .listener(this.skipListener())                 // 跳过监听器
        .build();                                      // 构建Step实例
}
```

（5）【batch 子模块】为了便于观察，修改 bill.txt 文件中的任意一组数据，例如，将当前某一条数据修改为非数字类型的数据，这样在读取数据时就一定会产生 NumberFormatException 异常。但是因为配置了异常跳过策略，所以只会在日志上显示错误信息，而其他数据依然可以正确处理。

```
9197276813101,李兴华,xxx,2025-11-02 20:09:27,北京ATM
```

程序执行结果：

```
【SkipInRead】数据读取错误，异常信息：Parsing error at line: 4 in resource=[file [D:\workspace\idea\SSM
\batch2\build\resources\main\data\hello.txt]], input=[9197276813101, 李 兴 华 ,xxx,2025-11-02
20:09:27,北京ATM]
```

### 5.5.4 错误重试机制

**视频名称** 0527_【掌握】错误重试机制

**视频简介** 操作重试机制是保证批处理稳定性的重要支持，Spring Batch 提供了错误重试机制以及间隔调度机制。本视频为读者分析错误重试机制的实现，并分析其相关实现类的使用结构。

错误重试机制

在批处理操作过程中经常会出现一些临时性的错误，这些错误可能只在短期内出现。为了保证批处理的正确执行，应该在批处理中追加错误重试机制。例如，现在批处理的数据最终都要写入指定的数据库，但是临时性的网络故障（可能只持续几秒）导致服务器连接不上，那么应该在间隔一段时间后重新尝试写入（见图 5-55），这就需要错误重试机制的支持。

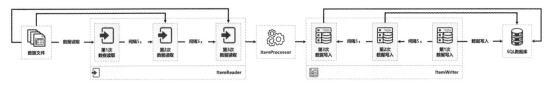

图 5-55 错误重试机制

错误重试机制属于 Spring Batch 的容错支持，所以需要通过 FaultTolerantStepBuilder 类的实例进行定义，在配置时还需要定义重试策略（RetryPolicy）以及重试间隔策略（BackOffPolicy），在每次操作重试时也可以通过 RetryListener 接口进行状态的监听，整体的实现结构如图 5-56 所示。下面来看一下具体的实现。

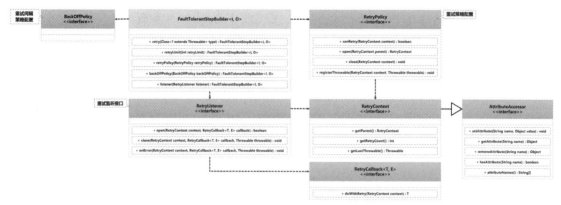

图 5-56　错误重试机制的实现结构

（1）【batch 子模块】创建 RetryListener 监听接口子类。

```java
package com.yootk.batch.listener;
public class BillStepRetryListener extends RetryListenerSupport
        implements RetryListener {
   private static final Logger LOGGER =
        LoggerFactory.getLogger(BillStepRetryListener.class);
   @Override
   public <T, E extends Throwable> boolean open(RetryContext context,
        RetryCallback<T, E> callback) {                          // 进入Retry之前执行
      LOGGER.info("【Retry - open()】进入Retry操作，{}", context);
      return true;
   }
   @Override
   public <T, E extends Throwable> void close(RetryContext context,
        RetryCallback<T, E> callback, Throwable throwable) {   // Retry之后执行
      LOGGER.info("【Retry - close()】Retry操作结束，{}", context);
   }
   @Override
   public <T, E extends Throwable> void onError(RetryContext context,
        RetryCallback<T, E> callback, Throwable throwable) {   // 异常处理时执行
      LOGGER.info("【Retry - onError()】数据处理失败，异常：{}", throwable.getMessage());
   }
}
```

（2）【batch 子模块】在 SpringBatchConfig 配置类中注册 RetryListener 接口实例。

```java
@Bean
public RetryListener retryListener() {
   return new BillStepRetryListener();                      // 重试监听
}
```

（3）【batch 子模块】在 SpringBatchConfig 配置类中定义重试策略。

```java
@Bean
public RetryPolicy retryPolicy() {
   SimpleRetryPolicy policy = new SimpleRetryPolicy();   // 重试策略
   // 等同于创建作业步骤时的retryLimit()方法的作用
   policy.setMaxAttempts(3);                              // 最多重试次数
   return policy;                                         // 重试策略
}
```

（4）【batch 子模块】在 SpringBatchConfig 配置类中定义重试间隔。

```java
@Bean
public BackOffPolicy backOff() {
   FixedBackOffPolicy backOffPolicy = new FixedBackOffPolicy(); //重试间隔
```

```
        backOffPolicy.setBackOffPeriod(5000);           // 每5s处理一次
        return backOffPolicy;
}
```

（5）【batch 子模块】修改 SpringBatchConfig 类中的 billStep()配置方法，为其追加错误重试机制的相关配置。

```
@Bean
public Step billStep() throws Exception {           // 批处理步骤
    return this.stepBuilderFactory.get("billStep")      // 创建作业
            .chunk(this.completionPolicy())                 // Chunk完成策略
            .transactionManager(this.transactionManager())  // 事务管理器
            .listener(this.itemWriteListener())             // 数据写入监听
            .reader(this.multiReader)                       // 设置输入项
            .processor(this.itemProcessor())                // 处理器
            .writer(this.itemWriter())                      // 设置写入处理
            .faultTolerant()                                // 步骤容错处理
            .retry(SQLException.class)                       // SQL异常
            .retryPolicy(this.retryPolicy())                // 重试策略
            .backOffPolicy(this.backOff())                  // 重试间隔策略
            .listener(this.retryListener())                 // 重试监听
            .build();                                       // 构建Step实例
}
```

（6）【MySQL 数据库】为了更好地观察当前重试操作的效果，删除当前数据库中的 account 数据表。

```
DROP TABLE IF EXISTS account;
```

一旦删除数据表，批处理作业在执行过程中一定会产生"SQLException"异常。由于在当前的作业步骤中已经配置了关于此异常的重试操作，因此会执行 3 次重试，重试的间隔为 5s（backOff()配置），如果重试次数达到 3 次后依然无法正常完成作业的执行，整个作业将中断执行。

# 5.6 Spring Task

视频名称　0528_【理解】Spring Task

视频简介　定时调度是 Java 开发中的常见功能。本视频为读者分析定时任务的意义，同时基于程序和源代码分析 JDK 中定时调度组件的设计问题。

批处理操作会占用服务器的大量硬件资源，所以在实际的应用中，大多是在服务器空闲的时间段内完成的，这样不仅保证了批处理作业的稳定性，还避免了应用在使用高峰期性能不足。对于批处理作业，不应该采用手动触发的形式，而应该采用自动触发的形式（见图 5-57），这就需要定时任务支持。

图 5-57　定时任务与批处理作业

由于在应用开发中定时调度较为常用，因此 JDK 也提供了图 5-58 所示的实现结构，开发者直接通过 TimerTask 接口即可定义任务处理类，同时任务将基于 Runnable 多线程接口实现。但是这一操作只支持间隔调度，同时每次只允许调度一个线程任务，所以并不适合更加精确的定时任务控制。

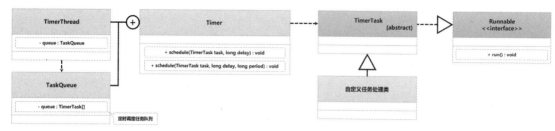

图 5-58　JDK 定时任务的实现结构

　　为了解决传统 JDK 的定时调度组件性能不足的问题，早期的 Java 开发者会使用 QuartZ 组件，而 Spring 框架为了进一步简化定时任务的开发与多线程任务调度的管理，提供了 Spring Task 组件。本节将为读者讲解 Spring Task 组件的使用。

## 5.6.1　Spring Task 间隔调度

Spring Task 间隔调度

**视频名称**　0529_【掌握】Spring Task 间隔调度

**视频简介**　Spring Task 出自 Spring 框架，使用该组件不仅开发容易而且配置简单。本视频将通过 Spring Task 间隔调度形式，为读者分析该定时组件开发的基本结构。

　　Spring Task 是 Spring 框架自带的子组件，开发者在项目中引用 spring-context 依赖库之后，就可以直接使用 Spring Task 进行定时任务的编写。具体的定时任务处理方法则可以使用@Scheduled 注解进行声明，这样程序在每次执行任务时就会根据触发模式进行该方法的调用。定时任务类如果要想被 Spring 正确地调度，可以通过@Component 注解的形式进行 Bean 注册。配置结构如图 5-59 所示。

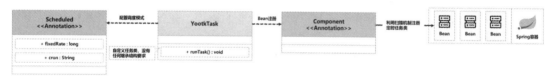

图 5-59　Spring Task 定时任务类的配置结构

　　要想在当前的 Spring 容器中启用定时任务调度处理，就需要在应用启动中追加@EnableScheduling 注解，该注解会自动进行所有定时任务方法的解析，而后基于@Scheduled 注解的配置进行间隔调度或 CRON 表达式调度，如图 5-60 所示。下面来看一下定时任务的创建。

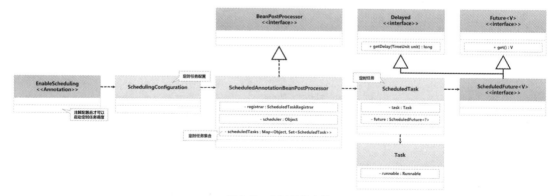

图 5-60　定时任务启用

　　（1）【SSM 项目】为便于 Spring Task 程序的编写，创建一个 task 子模块。

　　（2）【SSM 项目】修改 build.gradle 配置文件，引入 Spring 核心依赖库。

```
project(":task") {                        // 配置子模块
    dependencies {}                       // 使用公共依赖, 此处暂为空
}
```

（3）【task 子模块】创建一个任务类，该类采用注解方式配置定时调度处理方法。

```
package com.yootk.task;
@Component                                // Bean扫描注册
public class YootkTask {                  // 自定义任务类
    private static final Logger LOGGER = LoggerFactory.getLogger(YootkTask.class);
    @Scheduled(fixedRate = 2000)          // 间隔2s调度
    public void runTask() {               // 自定义任务执行方法
        LOGGER.info("【YOOTK - 定时任务】当前时间: {}", System.currentTimeMillis());
    }
}
```

（4）【task 子模块】创建一个 Spring 容器启动类。

```
package com.yootk;
@ComponentScan({"com.yootk.config", "com.yootk.task"})  // 配置扫描包
@EnableScheduling                                       // 启用任务调度支持
public class StartSpringTaskApplication {}
```

（5）【task 子模块】编写测试类，用于启动 Spring 容器。

```
package com.yootk.test;
@ContextConfiguration(classes = StartSpringTaskApplication.class)  // 启动配置类
@ExtendWith(SpringExtension.class)                                 // 使用JUnit 5测试工具
public class TestSpringTask {
    @Test
    public void testRun() throws Exception {
        TimeUnit.SECONDS.sleep(Long.MAX_VALUE);                    // 保持容器运行
    }
}
```

程序执行结果：

```
[pool-1-thread-1] INFO com.yootk.task.YootkTask - 【Yootk - 定时任务】当前时间: 1663818990002
[pool-1-thread-1] INFO com.yootk.task.YootkTask - 【Yootk - 定时任务】当前时间: 1663818991001
[pool-1-thread-1] INFO com.yootk.task.YootkTask - 【Yootk - 定时任务】当前时间: 1663818992002
```

当前测试类只进行了 Spring 容器的启动。由于定时任务绑定在 Spring 容器之中，因此开发者在 testRun()测试方法中配置了长时间休眠的操作，这样每隔 1s 就会自动执行 runTask()方法中定义的任务处理逻辑。

## 5.6.2 CRON 表达式

CRON 表达式

视频名称 0530_【掌握】CRON 表达式
视频简介 为了实现精准的定时任务调度，Spring Task 提供了 CRON 表达式。本视频为读者分析 CRON 表达式的语法结构，以及 CORN 表达式的常见范例。

使用 Spring Task 组件代替 JDK 定时任务组件的主要原因在于，Spring Task 可以实现定期调度，如每周五零点启动任务、每年 12 月 31 日启动任务等，而间隔调度的处理需要结合 CRON 表达式来完成。CRON 原本是 Linux 系统下执行定时任务的处理工具，利用如下格式的字符串来进行任务调度的安排。

【格式一】7 个作用域：

```
Seconds Minutes Hours DayofMonth Month DayofWeek Year
```

【格式二】6 个作用域：

```
Seconds Minutes Hours DayofMonth Month DayofWeek
```

在 CRON 语法结构中，年份数据可以为空，但是其他数据必须填写。CRON 作用域组成如表 5-3 所示，每个作用域中有若干个占位符，这些占位符的作用如表 5-4 所示。

表 5-3　CRON 作用域组成

| 序号 | 作用域 | 字符选择范围 |
|------|--------|------|
| 1 | 秒（Seconds） | 可出现,、-、*、/这 4 个字符，有效范围为 0～59 的整数 |
| 2 | 分（Minutes） | 可出现,、-、*、/这 4 个字符，有效范围为 0～59 的整数 |
| 3 | 时（Hours） | 可出现,、-、*、/这 4 个字符，有效范围为 0～23 的整数 |
| 4 | 日（DayofMonth） | 可出现,、-、*、/、?、L、W、C 这 8 个字符，有效范围为 1～31 的整数 |
| 5 | 月（Month） | 可出现,、-、*、/这 4 个字符，有效范围为 1～12 的整数或 JAN～DEC |
| 6 | 周（DayofWeek） | 可出现,、-、*、/、?、L、C、#这 8 个字符，有效范围为 1～7 的整数或 SUN～SAT。1 表示星期天，2 表示星期一，依次类推 |
| 7 | 年（Year） | 可出现,、-、*、/这 4 个字符，有效范围为 1970～2099 的整数 |

表 5-4　CRON 表达式占位符

| 序号 | 占位符 | 描述 |
|------|--------|------|
| 1 | * | 每隔 1 个单位时间触发 |
| 2 | , | 在指定的时间处触发，例如，在"秒"作用域中，"0,30,50"表示 0 s、15 s 和 45 s 时触发 |
| 3 | - | 在指定的范围内触发，例如，在"秒"作用域中，"30-50"表示从 30 s 到 50 s 每隔 1 s 触发一次 |
| 4 | / | 触发步进，例如，在"秒"作用域中，"0/20"表示从 0 s 开始，每隔 20 s 触发一次 |
| 5 | ? | 仅用于日和周作用域的配置，用于表示不生效的字段 |

范例：【task 子模块】修改 YootkTask 类，采用 CRON 表达式进行任务调度。

```
package com.yootk.task;
@Component                                    // Bean扫描注册
public class YootkTask {                      // 自定义任务类
    private static final Logger LOGGER = LoggerFactory.getLogger(YootkTask.class);
    @Scheduled(cron="* * * * * ?")            // 每秒调度1次
    public void runTask() {                   // 自定义任务执行方法
        LOGGER.info("【执行定时任务】当前时间：{}", System.currentTimeMillis());
    }
}
```

### 5.6.3　Spring Task 任务调度池

视频名称　0531_【掌握】Spring Task 任务调度池

视频简介　为了提高 Spring Task 并行任务处理性能，可以在项目中引入线程池的配置。本视频分析多任务处理的问题，并利用 SchedulingConfigurer 接口实现自定义线程池的配置管理，实现多调度任务的并行执行的设计要求。

Spring Task 任务调度池

　　由于不同业务的需求，同一个项目应用中可能同时存在多个并行的处理任务，然而在默认情况下 Spring Task 采用单线程池的方式进行处理（见图 5-61）。这就意味着每次只允许一个任务执行，而其他任务即使已经到了调度时间也需要等待当前任务执行完毕才可以执行，这样一来就造成了任务管理的困难。

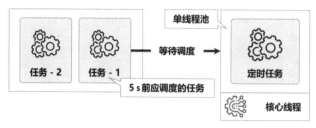

图 5-61　单线程任务调度

为了解决此类问题，可以在 Spring 容器中根据调度任务的数量开辟线程池，这样就可以实现多个任务的并行调度（见图 5-62），而线程池的配置如下所示。

图 5-62　多线程任务调度

（1）【task 子模块】配置任务调度池。

```
package com.yootk.config;
@Configuration
public class ScheduleConfig implements SchedulingConfigurer {          // 调度配置
    @Override
    public void configureTasks(ScheduledTaskRegistrar taskRegistrar) {  // 任务调度池
        taskRegistrar.setScheduler(Executors.newScheduledThreadPool(2)); // 线程池配置
    }
}
```

（2）【task 子模块】创建第 2 个定时任务类。

```
package com.yootk.task;
@Component                                   // Bean扫描注册
public class MuyanTask {                      // 自定义任务类
    private static final Logger LOGGER = LoggerFactory.getLogger(MuyanTask.class);
    @Scheduled(cron="* * * * * ?")            // 每秒调度1次
    public void runTask() {                    // 自定义任务执行方法
        LOGGER.info("【Muyan - 定时任务】当前时间: {}", System.currentTimeMillis());
    }
}
```

# 5.7　本章概览

1．批处理是项目开发过程中较为常见的数据操作形式，在一些交易系统中使用较为频繁。为了更好地实现 Spring 开发生态的管理，Spring 官方提供了 Spring Batch 开发框架。

2．Spring Batch 基于特定的逻辑结构进行批处理，整个批处理操作称为一个完整的作业，而一个作业可以分为若干个不同的作业步骤，每一个作业步骤中的处理称为 Tasklet，一次完整的输入输出（Input/Output，I/O）操作就属于 Tasklet 的实现。

3．Spring Batch 在执行作业时需要在数据库中进行执行记录的配置，而为了便于同一作业的多次执行，需要在作业执行时通过 JobParameters 进行作业参数的配置，配置的参数可以通过 @StepBean 注解获取。

4．为了便于作业信息的浏览，可以在 Spring Batch 中使用 @EnableBatchProcessing 注解直接获取 JobExplorer 对象实例，该实例内部会通过 JobRepository 实例进行相关数据表的查询。

5．Spring Batch 在执行作业时，可以通过 JobExecutionListener 获取监听数据。

6．在一个作业中，作业步骤可以根据配置的顺序依次执行。如果若干个作业步骤需要统一管理，则可以通过 Flow 配置。

7．一个完整的批处理作业模型要包含 ItemReader、ItemProcessor、ItemWriter 等核心结构，如果当前批处理的数据源为文本文件，则还应通过 LineMapper 获取每行数据，并基于 FieldSetMapper 实现数据行与对象实例之间的映射。

8．Chunk 是批处理的基础单元，一个完整的 Chunk 包含数据输入、数据处理以及数据输出，同时还有完整的操作监听功能、事务控制功能、异常跳过机制以及错误重试机制。

9．为了保证批处理作业的自动执行，可以在项目中启用定时任务。Spring 内置了 Spring Task 组件，依靠注解可以实现定时任务处理方法的定义，也可以基于 CRON 表达式配置定时调度。

10．为了保证多个定时任务可以同步调度，需要在项目中配置定时任务调度池。

# 第6章

# Spring MVC 拦截器与数据验证案例

**本章学习目标**

1. 掌握在 IDEA 开发工具中基于 Gradle 构建工具实现 Spring MVC 项目的完整搭建与配置的流程；

2. 掌握 Spring MVC 开发框架在实际项目中的使用方法；

3. 掌握自定义注解机制的方法，并可以基于反射机制获取注解，以增加程序配置的灵活性；

4. 掌握拦截器的运行机制以及实际应用；

5. 掌握用户请求拦截的基本处理模型，并可以使用面向对象设计思想进行有效的程序结构设计；

6. 掌握 Spring MVC 中对于 HttpServletRequest 的不同实现子类的应用；

7. 理解 Jakarta EE 过滤器与 Spring MVC 拦截器的区别。

Spring MVC 作为一款设计结构良好的 MVC 开发框架，充分地考虑了各种应用场景，对各个处理结构都提供了相应的支持。在项目的设计与开发之中，用户请求的验证是设计的核心，为了实现有效的数据验证的可重用设计架构，可以基于资源文件与拦截器进行处理。本案例所采用的技术架构如图 6-1 所示。

图 6-1 本案例所采用的技术架构

## 6.1 拦截器案例实现说明

拦截器案例实现
说明

**视频名称** 0601_【掌握】拦截器案例实现说明

**视频简介** 请求和响应是 MVC 开发框架处理的核心主题，在控制层中所接收到的参数必须是合法、有效的，所以应该在请求前进行有效的数据验证。本视频为读者分析数据验证的意义，并总结数据验证实现的基本结构。

在进行动态 Web 应用程序开发时，请求处理与响应结果是开发的核心，只有客户端发送了正确的请求，服务端才可以进行正确的业务处理，以及正确的响应，如图 6-2 所示。

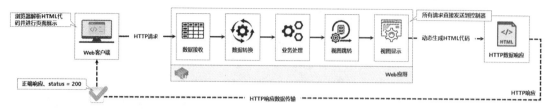

图 6-2　正确的请求与响应

　　绝大多数 Web 应用都运行在公网上，其可以使用的资源路径也都暴露在外部。用户在进行请求访问的时候，如果没有按照 Web 应用的设计标准进行数据传输，那么可能会导致数据转换处理产生异常，或者出现更严重的问题，例如，传输了一些恶意的数据，导致项目的核心数据被泄露。所以在这样的处理环境下需要对应用程序进行保护，而在标准 Jakarta EE 设计中可以通过过滤器来实现请求数据验证逻辑的定义，如图 6-3 所示。

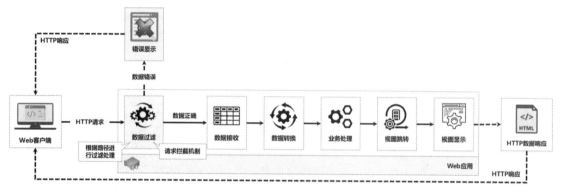

图 6-3　过滤保护

　　由于 Jakarta EE 仅仅提供了技术标准，因此现代的 Java 项目开发都基于 Spring 开发框架，以方便地实现 Bean 管理与动态代理设计。Spring 针对 Web 开发提供了 Spring MVC 框架支持，但是在 Spring MVC 开发之中并不建议使用过滤器来进行拦截，主要的原因在于：Spring MVC 基于 DispatcherServlet 类实现所有请求的分发处理操作，而过滤器是与 DispatcherServlet 同级别的 Web 应用组件，如果直接使用过滤器进行处理，那么将无法使用 Spring 中的 Bean 管理机制，更无法准确地找到控制层路径对应的处理类的信息。所以，要想在 Spring MVC 之中实现请求数据验证，就只能够通过内置拦截器组件来实现，如图 6-4 所示。

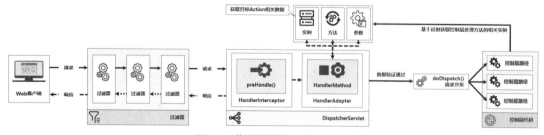

图 6-4　基于拦截器实现数据验证

　　一个项目之中存在大量的控制器，也有大量需要进行请求数据验证的访问路径，因此需要基于可重用的设计思想，通过合理的面向对象设计，基于拦截器处理机制，实现请求数据验证，结构如图 6-5 所示。

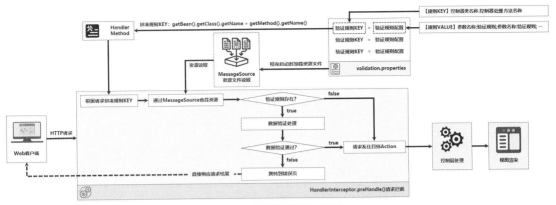

图 6-5 拦截器验证处理结构

为了更加灵活地实现请求数据的验证处理，开发者可以通过 validation.properties 资源文件来定义指定控制层方法的验证规则。验证规则是在系统中由开发者自行定义的，同时在设计时需要保留程序的可扩展性。因为不同的应用环境会有不同的应用规则，所以在进行设计时要充分考虑各种应用场景以及操作简化性。

Spring 提供了 MessageSource 接口，可以在 Spring 容器启动时进行所有配置规则的加载，在每次进行请求拦截时基于 HandlerMethod 对象实例进行规则 KEY 的拼凑，并通过 MessageSource 实例进行规则查找，最后使用专属的验证类进行规则的判断。如果用户发送的请求数据符合验证规则，则将请求转发到目标 Action；如果不符合验证规则，则直接跳转到错误页进行显示。

至此我们已经得到了关于数据验证处理的初步实现方案，但是这个实现方案存在另外一个现实的问题，就是代码维护问题。试想一下，在一个完整的项目应用之中，会存在大量的 Action 程序类，每一个 Action 程序类都可能包含若干个控制层方法，而如果将每一个控制层方法的验证规则都写在一个 validation.properties 文件之中，则配置项一定会非常多，并且维护起来非常烦琐。图 6-6 展示了一个基础的 CRUD 控制器应有的验证规则配置。

图 6-6 维护验证规则配置

最佳的验证方法是基于注解的方式进行配置，即在定义指定的 Action 方法时，使用开发者自定义的注解进行验证规则的配置，而后在拦截器中通过目标方法中的注解获取验证规则，这样的设计不仅简单，又便于代码的维护。下面就基于此设计进行具体的开发讲解。

> 💡 提示：JSR-303 验证规范
>
> 在 Java 开发标准中有一个 JSR-303 验证规范，可以直接根据注解的配置实现数据验证的处理，《Spring Boot 开发实战（视频讲解版）》一书讲解了该规范的使用，而本节所讲解的验证主要在标准 MVC 开发架构中使用（兼顾前后端分离架构）。

# 6.2　搭建案例开发环境

搭建案例开发环境

**视频名称**　0602_【掌握】搭建案例开发环境

**视频简介**　拦截器的应用需要保证项目中有 Spring MVC 的相关依赖库，所以本视频基于 IDEA 与 Gradle 进行项目的搭建，并分析项目中各个子模块的作用。

项目开发中一般都会有一些专属的工具，以供不同的子模块使用。考虑到数据验证为一个常用的功能，在进行项目搭建时可以采用公共子模块的形式定义，设计结构如图 6-7 所示。

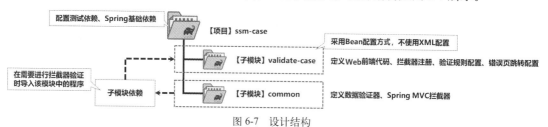

图 6-7　设计结构

> 💡 **提示：本书中的案例设计结构。**
>
> 在本案例讲解中，所有的案例代码都将保存在 ssm-case 项目之中，读者可以根据子模块的名称找到对应的实现源代码。因为不同开发环境的需要不同，所以只会在 ssm-case 项目之中配置 Spring 基础依赖，而与 Spring MVC 有关的依赖配置会在不同的子模块中进行定义。
>
> 如果开发者希望使用不同的项目进行代码的管理，就需要引入 Nexus 本地私服，将不同的项目直接打包发布到 Nexus 私服之中，而后通过 Nexus 私服进行依赖库的引入，如图 6-8 所示。本系列的《Java 项目构建与代码管理实战（视频讲解版）》一书详细讲解了此操作的实现，未掌握的读者请自行参考，也请有需要的读者自行搭建相关服务环境。
>
>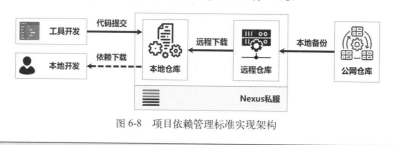
>
> 图 6-8　项目依赖管理标准实现架构

本案例将使用 IDEA 开发工具进行环境搭建，同时采用 Gradle 构建工具引入所需要的项目依赖。下面通过具体的步骤演示案例开发环境的搭建。

（1）【IDEA 工具】新建一个 ssm-case 项目，如图 6-9 所示，该项目的开发语言为 Java，构建工具为 Gradle，并且基于 JDK 17 运行。

图 6-9　新建 ssm-case 项目

（2）【ssm-case 项目】在当前项目中创建 gradle.properties 配置文件，定义当前项目所需的环境属性。

```
project_group=com.yootk
project_version=1.0.0
project_jdk=17
```

（3）【ssm-case 项目】修改 build.gradle 配置文件，在公共模块中引入 Spring 基础依赖。

```
group project_group                                    // 组织名称
version project_version                                // 项目版本
def env = System.getProperty("env") ?: 'dev'           // 获取env环境属性
subprojects {                                          // 配置子项目
    apply plugin: 'java'                               // 子模块插件
    sourceCompatibility = project_jdk                  // 源代码版本
    targetCompatibility = project_jdk                  // 生成类版本
    repositories {                                     // 配置Gradle仓库
        mavenLocal()                                   // Maven本地仓库
        maven{                                         // 阿里云仓库
            allowInsecureProtocol = true
            url 'http://maven.aliyun.com/nexus/content/groups/public/'}
        maven {                         // Spring官方仓库
            allowInsecureProtocol = true
            url 'https://repo.spring.io/libs-milestone'
        }
        mavenCentral()                                 // Maven远程仓库
    }
    dependencies {                                     // 公共依赖库管理
        testImplementation(enforcedPlatform("org.junit:junit-bom:5.8.1"))
        testImplementation('org.junit.jupiter:junit-jupiter-api:5.8.1')
        testImplementation('org.junit.vintage:junit-vintage-engine:5.8.1')
        testImplementation('org.junit.jupiter:junit-jupiter-engine:5.8.1')
        testImplementation('org.junit.platform:junit-platform-launcher:1.8.1')
        testImplementation('org.springframework:spring-test:6.0.0-M3')
        implementation('org.springframework:spring-context:6.0.0-M3')
        implementation('org.springframework:spring-core:6.0.0-M3')
        implementation('org.springframework:spring-beans:6.0.0-M3')
        implementation('org.springframework:spring-context-support:6.0.0-M3')
        implementation('org.springframework:spring-aop:6.0.0-M3')
        implementation('org.springframework:spring-aspects:6.0.0-M3')
        implementation('javax.annotation:javax.annotation-api:1.3.2')
        implementation('org.slf4j:slf4j-api:1.7.32')       // 日志处理标准
        implementation('ch.qos.logback:logback-classic:1.2.7')   // 日志处理标准实现
    }
    sourceSets {                                           // 源代码目录配置
        main {                                             // main及相关子目录配置
            java { srcDirs = ['src/main/java'] }
            resources { srcDirs = ['src/main/resources', "src/main/profiles/$env"] }
        }
        test {                                             // test及相关子目录配置
            java { srcDirs = ['src/test/java'] }
            resources { srcDirs = ['src/test/resources'] }
        }
    }
    test {                                                 // 配置测试任务
        useJUnitPlatform()                                 // 使用JUnit测试工具
    }
    task sourceJar(type: Jar, dependsOn: classes) {        // 源代码的打包任务
        archiveClassifier = 'sources'                      // 设置文件后缀
        from sourceSets.main.allSource                     // 所有源代码的读取路径
    }
```

```
    task javadocTask(type: Javadoc) {                       // Javadoc文档打包任务
        options.encoding = 'UTF-8'                          // 设置文件编码
        source = sourceSets.main.allJava                    // 定义所有Java源代码
    }
    task javadocJar(type: Jar, dependsOn: javadocTask) {    // 先生成Javadoc再打包
        archiveClassifier = 'javadoc'                       // 文件标记类型
        from javadocTask.destinationDir                     // 通过Javadoc任务找到目标路径
    }
    tasks.withType(Javadoc) {                               // 文档编码配置
        options.encoding = 'UTF-8'                          // 定义编码
    }
    tasks.withType(JavaCompile) {                           // 编译编码配置
        options.encoding = 'UTF-8'                          // 定义编码
    }
    artifacts {                                             // 最终打包的操作任务
        archives sourceJar                                  // 源代码打包
        archives javadocJar                                 // Javadoc打包
    }
    gradle.taskGraph.whenReady {                            // 在所有的操作准备好后触发
        tasks.each { task ->                                // 找出所有任务
            if (task.name.contains('test')) {               // 如果发现测试任务
                task.enabled = true                         // 执行测试任务
            }
        }
    }
    [compileJava, compileTestJava, javadoc]*.options*.encoding = 'UTF-8'// 编码配置
}
```

（4）【IDEA 工具】在 ssm-case 项目之中创建 validate-case 与 common 两个子模块。

（5）【ssm-case 项目】修改 build.gradle 配置文件，为两个新建的子模块配置所需的依赖库。

```
project(":validate-case") {                             // 子模块配置
    dependencies {                                      // 根据需要进行依赖配置
        implementation('org.springframework:spring-web:6.0.0-M3')
        implementation('org.springframework:spring-webmvc:6.0.0-M3')
        implementation('jakarta.servlet.jsp.jstl:jakarta.servlet.jsp.jstl-api:2.0.0')
        implementation('org.mortbay.jasper:taglibs-standard:10.0.2')
        implementation('com.fasterxml.jackson.core:jackson-core:2.13.3')
        implementation('com.fasterxml.jackson.core:jackson-databind:2.13.3')
        implementation('com.fasterxml.jackson.core:jackson-annotations:2.13.3')
        compileOnly('jakarta.servlet.jsp:jakarta.servlet.jsp-api:3.1.0')
        compileOnly('jakarta.servlet:jakarta.servlet-api:5.0.0')
        implementation(project(':common')) // 引入公共子模块
    }
}
project(":common") {                                    // 子模块配置
    dependencies {                                      // 根据需要进行依赖配置
        implementation('org.springframework:spring-web:6.0.0-M3')
        implementation('org.springframework:spring-webmvc:6.0.0-M3')
        implementation('com.fasterxml.jackson.core:jackson-core:2.13.3')
        implementation('com.fasterxml.jackson.core:jackson-databind:2.13.3')
        implementation('com.fasterxml.jackson.core:jackson-annotations:2.13.3')
        compileOnly('jakarta.servlet:jakarta.servlet-api:5.0.0')
    }
}
```

（6）【common 子模块】为便于所有 Action 功能的统一管理，创建一个 AbstractAction 公共控制层抽象父类。

```
package com.yootk.common.web.action.abs;                            // 程序包名称
```

```
public abstract class AbstractAction {                                  // 控制层抽象父类
    private static final DateTimeFormatter LOCAL_DATE_FORMAT =
            DateTimeFormatter.ofPattern("yyyy-MM-dd");                  // 日期格式转换
    @InitBinder
    public void initBinder(WebDataBinder binder) {                      // 绑定转换处理
        binder.registerCustomEditor(java.util.Date.class, new PropertyEditorSupport() {
            @Override
            public void setAsText(String text) throws IllegalArgumentException {
                LocalDate localDate = LocalDate.parse(text,
                        LOCAL_DATE_FORMAT);                             // 设置本地日期实例
                Instant instant = localDate.atStartOfDay()             // 创建处理实例
                        .atZone(ZoneId.systemDefault()).toInstant();
                super.setValue(java.util.Date.from(instant));          // 字符串与日期之间的转换
            }
        });                                                            // 绑定编辑器
    }
}
```

(7)【common 子模块】因为项目中需要进行统一的 404 跳转处理，所以定义一个 YootkDispatcherServlet 程序类，并覆写该类中的 noHandlerFound()方法，配置 404 跳转路径，该类支持 RESTful 风格的错误展示。

```
package com.yootk.common.web.servlet;
public class YootkDispatcherServlet extends DispatcherServlet {  // 自定义Servlet处理类
    private boolean restSwitch = false;                          // 是否使用RESTful风格展示
    private ObjectMapper mapper = new ObjectMapper();            // 创建Jackson数据映射类
    public YootkDispatcherServlet(WebApplicationContext webApplicationContext) {
        super(webApplicationContext);                            // 调用父类构造方法
    }
    public void setRestSwitch(boolean restSwitch) {              // 设置RESTful处理标记
        this.restSwitch = restSwitch;
    }
    @Override
    protected void noHandlerFound(HttpServletRequest request,
        HttpServletResponse response) throws Exception {
        if (this.restSwitch) {                                   // 使用RESTful风格响应
            response.setStatus(HttpStatus.NOT_FOUND.value());    // 响应状态
            response.setContentType(MediaType.APPLICATION_JSON_VALUE);  // 响应MIME状态
            response.setCharacterEncoding("UTF-8");              // 响应编码
            Map<String, Object> result = new HashMap<>();        // 保存响应结果
            result.put("message", "请求路径未发现，无法处理请求！");  // 错误信息
            result.put("status", HttpStatus.NOT_FOUND);          // 错误码
            response.getWriter().print(mapper.writeValueAsString(result));  // 数据响应
        } else {                            // 采用普通跳转模式
            response.sendRedirect("/notfound");                  // 自定义路径
        }
    }
}
```

(8)【common 子模块】在 Web 开发中需要考虑代码的安全性，所有的视图相关资源要统一保存在 WEB-INF 目录之中，可以创建一个公共的视图资源配置类实现路径前缀与后缀处理。

```
package com.yootk.common.web.config;
@Configuration
public class ResourceViewConfig {                                // 视图资源配置类
    @Bean
    public InternalResourceViewResolver resourceViewResolver() { // 视图解析
        InternalResourceViewResolver resolver =
                new InternalResourceViewResolver();              // 视图解析
        resolver.setPrefix("/WEB-INF/pages");                    // 定义路径前缀
```

```
        resolver.setSuffix(".jsp");                    // 定义路径后缀
        return resolver;
    }
}
```

此时的程序在 common 模块中定义了项目开发所需的公共程序类，同时又定义了与 Spring Web 有关的配置类。由于该配置类只有在 Spring Web 项目模块中才会生效，因此需要开发者手动进行扫描包的配置。

（9）【validate-case 子模块】创建 SpringApplicationContextConfig 配置类。

```
package com.yootk.validate.context.config;
@Configuration
@ComponentScan("com.yootk.common.web.config")          // Spring扫描包
public class SpringApplicationContextConfig {}          // Spring上下文配置类
```

（10）【common 子模块】项目之中存在以 RESTful 风格展示数据的需要，创建 ObjectMapper 子类。

```
package com.yootk.validate.mapper;
public class CustomObjectMapper extends ObjectMapper {          // 自定义配置类
    public static final String DEFAULT_DATE_FORMAT = "yyyy-MM-dd";  // 日期格式
    public CustomObjectMapper() {
        super.setDateFormat(new SimpleDateFormat(DEFAULT_DATE_FORMAT));  // 日期格式化
        super.configure(SerializationFeature.INDENT_OUTPUT, true);      // 格式化输出
        super.setSerializationInclusion(JsonInclude.Include.NON_NULL);  // NULL不参与序列化
        super.setTimeZone(TimeZone.getTimeZone("GMT+8:00"));            // 配置时区
    }
}
```

（11）【validate-case 子模块】创建 SpringWEBContextConfig 配置类。

```
package com.yootk.validate.context.config;
@Configuration           // 配置类
@EnableWebMvc            // 启用MVC配置
@ComponentScan("com.yootk.validate.action")  // Spring Web扫描包
public claass SpringWEBContextConfig implements WebMvcConfigurer {  // Spring Web配置
    @Override
    public void addResourceHandlers(ResourceHandlerRegistry registry) {
        registry.addResourceHandler("/yootk-js/**")
                .addResourceLocations("/WEB-INF/static/js/");          // 资源映射
        registry.addResourceHandler("/yootk-css/**")
                .addResourceLocations("/WEB-INF/static/css/");         // 资源映射
        registry.addResourceHandler("/yootk-images/**")
                .addResourceLocations("/WEB-INF/static/images/");      // 资源映射
        registry.addResourceHandler("/yootk-upload/**")
                .addResourceLocations("/WEB-INF/upload/");             // 上传资源映射
    }
    @Override
    public void configureMessageConverters(List<HttpMessageConverter<?>> converters) {
        MappingJackson2HttpMessageConverter converter =
                new MappingJackson2HttpMessageConverter();             // Jackson消息转换器
        CustomObjectMapper objectMapper = new CustomObjectMapper();    // 对象的映射转换处理配置
        converter.setObjectMapper(objectMapper);
        converter.setSupportedMediaTypes(List.of(
                MediaType.APPLICATION_JSON));                          // MIME类型
        converters.add(converter);                                     // 追加转换器
    }
}
```

（12）【validate-case 子模块】创建 Spring MVC 启动配置类。

```
package com.yootk.validate.web.config;
public class StartWEBApplication
        extends AbstractAnnotationConfigDispatcherServletInitializer {
```

```
@Override
protected FrameworkServlet createDispatcherServlet(
        WebApplicationContext servletAppContext) {
    return new YootkDispatcherServlet(servletAppContext); // 自定义Servlet处理类
}
@Override
protected Class<?>[] getRootConfigClasses() {            // Spring配置类
    return new Class[]{SpringApplicationContextConfig.class};
}
@Override
protected Class<?>[] getServletConfigClasses() {         // Spring Web配置类
    return new Class[]{SpringWEBContextConfig.class};
}
@Override
protected String[] getServletMappings() {               // DispatcherServlet映射路径
    return new String[]{"/"};
}
@Override
protected Filter[] getServletFilters() {                // 过滤器
    CharacterEncodingFilter characterEncodingFilter =
            new CharacterEncodingFilter();              // 编码过滤
    characterEncodingFilter.setEncoding("UTF-8");       // 编码设置
    characterEncodingFilter.setForceEncoding(true);     // 强制编码
    return new Filter[]{characterEncodingFilter};
}
@Override
protected void customizeRegistration(ServletRegistration.Dynamic registration) {
    long maxFileSize = 2097152;          // 单个文件的最大大小（2MB）
    long maxRequestSize = 5242880;       // 整体请求文件的最大大小（5MB）
    int fileSizeThreshold = 1048576;     // 文件写入磁盘的大小的阈值（1MB）
    MultipartConfigElement element = new MultipartConfigElement(
            "/tmp", maxFileSize, maxRequestSize, fileSizeThreshold);
    registration.setMultipartConfig(element);
}
}
```

（13）【IDEA 工具】当前的 validate-case 为 Web 模块，开发者需要手动创建 webapp/WEB-INF/classes 目录，配置步骤为单击【IDE and Project Settings】➔【Project Structure】➔【Modules】➔【validate-case】➔ 添加新目录，如图 6-10 所示。

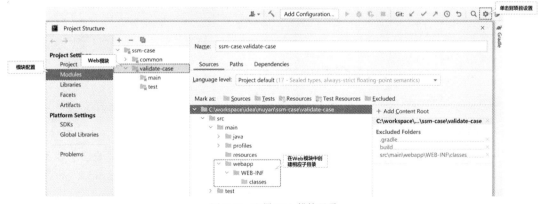

图 6-10　配置 Web 模块目录

此时 Spring MVC 基础项目开发环境已经配置完成，该项目依然采用了 Bean 配置的方式，同时配置了编码过滤器，以及文件上传限制。

# 6.3 请求包装

视频名称 0603_【掌握】请求包装

视频简介 当前的项目应用中会使用大量 REST 架构，考虑到 HttpServletRequest 接口中的 getInputStream()方法只能够使用一次，需要对这一机制进行包装处理。本视频为读者分析 HTTP 请求接收问题，同时给出数据流读取的解决方案。

请求包装

在 Web 开发中,常用的参数传递方式是地址重写或者表单提交。可以直接依靠 HttpServletRequest 接口提供的 getParameterValue()和 getParameterValues()方法实现请求数据的接收，但是如果用户传递的是 JSON 数据内容，就需要考虑数据接收问题了，如图 6-11 所示。

图 6-11　数据接收问题

如果要通过拦截器进行请求数据的验证，则必然要使用 HttpServletRequest 接口提供的 getInputStream()方法进行请求主体数据的接收，然而数据流在一次请求之中只允许读取一次。在数据验证通过后，Spring MVC 会使用 Jackson 依赖库实现 JSON 请求数据与对象实例（方法参数上使用@RequestBody 注解）的转换，所以会再次调用 getInputStream()方法。最终导致的问题是 Jackson 处理时无法接收到所需的数据，也就无法实现 JSON 数据的转换处理。

Jakarta EE 为了解决这一设计问题，提供了 HttpServletRequestWrapper 包装类，开发者可以通过该类扩展一个自定义的请求处理类，并将用户所发送的主体数据直接保存在该类中。这样只要在后续的请求中传递自定义请求包装类的对象，就可以实现 getInputStream()方法的重复调用。相关类的关联结构如图 6-12 所示。

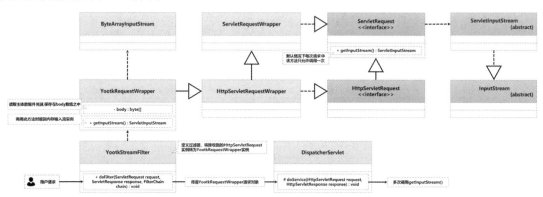

图 6-12　自定义请求包装类的关联结构

要想实现自定义请求包装类的使用，还需要在项目中创建一个额外的过滤器。在每次使用 FilterChain.doFilter()操作方法时,将原始的 HttpServletRequest 接口实例包装在 YootkRequestWrapper 包装类之中。下面通过具体的步骤对自定义请求包装类进行实现。

（1）【common 子模块】由于在请求包装类以及后续拦截器的开发中都需要通过 getInputStream() 方法读取数据，因此创建一个用于输入流数据读取的工具类。

```
package com.yootk.common.http.util;
public class ReadRequestBodyData {                              // 读取主体数据
```

```
    private ReadRequestBodyData() {}
    public static byte[] getRequestBodyData(HttpServletRequest request)
            throws IOException {                                       // 输入流数据读取
        HttpServletRequestWrapper requestWrapper = new HttpServletRequestWrapper(request);
        int contentLength = requestWrapper.getContentLength();         // 获取数据长度
        if (contentLength < 0) {                                       // 长度小于0
            return null;                                               // 返回空数据
        }
        byte buffer[] = new byte[contentLength];                       // 开辟数组
        int len = 0;                                                   // 读取长度
        requestWrapper.getInputStream().read(buffer);                  // 数据读取
        return buffer;
    }
}
```

(2)【common 子模块】创建 HttpServletRequestWrapper 子类，实现请求数据流的包装。

```
package com.yootk.common.http;
public class YootkRequestWrapper extends HttpServletRequestWrapper {   // 请求包装类
    private byte body[];                                               // 用户请求数据
    public YootkRequestWrapper(HttpServletRequest request) {           // request包装
        super(request);
        try {
            this.body = ReadRequestBodyData.getRequestBodyData(request); // 数据读取
        } catch (IOException e) {}
    }
    @Override
    public ServletInputStream getInputStream() throws IOException {    // 返回输入流
        final ByteArrayInputStream inputStream = new ByteArrayInputStream(body);
        return new ServletInputStream() {
            private int temp = 0;
            @Override
            public int read() throws IOException {      // 数据读取
                temp = inputStream.read();              // 数据读取
                return temp;                            // 数据返回
            }
            @Override
            public boolean isFinished() {               // 完成判断
                return temp != 1;
            }
            @Override
            public boolean isReady() {                  // 是否准备完毕
                return true;
            }
            @Override
            public void setReadListener(ReadListener readListener) { }
        };
    }
}
```

(3)【common 子模块】创建 YootkStreamFilter 过滤器，实现请求包装类实例的传输。

```
package com.yootk.common.http.filter;
public class YootkStreamFilter implements Filter {                     // 请求包装过滤器
    @Override
    public void doFilter(ServletRequest request, ServletResponse response,
                FilterChain chain) throws IOException, ServletException {
        HttpServletRequest httpServletRequest = (HttpServletRequest) request;
        if (httpServletRequest.getContentType() != null) {             // 判断请求类型
            if (httpServletRequest.getContentType()
                    .startsWith("application/json")) {                 // MIME类型判断
                ServletRequest requestWrapper =
                        new YootkRequestWrapper(httpServletRequest);   // 请求包装
```

```
            chain.doFilter(requestWrapper, response);              // 请求转发
        } else {
            chain.doFilter(request, response);                     // 请求转发
        }
    } else {
        chain.doFilter(request, response);                         // 请求转发
    }
}
```

（4）【validate-case 子模块】修改 StartWEBApplication 配置类中的 getServletFilters()方法，配置新的过滤器。

```
@Override
protected Filter[] getServletFilters() {                           // 过滤器
    CharacterEncodingFilter characterEncodingFilter =
            new CharacterEncodingFilter();                         // 编码过滤
    characterEncodingFilter.setEncoding("UTF-8");                  // 编码设置
    characterEncodingFilter.setForceEncoding(true);                // 强制编码
    YootkStreamFilter streamFilter = new YootkStreamFilter();      // 请求包装过滤
    return new Filter[]{characterEncodingFilter, streamFilter};
}
```

配置完成后，用户的每一次请求都会通过 YootkStreamFilter 过滤器进行包装，这样在后面就可以重复地进行 getInputStream()方法的调用。

# 6.4　定义基础数据验证规则

**视频名称** 0604_【掌握】定义基础数据验证规则
**视频简介** 要想使拦截器正确地实现数据拦截的处理，则一定要进行验证规则的配置，同时还需要考虑程序扩展的需要。本视频通过面向对象设计的方式分析验证规则的定义，同时给出内置验证规则的使用标记。

定义基础数据验证规则

数据验证规则是实现拦截器验证处理的关键，大部分的项目都有整型数据、日期字符串、日期时间字符串、布尔型数据、数组数据的验证需要，同时开发者需要考虑不同的应用场景中一些特殊的验证规则配置（见图 6-13）。为了解决特殊的验证规则配置问题，可以在项目中定义一个 IValidateRule 验证规则接口，而后不同的数据验证处理只需要实现该接口即可。

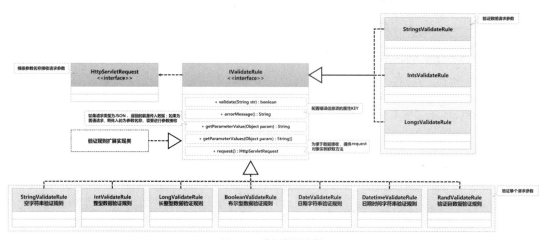

图 6-13　验证规则配置

由于项目之中的数据验证主要是根据用户发送的请求数据来决定的，因此在进行处理时需要通

过 HttpServletRequest 接口实现请求数据的接收，而后根据表 6-1 所列出的验证规则，通过程序去匹配不同的规则处理，以达到最终的验证目的。

表 6-1 数据验证规则

| 序号 | 规则标记 | 规则处理类 | 描述 |
|------|----------|-----------|------|
| 1 | string | com.yootk.common.validate.rule.StringValidateRule | 请求数据不允许为空 |
| 2 | int | com.yootk.common.validate.rule.IntValidateRule | 请求数据必须为整型数据 |
| 3 | long | com.yootk.common.validate.rule.LongValidateRule | 请求数据必须为长整型数据 |
| 4 | double | com.yootk.common.validate.rule.DoubleValidateRule | 请求数据必须为浮点型数据 |
| 5 | boolean | com.yootk.common.validate.rule.BooleanValidateRule | 请求数据必须为布尔型数据 |
| 6 | date | com.yootk.common.validate.rule.DateValidateRule | 请求数据必须为日期数据 |
| 7 | datetime | com.yootk.common.validate.rule.DatetimeValidateRule | 请求数据必须为日期时间数据 |
| 8 | rand | com.yootk.common.validate.rule.RandValidateRule | 请求数据需要与生成的验证码相匹配 |
| 9 | int[] | com.yootk.common.validate.rule.IntsValidateRule | 请求数组中的每一项必须为整型数据 |
| 10 | long[] | com.yootk.common.validate.rule.LongsValidateRule | 请求数组中的每一项必须为长整型数据 |
| 11 | string[] | com.yootk.common.validate.rule.StringsValidateRule | 请求数组不允许为空 |

考虑到代码的扩展设计需要，本节中所有的验证规则实现子类都保存在了 com.yootk.common.validate.rule 包中，并且统一使用 ValidateRule 作为类名称的后缀。这样就可以根据规则标记，通过反射获取对应的规则实例。下面通过具体的步骤进行验证规则的配置。

（1）【common 子模块】创建 IValidateRule 数据验证接口。

```
package com.yootk.common.validate;
public interface IValidateRule {                               // 定义数据验证接口
   public boolean validate(Object str);                        // 数据验证方法
   public String errorMessage();                               // 返回错误信息
   public default String getParameterValue(Object param) {     // 接收参数
      if (StringUtils.hasLength(request().getContentType())) {
         if (request().getContentType().startsWith(MediaType.APPLICATION_JSON_VALUE)) {
            if (param instanceof List) {                        // 是否为List集合
               List<String> all = (List) param;                // 对象转型
               return all.get(0);                               // 返回原始数据
            }
            return param.toString();                            // 返回原始数据
         }
      }
      return request().getParameter(param.toString());          // 接收请求参数
   }
   public default String[] getParameterValues(Object param) {  // 接收数组
      if (StringUtils.hasLength(request().getContentType())) {
         if (request().getContentType().startsWith(MediaType.APPLICATION_JSON_VALUE)) {
            if (param instanceof List) {                        // 是否为List集合
               List<String> all = (List) param;                // 对象转型
               return all.toArray(new String[]{});              // 返回数组
            }
         }
      }
      return request().getParameterValues(param.toString());    // 接收请求参数
   }
   public default HttpServletRequest request(){
      HttpServletRequest request = ((ServletRequestAttributes) RequestContextHolder
            .getRequestAttributes()).getRequest();
      return request;
   }
}
```

由于当前的项目中存在不同类型的请求数据的接收，因此在设计 IValidateRule 接口时，需要考虑到普通参数、JSON 数据以及数组数据的传输问题。该接口提供了两个数据接收方法，如果是 JSON 数据则直接返回已经转换后的数据（此时数据已经由调用处接收完毕），如果是普通的参数则按照传统的方式进行数据接收。

> 💡 **提示：参数接收是为了统一处理结构。**
>
> IValidateRule 接口提供了 getParameterValue()、getParameterValues()两个方法，主要是为了保证子类操作的一致性。JSON 数据需要通过 ServletRequest.getInputStream()方法接收，而普通的参数可以直接通过 ServletRequest.getParameter()、ServletRequest.getParameterValues()两个方法接收。但是如果每一个子类在接收数据时都进行判断就会出现代码重复的问题，所以此时接口定义了两个数据接收方法，这样当传递的是参数名称时就进行请求参数接收，而如果传递的是一个具体的数值，则将数据直接返回，这样可以规范子类接收数据的处理逻辑。

不同的验证了类需要覆写 IValidateRule 接口提供的 validate()数据验证方法以及 errorMessage()错误信息获取方法，在数据验证出错后，就可以将 errorMessage()定义的错误信息返回给客户端。

> 🎓 **提问：是否应该使用资源文件保存错误信息？**
>
> 在进行 IValidateRule 接口配置的时候，其中的 errorMessage()方法直接返回了错误信息，但是在实际的开发中，错误信息可能不同，那么是不是应该采用图 6-14 所示的结构进行设计？
>
>
>
> 图 6-14　通过资源文件保存错误信息
>
> 通过一个专属的 message.properties 资源文件保存错误信息，而后在 errorMessage()中保存错误信息的 KEY，在出现验证错误后利用 KEY 查询资源文件里对应的资源项，这样的代码不是更易于维护吗？

> ✍️ **回答：错误数据一般较少，可以简化设计。**
>
> 图 6-14 所示的做法的确可以得到良好的维护架构，毕竟不同的应用会有不同的错误信息要求，但是从实际的开发角度来看，需要思考一个问题：修改错误信息是否属于常规操作？可能几十个项目都使用同样的错误信息，那么既然是几乎不用改变的信息，就没有必要将其定义在资源文件中。但将错误信息定义在资源文件中有另外的意义，就是采用"国际化"的方式展示错误。

（2）【common 子模块】IValidateRule 接口提供了一个标准化的设计实现，但是从实际的开发来讲，接口和实现子类之间应该追加一个抽象类的过渡结构。可以创建一个 AbstractValidateRule 抽象类，在该类中实现 errorMessage()方法。

```
package com.yootk.common.validate.rule.abs;
public abstract class AbstractValidateRule implements IValidateRule {
    @Override
    public String errorMessage() {                 // 配置公共错误信息
        return "请求数据错误，无法通过验证，请确认数据内容是否正确！";
    }
}
```

AbstractValidateRule 抽象类中实现了 errorMessage()方法，并且在该方法内部创建了公共的错误提示信息,这样所有IValidateRule接口子类就可以根据自己的需要选择是否要覆写errorMessage()方法进行个性化的错误信息配置。

（3）【common 子模块】创建字符串数据验证子类。

```
package com.yootk.common.validate.rule;
public class StringValidateRule extends AbstractValidateRule implements IValidateRule {
    @Override
    public boolean validate(Object param) {
        String value = getParameterValue(param);        // 获取请求参数
// StringUtils为Spring内置的字符串处理工具类，直接通过该类的方法实现字符串是否为空的判断
        return StringUtils.hasLength(value);            // 判断数据是否为空
    }
    @Override
    public String errorMessage() {
        return "请求数据不允许为空! ";
    }
}
```

StringValidateRule 的主要功能是实现字符串是否为空的判断，因为在实际的 Web 请求中，如果用户没有传递某些参数，则程序通过 getParameter()方法接收到的数据就是 null。由于空字符串的验证较为常用，因此本程序使用了保存在 StringUtils 工具类中的方法，并且在 StringValidateRule 类中根据自己的需要覆写了 errorMessage()方法，以返回所需的错误信息。StringValidateRule 数据验证子类的关联结构如图 6-15 所示。

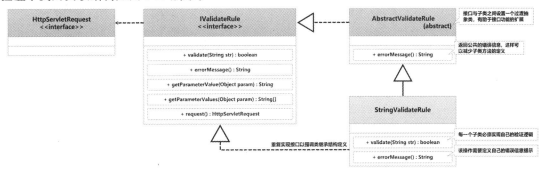

图 6-15　StringValidateRule 数据验证子类的关联结构

（4）【common 子模块】创建布尔型数据验证子类。

```
package com.yootk.common.validate.rule;
public class BooleanValidateRule extends AbstractValidateRule implements IValidateRule {
    @Override
    public boolean validate(Object param) {
        String value = getParameterValue(param);        // 获取请求参数
        if (!StringUtils.hasLength(value)) {            // 字符串为空
            return false;                               // 验证失败
        }
        if ("on".equalsIgnoreCase(value) || "1".equalsIgnoreCase(value) ||
                "up".equalsIgnoreCase(value) || "yes".equalsIgnoreCase(value) ||
                "true".equalsIgnoreCase(value)) {       // 数据判断
            return true;
        }
        return false;
    }
    @Override
    public String errorMessage() {
        return "请求数据必须是true或者false! ";
    }
}
```

（5）【common 子模块】创建整型数据验证子类。

```
package com.yootk.common.validate.rule;
public class IntValidateRule extends AbstractValidateRule implements IValidateRule {
    @Override
    public boolean validate(Object param) {
        String value = getParameterValue(param);        // 获取请求参数
        if (!StringUtils.hasLength(value)) {             // 字符串为空
            return false;                                // 验证失败
        }
        return value.matches("\\d+");                    // 正则验证
    }
    @Override
    public String errorMessage() {
        return "请求数据必须是整型数据！";
    }
}
```

（6）【common 子模块】创建长整型数据验证子类。

```
package com.yootk.common.validate.rule;
public class LongValidateRule extends IntValidateRule implements IValidateRule {}
```

在验证处理中，长整型数据的验证规则与整型数据的验证规则类似，所以没有必要重复地进行
validate()与 errorMessage()两个方法的覆写，直接继承 IntValidateRule 父类即可。

（7）【common 子模块】创建浮点型数据验证子类。

```
package com.yootk.common.validate.rule;
public class DoubleValidateRule extends AbstractValidateRule implements IValidateRule {
    @Override
    public boolean validate(Object param) {
        String value = getParameterValue(param);        // 获取请求参数
        if (!StringUtils.hasLength(value)) {             // 字符串为空
            return false;                                // 验证失败
        }
        return value.matches("\\d+(\\.\\d+)?");          // 正则验证
    }
    @Override
    public String errorMessage() {
        return "请求数据必须是浮点型数据！";
    }
}
```

（8）【common 子模块】创建日期数据验证子类。

```
package com.yootk.common.validate.rule;
public class DateValidateRule extends AbstractValidateRule implements IValidateRule {
    @Override
    public boolean validate(Object param) {
        String value = getParameterValue(param);        // 获取请求参数
        if (!StringUtils.hasLength(value)) {             // 字符串为空
            return false;                                // 验证失败
        }
        return value.matches("\\d{4}-\\d{2}-\\d{2}");    // 正则验证
    }
    @Override
    public String errorMessage() {
        return "请求数据必须是日期数据（yyyy-MM-dd）！";
    }
}
```

（9）【common 子模块】创建日期时间数据验证子类。

```
package com.yootk.common.validate.rule;
public class DatetimeValidateRule extends AbstractValidateRule implements IValidateRule {
```

```
    @Override
    public boolean validate(Object param) {
        String value = getParameterValue(param);          // 获取请求参数
        if (!StringUtils.hasLength(value)) {              // 字符串为空
            return false;                                  // 验证失败
        }
        return value.matches("\\d{4}-\\d{2}-\\d{2} \\d{2}:\\d{2}:\\d{2}");   // 正则验证
    }
    @Override
    public String errorMessage() {
        return "请求数据必须是日期时间数据（yyyy-MM-dd HH:mm:ss)! ";
    }
}
```

（10）【common 子模块】创建请求验证码数据验证子类。

```
package com.yootk.common.validate.rule;
public class RandValidateRule extends AbstractValidateRule implements IValidateRule {
    public static final String RAND_SESSION_NAME = "rand";
    @Override
    public boolean validate(Object param) {
        String value = getParameterValue(param);          // 获取请求参数
        if (!StringUtils.hasLength(value)) {              // 数据不为空
            return false;                                  // 为空则直接返回false
        }
        String rand = (String) request().getSession().getAttribute(RAND_SESSION_NAME);
        return value.equalsIgnoreCase(rand);              // 验证码检查
    }
    @Override
    public String errorMessage() {
        return "请求的验证码不正确! ";
    }
}
```

（11）【common 子模块】创建字符串数组验证子类。

```
package com.yootk.common.validate.rule;
public class StringsValidateRule extends AbstractValidateRule implements IValidateRule {
    @Override
    public boolean validate(Object param) {
        String values[] = getParameterValues(param);      // 获取请求参数
        return values != null;                             // 数组不为空
    }
    @Override
    public String errorMessage() {
        return "请求数据不允许为空! ";
    }
}
```

（12）【common 子模块】创建整型数组验证子类。

```
package com.yootk.common.validate.rule;
public class IntsValidateRule extends AbstractValidateRule implements IValidateRule {
    @Override
    public boolean validate(Object param) {
        String values[] = getParameterValues(param);      // 获取请求参数
        if (values == null) {                              // 数据为空
            return false;                                  // 验证失败
        } else {                                           // 数据不为空，验证内部数据项
            for (int x = 0; x < values.length; x++) {      // 数组循环
                if (!values[x].matches("\\d+")) {          // 数据错误
                    return false;                          // 验证失败
                }
            }
        }
```

```
            return true;                          // 验证成功
        }
    }
    @Override
    public String errorMessage() {
        return "请求内容必须是数字！";                  // 错误信息KEY
    }
}
```

（13）【common 子模块】创建长整型数组验证子类。由于长整型数组的验证规则与整型数组的验证规则相同，直接继承 IntsValidateRule 父类即可实现长整型数组的验证。

```
package com.yootk.common.validate.rule;
public class LongsValidateRule extends IntsValidateRule implements IValidateRule {}
```

至此我们已经成功地实现了所有基础验证规则实现子类，而面对开发中可能存在的其他验证要求，开发者可以根据需要继承 AbstractValidateRule 抽象类来实现。

# 6.5 获取验证规则

**视频名称** 0605_【掌握】获取验证规则

**视频简介** 验证规则的处理需要与控制层的方法相匹配,这样就要定义专属的验证规则注解。本视频分析验证规则注解的定义结构,同时基于拦截器的运行机制实现验证注解以及验证规则的获取。

完整的 Web 应用会提供大量的控制层方法，不同的控制层方法也会接收不同的请求参数，这样在进行控制层验证处理时，就需要开发者进行明确的验证规则的配置。为了维护验证规则，开发者可以通过自定义注解进行配置，在做拦截处理时，可以通过 HandlerMethod 对象获取注解以实现请求数据验证，如图 6-16 所示。

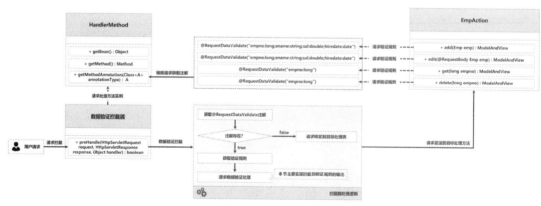

图 6-16  定义验证注解

Spring MVC 中所有的请求会首先发送到拦截器的 preHandle()方法之中，在该方法内可以通过 HandlerMethod 对象实例获取请求处理方法实例，并通过反射获取该方法中的指定注解。如果该注解存在就需要进行数据验证处理,如果不存在则不需要验证，直接将请求发送到目标处理方法执行。下面就依照以上的信息实现数据验证拦截的基本结构，为便于理解，本节主要通过拦截器获取验证规则，具体实现步骤如下。

（1）【common 子模块】创建请求数据检查注解。

```
package com.yootk.common.annotation;
@Target({ElementType.METHOD})                      // 在方法上使用注解
@Retention(RetentionPolicy.RUNTIME)                // 运行时生效
```

```
public @interface RequestDataValidate {
    boolean required() default true;              // 启用配置
    String value() default "";                    // 验证规则
}
```

　　@RequestDataValidate 注解定义中有一个 required 属性，该属性的主要作用是判断该注解是否生效。如果属性内容为 false 则不进行数据拦截处理，为了方便注解的配置，默认属性内容为 true（启用状态）。

　　（2）【common 子模块】数据验证拦截器主要通过@RequestDataValidate 注解来进行拦截控制，该注解是绑定在控制层方法之中的，所以每次发出请求后，用户都可以通过 preHandler()拦截方法获取目标方法的相关数据，而后根据注解获取指定控制层方法所配置的验证规则。

```
package com.yootk.common.interceptor;
public class RequestDataValidateInterceptor implements HandlerInterceptor { // 拦截器
    private final static Logger LOGGER =
            LoggerFactory.getLogger(RequestDataValidateInterceptor.class);
    private boolean restSwitch = false;                   // 是否使用RESTful风格显示
    @Override
    public boolean preHandle(HttpServletRequest request, HttpServletResponse response,
                        Object handler) throws Exception {  // 处理前拦截
        if (handler instanceof HandlerMethod) {             // 类型判断
            HandlerMethod handlerMethod = (HandlerMethod) handler;    // 对象转型
            // 根据当前调用方法获取方法上配置的@RequestDataValidate注解实例
            RequestDataValidate validate =
            handlerMethod.getMethodAnnotation(RequestDataValidate.class);
            if (validate == null) {                         // 不提供验证规则
                return true;                                // 转发到目标Action
            } else {                                        // 验证处理
                if (!validate.required()) {                 // 不需要验证
                    return true;                            // 转发到目标Action
                } else {                                    // 数据验证
                    String rules = validate.value();        // 获取验证规则
                    if (StringUtils.hasLength(rules)) {     // 验证规则存在
                        LOGGER.debug("【{}()】{}",
            handlerMethod.getMethod().getName(), rules);
                    }
                    return true;                            // 转发到目标Action
                }
            }
        }
        return true;
    }
    public void setRestSwitch(boolean restSwitch) {         // 修改拦截器显示风格
        this.restSwitch = restSwitch;
    }
}
```

　　（3）【validate-case 子模块】修改 SpringWEBContextConfig 配置类，为项目添加拦截器。

```
@Override
public void addInterceptors(InterceptorRegistry registry) {            // 拦截器注册
    RequestDataValidateInterceptor interceptor = new RequestDataValidateInterceptor();
    interceptor.setRestSwitch(false);                                 // 拦截器显示风格
    registry.addInterceptor(interceptor).addPathPatterns("/pages/**");  // 拦截路径
}
```

　　（4）【validate-case 子模块】创建 Emp 程序类，用于实现请求参数接收与业务数据传递。

```
package com.yootk.validate.vo;
public class Emp {                          // 定义VO类
    private Long empno;                     // 雇员编号为长整型数据
    private String ename;                   // 雇员姓名为字符串数据
    private java.util.Date hiredate;        // 雇佣日期为日期数据
```

```
private Double sal;                          // 基本工资为浮点型数据
private Set<String> roles;                   // 雇员所拥有的角色
// Setter方法、Getter方法、无参构造方法、多参构造方法等略
}
```

（5）【validate-case 子模块】创建 EmpAction 程序类，并使用@RequestDataValidate 注解配置控制层方法。

```
package com.yootk.validate.action;
@Controller                                  // 控制器标记
@RequestMapping("/pages/emp/")               // 映射父路径
public class EmpAction extends AbstractAction {
    private static final Logger LOGGER = LoggerFactory.getLogger(EmpAction.class);
    // 控制层的add()方法在数据接收时需要进行请求数据验证处理
    @PostMapping("add")                      // 子路径
    @RequestDataValidate(
        "empno:long;ename:string;sal:double;hiredate:date;roles:strings")
    public ModelAndView add(Emp emp) {
        LOGGER.info("【增加雇员数据】雇员编号：{}；雇员姓名：{}；基本工资：{}；雇佣日期：{}；角色配置：{}",
            emp.getEmpno(), emp.getEname(), emp.getSal(),
            emp.getHiredate(), emp.getRoles());
        return null;
    }
    @PostMapping("edit")                     // 子路径
    @RequestDataValidate(required = true,
        value="empno:long;ename:string;sal:double;hiredate:date;roles:strings")
    public ModelAndView edit(@RequestBody Emp emp) {
        LOGGER.info("【更新雇员数据】雇员编号：{}；雇员姓名：{}；基本工资：{}；雇佣日期：{}；角色配置：{}",
            emp.getEmpno(), emp.getEname(), emp.getSal(),
            emp.getHiredate(), emp.getRoles());
        return null;
    }
    @GetMapping("get")                       // 子路径
    // 控制层的get()方法在接收数据时虽然定义了验证规则，但是由于required属性内容为false，不会触发验证操作
    @RequestDataValidate(required = false, value = "empno:long")
    public ModelAndView get(long empno) {
        LOGGER.info("【查询雇员数据】雇员编号：{}", empno);
        return null;
    }
    @DeleteMapping("delete")                 // 子路径
    @RequestDataValidate("ids:longs")
    public ModelAndView delete(long ids[]) {
        LOGGER.info("【删除雇员数据】雇员编号：{}", Arrays.toString(ids));
        return null;
    }
}
```

（6）【IDEA 工具】将 validate-case 子模块部署到 Tomcat 之中，随后启动 Tomcat 服务器。

（7）【curl 命令】执行雇员数据增加操作。

```
curl -X POST -d "empno=7369&ename=smith&sal=2450&hiredate=1979-09-19&roles=news&roles=system
&roles=message" http://localhost:8080/pages/emp/add
```

拦截器日志输出：

```
DEBUG c.y.c.interceptor.RequestDataValidateInterceptor - 【add()】
    empno:long;ename:string;sal:double;hiredate:date;roles:strings
```

控制层日志输出：

```
INFO com.yootk.validate.action.EmpAction - 【增加雇员数据】雇员编号：7369；雇员姓名：smith；基本工资：
2450.0；雇佣日期：Wed Sep 19 00:00:00 CST 1979；角色配置：[news, system, message]
```

（8）【curl 命令】根据编号查询雇员数据。

```
curl -X GET http://localhost:8080/pages/emp/get?empno=7369
```

该方法设置了"required = false"，所以拦截器不执行验证处理。

控制层日志输出：

```
INFO  com.yootk.validate.action.EmpAction - 【查询雇员数据】雇员编号：7369
```

（9）【curl 命令】执行雇员数据修改操作。

```
curl-XPOST"http://localhost:8080/pages/emp/edit"-H"Content-Type:application/json;charset=utf-8
"-d"{\"empno\":\"7369\",\"ename\":\"Smith\",\"hiredate\":\"1969-09-19\",\"sal\":\"800\",\"role
s\":[\"news\",\"system\",\"message\"]}"
```

拦截器日志输出：

```
DEBUG c.y.c.interceptor.RequestDataValidateInterceptor - 【edit()】
   empno:long;ename:string;sal:double;hiredate:date;roles:strings
```

控制层日志输出：

```
INFO  com.yootk.validate.action.EmpAction - 【更新雇员数据】雇员编号：7369；雇员姓名：Smith；基本工资：
800.0；雇佣日期：Fri Sep 19 08:00:00 CST 1969；角色配置：[news, system, message]
```

（10）【curl 命令】根据编号删除雇员数据。

```
curl -X DELETE "http://localhost:8080/pages/emp/delete?ids=7369&ids=7566&ids=7839"
```

拦截器日志输出：

```
DEBUG c.y.c.interceptor.RequestDataValidateInterceptor - 【delete()】ids:longs
```

控制层日志输出：

```
INFO  com.yootk.validate.action.EmpAction - 【删除雇员数据】雇员编号：[7369, 7566, 7839]
```

此时，所有经过拦截器的请求都会根据目标 Action 的处理方法获取@RequestDataValidate 注解之中配置的验证规则。由于还没有进行具体的验证操作，因此本程序主要输出日志信息。

> 💡 提示：使用 RestfulTool 插件进行接口测试。
>
> 以上代码测试处理使用了传统的 curl 命令进行控制层的接口调用。开发者如果觉得这样的命令编写过于烦琐，可以直接借助于 IDEA 工具提供的 RestfulTool 插件来访问路径。RESTfulTool 插件直接通过IDEA 应用市场安装即可，安装完成后就会出现图 6-17 所示的标签。
>
>
>
> 图 6-17　RestfulTool 插件
>
> IDEA 工具安装完 RestfulTool 插件之后，会自动识别当前工作区中的项目，自动找到所有使用@Controller 注解配置的类，并根据@RequestMapping 注解配置的路径生成访问地址，同时可以根据需要选择当前的请求方式（GET、POST、PUT 等），还支持 JSON 数据传递与 HTTP 响应结果的显示。

# 6.6　数据验证处理

数据验证处理

**视频名称** 0606_【掌握】数据验证处理

**视频简介** 验证规则是验证的处理逻辑，验证规则由 IValidateRule 接口定义。本视频通过合理的类结构设计，对获取到的验证规则进行解析，而后通过反射机制实现数据验证的处理，以及错误信息的存储。

在使用@RequestDataValidate 注解进行请求验证规则配置时，所有的规则都采用 "参数名称:验证规则"的形式传递，而后多个验证规则之间使用分号";"分隔，这时就可以针对不同的规则调用 IValidateRule 接口的实现类进行验证处理。为了管理程序设计结构，可以再定义一个 ValidateUtils 工具类，以封装验证操作的处理逻辑，如图 6-18 所示。

图 6-18　数据验证

当前的应用需要支持普通参数与 JSON 数据两类数据的验证，所以 ValidateUtils 工具类提供了两个验证处理方法，这两个方法需要根据当前请求的 MIME 类型的判断结果来进行调用。考虑到拦截器返回数据的要求，此时的错误信息都通过 Map 集合保存。下面来通过具体的步骤对数据验证进行实现。

（1）【common 子模块】创建 ValidateUtils 工具类。

```
package com.yootk.common.util;
public class ValidateUtils {                    // 数据验证处理
    private final static Logger LOGGER =
            LoggerFactory.getLogger(RequestDataValidateInterceptor.class);
    private ValidateUtils(){}                   // 禁止生成实例
    /**
     * 对配置的验证规则进行数据验证处理
     * @param rules 验证规则
     * @return 验证错误信息集合
     */
    public static Map<String, String> validate(String rules) {        // 验证规则处理
        Map<String, String> result = new HashMap<>();                 // 保存验证结果
        String ruleArray[] = rules.split(";");                        // 数据拆分
        for (String rule : ruleArray) {                               // 数组迭代
            // 对"参数名称:验证规则"结构进行拆分，数组第1个数据为参数名称，第2个数据为验证规则
            String temp [] = rule.split(":");                         // 数据拆分
            Map<String, Object> validateResult = validate(temp[0], temp[1]); // 数据验证
            if (validateResult.containsKey("flag")) {                 // 包含指定KEY
                boolean flag = (Boolean) validateResult.get("flag");  // 验证结果
                if (!flag) {                                          // 数据验证不通过
                    result.put(temp[0], (String) validateResult
                        .get("message"));                             // 保存错误信息
                }
            }
        }
        return result;                                                // 返回验证结果
```

```
}
/**
 * 对MIME类型为Application/JSON的请求数据进行验证，该数据需要通过ServletRequest提供的
 * getInputStream()方法进行接收。此时项目中已经提供了HttpServletRequestWrapper实现子类
 * 所以将通过内存流进行读取，在数据处理时可以通过Jackson提供的依赖库将JSON数据转为Map集合
 * @param request 用户请求对象，此处为HttpServletRequestWrapper接口实例
 * @param rules 验证规则
 * @return 所有验证结果保存在Map集合之中，如果Map集合长度为0则表示没有任何错误
 */
public static Map<String, String> validateBody(HttpServletRequest request,
                                    String rules) {      // 验证规则处理
    Map<String, String> result = new HashMap<>();        // 保存验证结果
    try {
        ObjectMapper mapper = new ObjectMapper();         // Jackson工具类
        Map<String, List<String>> jsonMap = mapper.readValue(
                ReadRequestBodyData.getRequestBodyData(request), Map.class); // 数据处理
        String ruleArray[] = rules.split(";");            // 数据拆分
        for (String rule : ruleArray) {                   // 数组迭代
            // 对"参数名称:验证规则"结构进行拆分，数组第1个数据为参数名称，第2个数据为验证规则
            String temp [] = rule.split(":");             // 数据拆分
            Map<String, Object> validateResult = validate(
                    jsonMap.get(temp[0]), temp[1]);       // 数据验证
            if (validateResult.containsKey("flag")) {     // 包含指定KEY
                boolean flag = (Boolean) validateResult.get("flag"); // 验证结果
                if (!flag) {                              // 数据验证不通过
                    result.put(temp[0], (String) validateResult
                        .get("message"));                 // 保存错误信息
                }
            }
        }
    } catch (IOException e) {}
    return result;                        // 返回验证结果
}
/**
 * 根据指定的规则对请求参数的数据进行验证
 * @param param 参数名称
 * @param rule 规则名称
 * @return 返回数据包含如下两类信息
 * key = flag、value = 验证结果（true或false）
 * key = message、value = 验证出错时返回的错误信息
 */
private static Map<String, Object> validate(Object param, String rule) {
    LOGGER.debug("【数据验证】param = {}、rule = {}", param, rule);
    Map<String, Object> result = new HashMap<>();         // 保存验证结果
    String validateClass = "com.yootk.common.validate.rule." +
            StringUtils.capitalize(rule) + "ValidateRule"; // 拼凑类名称
    Class<?> clazz = null;
    try {
        clazz = Class.forName(validateClass);             // 获取Class实例
    } catch (ClassNotFoundException e) {
        return result;                                    // 返回验证结果
    }
    LOGGER.debug("【获取数据验证类】{}", clazz.getName());
    Method validateMethod = BeanUtils.findMethod(clazz,
            "validate", Object.class);                    // 获取方法实例
    Object obj = BeanUtils.instantiateClass(clazz);       // 对象实例化
    try {
        boolean flag = (Boolean) validateMethod.invoke(obj, param);  // 反射方法调用
        result.put("flag", flag);                         // 保存验证结果
```

```
            if (!flag) {                                        // 验证未通过
                Method messageMethod = BeanUtils.findMethod(
                    clazz, "errorMessage");                     // 获取方法实例
                result.put("message", messageMethod.invoke(obj)); // 错误信息
            }
            return result;                                      // 返回验证结果
        } catch (Exception e) {
            return result;
        }
    }
}
```

（2）【common 子模块】修改 RequestDataValidateInterceptor 拦截器实现类中的 preHandler()处理方法，该方法将调用 ValidateUtils 类所提供的数据验证方法，并根据数据验证的结果判断是否要进行请求转发。

```
@Override
public boolean preHandle(HttpServletRequest request, HttpServletResponse response,
                Object handler) throws Exception {  // 处理前拦截
    if (handler instanceof HandlerMethod) {                 // 类型判断
        HandlerMethod handlerMethod = (HandlerMethod) handler;      // 对象转型
        // 根据当前调用方法获取方法上配置的@RequestDataValidate注解实例
        RequestDataValidate validate =
        handlerMethod.getMethodAnnotation(RequestDataValidate.class);
        if (validate == null) {                             // 不提供验证规则
            return true;                                    // 转发到目标Action
        } else {                                            // 验证处理
            if (!validate.required()) {                     // 不需要验证
                return true;                                // 转发到目标Action
            } else {                                        // 数据验证
                String rules = validate.value();            // 获取验证规则
                if (StringUtils.hasLength(rules)) {         // 验证规则存在
                    LOGGER.debug("【{}()】{}", handlerMethod.getMethod().getName(), rules);
                    boolean requestBodyFlag = false;        // 判断是否存在@RequestBody
                    for (MethodParameter parameter : handlerMethod.getMethodParameters()) {
                        RequestBody requestBody = parameter.getParameterAnnotation(
                            RequestBody.class);             // 获取注解
                        if (requestBody != null) {          // 注解存在
                            requestBodyFlag = true;         // 修改标记，需要进行JSON数据处理
                        }
                    }
                    LOGGER.debug("【{} - {}()】@RequestBody注解是否存在：{}",
                            handlerMethod.getBeanType().getName(),
                            handlerMethod.getMethod().getName(), requestBodyFlag);
                    Map<String, String> result = null;      // 保存验证结果
                    if (requestBodyFlag) {                  // JSON数据处理
                        result = ValidateUtils.validateBody(request, rules);
                    } else {                                // 普通参数处理
                        result = ValidateUtils.validate(rules); // 数据验证
                    }
                    LOGGER.debug("【数据验证】{}", result);
                    if (result != null && result.size() > 0) { // 有错误
                        ResponseHandler.responseError(result,
                                this.restSwitch, handlerMethod); // 错误信息响应
                        return false;                       // 请求不转发
                    }
                }
            }
        }
        return true;                                        // 转发到目标控制器
```

```
        }
      }
    }
    return true;
}
```

此时的 preHandle ()方法主要实现了拦截规则的验证处理，如果当前请求的控制层方法中的参数使用了@RequestBody 注解进行定义，则需要通过 Jackson 实现 JSON 数据转换，所以此时的验证要调用 ValidateUtils.validateBody()方法，而如果是普通参数，则调用 ValidateUtils.validate()方法。两个验证方法返回的都是 Map 集合，只需要判断 Map 集合的长度即可确定当前验证是否有错误，如果有错误则通过 ResponseHandler.responseError()方法进行处理，如果没有验证错误则直接将请求转发到目标控制器进行处理。

# 6.7 错误信息展示

**视频名称** 0607_【掌握】错误信息展示
**视频简介** *数据验证失败之后，程序需要进行错误信息展示处理。本视频创建一个错误信息响应的处理类，并实现 RESTful 与 Dispatcher 两种不同风格的错误处理。考虑到实际应用的开发场景需求，本视频实现了一个完整的 Web 请求操作实例。*
错误信息展示

拦截器实现了请求数据的验证处理，在验证完成之后，就需要对相应的错误信息进行展示。考虑到程序结构化设计的要求，本节将通过 ResponseHandler 处理类进行错误信息展示，如图 6-19 所示。

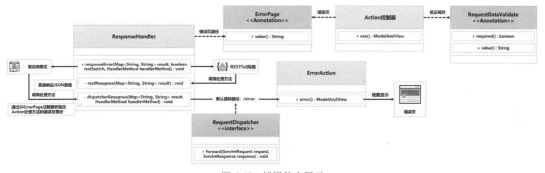

图 6-19　错误信息展示

在当前的项目设计中，由于存在前后端分离的设计需要，因此在进行错误信息展示时，需要满足 RESTful 和 Dispatcher 两种风格的需求。如果以 RESTful 风格进行展示，则可以通过 Jackson 工具类将错误信息转化为 JSON 数据，随后直接通过 HttpServletResponse 接口实例进行响应；如果以 Dispatcher 风格进行展示，则应跳转到指定的错误页路径。

由于不同的控制层方法有不同的错误页路径，因此可以创建一个自定义的@ErrorPage 注解，在定义控制层方法时，通过此注解配置其专属的错误页路径。同时考虑到代码配置的灵活性，也可以在没有配置错误页路径时，统一跳转到/error 路径进行错误信息展示。为了更好地帮助读者理解数据验证与错误信息展示的配置，下面采用图 6-20 所示的结构实现一个完整的 Web 请求操作实例。

（1）【common 子模块】不同的控制器可能有专属的错误页配置，为了便于配置的管理，可以创建一个@ErrorPage 注解，并在该注解中配置错误页路径

```
package com.yootk.common.annotation;
@Target({ElementType.METHOD})                    // 在方法上使用注解
@Retention(RetentionPolicy.RUNTIME)              // 运行时生效
public @interface ErrorPage {                     // 错误页配置注解
```

```
        String value() default "/error";           // 错误页路径
}
```

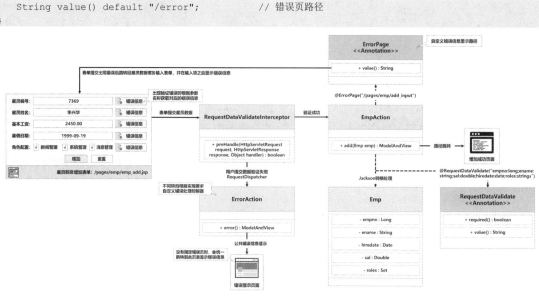

图 6-20　完整的 Web 请求操作

（2）【common 子模块】创建 ResponseHandler.responseError()错误信息展示方法。

```
package com.yootk.common.http;
public class ResponseHandler {
    public static final String ERROR_PAGE_PATH = "/error";    // 默认错误页路径
    public static void responseError(Map<String, String> result,
        boolean restSwitch, HandlerMethod handlerMethod) {     // 错误响应
        if (restSwitch) {                     // RESTful信息展示
            restResponse(result);             // RESTful信息展示处理
        } else {                              // 重定向页面信息展示
            dispatcherResponse(result, handlerMethod); // 重定向错误信息展示
        }
    }
    private static void restResponse(Map<String, String> result) {
        HttpServletResponse response = ((ServletRequestAttributes) RequestContextHolder
            .getRequestAttributes()).getResponse();           // 获取response对象
        response.setStatus(HttpStatus.INTERNAL_SERVER_ERROR.value()); // 响应状态码
        ObjectMapper objectMapper = new ObjectMapper();       // Jackson转换类
        response.setContentType(MediaType.APPLICATION_JSON_VALUE); // 设置响应类型
        response.setCharacterEncoding("UTF-8");               // 响应编码
        try {
            response.getWriter().print(
                    objectMapper.writeValueAsString(result));  // 数据响应
        } catch (IOException e) {}
    }
    private static void dispatcherResponse(Map<String, String> result,
        HandlerMethod handlerMethod) {            // Dispatcher处理
        HttpServletRequest request = ((ServletRequestAttributes) RequestContextHolder
            .getRequestAttributes()).getRequest(); // 获取request对象
        HttpServletResponse response = ((ServletRequestAttributes) RequestContextHolder
            .getRequestAttributes()).getResponse(); // 获取response对象
        String errorPath = null;                  // 重定向路径
        ErrorPage errorPage = handlerMethod.getMethodAnnotation(ErrorPage.class);
        if (errorPath != null) {                  // 存在错误页配置
            errorPath = errorPage.value();        // 获取错误页路径
        } else {                                  // 没有配置错误页路径
            errorPath = ERROR_PAGE_PATH;          // 使用默认错误显示页面
        }
```

```
        try {
            request.setAttribute("errors", result);                        // 保存错误信息
            request.getRequestDispatcher(errorPath).forward(request, response);  // 跳转
        } catch (Exception e) {}
    }
}
```

（3）【validate-case 子模块】在 src/main/webapp/WEB-INF 目录下创建/pages/error/code_500.jsp 页面。

```
<%@ page language="java" import="java.util.*" pageEncoding="UTF-8"%>
<%@ taglib prefix="c" uri="http://java.sun.com/jsp/jstl/core" %>
<html><head><title>SSM开发实战</title></head>
<body>
    <img src="/yootk-images/error/code_500.png"/>
    <c:forEach items="${errors}" var="error">         <!-- 错误信息迭代 -->
        <li><span style="font:30px;">${error.key} = ${error.value}</span></li>
    </c:forEach>
</body>
</html>
```

（4）【validate-case 子模块】在 src/main/webapp/WEB-INF 目录下创建/pages/error/code_404.jsp 页面。

```
<%@ page language="java" import="java.util.*" pageEncoding="UTF-8"%>
<html>
<head><title>SSM开发实战</title></head>
<body><img src="/yootk-images/error/code_404.png"/></body>
</html>
```

（5）【validate-case 子模块】创建 ErrorAction 实现/error、/notfound 处理路径配置，并跳转到相应的视图页面。

```
package com.yootk.validate.action;
@Controller // 控制器标记
public class ErrorAction extends AbstractAction {
    @RequestMapping("/error")                          // 500处理
    public ModelAndView error() {
        return new ModelAndView("/error/error_500");   // 跳转到错误页
    }
    @RequestMapping("/notfound")                       // 404处理
    public ModelAndView notfound() {
        return new ModelAndView("/error/error_404");   // 跳转到错误页
    }
}
```

（6）【validate-case 子模块】创建全局异常处理，在发生异常时跳转到/error 路径进行错误信息展示。

```
package com.yootk.validate.action.advice;
@ControllerAdvice                                              // 控制层切面处理
public class ErrorAdvice {                                     // 全局异常
    @ExceptionHandler(Exception.class)                         // 捕获全部异常
    public ModelAndView handle(Exception e, HttpServletRequest request,
            HttpServletResponse response) {
        ModelAndView mav = new ModelAndView("forward:/error"); // 跳转到视图页面
        Map<String, String> result = new HashMap<>();          // 错误集合
        result.put("message", e.getMessage());                 // 保存错误信息
        result.put("type", e.getClass().getName());            // 保存错误类型
        result.put("path", request.getRequestURI());           // 保存错误页路径
        result.put("referer", request.getHeader("Referer"));   // 获取referer头信息
        mav.addObject("errors", result);                       // 保存异常信息
        response.setStatus(HttpStatus.INTERNAL_SERVER_ERROR.value()); // 响应状态码
        return mav;
    }
}
```

（7）【validate-case 子模块】在 src/main/webapp/WEB-INF 目录中，创建/pages/emp/emp_add_success.jsp 页面，用于展示雇员数据增加成功后的提示信息。

```
<%@ page language="java" import="java.util.*" pageEncoding="UTF-8"%>
<%@ taglib prefix="c" uri="http://java.sun.com/jsp/jstl/core" %>
<%@ taglib prefix="fmt" uri="http://java.sun.com/jsp/jstl/fmt" %>
<html>
<head><title>SSM开发实战</title></head>
<body>
<c:if test="${flag}"><div>雇员数据增加成功！</div>
    <div>
        <li>雇员编号：${emp.empno}</li>
        <li>雇员姓名：${emp.ename}</li>
        <li>基本工资：${emp.sal}</li>
        <li>雇佣日期：<fmt:formatDate value="${emp.hiredate}"
                                pattern="yyyy年MM月dd日"/></li>
        <li>角色配置：${emp.roles}</li>
    </div>
</c:if>
</body>
</html>
```

（8）【validate-case 子模块】在 src/main/webapp/WEB-INF 目录中，创建/pages/emp/emp_add_input.jsp 页面，用于定义雇员数据增加表单。由于当前的表单拥有错误信息展示的功能，因此需要在每个表单项后追加错误信息输出。

```
<%@ page language="java" import="java.util.*" pageEncoding="UTF-8"%>
<html><head><title>SSM开发实战</title></head>
<body>
<form action="/pages/emp/add" method="post">
    雇员编号：    <input type="text" name="empno" value="7369"/>${errors['empno']}<br/>
    雇员姓名：    <input type="text" name="ename" value="李兴华"/>${errors['ename']}<br/>
    基本工资：    <input type="text" name="sal" value="2450.00"/>${errors['sal']}<br/>
    雇佣日期：    <input type="date" name="hiredate"
                    value="1999-09-19"/>${errors['hiredate']}<br/>
    角色配置：    <input type="checkbox" name="roles" value="news"/>新闻管理
            <input type="checkbox" name="roles" value="system" checked/>系统管理
            <input type="checkbox" name="roles" value="message" checked/>消息管理
            ${errors['roles']}<br/>
    <button type="submit">增加</button><button type="reset">重置</button>
</form>
</body>
</html>
```

（9）【validate-case 子模块】创建 EmpAction 程序类，用于实现雇员数据增加表单的跳转以及雇员数据增加业务的处理。

```
package com.yootk.validate.action;
@Controller                                 // 控制器标记
@RequestMapping("/pages/emp/")              // 映射父路径
public class EmpAction extends AbstractAction {
    private static final Logger LOGGER = LoggerFactory.getLogger(EmpAction.class);
    @RequestMapping("add_input")            // POST请求有可能转发到此路径
    public String addInput() {
        return "/emp/emp_add_input";        // 跳转到视图页面
    }
    @PostMapping("add")                     // 子路径
    @ErrorPage("/pages/emp/add_input")      // 错误页
    @RequestDataValidate(
        "empno:long;ename:string;sal:double;hiredate:date;roles:strings")
```

```
public ModelAndView add(Emp emp) {        // 控制层的add()方法在接收数据时需要进行请求数据验证处理
    LOGGER.info("【增加雇员数据】雇员编号：{}；雇员姓名，{}；基本工资：{}；雇佣日期：{}；角色配置：{}",
        emp.getEmpno(), emp.getEname(), emp.getSal(),
        emp.getHiredate(), emp.getRoles());
    if (emp.getEmpno().equals(7839L)) {                // 模拟异常
        throw new RuntimeException("编号7839有特殊用途，无法为新雇员分配。");
    }
    ModelAndView mav = new ModelAndView("/emp/emp_add_success"); //视图路径
    mav.addObject("emp", emp);                         // 属性保存
    mav.addObject("flag", true);                       // 模拟业务成功标记
    return mav;                                        // 视图跳转
    }
}
```

此程序实现了一个标准的 MVC 设计模型，用户要进行请求添加则首先要访问 EmpAction.addInput()处理方法，而后该方法会跳转到/WEB-INF/pages/emp/emp_add_input.jsp 页面，该页面为表单输入页。用户填写完要增加的雇员数据之后，程序会将请求发送到 EmpAction.add() 方法进行处理。

在执行 add()方法之前，本程序会根据该方法中所配置的@RequestDataValidate 注解进行数据验证，如果验证失败，则会跳转到@ErrorPage 注解所配置的错误页进行错误信息展示。如果没有配置具体的错误页，则会统一跳转到/error 路径进行处理，本程序也对这一路径进行了展示。用户数据输入正确后，页面会跳转到/WEB-INF/pages/emp/emp_add_success.jsp 进行信息展示。程序的执行流程如图 6-21 所示。

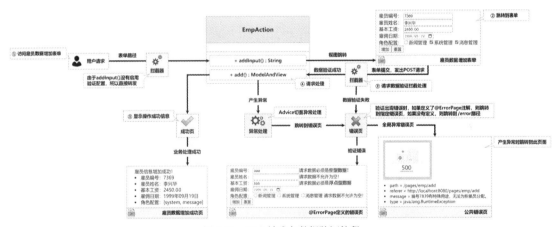

图 6-21　Web 请求与数据验证流程

# 6.8　上传文件验证

上传文件验证

**视频名称** 0608_【掌握】上传文件验证

**视频简介** 除了基本的参数传递，在开发中还需要实现文件的上传处理，而考虑到业务的完整性，需要对上传文件的类型进行定义。本视频为读者分析文件上传验证的实现流程，同时通过实例展示 Spring MVC 文件上传中可能存在的各类技术问题与解决方案。

上传是 HTTP 的核心功能，也是很多应用开发中一定会使用到的实现技术。Spring MVC 可以直接整合 Jakarta EE 中的上传支持进行上传文件的接收，但是在项目的开发之中，不可能让用户随意上传文件，所以需要对用户上传文件的类型加以限制。考虑到已有的数据验证结构，本节将继续通过 IValidateRule 接口实现验证。

Spring MVC 为了便于上传文件的接收，提供了 MultipartFile 接口，在默认情况下用户只需要在控制层的方法之中配置此接口对象就可以直接接收上传文件，同时也可以接收其他用户发送来的参数。Spring MVC 中存在对象的转换支持，要想同时实现对象转换与上传文件的接收，就需要对请求进行包装，如图 6-22 所示。

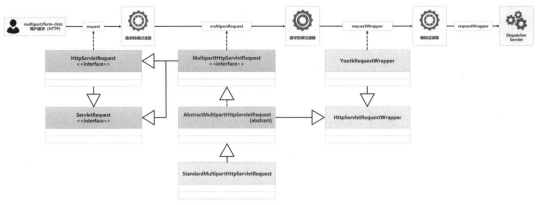

图 6-22　MultipartHttpServletRequest 请求包装

为了可以在封装表单时正确地接收用户所发送来的请求数据，需要自定义一个过滤器，并在其中将用户发送过来的 HttpServletRequest 接口实例包装为 MultipartHttpServletRequest 接口实例。这样就能保证实现正确的参数接收，同时也可以对所有上传文件进行包装，并在随后的处理逻辑中获取相关的上传数据。下面来观察具体实现。

（1）【common 子模块】由于本节需要进行上传处理，因此需要在封装表单时将当前的请求封装在 StandardMultipartHttpServletRequest 请求之中，这样后续的程序结构才可以实现数据的正确接收。

```java
package com.yootk.common.http.filter;
public class MultipartRequestFilter implements Filter {        // 请求包装过滤
    @Override
    public void doFilter(ServletRequest request, ServletResponse response,
        FilterChain chain) throws IOException, ServletException {
        HttpServletRequest httpServletRequest = (HttpServletRequest) request;
        if (httpServletRequest.getContentType() != null) {        // 判断请求类型
            if (httpServletRequest.getContentType()
                    .startsWith("multipart/form-data")) {        // 类型判断
                StandardMultipartHttpServletRequest multiRequest =
                    new StandardMultipartHttpServletRequest(httpServletRequest);  // 包装
                chain.doFilter(multiRequest, response);        // 传递后续请求
            } else {
                chain.doFilter(request, response);        // 请求转发
            }
        } else {        // 普通请求
            chain.doFilter(request, response);        // 请求转发
        }
    }
}
```

（2）【validate-case 子模块】修改 StartWEBApplication 类中的 getServletFilters()方法的定义，追加新的过滤处理类。

```java
@Override
protected Filter[] getServletFilters() {        // 过滤器
    CharacterEncodingFilter characterEncodingFilter =
        new CharacterEncodingFilter();        // 编码过滤
    characterEncodingFilter.setEncoding("UTF-8");        // 编码设置
    characterEncodingFilter.setForceEncoding(true);        // 强制编码
```

```
YootkStreamFilter streamFilter = new YootkStreamFilter(); // 请求包装过滤
MultipartRequestFilter multipartRequestFilter = new MultipartRequestFilter();
return new Filter[]{ characterEncodingFilter, streamFilter, multipartRequestFilter };
}
```

（3）【common 子模块】创建 HandlerMethodStorageUtils 工具类，实现 HandlerMethod 对象存储。

```
package com.yootk.common.util;
public class HandlerMethodStorageUtils {
    private static final ThreadLocal<HandlerMethod> THREAD_LOCAL_STORAGE =
            new ThreadLocal<>();
    public static void set(HandlerMethod method) {
        THREAD_LOCAL_STORAGE.set(method);              // 保存HandlerMethod实例
    }
    public static HandlerMethod get() {
        return THREAD_LOCAL_STORAGE.get();             // 获取HandlerMethod实例
    }
}
```

在拦截器之中可以获取 HandlerMethod 对象实例，而在进行请求数据验证时，就需要在 IValidateRule 接口的子类之中获取相关的验证规则。此时就需要用到 HandlerMethod 实例，但是考虑到 IValidateRule 的验证调用是通过反射机制触发的，无法再额外传输其他对象，所以可以通过 HandlerMethodStorageUtils 工具类实现 HandlerMethod 实例的存储与获取，如图 6-23 所示。

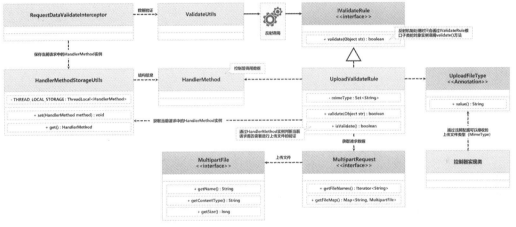

图 6-23 上传数据验证与 HandlerMethod

（4）【common 子模块】所有的验证全部由 RequestDataValidateInterceptor 拦截器处理，所以在 preHandle ()方法中将当前的 HandlerMethod 对象实例保存在 HandlerMethodStorageUtils 之中。

```
public boolean preHandle(HttpServletRequest request, HttpServletResponse response,
            Object handler) throws Exception {           // 处理前拦截
    if (handler instanceof HandlerMethod) {              // 类型判断
        HandlerMethod handlerMethod = (HandlerMethod) handler;  // 对象转型
        HandlerMethodStorageUtils.set(handlerMethod);    // 保存HandlerMethod实例
        // 后续重复代码略
    }
    return true;
}
```

（5）【common 子模块】创建一个用于标记上传文件类型的注解。

```
package com.yootk.common.annotation;
@Target({ElementType.PARAMETER})                         // 在参数上使用注解
@Retention(RetentionPolicy.RUNTIME)                      // 运行时生效
public @interface UploadFileType {
```

```
// 上传文件类型，多个类型使用 ";" 分隔，因为上传图片较为常见，所以此处的类型为图片
public String value() default "image/jpg;image/gif;image/bmp;image/jpeg;image/png";
}
```

（6）【common 子模块】创建 UploadValidateRule 上传文件验证类，该类用于实现 IValidateRule 接口。

```
package com.yootk.common.validate.rule;
// 建立上传文件验证类，如果要触发该类的验证处理，则需要使用upload作为标记
public class UploadValidateRule extends AbstractValidateRule implements IValidateRule {
    private Set<String> mimeType = null;          // 保存MIME类型
    @Override
    public boolean validate(Object param) {
        if (!(request() instanceof StandardMultipartHttpServletRequest)) { // 类型不匹配
            return true;                          // 跳过验证，直接通过
        }
        if (this.isValidate()) {                  // 需要进行MIME验证
            StandardMultipartHttpServletRequest multipartRequest =
                    (StandardMultipartHttpServletRequest) request();
            // 获取全部上传文件，该信息以Map集合的形式返回，其中KEY为参数名称
            Map<String, MultipartFile> fileMap = multipartRequest.getFileMap();
            MultipartFile file = fileMap.get(param);       // 获取指定参数名称对应的数据
            if (file != null && file.getSize() > 0) {      // 存在上传文件
                return mimeType.contains(file.getContentType()); // 数据验证
            } else {
                return true;                      // 不验证
            }
        }
        return false;
    }
    public boolean isValidate() {                 // 是否需要进行验证
        boolean uploadFlag = false;               // 存在@UploadFileType注解
        if (request().getContentType() != null) { // 判断请求类型
            if (request().getContentType()
                .startsWith("multipart/form-data")) { // 上传文件类型
                HandlerMethod handlerMethod = HandlerMethodStorageUtils.get();// 获取实例
                for (MethodParameter parameter : handlerMethod.getMethodParameters()) {
                    UploadFileType uploadFileType = parameter
                            .getParameterAnnotation(UploadFileType.class);// 获取注解
                    if (uploadFileType != null) {     // 存在上传处理
                        String mime = uploadFileType.value();// 获取配置的验证类型
                        if (mime != null) {           // 存在配置项
                            this.mimeType = Set.of(uploadFileType.value()
                                    .split(";"));     // 获取MIME验证类型
                            uploadFlag = true;        // 需要进行上传文件类型验证
                            break;                    // 结束循环
                        }
                    }
                }
            }
        }
        return uploadFlag;                        // 返回处理标记
    }
    @Override
    public String errorMessage() {
        if (this.mimeType != null && this.mimeType.size() > 0) {
            return "上传文件类型不匹配，可选类型为: " + this.mimeType;
        } else {
            return "上传文件错误，无法接收请求! ";
        }
    }
}
```

（7）【common 子模块】创建一个实现上传文件存储的工具类。

```java
package com.yootk.common.util;
public class UploadFileUtils {
    private static final Logger LOGGER = LoggerFactory.getLogger(UploadFileUtils.class);
    public static final String NO_PHOTO = "nophoto.png";
    private UploadFileUtils() {}
    /**
     * 上传文件存储处理，在存储时会根据UUID生成新的文件名称，并将其保存在当前项目的/upload路径之中
     * @param file 用户上传的文件
     * @return 根据UUID生成的文件名称
     * @throws Exception 文件存储异常
     */
    public static String save(MultipartFile file, String saveDir) throws Exception {
        if (file == null || file.getSize() == 0) {              // 没有文件上传
            return NO_PHOTO;                                     // 默认文件名称
        }
        String fileName = UUID.randomUUID() + "." + file.getContentType()
                .substring(file.getContentType().lastIndexOf("/") + 1) ;  // 创建文件名称
        LOGGER.info("生成文件名称：{}", fileName);                  // 日志记录
        String filePath = ContextLoader.getCurrentWebApplicationContext()
                .getServletContext().getRealPath(saveDir) + File.separator + fileName;
        LOGGER.info("文件存储路径：{}", filePath);                  // 日志记录
        file.transferTo(new File(filePath));                    // 进行文件存储
         return fileName;
    }
}
```

（8）【validate-case 子模块】此时项目中存在上传文件的需要，修改 emp_add_input.jsp 页面，增加文件上传表单项。

```html
<form action="/pages/emp/add" method="post" enctype="multipart/form-data">
    <!-- 其他重复的表单项定义代码略 -->
    雇员照片：   <input type="file" name="photo">${errors['photo']}<br/>
</form>
```

（9）【validate-case 子模块】表单提交成功后需要跳转到 emp_add_success.jsp 页面进行数据显示。

```html
<li>雇员照片：<img src="/yootk-upload/${photo}" style="width:50px;"></li>
```

（10）【validate-case 子模块】修改 EmpAction 类中的 add()方法进行上传文件的接收。

```java
@PostMapping("add")                                             // 子路径
@ErrorPage("/pages/emp/add_input")                              // 错误页
@RequestDataValidate("empno:long;ename:string;sal:double;" +
    "hiredate:date;roles:strings;photo:upload")                 // 验证规则
public ModelAndView add(Emp emp, @UploadFileType MultipartFile photo) { // 接收上传文件
    LOGGER.info("【增加雇员数据】雇员编号：{}；雇员姓名：{}；基本工资：{}；雇佣日期：{}；角色配置：{}",
        emp.getEmpno(), emp.getEname(), emp.getSal(),
        emp.getHiredate(), emp.getRoles());
    if (emp.getEmpno().equals(7839L)) {
        throw new RuntimeException("编号7839有特殊用途，无法为新雇员分配。");
    }
    String saveFileName = null;                                 // 保存生成的文件名称
    try {
        saveFileName = UploadFileUtils.save(photo, "/WEB-INF/upload");  // 文件保存路径
    } catch (Exception e) {}
    LOGGER.info("【上传文件】ContentType：{}、OriginalFilename：{}、Size：{}、SaveFileName",
        photo.getContentType(), photo.getOriginalFilename(),
        photo.getSize(), saveFileName);
    ModelAndView mav = new ModelAndView("/emp/emp_add_success"); // 视图路径
    mav.addObject("emp", emp);                                  // 文件保存
```

```
    mav.addObject("photo", saveFileName);                        // 文件名称
    mav.addObject("flag", true);                                 // 模拟业务成功标记
    return mav;                                                   // 视图跳转
}
```

在此时的 EmpAction.add() 方法之中，对于 photo 的请求参数使用了 @UploadFileType 注解进行定义，开发者可以根据要求使用允许类型的文件，此处直接使用了该注解默认的 MIME 类型文件。在存储文件时，为了规范化处理，使用先前自定义的 UploadFileUtils 工具类实现，只需要传入文件的保存路径，就可以自动生成文件名称并进行文件存储。用户提交的表单验证通过后，页面会跳转到雇员数据增加成功页，而当验证出现错误时，页面会跳转到控制层方法既定的错误页。程序的执行流程如图 6-24 所示。

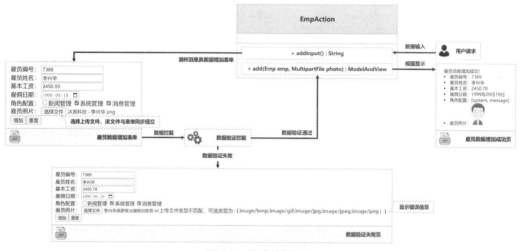

图 6-24　请求数据验证

# 6.9　本章概览

1．在标准 MVC 开发中，控制器需要提供的功能包括请求数据接收、数据验证、数据转型、业务功能调用（或者称为调用模型功能）、属性传递与视图转发。

2．Spring MVC 为了规范化 MVC 设计模式的实现，允许开发者通过其内部的机制方便地实现数据的转型，以及视图转发处理。开发者在编写代码时，需要在控制器内部重点处理业务调用的逻辑。

3．Spring MVC 提供的拦截器是 DispatcherServlet 内置的运行机制，可以在 Action 处理前后进行拦截操作。为了保证 Action 控制器的正确执行，应该将数据验证的处理逻辑交由拦截器处理。

4．为了便于数据验证的处理，可以基于资源文件进行验证规则的配置，而考虑到代码的维护机制，本案例直接使用了自定义注解的形式进行配置，这样在使用时，开发者可以方便地通过 HandlerMethod 对象实例获取对应注解配置项。

5．IValidateRule 接口提供了统一的验证逻辑调用，在后续开发中可以根据项目的需要进行验证规则结构的扩展。

6．由于 ServletRequest 接口中的 getInputStream() 方法只允许调用一次，为了执行 Jackson 数据转型以及数据验证的处理操作，需要由用户自定义 HttpServletRequestWrapper 包装类进行处理。

7．在进行文件上传处理时，为了便于数据的接收，需要将请求包装在 StandardMultipartHttpServletRequest 请求之中。

8．现代开发中存在单机 Web 应用与使用前后端分离架构的 Web 应用，需要在验证逻辑设计时有所考虑。

# 第7章
# SSJ 开发框架整合案例

**本章学习目标**

1. 掌握 Spring + Spring MVC + JPA（Hibernate）+ Spring Cache 应用框架的整合；
2. 掌握 Spring Cache + Memcached 在实际项目开发中的使用方法；
3. 掌握在 Spring MVC 中 AJAX 技术的整合，加深对 REST ful 数据响应的理解；
4. 掌握 Spring Data JPA 在项目开发中的使用方法；
5. 理解 Bootstrap 前端开发框架在传统 Web 项目中的使用。

CRUD 是几乎所有应用项目的核心功能，Java 作为服务器处理性能较高的开发语言，为了更好地实现 CRUD 功能，允许使用由许多第三方开发组织提供的各类技术框架。本章将采用 SSJ（Spring + Spring MVC + JPA）实现 CRUD 功能，同时也将融合已有的"Spring 全家桶"中的其他技术提高 CRUD 的处理性能。本案例所采用的技术架构如图 7-1 所示。

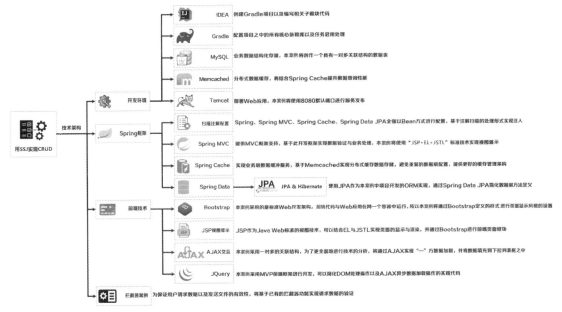

图 7-1 本案例所采用的技术架构

> 💡 **提示：SSJ 还是 SSH?**
>
> SSH 是 Java 开发早期的开发框架整合，其最初的含义为"Spring + Struts + Hibernate"，而 Struts 后来出现了安全漏洞，所以现在 SSH 的含义为"Spring + Spring MVC + Hibernate"。由于 Jakarta EE 标准提供了 JPA 规范（本质上也是由 Hibernate 实现的），所以 SSH 也可以称为 SSJ。

# 7.1　SSJ 案例实现说明

SSJ 案例实现
说明

**视频名称** 0701_【掌握】SSJ 案例实现说明

**视频简介** SSJ 主要结合关系数据库实现应用开发，利用 JPA 简化 JDBC 开发的烦琐操作，再利用 Spring Data JPA 简化数据层的方法定义，而后通过 MVC 框架实现所需数据的展示处理。本视频通过基础 CRUD 技术实现对案例功能进行简要说明。

在企业级应用开发中，开发者会将所有的数据保存在关系数据库之中，这样既满足了持久化存储要求，又满足了结构化的查询需求。常用于企业级应用开发的 Java 语言提供了专属的 JDBC 开发规范，开发者只需要配置所使用数据库的驱动程序，就可以方便地实现数据库更新与查询操作。

在 Web 开发中如果想实现合理的 CRUD 处理机制，往往需要进行合理的分层设计：利用数据层实现 SQL 命令的封装，而后将相关的数据处理逻辑通过业务层整合，最终的数据展示则交由控制层分发到视图层完成（见图 7-2）。考虑到传统的 JDBC 开发方式过于烦琐，以及代码的维护问题，可以基于 JPA 开发框架进行数据层代码实现，如图 7-3 所示。

图 7-2　数据 CRUD 处理

图 7-3　基于 JPA 实现项目开发

使用 JPA 进行数据库的开发，可以简化原生 JDBC 的烦琐操作，同时利用 Spring Data 技术也便于数据层操作方法的定义与实现。考虑到数据库查询性能，可以对一些常用的数据通过 Spring Cache 技术实现缓存配置，以减少数据查询操作所带来的性能损耗。为了进一步便于项目内存的管理，本章将使用 Memcached 缓存数据库实现分布式缓存，而本案例的程序开发也将基于此技术架构实现。程序的主要功能如图 7-4 所示。

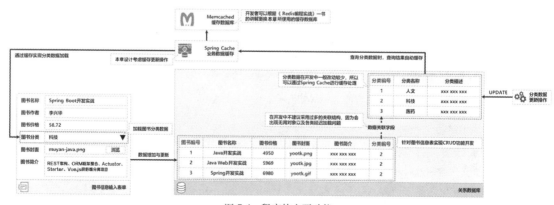

图 7-4　程序的主要功能

> 💡 **提示：项目开发中图书价格应使用整型数据。**
>
> 程序中图书价格使用的单位是"分"。图书价格之所以没有采用浮点型数据，主要原因是系统可能因此产生安全问题，因为浮点型数据在计算时会因为小数产生漏洞。读者熟悉的各个电商平台对于价格这样的敏感数据也都会使用整型数据存储。

本章的重点在于 Spring 相关技术的应用，并未涉及较为烦琐的业务与数据表结构。同时，考虑到实际项目开发中的数据库移植、库表分离设计以及性能问题，本章不再定义数据表的外键关联，所有的数据关联将通过程序业务逻辑进行处理。本章所使用的数据库创建脚本如下。

范例：创建项目数据库。

```sql
DROP DATABASE IF EXISTS yootk_ssj;
CREATE DATABASE yootk_ssj CHARACTER SET UTF8;
USE yootk_ssj;
-- 创建数据表，在逻辑上"分类-图书"属于一对多关联，但是在创建数据表时不增加外键关联
CREATE TABLE item (
  iid     BIGINT AUTO_INCREMENT  comment '分类编号',
  name    VARCHAR(50)            comment '分类名称',
  note    TEXT                   comment '分类简介',
  CONSTRAINT pk_iid PRIMARY KEY(iid)
) engine=innodb;
CREATE TABLE book (
  bid     BIGINT AUTO_INCREMENT  comment '图书编号',
  aname   VARCHAR(50)            comment '图书名称',
  author  VARCHAR(50)            comment '图书作者',
  price   INT                    comment '图书价格（单位：分）',
  cover   VARCHAR(200)           comment '图书封面（文件名称）',
  note    TEXT                   comment '图书简介',
  iid     BIGINT                 comment '图书所属分类（关联item.iid字段）',
  CONSTRAINT pk_bid PRIMARY KEY(bid)
) engine=innodb;
-- 【测试数据】增加图书分类表数据
INSERT INTO item(name, note) VALUES
    ('人文', '哲学、经济学、政治学、史学、法学、文艺学、伦理学、语言学等相关图书。');
INSERT INTO item(name, note) VALUES ('科技', '科学技术相关图书');
INSERT INTO item(name, note) VALUES ('医药', '医学、卫生、药品、生物等相关图书');
-- 【测试数据】增加图书信息表数据
INSERT INTO book (name, price, author, cover, note, iid) VALUES ('Java开发实战', 4950,
    '李兴华', 'nophoto.png', '零基础入门、面向对象技术、多线程技术', 2);
INSERT INTO book (name, price, author, cover, note, iid) VALUES ('Java Web开发实战', 5969,
    '李兴华', 'nophoto.png', 'JSP&Servlet、MVC、AJAX、XML、JSON', 2);
INSERT INTO book (name, price, author, cover, note, iid) VALUES ('Spring开发实战', 6980,
    '李兴华', 'nophoto.png', 'IoC&DI、AOP、设计架构、源代码分析、…', 2);
INSERT INTO book (name, price, author, cover, note, iid) VALUES ('Spring Boot开发实战', 6680,
    '李兴华', 'muyan-java.png', 'REST架构、ORM框架整合、Actuator、Starter、Vue.js前后端分离项目', 2);
INSERT INTO book (name, price, author, cover, note, iid) VALUES ('Spring Cloud开发实战', 7831,
    '李兴华', 'nophoto.png', 'Spring Cloud Alibaba、Nacos、Sentinel、SEATA、…', 2);
```

# 7.2 搭建 SSJ 开发环境

搭建 SSJ 开发
环境

**视频名称** 0702_【掌握】搭建 SSJ 开发环境

**视频简介** 本视频通过具体的操作步骤，在已有的项目中实现新建子模块，并根据 SSJ 框架整合的需求添加所需要的依赖库，根据本系列相关图书所讲解过的内容进行与 Spring Data JPA、Spring Cache、Spring MVC 有关的配置类定义。

本节的项目开发将基于 IDEA 工具实现，同时采用主流的 Bean 配置的方式定义 Spring MVC、Spring Cache、Memcached、HikariCP、Spring Data JPA 等项目组件。读者可以按照如下步骤进行项目开发环境的搭建。

（1）【IDEA 工具】在 ssm-case 项目之中创建 ssj-case 子模块，如图 7-5 所示。

图 7-5　创建 ssj-case 子模块

（2）【ssm-case 项目】修改 build.gradle 配置文件，为 ssj-case 子模块添加所需要的依赖库。

```
project(":ssj-case") {                                    // 子模块配置
    dependencies {                                        // 根据需求进行依赖配置
        implementation('org.springframework:spring-web:6.0.0-M3')
        implementation('org.springframework:spring-webmvc:6.0.0-M3')
        implementation('org.springframework.data:spring-data-jpa:3.0.0-M3')
        implementation('org.springframework:spring-aop:6.0.0-M3')
        implementation('org.springframework:spring-aspects:6.0.0-M3')
        implementation('jakarta.servlet.jsp.jstl:jakarta.servlet.jsp.jstl-api: 2.0.0')
        implementation('org.mortbay.jasper:taglibs-standard:10.0.2')
        compileOnly('jakarta.servlet.jsp:jakarta.servlet.jsp-api:3.1.0')
        compileOnly('jakarta.servlet:jakarta.servlet-api:5.0.0')
        implementation('com.fasterxml.jackson.core:jackson-core:2.13.3')
        implementation('com.fasterxml.jackson.core:jackson-databind:2.13.3')
        implementation('com.fasterxml.jackson.core:jackson-annotations:2.13.3')
        implementation('mysql:mysql-connector-java:8.0.27')
        implementation('jakarta.persistence:jakarta.persistence-api:3.1.0')
        implementation('com.zaxxer:HikariCP:5.0.1')
        implementation('org.hibernate.orm:hibernate-jcache:6.0.0.Final')
        implementation('org.ehcache:ehcache:3.10.0')
        implementation('com.whalin:Memcached-Java-Client:3.0.2')
        implementation(project(':common'))                // 引入公共子模块
    }
}
```

（3）【ssj-case 子模块】创建 SpringApplicationContextConfig 配置类，该类为 Spring 容器启动的核心配置类。

```
package com.yootk.ssj.context.config;
@Configuration                                            // 配置类
@ComponentScans({                                         // 定义一组扫描包
        @ComponentScan("com.yootk.common.web.config"),    // 拦截器组件装配扫描包
        @ComponentScan("com.yootk.ssj.config"),           // SSJ子模块配置类扫描包
        @ComponentScan("com.yootk.ssj.service"),          // 业务层实现类扫描包
        @ComponentScan("com.yootk.ssj.dao")               // 数据层实现类扫描包
})
public class SpringApplicationContextConfig {}            // Spring上下文配置类
```

（4）【ssj-case 子模块】在 src/main/profiles/dev 源代码目录中创建 config/database.properties 配置文件，定义本项目中数据库连接的配置信息。

```
yootk.database.driverClassName=com.mysql.cj.jdbc.Driver          # 数据库驱动程序
yootk.database.jdbcUrl=jdbc:mysql://localhost:3306/yootk_ssj      # 数据库连接地址
yootk.database.username=root                                     # 数据库用户名
yootk.database.password=mysqladmin                               # 数据库密码
yootk.database.connectionTimeOut=3000                            # 数据库连接超时
yootk.database.readOnly=false                                    # 非只读数据库
yootk.database.pool.idleTimeOut=3000                             # 一个连接的最小维持时长
yootk.database.pool.maxLifetime=60000                            # 一个连接的最大生命周期
yootk.database.pool.maximumPoolSize=60                           # 连接池中的最大维持连接数量
yootk.database.pool.minimumIdle=20                               # 连接池中的最小维持连接数量
```

（5）【ssj-case 子模块】创建 DataSourceConfig 配置类，并引入 database.properties 资源文件以定义数据库连接池配置。

```
package com.yootk.ssj.config;                                            // 配置类
@Configuration                                                           // 配置加载
@PropertySource("classpath:config/database.properties")                  // 配置源配置Bean
public class DataSourceConfig {                                          // 数据源配置Bean
    @Value("${yootk.database.driverClassName}")                         // 资源文件读取配置项
    private String driverClassName;                                     // 数据库驱动程序
    @Value("${yootk.database.jdbcUrl}")                                 // 资源文件读取配置项
    private String jdbcUrl;                                             // 数据库连接地址
    @Value("${yootk.database.username}")                                // 资源文件读取配置项
    private String username;                                            // 用户名
    @Value("${yootk.database.password}")                                // 资源文件读取配置项
    private String password;                                            // 密码
    @Value("${yootk.database.connectionTimeOut}")                       // 资源文件读取配置项
    private long connectionTimeout;                                     // 连接超时
    @Value("${yootk.database.readOnly}")                                // 资源文件读取配置项
    private boolean readOnly;                                           // 只读配置
    @Value("${yootk.database.pool.idleTimeOut}")                        // 资源文件读取配置项
    private long idleTimeout;                                           // 连接的最小维持时长
    @Value("${yootk.database.pool.maxLifetime}")                        // 资源文件读取配置项
    private long maxLifetime;                                           // 连接的最大生命周期
    @Value("${yootk.database.pool.maximumPoolSize}")                    // 资源文件读取配置项
    private int maximumPoolSize;                                        // 连接池中的最大维持连接数量
    @Value("${yootk.database.pool.minimumIdle}")                        // 资源文件读取配置项
    private int minimumIdle;                                            // 连接池中的最小维持连接数量
    @Bean("dataSource")                                                 // Bean注册
    public DataSource dataSource() {                                    // 配置数据源
        HikariDataSource dataSource = new HikariDataSource();           // DataSource子类实例化
        dataSource.setDriverClassName(this.driverClassName);            // 驱动程序
        dataSource.setJdbcUrl(this.jdbcUrl);                            // JDBC连接地址
        dataSource.setUsername(this.username);                          // 用户名
        dataSource.setPassword(this.password);                          // 密码
        dataSource.setConnectionTimeout(this.connectionTimeout);        // 连接超时
        dataSource.setReadOnly(this.readOnly);                          // 是否为只读数据库
        dataSource.setIdleTimeout(this.idleTimeout);                    // 连接的最小维持时长
        dataSource.setMaxLifetime(this.maxLifetime);                    // 连接的最大生命周期
        dataSource.setMaximumPoolSize(this.maximumPoolSize);            // 连接池中的最大维持连接数量
        dataSource.setMinimumIdle(this.minimumIdle);                    // 连接池中的最小维持连接数量
        return dataSource;                                             // 返回Bean实例
    }
}
```

（6）【ssj-case 子模块】为保证项目中的数据源可用，下面创建一个 TestDataSource 测试类，进行数据库连接测试。

```
package com.yootk.test;
@ContextConfiguration(classes = {SpringApplicationContextConfig.class})    // 定义配置类
@ExtendWith(SpringExtension.class)                                         // JUnit 5测试工具
```

```
public class TestDataSource {
    private static final Logger LOGGER = LoggerFactory.getLogger(TestDataSource.class);
    @Autowired                                                          // Bean注入
    private DataSource dataSource;                                      // DataSource实例
    @Test
    public void testConnection() throws Exception {                    // 连接测试
        LOGGER.info("数据库连接对象：{}", this.dataSource.getConnection());  // 获取连接
    }
}
```

程序执行结果：

```
INFO com.yootk.test.TestDataSource-数据库连接对象：HikariProxyConnection@113676940wrappingcom.
mysql.cj.jdbc.ConnectionImpl@590adb41
```

(7)【ssj-case 子模块】创建 TransactionConfig 配置类，定义项目中的切面事务管理类。

```
package com.yootk.ssj.config;
@Configuration                                                      // 配置类
@Aspect                                                             // 切面事务管理
public class TransactionConfig {                                    // AOP事务配置类
    @Bean("transactionManager")                                     // Bean注册
    public PlatformTransactionManager transactionManager(DataSource dataSource) {
        JpaTransactionManager transactionManager =
                new JpaTransactionManager();                        // 事务管理对象实例化
        transactionManager.setDataSource(dataSource);               // 配置数据源
        return transactionManager;
    }
    @Bean("txAdvice")                                               // 事务拦截器
    public TransactionInterceptor transactionConfig(
            TransactionManager transactionManager) {                // 定义事务控制切面
        RuleBasedTransactionAttribute readOnlyRule = new RuleBasedTransactionAttribute();
        readOnlyRule.setReadOnly(true);                             // 只读事务
        readOnlyRule.setPropagationBehavior(
                TransactionDefinition.PROPAGATION_NOT_SUPPORTED);   // 非事务运行
        readOnlyRule.setTimeout(5);                                 // 事务超时
        RuleBasedTransactionAttribute requiredRule = new RuleBasedTransactionAttribute();
        requiredRule.setPropagationBehavior(
                TransactionDefinition.PROPAGATION_REQUIRED);        // 事务开启
        requiredRule.setTimeout(5);                                 // 事务超时
        Map<String, TransactionAttribute> transactionMap = new HashMap<>();
        transactionMap.put("add*", requiredRule);                   // 事务方法前缀
        transactionMap.put("edit*", requiredRule);                  // 事务方法前缀
        transactionMap.put("delete*", requiredRule);                // 事务方法前缀
        transactionMap.put("get*", readOnlyRule);                   // 事务方法前缀
        NameMatchTransactionAttributeSource source =
                new NameMatchTransactionAttributeSource();          // 命名匹配事务
        source.setNameMap(transactionMap);                          // 设置事务方法
        TransactionInterceptor transactionInterceptor = new
                TransactionInterceptor(transactionManager, source); // 事务拦截器
        return transactionInterceptor;
    }
    @Bean
    public Advisor transactionAdviceAdvisor(TransactionInterceptor interceptor) {
        String express = "execution (* com.yootk..service.*.*(..))"; // 定义切面表达式
        AspectJExpressionPointcut pointcut = new AspectJExpressionPointcut();
        pointcut.setExpression(express);            // 定义切面
        return new DefaultPointcutAdvisor(pointcut, interceptor);
    }
}
```

(8)【memcached-server 主机】启动 Memcached 缓存服务。

```
memcached -p 6030 -m 128m -c 1024 -u root -d
```

（9）【本地系统】修改 hosts 主机映射文件，追加 Memcached 主机名称，以便程序通过名称访问缓存服务主机。

```
192.168.190.128memcached-server
```

（10）【ssj-case 子模块】在 src/main/profiles/dev 源代码目录中创建 config/memcached.properties 配置文件，定义本项目中 Memcached 相关连接信息，以便实现分布式缓存处理。

```
memcached.server=memcached-server:6030        # 设置服务器地址与端口号
memcached.weight=1                             # 设置服务器的权重
memcached.initConn=1                           # 设置每个缓存服务器的初始化连接数量
memcached.minConn=1                            # 设置每个缓存服务器的最小维持连接数量
memcached.maxConn=50                           # 设置每个缓存服务器的最大维持连接数量
memcached.maintSleep=3000                      # 设置连接池维护的休眠时间,如果设置为0则表示不进行维护
memcached.nagle=false                          # 禁用Nagle算法,在程序交互性较强时可以提高传输性能
memcached.socketTO=3000                        # 设置Socket读取等待的超时时间
```

（11）【ssj-case 子模块】创建 MemcachedConfig 配置类，并引入 memcached.properties 资源文件。

```
package com.yootk.ssj.config;
@Configuration
@PropertySource("classpath:config/memcached.properties")        // 配置加载
public class MemcachedConfig {                                  // 缓存配置类
    @Value("${memcached.server}")                               // 读取资源属性
    private String server;                                      // 服务器地址与端口号
    @Value("${memcached.weight}")                               // 读取资源属性
    private int weight;                                         // 服务器权重
    @Value("${memcached.initConn}")                             // 读取资源属性
    private int initConn;                                       // 初始化连接数量
    @Value("${memcached.minConn}")                              // 读取资源属性
    private int minConn;                                        // 最小维持连接数量
    @Value("${memcached.maxConn}")                              // 读取资源属性
    private int maxConn;                                        // 最大维持连接数量
    @Value("${memcached.maintSleep}")                           // 读取资源属性
    private long maintSleep;                                    // 线程池维护间隔
    @Value("${memcached.nagle}")                                // 读取资源属性
    private boolean nagle;                                      // 禁用Nagle算法
    @Value("${memcached.socketTO}")                             // 读取资源属性
    private int socketTO;                                       // 连接超时
    @Bean("sockIOPool")
    public SockIOPool initSockIOPool() {                        // 初始化连接池
        SockIOPool sockIOPool = SockIOPool.getInstance("memcachedPool"); // 获取连接池实例
        sockIOPool.setServers(new String[]{this.server});      // 设置服务器地址与端口号
        sockIOPool.setWeights(new Integer[]{this.weight});     // 设置服务器权重
        sockIOPool.setInitConn(this.initConn);                 // 设置初始化连接数量
        sockIOPool.setMinConn(this.minConn);                   // 设置最小维持连接数量
        sockIOPool.setMaxConn(this.maxConn);                   // 设置最大维持连接数量
        sockIOPool.setMaintSleep(this.maintSleep);             // 设置连接池维护间隔
        // 处理缓存数据时由于数据长度不统一且处理频繁,所以不适合于发送大量数据,使用Nagle算法会降低性能
        sockIOPool.setNagle(this.nagle);                       // 禁用Nagle算法
        sockIOPool.setSocketTO(this.socketTO);                 // 设置连接超时时间
        sockIOPool.initialize();                               // 连接池初始化
        return sockIOPool;
    }
    @Bean("memCachedClient")                                   // Bean注册
    public MemCachedClient getMemcachedClient() {              // 缓存操作对象
        MemCachedClient client = new MemCachedClient("memcachedPool"); // 对象实例化
        return client;                                         // 返回实例
    }
}
```

（12）【ssj-case 子模块】创建 MemcachedCache 操作类，该类用于实现 Cache 接口并覆写相关数据操作方法。

```java
package com.yootk.ssj.cache;
public class MemcachedCache implements Cache {                     // 自定义缓存操作类
    private MemCachedClient client;                                // 缓存操作类
    private String name;                                           // 缓存名称
    private long expire;                                           // 失效时间
    public MemcachedCache(String name, long expire, MemCachedClient client) {
        this.name = name;                                          // 属性赋值
        this.expire = System.currentTimeMillis() + expire;         // 过期时间
        this.client = client;                                      // 属性赋值
    }
    @Override
    public String getName() {                                      // 返回缓存名称
        return this.name;
    }
    @Override
    public Object getNativeCache() {                               // 返回缓存提供者
        return this.client;
    }
    @Override
    public ValueWrapper get(Object key) {                          // 数据查询
        ValueWrapper wrapper = null;                               // 返回值类型
        Object value = this.client.get(key.toString());           // 缓存查询
        if (value != null) {                                       // 数据存在
            wrapper = new SimpleValueWrapper(value);               // 数据包装
        }
        return wrapper;                                            // 返回结果
    }
    @Override
    public <T> T get(Object key, Class<T> type) {                  // 数据查询
        Object cacheValue = this.client.get(key.toString());      // 缓存查询
        if (type != null && !type.isInstance(cacheValue)) {       // 数据判断
            throw new IllegalStateException("缓存数据不是 [" + type.getName() +
                "] 类型实例: " + cacheValue);
        }
        return (T) cacheValue;                                     // 返回结果
    }
    @Override
    public <T> T get(Object key, Callable<T> valueLoader) {        // 数据查询
        T value = (T) this.get(key);                               // 获取数据
        if (value == null) {                                       // 数据为空
            FutureTask<T> future = new FutureTask<>(valueLoader);  // 异步任务
            new Thread(future).start();                            // 线程启动
            try {
                value = future.get();                              // 数据异步加载
            } catch (Exception e) {
            }
        }
        return value;                       // 返回结果
    }
    @Override
    public void put(Object key, Object value) {                    // 数据存储
        this.client.set(key.toString(), value,
                new java.util.Date(this.expire));                  // 添加缓存
    }
    @Override
    public void evict(Object key) {                                // 缓存删除
        this.client.delete(key.toString());                       // 缓存删除
```

```
    }
    @Override
    public void clear() {                                         // 缓存清空
        this.client.flushAll();                                   // 缓存清空
    }
}
```

（13）【ssj-case 子模块】创建 MemcachedCacheManager 缓存管理器实现类。

```
package com.yootk.ssj.cache;
public class MemcachedCacheManager extends AbstractCacheManager {     // 缓存管理器
    @Autowired
    private MemCachedClient client;                                   // 缓存操作类
    private long expire = TimeUnit.MILLISECONDS.convert(10, TimeUnit.MINUTES); // 失效时间
    // 为便于指定名称的缓存对象管理，可以将全部的缓存实例保存在Map集合之中
    private ConcurrentMap<String, Cache> cacheMap = new ConcurrentHashMap<String, Cache>();
    @Override
    protected Collection<? extends Cache> loadCaches() {              // 获取全部缓存数据
        return this.cacheMap.values();
    }
    @Override
    public Cache getCache(String name) {                              // 获取缓存实例
        Cache cache = this.cacheMap.get(name);                        // 获取缓存实例
        if (cache == null) {                                          // 缓存实例不存在
            cache = new MemcachedCache(name, this.expire, this.client); // 创建缓存实例
            this.cacheMap.put(name, cache);                           // 数据存储
        }
        return cache;                                                 // 返回缓存实例
    }
}
```

（14）【ssj-case 子模块】创建 CacheConfig 缓存配置类。

```
package com.yootk.ssj.config;
@Configuration                                                       // 自动装配类
@Enable Caching                                                      // 启动Spring Cache
public class CacheConfig {
    @Bean("cacheManager")                                            // 配置Bean名称
    public CacheManager cacheManager() {                             // CacheManager实例
        return new MemcachedCacheManager();                          // 返回配置实例
    }
}
```

（15）【ssj-case 子模块】为保证分布式缓存可用，测试 Memcached 的数据操作。

```
package com.yootk.test;
@ContextConfiguration(classes = SpringApplicationContextConfig.class)  // 启动配置类
@ExtendWith(SpringExtension.class)                                     // 使用JUnit 5测试工具
public class TestMemcached {
    private static final Logger LOGGER = LoggerFactory.getLogger(TestMemcached.class);
    @Autowired                                                         // 自动注入Bean实例
    private MemcachedCacheManager cacheManager;
    @Test
    public void testCacheData() {                                      // 数据操作
        this.cacheManager.getCache("YootkCache").put("muyan", "www.yootk.com");
        LOGGER.info("【YootkCache】设置Memcached缓存数据。");
        LOGGER.info("【YootkCache】获取Memcached缓存数据：muyan = {}",
                this.cacheManager.getCache("YootkCache").get("muyan").get());
    }
}
```

程序执行结果：

【YootkCache】设置Memcached缓存数据。

【YootkCache】获取Memcached缓存数据：muyan = www.yootk.com

(16)【ssj-case 子模块】在 src/main/profiles/dev 源代码目录中创建 config/jpa.properties 配置文件，定义 JPA 配置类所需要的相关信息。

```
# 定义DDL自动处理操作，可选择的配置项有create、create-drop、update、validate
hibernate.hbm2ddl.auto=update
# 定义在执行JPA操作时，是否在控制台输出当前执行的SQL语句
hibernate.show_sql=true
# 定义在执行JPA操作时，是否以格式化的方式显示当前执行的SQL语句
hibernate.format_sql=false
```

(17)【ssj-case 子模块】创建 SpringDataJPAConfig 配置类，引入 jpa.properties 资源文件，以定义与 JPA 有关的配置项。

```
package com.yootk.ssj.config;
@Configuration                                              // 配置类
@PropertySource("classpath:config/jpa.properties")         // 配置加载
@EnableJpaRepositories("com.yootk.ssj.dao")                // JPA配置扫描包
public class SpringDataJPAConfig {                          // Spring Data JPA配置类
    @Value("${hibernate.hbm2ddl.auto}")                    // 注入资源配置属性
    private String hbm2ddlAuto;                             // DDL自动处理配置
    @Value("${hibernate.show_sql}")                        // 注入资源配置属性
    private boolean showSql;                                // SQL语句显示配置
    @Value("${hibernate.format_sql}")                      // 注入资源配置属性
    private String formatSql;                               // SQL语句格式化配置
    @Bean
    public LocalContainerEntityManagerFactoryBean entityManagerFactory(
            DataSource dataSource,                          // 注入数据源实例
            HibernatePersistenceProvider provider,         // 注入持久化提供者实例
            HibernateJpaVendorAdapter adapter,             // 注入JPA适配器实例
            HibernateJpaDialect dialect) {                 // 注入JPA方言实例
        LocalContainerEntityManagerFactoryBean factory =
                new LocalContainerEntityManagerFactoryBean();  // 实例化配置工厂类
        factory.setDataSource(dataSource);                 // 设置JPA数据源
        factory.setPersistenceProvider(provider);          // 设置JPA提供者
        factory.setJpaVendorAdapter(adapter);              // 设置JPA适配器
        factory.setJpaDialect(dialect);                    // 设置JPA方言
        factory.setSharedCacheMode(SharedCacheMode.ENABLE_SELECTIVE);
        factory.setPackagesToScan("com.yootk.ssj.po");     // 实体类扫描包
        factory.setPersistenceUnitName("YootkJPA");        // 实体单元名称
        factory.getJpaPropertyMap().put("hibernate.hbm2ddl.auto",
                this.hbm2ddlAuto);                         // DDL自动更新配置
        factory.getJpaPropertyMap().put("hibernate.format_sql",
                this.formatSql);                           // SQL语句显示格式化
        return factory;
    }
    @Bean
    public HibernatePersistenceProvider provider() {       // JPA持久化实现
        return new HibernatePersistenceProvider();
    }
    @Bean
    public HibernateJpaVendorAdapter adapter() {           // JPA适配器
        HibernateJpaVendorAdapter adapter = new HibernateJpaVendorAdapter();
        adapter.setShowSql(this.showSql);                  // 显示SQL语句
        return adapter;
    }
    @Bean
    public HibernateJpaDialect dialect() {                 // JPA方言
        return new HibernateJpaDialect();                  // Hibernate提供JPA方言
```

```
    }
}
```

（18）【ssj-case 子模块】创建 SpringWEBContextConfig 配置类，定义与 Spring Web 上下文启动有关的配置项。需要注意的是，本项目的开发使用 Bootstrap 以及相关开发框架实现了前端页面，所以需要在其中映射字体资源，这样才可以使用样式表中的各类图标。

```
package com.yootk.ssj.context.config;
@Configuration                                              // 配置类
@EnableWebMvc                                               // 启用MVC配置
@ComponentScan("com.yootk.ssj.action")                      // Spring Web扫描包
public class SpringWEBContextConfig implements WebMvcConfigurer { // Web上下文配置类
    @Override
    public void addResourceHandlers(ResourceHandlerRegistry registry) {
        registry.addResourceHandler("/yootk-js/**")
                .addResourceLocations("/WEB-INF/static/js/");      // 脚本资源映射
        registry.addResourceHandler("/yootk-css/**")
                .addResourceLocations("/WEB-INF/static/css/");     // 样式资源映射
        registry.addResourceHandler( "/yootk-images/**")
                .addResourceLocations("/WEB-INF/static/images/");  // 图像资源映射
        registry.addResourceHandler( "/yootk-fonts/**")
                .addResourceLocations("/WEB-INF/static/fonts/");   // 字体资源映射
        registry.addResourceHandler( "/yootk-upload/**")
                .addResourceLocations("/WEB-INF/upload/");         // 上传资源映射
    }
    @Override
    public void addInterceptors(InterceptorRegistry registry) {  // 拦截器注册
        RequestDataValidateInterceptor interceptor =
                new RequestDataValidateInterceptor();            // 拦截器实例化
        interceptor.setRestSwitch(false);                        // 修改拦截器显示风格
        registry.addInterceptor(interceptor).addPathPatterns("/pages/**");   // 拦截路径
    }
}
```

（19）【ssj-case 子模块】创建 StartWEBApplication 程序类，用于启动 Spring MVC 应用。

```
package com.yootk.ssj.web.config;
public class StartWEBApplication
        extends AbstractAnnotationConfigDispatcherServletInitializer {
    @Override
    protected FrameworkServlet createDispatcherServlet(
            WebApplicationContext servletAppContext) {
        return new YootkDispatcherServlet(servletAppContext);      // 自定义Servlet处理类
    }
    @Override
    protected Class<?>[] getRootConfigClasses() {                  // Spring配置类
        return new Class[]{SpringApplicationContextConfig.class};
    }
    @Override
    protected Class<?>[] getServletConfigClasses() {               // Spring Web配置类
        return new Class[]{SpringWEBContextConfig.class};
    }
    @Override
    protected String[] getServletMappings() {                      // DispatcherServlet映射路径
        return new String[]{"/"};
    }
    @Override
    protected Filter[] getServletFilters() {                       // 过滤器
        CharacterEncodingFilter characterEncodingFilter =
                new CharacterEncodingFilter();                     // 编码过滤
```

```
        characterEncodingFilter.setEncoding("UTF-8");              // 编码设置
        characterEncodingFilter.setForceEncoding(true);            // 强制编码
        YootkStreamFilter streamFilter = new YootkStreamFilter();  // 请求包装过滤
        MultipartRequestFilter multipartRequestFilter = new MultipartRequestFilter();
        return new Filter[]{ characterEncodingFilter, streamFilter,
                 multipartRequestFilter};
    }
    @Override
    protected void customizeRegistration(ServletRegistration.Dynamic registration) {
        long maxFileSize = 2097152;        // 单个文件的最大大小（2MB）
        long maxRequestSize = 5242880;     // 整体请求文件的最大大小（5MB）
        int fileSizeThreshold = 1048576;   // 文件写入磁盘的大小的阈值（1MB）
        MultipartConfigElement element = new MultipartConfigElement(
                "/tmp", maxFileSize, maxRequestSize, fileSizeThreshold);
        registration.setMultipartConfig(element);
    }
}
```

经过以上处理步骤，此时我们已经搭建完 SSJ 框架整合所需要的基础环境。由于本项目涉及的知识点较多，因此存在大量的配置类，这些类的功能以及存储结构如图 7-6 所示。

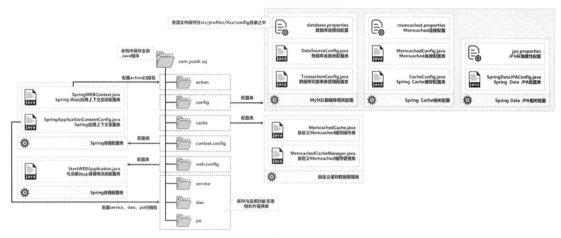

图 7-6　SSJ 开发相关环境配置类的功能及存储结构

> 💡 提示：Spring Boot 可以简化项目配置。
>
> 以上配置是采用 Spring 最原始的方式实现的，所以在构建整个项目时会发现需要定义大量的配置类，而读者学习到本系列的《Spring Boot 开发实战（视频讲解版）》一书时就会发现，只需要引入相关自动装配类，就可以通过 properties 资源文件或 yaml 文件实现自动配置。
>
> 需要提醒读者的是，Spring Boot 的自动配置也是基于 Bean 的方式实现的，所以此时的讲解虽然烦琐，但是对于后续的学习起着非常重要的理论支持作用，是学习过程中绝对不可忽视的重要部分。

（20）【ssj-case 子模块】创建 ErrorAdvice 切面处理类，使程序在出现异常时跳转到/error 路径。

```
package com.yootk.ssj.action.advice;
@ControllerAdvice                                          // 控制层切面处理
public class ErrorAdvice {                                 // 全局异常
    @ExceptionHandler(Exception.class)                     // 捕获全部异常
    public ModelAndView handle(Exception e, HttpServletRequest request,
                HttpServletResponse response) {
        ModelAndView mav = new ModelAndView("forward:/error");        // 跳转到视图页面
```

```
    Map<String, String> result = new HashMap<>();              // 错误集合
    result.put("message", e.getMessage());                     // 保存错误信息
    result.put("type", e.getClass().getName());                // 保存错误类型
    result.put("path", request.getRequestURI());               // 保存错误路径
    result.put("referer", request.getHeader("Referer"));       // 获取referer头信息
    mav.addObject("errors", result);                           // 保存异常信息
    response.setStatus(HttpStatus.INTERNAL_SERVER_ERROR.value()); // 响应状态码
    return mav;
  }
}
```

（21）【ssj-case 子模块】为便于日志管理，在 src/main/resources 目录中定义 logback.xml 配置文件。

（22）【ssj-case 子模块】将本节配套资源中对应的前端代码复制到 WEB-INF 目录之中。由于本项目涉及的页面代码（Java Script 脚本、CSS 样式、字体、图像等）过多，本书不列出。

（23）【ssj-case 子模块】为便于页面的访问，创建 BackIndexAction 程序类，并定义首页路径。

```
package com.yootk.ssj.action.back;
@Controller
public class BackIndexAction {                    // 后端首页
  @RequestMapping("/pages/back/")                 // 首页路径
  public String index() {
    return "/back/index";
  }
}
```

（24）【ssj-case 子模块】在 src/main 目录中创建 webapp/WEB-INF/classes 目录，如图 7-7 所示。

图 7-7　创建 Web 目录

（25）【ssj-case 子模块】在 WEB-INF 目录下创建 upload 目录，用于保存所有的上传文件。本项目主要实现图书信息的管理，所以创建 book 子目录，并在该目录中提供 nophoto.png 默认图片文件。

（26）【ssj-case 子模块】将当前的 ssj-case 子模块发布到 Tomcat 之中，如图 7-8 所示。

（27）【浏览器】启动 Tomcat 服务器，在浏览器中输入"路径地址"。由于此时采用的是响应式的前端开发技术，因此 PC 端打开的页面如图 7-9 所示，而移动端打开的页面如图 7-10 所示。

图 7-8　Tomcat 项目部署

图 7-9　PC 端页面

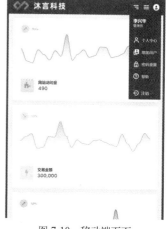

图 7-10　移动端页面

# 7.3　分类数据列表业务

分类数据列表
业务

**视频名称** 0703_【掌握】分类数据列表业务

**视频简介** 在增加或修改图书数据时，都需要进行有效的分页列表数据加载。本视频完成分页列表的显示处理，考虑到数据加载的性能，在完成 JPA 查询操作的基础上，将基于 Spring Cache 实现数据缓存配置。

图书数据中的分类数据在项目应用过程中一般改动较少，同时在增加或修改图书数据时都需要加载分类数据，因此可以将分类数据保存在缓存数据库之中，操作流程如图 7-11 所示。

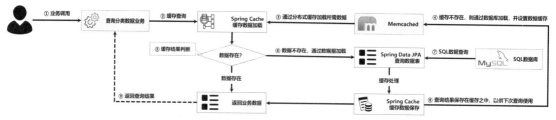

图 7-11　图书分类数据缓存的操作流程

由于 Spring Cache 的存在，程序在通过业务层进行数据查询时，会首先查询缓存数据。如果缓存数据存在则直接将缓存数据返回给业务调用处。如果缓存数据不存在，则通过数据层进行 SQL 数据库的查询，而后将查询结果写入缓存，这样在后续的查询处理中就可以通过缓存获取所需要的数据。

在本节的项目开发中，我们通过应用程序的调用实现缓存数据处理，即第一次显示分类数据列表时通过 SQL 数据库查询结果，而后将该结果保存在缓存之中，这样在第二次进行分类数据列表展示时，或者在其他地方需要进行分类数据加载时，就可以通过缓存实现快速加载。操作流程如图 7-12 所示，具体的开发步骤如下。

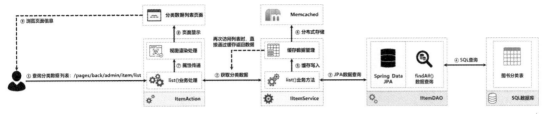

图 7-12　分类数据加载流程

（1）【ssj-case 子模块】创建 Item 持久化类，并映射 item 数据表。

```
package com.yootk.ssj.po;
@Entity                                              // 实体类
public class Item implements Serializable {
   @Id                                               // 主键字段
   @GeneratedValue(strategy = GenerationType.IDENTITY)  // 自动增长
   private Long iid;                                 // 映射iid字段
   private String name;                              // 映射name字段
   private String note;                              // 映射note字段
   // Setter方法、Getter方法、无参构造方法、多参构造方法、toString()方法等略
}
```

（2）【ssj-case 子模块】创建 IItemDAO 数据层接口，该接口将继承 JpaRepository 父接口。

```
package com.yootk.ssj.dao;
public interface IItemDAO extends JpaRepository<Item, Long> {}
```

（3）【ssj-case 子模块】创建 IItemService 业务接口，定义数据查询业务。

```
package com.yootk.ssj.service;
@CacheConfig(cacheNames = "itemCache")               // 定义缓存名称
public interface IItemService {                      // 图书分类业务接口
   @Cacheable("items")                               // 缓存标记
   public List<Item> list();                         // 查询全部分类数据
}
```

（4）【ssj-case 子模块】考虑到业务功能扩展的需要，创建一个抽象业务实现类。

```
package com.yootk.ssj.service.abs;
public abstract class AbstractService {}
```

（5）【ssj-case 子模块】创建 ItemServiceImpl 实现子类，利用 IItemDAO 接口实现数据查询。

```
package com.yootk.ssj.service.impl;
@Service
public class ItemServiceImpl extends AbstractService
               implements IItemService {            // 业务接口实现子类
   @Autowired                                        // 依赖注入
   private IItemDAO itemDAO;                          // 数据层接口实例
   @Override
   public List<Item> list() {                        // 数据列表
      return this.itemDAO.findAll();                 // 查询全部数据
   }
}
```

（6）【ssj-case 子模块】创建 TestItemService 业务接口测试类。

```
package com.yootk.test;
@ContextConfiguration(classes = SpringApplicationContextConfig.class)  // 启动配置类
```

```
@ExtendWith(SpringExtension.class)          // 使用JUnit 5测试工具
public class TestItemService {
    private static final Logger LOGGER = LoggerFactory
                    .getLogger(TestItemService.class);
    @Autowired                              // 自动注入Bean实例
    private IItemService itemService;
    @Test
    public void testCacheData() throws Exception {          // 数据操作
        LOGGER.info("【第1次查询分类数据】{}", this.itemService.list());
        TimeUnit.SECONDS.sleep(1);                          // 操作延迟
        LOGGER.info("【第2次查询分类数据】{}", this.itemService.list());
    }
}
```

程序执行结果：

```
Hibernate: select i1_0.iid,i1_0.name,i1_0.note from Item i1_0
【第1次查询分类数据】[Item实例, Item实例, Item实例]
【第2次查询分类数据】[Item实例, Item实例, Item实例]
```

为了观察缓存机制是否生效，此时编写一个测试类并注入 IItemService 接口实例。通过两次 list()
查询方法的调用结果可以发现，只有在第 1 次查询时才会发出 SQL 命令，第 2 次查询时会直接通
过 Memcached 数据库获取缓存数据。

 提示：清除 Memcached 缓存数据。

> 观察缓存数据处理会发现，如果在 Memcached 之中已经存在缓存数据，那么即便重复执
> 行 list()方法，也不会查询数据库。此时可以登录 Memcached 数据库，并通过以下命令清除全
> 部缓存数据。
> 登录 Memcached 缓存数据库：
> ```
> telnet memcached-server 6030
> ```
> 清除全部缓存数据：
> ```
> flush_all
> ```

（7）【ssj-case 子模块】创建 ItemAction 控制层处理类，利用 IItemService 业务接口实现分类数
据加载，并将数据保存在 request 属性中，交由前端 JSP 页面处理。

```
package com.yootk.ssj.action.back;
@Controller                                             // 控制器
@RequestMapping("/pages/back/admin/item")               // 映射父路径
public class ItemAction {
    private static final Logger LOGGER = LoggerFactory.getLogger(ItemAction.class);
    @Autowired                                          // 依赖注入
    private IItemService itemService;                   // 业务层接口
    @RequestMapping("list")
    public ModelAndView list() {                        // 分类数据列表
        ModelAndView mav = new ModelAndView("/back/admin/item/item_list");
        List<Item> allItems = this.itemService.list();  // 业务查询
        LOGGER.debug("【查询全部分类数据】{}", allItems);   // 日志记录
        mav.addObject("allItems", allItems);            // 属性保存
        return mav;
    }
}
```

（8）【ssj-case 子模块】在 item_list.jsp 页面之中通过 JSTL 提供的 C 标签库实现集合数据输出。

```
<%@ taglib prefix="c" uri="http://java.sun.com/jsp/jstl/core" %>
<c:forEach items="${allItems}" var="item">
    <tr>
        <th scope="row" class="text-center">${item.iid}</th>
        <td class="text-center">${item.name}</td>
```

```
        <td class="text-left">${item.note}</td>
        <td>（列表项操作按钮控制代码，略）</td>
    </tr>
</c:forEach>
```

此时分类数据通过 request 属性传递到了页面。由于在设计页面时分类数据采用了列表方式进行显示，因此直接通过循环按照列表结构的要求生成相应的 HTML 代码即可。页面的显示效果如图 7-13 所示。

图 7-13　分类数据的页面显示效果

# 7.4　强制刷新分类数据缓存

**视频名称** 0704_【掌握】强制刷新分类数据缓存
**视频简介** 在实际项目应用过程中，分类数据有可能会随着业务要求的变化而增加，此时除了要完成数据库中的数据更新操作，还需要考虑缓存数据的更新处理。本视频通过实例展示强制刷新缓存操作的实现，并分析缓存穿透问题。

强制刷新分类数据缓存

分类数据保存在 Memcached 缓存之后，在每次进行列表展示时，可以通过缓存对分类数据进行加载，这样可以提升页面的响应速度。但是随之而来的问题就在于，当分类数据更新时，无法实时地获取更新后的分类项，所以就需要进行缓存的强制刷新处理。处理流程如图 7-14 所示。

图 7-14　强制刷新缓存数据

由于现在缓存统一交由 Spring Cache 管理，因此只需要在 clear() 业务方法中使用 @CacheEvict 注解，就可以自动进行缓存数据的清除。考虑到在整个应用的其他相关业务中需要提供缓存数据，可以将当前的请求重定向到分类数据管理中的 list 路径进行缓存数据的重新加载，这样用户就可以在分类数据列表页面重新获取缓存刷新后的最新分类数据列表。下面来看一下具体的实现步骤。

💡 提示：使用 AJAX 强制刷新缓存的实现流程。

　　本节采用的是传统的页面请求与跳转形式。读者如果需要增加页面的动态性，也可以基于 AJAX 实现缓存刷新操作，但是此时就需要在 ItemAction.clear()方法中调用 IItemService 业务接口的 list()方法，随后利用 Jackson 返回数据，再通过 DOM 处理刷新前端列表数据（先删除分类数据列表行，而后重新利用 DOM 处理添加新的数据行）。有兴趣的读者可以自行实现。

　　（1）【ssj-case 子模块】修改 IItemService 业务接口，设置一个缓存数据的清除业务方法，该方法只需要定义缓存清除注解，不需要任何具体操作，可以利用 default 将其定义为一个普通方法。

```
@CacheEvict("items")                          // 缓存失效
public default void clear() {}
```

　　（2）【ssj-case 子模块】在 ItemAction 控制层处理类中添加 refresh()刷新方法。

```
@RequestMapping("refresh")
public String refresh() {
    LOGGER.debug("强制清除缓存");                          // 日志记录
    this.itemService.clear();                            // 清除缓存数据
    return "forward:/pages/back/admin/item/list";        // 重定向到其他控制层方法
}
```

　　控制层的 refresh()方法执行完成后，Memcached 中所保存的缓存数据会被清除，在跳转到 list()方法后会重新进行加载，这样用户在分类数据列表页面中就可以获取更新后的全部图书分类数据。

💡 提示：清除缓存在高并发情况下会产生缓存穿透问题。

　　当前代码环境中并不存在高并发访问，即便临时清除了缓存数据，也不会对程序产生较大的影响。但是在高并发的情况下，这样的操作极为危险，因为一旦缓存数据不存在，多个线程就会同时进行数据库的查询处理，产生缓存穿透，如图 7-15 所示。

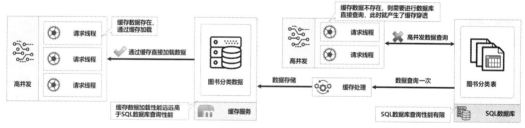

图 7-15　缓存穿透

　　这样一来，在缓存恢复之前，数据库就需要承担较多的并发访问，这将造成数据库资源的枯竭，从而影响整个系统运行的稳定性。在实际项目应用中，要想解决此类问题，往往需要在流量低谷时（如凌晨 2:00—凌晨 5:00）使用一个定时任务实现缓存更新处理。定时任务的实现可以使用 Quartz 或者 Spring Task 完成，而分布式定时任务的管理则可以使用 ShedLock 组件完成，相关内容请参考本系列的《Spring Boot 开发实战（视频讲解版）》一书。

# 7.5　分类数据增加业务

分类数据增加业务

**视频名称**　0705_【掌握】分类数据增加业务
**视频简介**　为了便于读者更好地理解强制刷新缓存的意义，本视频介绍分类数据的添加处理逻辑，同时考虑到数据验证的需要，引入拦截器实现请求数据验证。

图书分类数据基于数据库存储，主要是为了方便用户进行数据的动态维护。在动态维护的过程中，需要对外提供数据增加表单，考虑到数据有效性，需要在接收前端表单以及后端请求时进行数据验证处理，验证通过后才可以进行数据库更新操作，如图 7-16 所示。

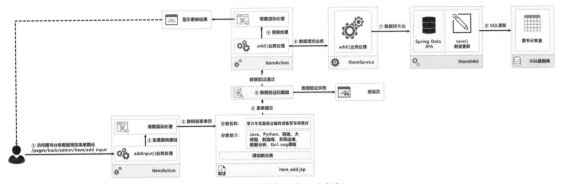

图 7-16　增加图书分类数据

在标准的 MVC 设计模式中，用户是无法直接进行视图访问的，所以本节的设计将通过 ItemAction.addInput()控制层方法跳转到 item_add.jsp 页面，用户在此页面中填写完表单项后将表单提交到 ItemAction.add()控制层方法。为了保证请求数据的有效性，可以在此方法中使用拦截器进行请求数据验证，如果拦截器验证通过，则调用业务方法进行数据增加，如果验证失败，则跳转到错误页显示错误信息。下面依据此流程进行代码实现。

（1）【ssj-case 子模块】修改 IItemService 业务接口，增加新的业务方法。

```
public boolean add(Item item);                                    // 增加分类数据
```

（2）【ssj-case 子模块】在 ItemServiceImpl 业务接口实现子类中覆写 add()业务方法。

```
public boolean add(Item item) {
    return this.itemDAO.save(item).getIid() != null;
}
```

（3）【ssj-case 子模块】在 ItemAction 控制层处理类中增加两个新的处理方法。

```
@RequestMapping("add_input")                                      // 分类数据增加页面
public String addInput() {                                        // 跳转到表单页
    return "/back/admin/item/item_add";
}
@ErrorPage                                                        // 错误页
@RequestDataValidate("name:string;note:string")                  // 验证规则
@PostMapping("add")                                               // 数据保存
public ModelAndView add(Item item) {
    LOGGER.info("【PO】{}", item);                                 // 日志输出
    ModelAndView mav = new ModelAndView("/plugin/forward");       // 跳转路径
    if (this.itemService.add(item)) {                             // 业务调用
        mav.addObject("msg", "分类数据增加成功！");                 // 提示信息
    } else {
        mav.addObject("msg", "分类数据增加失败！");                 // 提示信息
    }
    mav.addObject("url", "/pages/back/admin/item/add_input");     // 返回路径
    return mav;
}
```

此时后端代码开发完成，用户通过/add_input 路径可以访问分类数据增加表单。表单数据填写正确后，用户就可以跳转到操作成功的显示页面，如图 7-17 所示。在分类数据增加成功后，用户要想在分类列表中查询最新的分类数据时，需要单击"强制刷新"按钮，才可以成功加载。

图 7-17　增加图书分类数据

> 💡 **提示：修改与删除操作出用户自行实现。**
>
> 　　本章之所以采用一对多关联的表结构实现 CRUD，主要的目的是帮助读者理解缓存的作用，以及关于缓存使用的更新问题。读者可以采用类似的方式实现分类数据的修改与删除操作，本书不再对其进行实现。

# 7.6　图书业务的 CRUD 操作

图书数据分页
列表

　　**视频名称**　0706_【掌握】图书数据分页列表

　　**视频简介**　图书数据的管理是本章项目的核心，在进行图书数据查询时，考虑到图书数据过多的问题，需要进行有效的分页控制。本视频讲解图书数据分页加载的处理流程，并通过具体的后端代码开发，实现数据分页列表与数据检索功能。

　　图书数据的管理为本章项目实现 CRUD 操作的核心，在实际的应用中，存在多条图书记录，所以应该考虑以分页的形式加载所需数据，并且在进行信息列表时也需要考虑数据库数据的检索需要。整体的设计结构如图 7-18 所示。

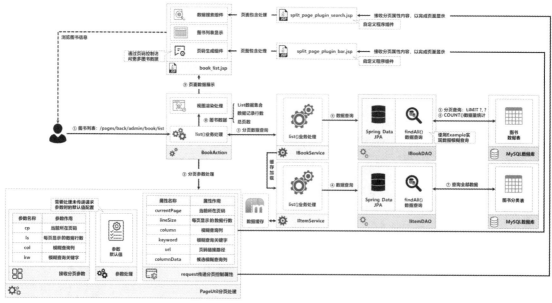

图 7-18　数据分页显示的设计结构

> 💡 **提示：数据分页显示的实现思路在《Java Web 开发实战（视频讲解版）》一书中分析过。**
>
> 　　数据分页显示的基本要求以及核心的实现思路，本系列的《Java Web 开发实战（视频讲解版）》一书进行过完整的分析。本节所使用的 PageUtil 类以及分页控制的组件，也都参考了 Java Web 中的代码实现。对这些基础知识不熟悉的读者，建议翻看相关的图书或者视频，本节主要讲解功能实现，不涉及基本概念。

在进行分页数据加载时，除了要获取核心的数据，还需要查询出满足条件的总记录数以及总页数，这样便于分页组件的驱动处理。下面通过具体的步骤对分页功能进行实现。

（1）【common 子模块】数据分页处理需要接收大量的参数，同时需要传递大量的 request 属性，为了简化这一处理机制，创建一个 PageUtil 分页工具类。

```java
package com.yootk.common.util;
public class PageUtil {                          // 分页工具类
    private Integer currentPage = 1;             // 默认当前页
    private Integer lineSize = 10;               // 默认每页显示的数据行数
    private String column;                       // 模糊查询列
    private String keyword;                      // 模糊查询关键字
    private String columnData;                   // column候选参数配置
    private HttpServletRequest request;          // request对象
    private String url;                          // 分页路径
    public PageUtil(String url) {                // 构造方法接收分页路径
        this(url, null);                         // 此时不需要模糊查询
    }
    public PageUtil(String url, String columnData) {
        this.request = ((ServletRequestAttributes) RequestContextHolder
                .getRequestAttributes()).getRequest() ; // 获取request对象
        this.url = url;                          // 保存分页路径
        this.columnData = columnData;            // 候选模糊查询列
        this.splitHandle();                      // 分页参数处理
    }
    //有可能没有传递分页参数，有可能传递的分页参数是错误的，如果出现错误则使用默认值
    private void splitHandle() {                 // 分页参数处理方法
        try {                                    // 若产生异常，则当前页为1
            this.currentPage = Integer.parseInt(this.request.getParameter("cp"));
        } catch (Exception e) {}
        try {                                    // 若产生异常，使用默认长度
            this.lineSize = Integer.parseInt(this.request.getParameter("ls"));
        } catch (Exception e) {}
    // 在业务层之中对这两个参数已经进行了判断，而这个判断在处理的时候直接以null的形式完成
        this.column = this.request.getParameter("col");
        this.keyword = this.request.getParameter("kw");
        // 考虑到后续的应用还有可能继续使用分页操作，要将这部分的信息向后传递
        this.request.setAttribute("currentPage", this.currentPage);  // 属性传递
        this.request.setAttribute("lineSize", this.lineSize);        // 属性传递
        this.request.setAttribute("column", this.column);            // 属性传递
        this.request.setAttribute("keyword", this.keyword);          // 属性传递
        this.request.setAttribute("url", this.url);                  // 属性传递
        this.request.setAttribute("columnData", this.columnData);    // 属性传递
    }
    // Setter方法、Getter方法略，其中Getter方法的作用主要是在业务层处理时返回处理后的分页参数
// 随后定义若干个数据获取操作，因为分页参数处理完成之后肯定要把数据交给业务层进行加载
}
```

（2）【ssj-case 子模块】创建 Book 持久化类，该类与 book 表结构对应。

```java
package com.yootk.ssj.po;
    @Entity                                      // 实体类
```

```
public class Book {
    @Id                                              // 主键列
    @GeneratedValue(strategy = GenerationType.IDENTITY)   // 自动增长
    private Long bid;                    // 数据表字段映射
    private String name;                 // 数据表字段映射
    private String author;               // 数据表字段映射
    private Integer price;               // 数据表字段映射
    private String cover;                // 数据表字段映射
    private String note;                 // 数据表字段映射
    private Long iid;                    // 数据表字段映射
    // Setter方法、Getter方法、无参构造方法、多参构造方法、toString()方法略
}
```

（3）【ssj-case 子模块】创建 IBookDAO 数据层操作接口。

```
package com.yootk.ssj.dao;
@Repository
public interface IBookDAO extends JpaRepository<Book, Long> {} // 数据层接口
```

（4）【ssj-case 子模块】定义 IBookService 业务接口。

```
package com.yootk.ssj.service;
public interface IBookService {
    /**
     * 图书数据列表显示，由于图书内容较多，需要进行分页加载
     * @param currentPage 当前所在页
     * @param lineSize 每页显示的数据行数
     * @param column 模糊查询列
     * @param keyword 查询关键字
     * @return 图书数据列表时要返回图书数据、集合数据、总页数以及图书分类数据，通过Map集合存储
     * key = allData、value = 全部图书数据集合（List集合）
     * key = allRecorders、value = 数据匹配行数
     * key = allPages、value = 总页数
     * key = allItem、value = 全部图书分类数据（Map集合），用于显示分类名称
     */
    public Map<String, Object> list(int currentPage, int lineSize,
                            String column, String keyword);
}
```

（5）【ssj-case 子模块】在 AbstractService 抽象类中添加两个方法，一个用于判断指定的字符串中是否存在数据，另一个通过反射实现指定类型对象的属性设置。

```
package com.yootk.ssj.service.abs;
public abstract class AbstractService {
    /**
     * 为便于业务层判断字符串是否为空，此处建立一个空字符串的检查方法
     * @param data 要检查的字符串数据
     * @return 如果有一个数据为空则返回false，如果全部数据都有内容则返回true
     */
    public boolean checkEmpty(String ... data) {        // 空数据检查
        for (String str : data) {                       // 数组迭代
            if (!StringUtils.hasLength(str)) {          // 指定数据为空
                return false;                           // 数据为空
            }
        }
        return true;                                    // 全部数据不为空
    }
    /**
     * 用于实现Spring Data JPA的指定字段的模糊查询处理
     * @param object 要进行属性设置的PO类实例
     * @param name 属性名称（column参数接收的数据）
     * @param value 接收的属性内容，主要保存的是模糊查询关键字（keyword参数接收的数据）
```

```
    */
    public void setObjectProperty(Object object, String name, String value) {      // 属性配置
        try {
            Class<?> clazz = object.getClass();                    // 获取Class实例
            // 获取指定名称的成员实例，这样就可以动态地获取指定属性名称的属性类型，便于反射方法的调用
            Field field = clazz.getDeclaredField(name);            // 获取成员实例
            Method method = clazz.getMethod("set" + StringUtils.capitalize(name),
                    field.getType());                              // 获取Setter方法实例
            method.invoke(object, value);                          // 反射方法调用
        } catch (Exception e) {}
    }
}
```

（6）【ssj-case 子模块】创建 BookServiceImpl 业务层接口实现子类，考虑到对数据缓存的支持，此时应该在业务接口实现子类中通过 IItemService 业务层接口进行分类数据查询。

```
package com.yootk.ssj.service.impl;
@Service                              // 业务Bean实例
public class BookServiceImpl extends AbstractService implements IBookService {
    private static final Logger LOGGER = LoggerFactory.getLogger(BookServiceImpl.class);
    @Autowired
    private IBookDAO bookDAO;                                      // 数据层接口
    @Autowired
    private IItemService itemService;                             // 业务层接口
    @Override
    public Map<String, Object> list(int currentPage, int lineSize,
                        String column, String keyword) {
        Map<String, Object> result = new HashMap<>();            // 保存查询结果
        Pageable pageable = PageRequest.of(currentPage - 1, lineSize);  // 分页配置
        Page<Book> page = null;                                   // 保存查询结果
        if (super.checkEmpty(column, keyword)) {                  // 有查询数据
            Book book = new Book();                               // 创建PO类实例
            super.setObjectProperty(book, column, keyword);       // 设置模糊查询列数据
            ExampleMatcher exampleMatcher = ExampleMatcher.matching()
                    .withMatcher(column, matcher -> matcher.contains());  // 定义匹配器
            Example<Book> example = Example.of(book, exampleMatcher);     // 定义查询样本
            page = this.bookDAO.findAll(example, pageable);       // 分页模糊查询
        } else {                                                  // 没有查询数据
            page = this.bookDAO.findAll(pageable);                // 分页查询
        }
        result.put("allData", page.getContent());                 // 保存图书数据
        result.put("allRecorders", page.getTotalElements());      // 保存总记录数
        result.put("allPages", page.getTotalPages());             // 保存总页数
        Map<Long, String> items = new HashMap<>();                // 保存分类数据
        // 返回的是Item集合，而为了便于页面显示，将其转为Map集合，可以根据分类编号获取分类名称
        this.itemService.list().forEach((item)->{                 // List集合迭代
            items.put(item.getIid(), item.getName());             // List集合转Map集合
        });
        result.put("allItems", items);                            // 保存图书分类数据
        return result;
    }
}
```

（7）【ssj-case 子模块】创建 BookAction 控制层类，并注入 IBookService 业务接口实例，以实现业务方法的调用。

```
package com.yootk.ssj.action.back;
@Controller                               // 控制层Bean
@RequestMapping("/pages/back/admin/book")         // 父路径
public class BookAction {
```

```
private static final Logger LOGGER = LoggerFactory.getLogger(BookAction.class);
@Autowired                              // Bean注入
private IBookService bookService;                       // 业务接口实例
@RequestMapping("list")                                 // 子路径
public ModelAndView list() {                            // 分页加载
    PageUtil pageUtil = new PageUtil("/pages/back/admin/book/list",
            "图书名称:name|图书作者:author");          // 分页参数处理
    ModelAndView mav = new ModelAndView("/back/admin/book/book_list");  // 跳转路径
    mav.addAllObjects(this.bookService.list(pageUtil.getCurrentPage(),
            pageUtil.getLineSize(), pageUtil.getColumn(),
            pageUtil.getKeyword()));                    // 保存业务处理结果
    return mav;
}
}
```

(8)【ssj-case 子模块】在 book_list.jsp 页面引入所需的分页控制组件，随后通过迭代输出传递的 allData 属性数据，将获取的每一个 book 对象实例填充到列表之中，核心代码如下。

```
<%!
    public static final String BOOK_ADD_URL = "/pages/back/admin/book/add_input";
    public static final String BOOK_EDIT_URL = "/pages/back/admin/book/edit_input";
    public static final String BOOK_DELETE_URL = "/pages/back/admin/book/delete";
%>
<c:forEach items="${allData}" var="book">
    <tr>
        <th scope="row" class="text-center">${book.bid}</th>
        <td class="text-center">${book.name}</td>
        <td class="text-center">
            <a href="https://www.yootk.com" target="_ablank">沐言优拓（www.yootk.com）</a>
        </td>
        <td class="text-center">${book.price / 100}</td>
        <td class="text-center">${book.author}</td>
        <td class="text-center">
            <button type="button" class="btn btn-transparent btn-success sm-text">
                ${allItems[book.iid]}</button>
        </td>
        <td>
            <span class="d-flex align-items-center" id="bid-${book.bid}">
                <span class="xlg-text t-mr-5"><i class="las la-eye"></i></span>
                <span class="text-capitalize">查看详情</span>
            </span>
            <span class="d-flex align-items-center">
                <span class="xlg-text t-mr-5"><i class="las la-cog"></i></span>
                    <a href="<%=BOOK_EDIT_URL%>?bid=${book.bid}">图书编辑</a>
            </span>
            <span class="d-flex align-items-center">
                <span class="xlg-text t-mr-5"><i class="las la-trash"></i></span>
                    <a href="<%=BOOK_DELETE_URL%>?bid=${book.bid}"
                        onclick="return deleteConfirm()">删除图书</a>
            </span>
        </td>
    </tr>
</c:forEach>
```

图书列表页面在进行数据展示时，需要进行分类数据的显示，所以可以通过传递的 Map 集合，使用分类编号查找其对应的分类名称。在列表页面除了需要进行数据的有效展示，实际上还需要提供图书编辑以及图书删除的处理链接，用户单击该链接可以将当前的图书编号传递到目标路径，以进行后续处理。当前图书列表页面的显示效果如图 7-19 所示。

图 7-19　图书列表页面的显示效果

## 7.6.1　增加图书数据

增加图书数据

**视频名称**　0707_【掌握】增加图书数据

**视频简介**　图书数据可以由用户自行维护，在处理图书数据时需要考虑文件上传的处理操作。本视频通过实例讲解图书数据增加操作中的业务层与控制层的实现。

　　在本应用中，每一项图书数据都需要与之对应的图书分类。由于图书分类数据是动态维护的，因此在进行图书表单数据填写之前，要对图书分类数据进行加载，并将其填充到下拉列表框之中。由于一本图书只对应一个图书分类，因此此时的下拉列表框的长度应设置为 1。图书数据增加操作的流程如图 7-20 所示。

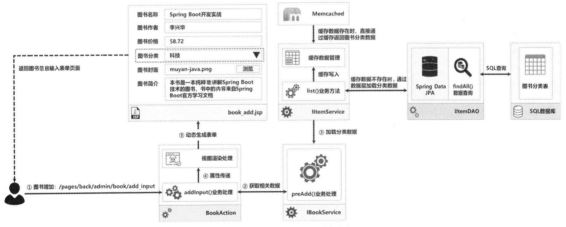

图 7-20　图书数据增加操作的流程

　　在进行表单数据填写时，所填写的价格（参数名称为 tprice）为小数。为了保证应用的安全，需要在数据保存时将其转为整型数据（货币单位为分）进行存储。对于上传的图片（参数名称为 photo），也应该将其自动命名后存储到相应的目录之中。图书数据保存操作的流程如图 7-21 所示，具体实现步骤如下。

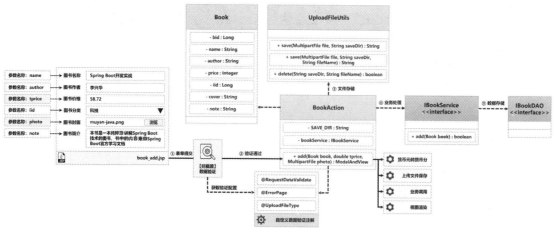

图 7-21　图书数据保存操作的流程

（1）【common 子模块】创建 UploadFileUtils 工具类，在该类中定义文件保存与文件删除操作方法。

```
package com.yootk.common.util;
public class UploadFileUtils {
    private static final Logger LOGGER = LoggerFactory.getLogger(UploadFileUtils.class);
    public static final String NO_PHOTO = "nophoto.png";        // 默认文件名称
    private UploadFileUtils() {}
    /**
     * 上传文件存储处理，在存储时会根据UUID生成新的文件名称，并保存在指定的目录之中
     * @param file 用户上传的文件
     * @param saveDir 文件存储目录
     * @return 根据UUID生成的文件名称
     * @throws Exception 文件存储异常
     */
    public static String save(MultipartFile file, String saveDir) {
        if (file == null || file.getSize() == 0) {             // 没有文件上传
            return NO_PHOTO ;                                  // 默认文件名称
        }
        String fileName = UUID.randomUUID() + "." + file.getContentType()
                .substring(file.getContentType().lastIndexOf("/") + 1) ;   // 创建文件名称
        LOGGER.debug("生成文件名称：{}", fileName);               // 日志记录
        try {
            save(file, saveDir, fileName);                     // 保存文件
        } catch (Exception e) {
            return NO_PHOTO;                                   // 默认文件名称
        }
        return fileName;
    }
    /**
     * 上传文件存储处理，并设置保存的目录以及文件名称
     * @param file 上传文件
     * @param saveDir 文件存储目录
     * @param fileName 文件存储名称
     * @return 文件保存成功则返回true，否则返回false
     */
    public static boolean save(MultipartFile file, String saveDir, String fileName) {
        String filePath = ContextLoader.getCurrentWebApplicationContext()
                .getServletContext().getRealPath(saveDir) +
                File.separator + fileName;                     // 保存路径
        LOGGER.info("文件保存路径：{}", filePath);                // 日志记录
        try {
            file.transferTo(new File(filePath));               // 进行文件保存
```

```
    } catch (IOException e) {
        LOGGER.error("文件保存失败：{}", e.getMessage());   // 日志记录
        return false;                                        // 文件保存失败
    }
    return true;                                             // 文件保存成功
}
/**
 * 删除指定目录下的指定文件
 * @param saveDir 文件删除目录
 * @param fileName 文件名称
 * @return 删除成功则返回true，否则返回false
 */
public static boolean delete(String saveDir, String fileName) {
    if (!StringUtils.hasLength(fileName)) {                  // 文件名称为空
        return true;
    }
    if (NO_PHOTO.equals(fileName)) {                         // 文件名称判断
        return true;                                        // 不删除默认文件
    }
    String filePath = ContextLoader.getCurrentWebApplicationContext()
            .getServletContext().getRealPath(saveDir) +
            File.separator + fileName;                       // 保存路径
    File file = new File(filePath);                          // 文件对象
    if (file.exists()) {                                     // 文件存在
        return file.delete();                               // 文件删除
    }
    return true;                                             // 删除成功
}
}
```

（2）【ssj-case 子模块】在 IBookService 业务接口中扩充数据增加方法。

```
/**
 * 图书数据增加前的查询处理，主要目的为返回图书分类数据
 * @return 返回图书增加前所需的数据内容
 * key = allItems、value = 图书分类集合（List）
 */
public Map<String, Object> preAdd();
/**
 * 图书数据存储
 * @param book 存储数据实例
 * @return 存储成功则返回true，否则返回false
 */
public boolean add(Book book);
```

（3）【ssj-case 子模块】在 BookServiceImpl 实现子类中覆写新创建的业务方法。

```
@Override
public Map<String, Object> preAdd() {
    Map<String, Object> result = new HashMap<>();           // 保存查询结果
    result.put("allItems", this.itemService.list());        // 查询全部分类数据
    return result;
}
@Override
public boolean add(Book book) {
    return this.bookDAO.save(book).getBid() != null;        // 保存成功会自动存储图书编号
}
```

（4）【ssj-case 子模块】在 BookAction 控制层处理类中定义文件存储路径，并扩充新方法。

```
private static final String SAVE_DIR = "/WEB-INF/upload/book/";   // 存储目录
@RequestMapping("add_input")
public ModelAndView addInput() {                                 // 数据增加表单
    ModelAndView mav = new ModelAndView("/back/admin/book/book_add");  // 跳转路径
```

```
    mav.addAllObjects(this.bookService.preAdd());         // 保存属性
    return mav;
}
@ErrorPage                                                 // 错误页
@RequestDataValidate("name:string;note:string;tprice:double;iid:long;photo:upload")
@PostMapping("add")
public ModelAndView add(Book book, double tprice,
        @UploadFileType MultipartFile photo) {             // 数据增加，注意参数名称
    book.setCover(UploadFileUtils.save(photo, SAVE_DIR));  // 数据保存
    book.setPrice((int) (tprice * 100));                   // 数据转换
    ModelAndView mav = new ModelAndView("/plugin/forward"); // 跳转路径
    if (this.bookService.add(book)) {                      // 数据存储
        mav.addObject("msg", "图书数据增加成功！");          // 提示信息
    } else {
        mav.addObject("msg", "图书数据增加失败！");          // 提示信息
    }
    mav.addObject("url", "/pages/back/admin/book/add_input");
    return mav;
}
```

（5）【ssj-case 子模块】在 book_add.jsp 页面之中利用循环将传递的 allItems 集合属性迭代输出，以生成下拉列表项。

```
<select class="form-select sm-text" id="iid" name="iid" required>
    <option selected disabled value="">======== 请选择图书所属分类 ========</option>
    <c:forEach items="${allItems}" var="item">
        <option value="${item.iid}">${item.name}</option>
    </c:forEach>
</select>
```

此程序实现了完整的图书数据增加业务，用户访问 add_input 路径后会跳转到 book_add.jsp 页面，用户提交表单时会根据配置基于拦截器进行数据有效性的检查，数据成功保存后会跳转到 forward.jsp 页面进行提示。当前程序的运行效果如图 7-22 所示。

图 7-22　图书数据增加

## 7.6.2　显示图书详情

| 视频名称 | 0708_【掌握】显示图书详情 |
| --- | --- |
| 视频简介 | 为了便于用户查看图书详情，图书列表页面提供了前端模态窗口的功能（基于 AJAX 查询并通过 DOM 处理实现数据的填充）。本视频详细讲解这一功能的实现流程，并通过具体的代码实现数据详情的加载显示处理。 |

显示图书详情

图书列表页面除了提供数据的分页显示，还提供了"查看详情"链接，用户只需要单击此链接就可以通过 AJAX 实现图书详情的异步加载，如图 7-23 所示。为了便于图书详情的浏览，本节会通过 Bootstrap 组件提供的模态窗口进行数据显示。考虑到传输性能以及 DOM 处理操作的方便性，此时控制层需要以 JSON 数据的形式返回查询结果。

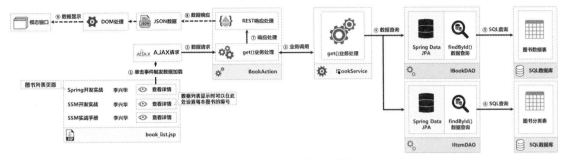

图 7-23 显示图书详情操作的流程

在 Spring MVC 中，如果控制层的方法要以 JSON 数据的形式返回结果，则可以直接在该方法上使用@ResponseBody 注解，而后就可以利用 Jackson 组件将返回结果转为 JSON 实例。下面就通过具体的步骤对这一功能进行实现。

（1）【ssj-case 子模块】在 IBookService 业务接口中增加新的方法，该方法将根据图书编号获取图书详情。

```
/**
 * 查询指定编号的图书详情，此操作需要返回图书数据以及对应的分类数据
 * @param bid 图书编号
 * @return 图书详情，包括如下数据
 * key = book、value = 图书数据
 * key = item、value = 图书对应的分类数据
 */
public Map<String, Object> get(long bid);
```

（2）【ssj-case 子模块】在 BookServiceImpl 实现子类中覆写 get()方法。

```
@Autowired
private IItemDAO itemDAO;                                    // 数据层接口
@Override
public Map<String, Object> get(long bid) {
    Map<String, Object> result = new HashMap<>();            // 保存查询结果
    Book book = this.bookDAO.findById(bid).get();            // 查询指定编号的图书
    result.put("item", this.itemDAO.findById(book.getIid()).get()); // 查询指定分类
    result.put("book", book);                                // 查询图书数据
    return result;
}
```

（3）【ssj-case 子模块】在 BookAction 控制器实现类中定义新的处理方法，该方法将以 RESTful 的形式响应请求结果。

```
@ResponseBody                              // RESTful数据响应
@GetMapping("get")
public Object get(long bid) {              // 查看图书详情
    return this.bookService.get(bid);      // 业务调用
}
```

（4）【ssj-case 子模块】本节的 AJAX 调用处理是在 book_list.js 程序中定义的，程序在数据加载完成后会对响应数据进行解析，而后将数据填充到模态窗口组件（book_modal.jsp）的指定 ID 的元素之中。

```
$(function() {                             // jQuery页面加载处理
    $("span[id^=bid-]").each(function(){   // 获取指定ID的元素
        $(this).on("click",function(){     // 绑定单击事件
```

```
    bid = this.id.split("-")[1] ;              // 获取图书编号
    $.get("/pages/back/admin/book/get",{ bid : bid }, function(data){          // AJAX请求
        $(bookCover).attr("src", "/yootk-upload/book/" + data.book.cover)      // 图片设置
        $(bookName).text(data.book.name)          // 普通文本设置
        $(bookAuthor).text(data.book.author)      // 普通文本设置
        $(bookNote).html(data.book.note)          // HTML文本设置
        $(bookPrice).text(data.book.price / 100)  // 普通文本设置
        $(bookItem).text(data.item.name)          // 普通文本设置
        $("#bookInfo").modal("toggle");           // 显示模态窗口
    },"json");                                    // 响应类型为JSON
    });
});
})
```

在 book_list.jsp 页面之中已经引入了 book_list.js 脚本程序，这样在页面加载完成后，就会根据指定的标记找到每一条图书列表项中的"查看详情"链接，并为其绑定单击事件。这样当用户单击链接时就会通过 AJAX 加载数据，并将数据回填到模态窗口之中，页面效果如图 7-24 所示。

图 7-24　查看图书详情的页面效果

### 7.6.3　修改图书数据

视频名称　0709_【掌握】修改图书数据

视频简介　已添加的图书数据可以根据用户需要动态修改，在修改时需要考虑数据回填处理以及图片覆盖操作。本视频通过实例讲解图书数据修改操作的实现。

修改图书数据

图书列表页面提供了数据的修改链接，在进行图书数据修改时，需要向控制层传递图书编号，而后通过图书编号获取对应的图书数据以及全部图书分类数据，并将其回填到 book_edit.jsp 页面提供的表单之中，操作流程如图 7-25 所示。

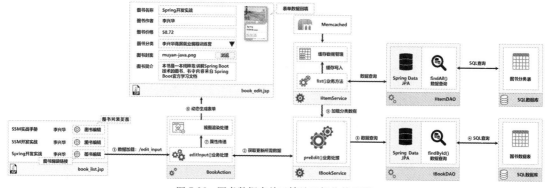

图 7-25　图书数据表单回填处理操作的流程

当用户进入 book_edit.jsp 图书编辑页面时，页面会显示出已有的图书数据、图书封面照片、对应的图书分类数据。考虑到数据处理的需要，还应该增加表单隐藏域，用于提交当前要修改的图书编号以及原始图片名称，原始图片名称主要用于实现图书封面照片的更新。操作流程如图 7-26 所示。下面来看一下具体的实现步骤。

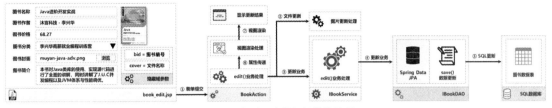

图 7-26　修改图书数据操作的流程

（1）【ssj-case 子模块】在 IBookService 业务接口中增加与更新相关的业务处理方法。

```
/**
 * 图书数据修改前的查询处理，根据图书编号查询图书详情，同时还需要查询出所有的图书分类数据
 * @param bid 要修改的图书编号
 * @return 返回图书数据修改前所需的内容
 * key = allItems、value = 图书分类集合（List）
 * key = book、value = 图书数据（Book）
 */
public Map<String, Object> preEdit(long bid);
/**
 * 图书数据更新操作
 * @param book 要更新的数据实例
 * @return 更新成功则返回true，否则返回false
 */
public boolean edit(Book book);
```

（2）【ssj-case 子模块】在 BookServiceImpl 子类中覆写 IBookService 接口中新增的业务方法。

```
@Override
public Map<String, Object> preEdit(long bid) {                  // 更新前查询
    Map<String, Object> result = new HashMap<>();              // 保存查询结果
    result.put("allItems", this.itemService.list());          // 查询全部分类数据
    result.put("book", this.bookDAO.findById(bid).get()); // 查询图书数据
    return result;
}
@Override
public boolean edit(Book book) {                               // 图书数据更新
    return this.bookDAO.save(book).getBid() != null;          // 重新保存
}
```

（3）【ssj-case 子模块】在 BookAction 控制器类中增加新的操作方法。

```
@RequestMapping("edit_input")
public ModelAndView editInput(long bid) {                      // 图书数据更新前的数据查询
    ModelAndView mav = new ModelAndView("/back/admin/book/book_edit");
    mav.addAllObjects(this.bookService.preEdit(bid));         // 业务调用
    return mav;
}
@ErrorPage                                                     // 错误页
@RequestDataValidate("bid:long;name:string;note:string;" +
    "tprice:double;iid:long;photo:upload")                    // 验证规则
@PostMapping("edit")
public ModelAndView edit(Book book, double tprice,
            @UploadFileType MultipartFile photo) {             // 图书数据更新处理
```

```
book.setPrice((int) (tprice * 100));                    // 数据转换
if (photo != null && photo.getSize() > 0) {             // 有文件上传
    if (UploadFileUtils.NO_PHOTO.equals(book.getCover())) {   // 没有图片名称
        book.setCover(UploadFileUtils.save(photo, SAVE_DIR));   // 数据保存
    } else {
        UploadFileUtils.save(photo, SAVE_DIR, book.getCover());   // 文件覆盖
    }
}
ModelAndView mav = new ModelAndView("/plugin/forward");     // 跳转路径
if (this.bookService.edit(book)) {                          // 处理更新业务
    mav.addObject("msg", "图书数据修改成功！");
} else {
    mav.addObject("msg", "图书数据修改失败！");
}
mav.addObject("url", "/pages/back/admin/book/list");
return mav;
}
```

（4）【ssj-case 子模块】在数据更新前，将要修改的数据回填到 book_edit.jsp 页面之中。对于图书分类，应该在迭代输出全部分类数据时进行判断。该页面与 book_add.jsp 页面相比主要增加了两个隐藏域，用于传递当前的图书编号以及已有的图片文件名称，核心代码如下。

```
<c:forEach items="${allItems}" var="item">
    <option value="${item.iid}" ${book.iid.equals(item.iid) ? "selected" : ""}>
        ${item.name}</option>
</c:forEach>
<input type="hidden" name="cover" id="cover" value="${book.cover}">
<input type="hidden" name="bid" id="bid" value="${book.bid}">
```

此时，核心功能已经全部实现，用户只需要在 book_edit.jsp 页面提供的表单之中进行数据的修改即可。如果要更新图片，则可以选择新的图片进行上传，页面效果如图 7-27 所示。

图 7-27  图书数据修改表单的页面效果

### 7.6.4  删除图书数据

删除图书数据

视频名称  0710_【掌握】删除图书数据

视频简介  为了简化应用开发，本节的程序采用物理删除的方式实现图书数据的删除操作。考虑到数据有效性，在删除时应该进行相关图片的清理。本视频通过实例讲解图书删除操作的实现逻辑。

当用户不再需要某一本图书的数据时，可以通过图书列表页面提供的"删除图书"链接进行图书数据的删除。由于每一本图书都可能有一个完整的封面图片，所以在删除时应该将图书和对应的封面图片文件一并删除。操作流程如图 7-28 所示。

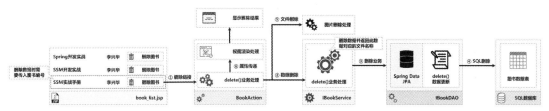

图 7-28　删除图书数据操作的流程

在进行图书数据删除时，只需要向 BookAction.delete()方法中传入要删除的图书编号。在 IBookService 业务接口中，程序会通过 IBookDAO 接口提供的 findById()方法，根据编号查询出图书数据，再利用 delete()方法删除数据，删除成功后会返回当前图书对应的图片文件名称，以便删除图片文件。该操作的具体实现步骤如下。

（1）【ssj-case 子模块】在 IBookService 业务接口中扩充新的方法。

```
/**
* 根据编号删除图书数据
* @param bid 要删除的图书编号
* @return 图书删除成功后返回图书对应的图片文件名称
*/
public String delete(long bid);
```

（2）【ssj-case 子模块】在 BookServiceImpl 子类中覆写新增加的 delete()业务方法。

```
@Override
public String delete(long bid) {
   Optional<Book> optionalBook = this.bookDAO.findById(bid);
   if (optionalBook.isPresent()) {               // 图书数据存在
      Book book = optionalBook.get();            // 获取图书实例
      this.bookDAO.delete(book);                 // 删除图书信息
      return book.getCover();                    // 返回图书封面文件名称
   }
   return null;                                  // 删除失败
}
```

（3）【ssj-case 子模块】在 BookAction 中增加数据删除方法。

```
@ErrorPage                                       // 错误页
@RequestDataValidate("bid:long")                 // 验证规则
@GetMapping("delete")
public ModelAndView delete(long bid) {
   ModelAndView mav = new ModelAndView("/plugin/forward");  // 跳转路径
   String cover = this.bookService.delete(bid);  // 删除数据
   if (StringUtils.hasLength(cover)) {           // 文件名称存在
      UploadFileUtils.delete(SAVE_DIR, cover);   // 删除图片
   }
   mav.addObject("msg", "图书数据删除成功！");
   mav.addObject("url", "/pages/back/admin/book/list");
   return mav;
}
```

在控制层删除数据时必须传入 bid 参数，所以我们使用@RequestDataValidate 注解配置了验证规则。删除图书数据后，程序会使用 UploadFileUtils.delete()方法删除该图书对应的图片文件。

提问：删除操作是否存在性能上的优化？

　　本节进行图书数据删除时，图书列表页面只传递了一个图书编号，这样在删除前需要进行一次图书数据的查询，而后才可以返回对应的图书封面文件名称。如果直接在图书列表页面传递封面文件名称，是不是就可以减少一次查询，从而得到性能上的优化呢？

回答：业务安全比性能优化更重要。

　　首先，在图书列表页面中的"删除图书"链接上追加封面文件名称的确是可行的，这样的开发模式确实可以减少一次数据库查询，从而得到性能上的优化。但是这样的做法有可能会导致安全漏洞，因为会有恶意的用户伪造请求，将要删除的封面文件名称更换为其他图片文件名称，从而造成数据错乱。所以本节基于图书编号重新查询对应的图片名称，这样可以保证操作的准确性。

# 7.7　本章概览

　　1．Spring Data JPA 在实际的 CRUD 开发之中的确可以得到简化的代码结构，但是对于一些复杂查询的支持有限，开发者需要编写大量的逻辑代码，从而造成业务层代码混乱。

　　2．使用 Spring Cache 进行数据缓存，可以有效地解决数据查询所带来的性能问题，但是这样会牺牲数据的一致性，同时，考虑到并发问题，应该在访问低谷期进行缓存更新。

　　3．在使用 OR 组件进行开发时，应尽量使用单表映射的方式编写代码，这样可以避免数据关联映射所带来的性能问题。

　　4．一个完整应用的开发，除了要提供完善的后端业务支持，也需要注意前端页面的美感，技术完善的开发人员除了精通后端业务，还需要懂得一定的前端技术。

　　5．开发人员应该具备独立的应用项目搭建能力。

　　6．数据的 CRUD 操作是项目的基础功能，其实现也是所有 Java 开发人员必须掌握的基本技能。开发人员应该可以使用任意开发框架实现这一基础功能，或者可以自行设计开发框架实现该功能。

　　7．为了保证项目代码的可维护性，所有的代码必须要有完善的注释。

# 第8章

# 前后端分离架构案例

**本章学习目标**

1. 掌握前后端分离架构的核心技术实现；
2. 掌握传统单实例的 SSM 开发架构转为 REST 架构的实现方案；
3. 掌握 HTTPie 工具的安装方法，并可以通过该工具进行 REST 接口的功能测试；
4. 掌握 WebPack 标准中前后端分离设计的配置方法；
5. 理解 Vue.js 前端框架的作用，并可以使用其实现数据展示。

传统单实例的开发设计架构会将前端代码与后端代码混合在一个项目之中，这样必然会给代码的分工与维护带来极大的困难。在这样的开发背景下，使用前后端分离的设计架构势在必行。本章将通过对第 7 章案例中的后端代码进行改造，实现基于 REST 的架构，并利用 Vue.js 前端开发框架实现服务调用。本案例所采用的技术架构如图 8-1 所示。

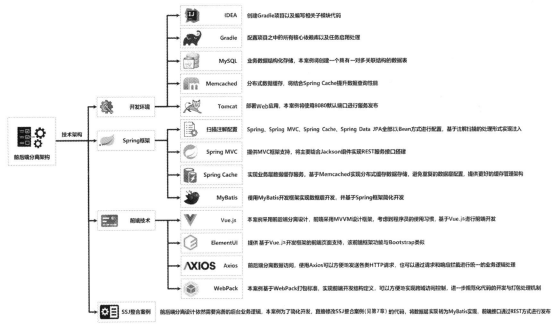

图 8-1 本案例所采用的技术架构

# 8.1　前后端分离技术架构

前后端分离技术
架构

**视频名称** 0801_【理解】前后端分离技术架构

**视频简介** 前后端分离架构是当今应用项目开发的主流实现方案。本视频通过已有的案例为读者分析传统单 Web 实例应用开发的问题，同时讲解前后端分离架构之中的数据传输、数据展示等相关技术的使用。

现代应用项目的开发大多数是基于数据库实现的，在任何一个项目内部都可能存在大量的 CRUD 基础功能，通过这些功能可以有效地实现数据更新以及数据查询。在应用层技术发展的初级阶段，由于没有高并发的应用场景，因此开发者会将前端代码与后端代码放在同一个应用之中，为了便于应用的开发与代码的维护，会基于 MVC 设计模式进行代码的实现。后端代码通过控制器进行业务调用，业务处理完成后通过控制器将处理结果交给前端页面，而前端页面依据后端业务处理的结果来进行页面内容的动态生成。单 Web 实例应用开发架构如图 8-2 所示。

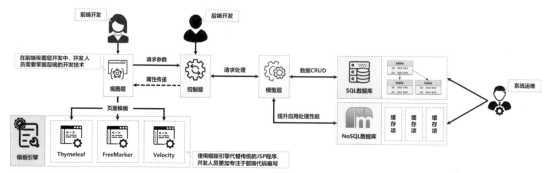

图 8-2　单 Web 实例应用开发架构

在传统的 Java Web 开发过程中，由于前端代码和动态程序需要捆绑在一起，因此前端工程师需要掌握一定的 JSP 开发技术（或者掌握页面模板引擎的开发技术），而后端工程师也需要掌握一定的前端开发技术。这导致项目分工困难，同时也为项目的集群环境（见图 8-3）管理带来了困难。

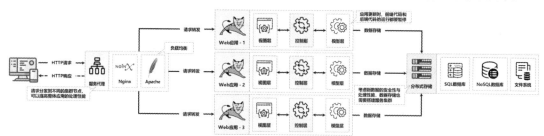

图 8-3　搭建 Web 服务集群

而在这样的技术发展背景下，为了更好地实现有效的团队分工，同时也让项目代码维护变得更加灵活，应用项目引入了前后端分离架构（见图 8-4）。此时前端工程师只关注页面展示功能的实现，而后端工程师负责为前端提供有效的数据，两者结合后就可以实现最终数据的展现。

前后端分离架构是基于 AJAX 的一种应用形式，后端应用提供业务专属的接口定义，而前端应用可以通过接口获取所需要的数据。前端应用获取数据之后就可以基于 DOM 解析的方式进行页面的展示。在前后端分离架构之中，非常关键的操作就是跨域访问以及接口规范的定义，如图 8-5 所示。

在不同的应用开发场景之中，服务接口有不同的开发实现，例如，开发者可以使用 RPC（Remote Procedure Call，远程过程调用）技术定义远程接口，或者使用 Web Service 技术定义远程服务接口，但是这些接口的调用过程往往比较烦琐，同时性能也较低。考虑到 Web 应用的简洁性，此时的服务接口应该返回文本数据（普通文本数据、XML 数据或 JSON 数据），前端获取文本数据之后进行数据解析处理，最终实现前端视图的渲染操作。考虑到视图渲染的简洁性，现代开发中往往会采用 MVVM 前端开发框架，而本章要使用的 Vue.js 就属于该类型的前端开发框架。

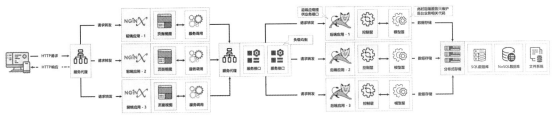

图 8-4　前后端分离架构

图 8-5　跨域访问与接口规范的定义

由于现代开发中前后端应用往往部署在不同的服务主机之中，因此在进行服务接口调用时，就会出现 HTTP 请求的跨域访问的需要。在开发中要想解决跨域资源调用问题，可以使用以下 3 类传统的解决方案。

- JSONP：采用回调标记的方式实现跨域访问，该方案只支持 GET 请求。
- 代理配置：将前端应用与后端应用利用代理连接在一起，前端应用访问服务接口就像本地应用调用服务接口一样。此方案需要引入额外的代理主机，并对其进行代理配置。
- 头信息处理：在每次处理请求时，使用 Access-Control-Allow-Origin、Access-Control-Allow-Methods 等相关的头信息定义跨域访问，此方案对代码的改动较小。

考虑到代码开发以及前端项目开发标准化的要求，本章将使用 Axios 开发组件（该组件包装了 XMLHttpRequest，采用头信息配置方式实现服务访问），并基于 Node.js 实现 HTTP 请求的发送，以实现最终的跨域服务访问。同时，利用该组件还可以方便地实现请求与响应拦截，以及数据的自动转换。图 8-6 所示为前后端分离案例开发架构。

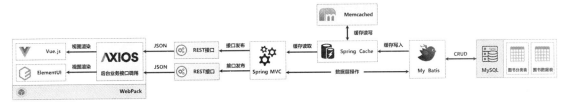

图 8-6　前后端分离案例开发架构

> 💡 **提示：Spring Boot 更适合微服务的开发。**
>
> 在前后端分离的项目开发中，后端的服务接口一般通过 Spring Boot 进行开发，因为与 Spring MVC 的实现相比，这可以帮助开发者减少大量的配置代码。本系列中的《Spring Boot 开发实战（视频讲解版）》一书给出了基于 Vue.js + Spring Boot 的项目实战应用，以供读者更完整地学习以及使用 Spring Boot。本章仅实现基础的 CRUD 处理机制。

### 8.1.1　搭建案例开发环境

搭建案例开发环境

**视频名称**　0802_【理解】搭建案例开发环境

**视频简介**　由于前端项目的开发需要耗费开发者大量的设计精力，因此本案例将为读者提供完整的前端页面代码，同时按照 WebPack 标准进行代码存放。本视频为读者讲解 Node.js 的安装与配置，以及前端项目的配置与服务启动，同时对 SSJ 整合案例进行修改，使其以 RESTful 的形式提供数据服务。

在前后端分离架构开发中，前端项目主要基于 Node.js 进行构建，所以开发者需要在本地安装并配置 Node.js 开发环境。此时不需要重新设计后端应用的业务逻辑，直接进行数据层代码的修改，将 Spring Data JPA 代码更换为 MyBatis 代码即可，所以本案例将借助第 7 章提供的 SSJ 整合案例中的大部分代码进行实现。

（1）【ssm-case 项目】创建 vue-case 子模块，随后修改 build.gradle 配置文件，定义本模块所需要的依赖库。需要注意的是，由于采用的是前后端分离架构，因此此时的模块中不再需要引入任何与 JSP 相关的依赖库。

```
project(":vue-case") { // 子模块配置
    dependencies { // 根据需要进行依赖配置
        implementation('org.springframework:spring-web:6.0.0-M3')
        implementation('org.springframework:spring-webmvc:6.0.0-M3')
        implementation('org.springframework:spring-aop:6.0.0-M3')
        implementation('org.springframework:spring-aspects:6.0.0-M3')
        compileOnly('jakarta.servlet:jakarta.servlet-api:5.0.0')
        implementation('com.fasterxml.jackson.core:jackson-core:2.13.3')
        implementation('com.fasterxml.jackson.core:jackson-databind:2.13.3')
        implementation('com.fasterxml.jackson.core:jackson-annotations:2.13.3')
        implementation('org.springframework:spring-tx:6.0.0-M3')
        implementation('org.springframework:spring-jdbc:6.0.0-M3')
        implementation('mysql:mysql-connector-java:8.0.27')
        implementation('org.mybatis:mybatis:3.5.10')
        implementation('org.mybatis:mybatis-spring:2.0.7')
        implementation('com.zaxxer:HikariCP:5.0.1')
        implementation('org.ehcache:ehcache:3.10.0')
        implementation('com.whalin:Memcached-Java-Client:3.0.2')
        implementation(project(':common')) // 引入公共子模块
    }
}
```

（2）【vue-case 子模块】将 ssj-case 子模块之中的 src/main 源代码目录下的 java、profiles、resources 这 3 个子目录复制到 vue-case 子模块中对应的目录下。需要注意的是，vue-case 子模块中已经没有了 Spring Data JPA，所以在进行代码复制时应该将此部分代码删除，如图 8-7 所示。

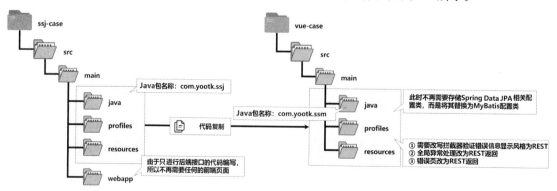

图 8-7　代码复制

（3）【vue-case 子模块】由于不再使用 JPA，因此删除 SpringApplicationContextConfig 类中的
@EnableJpaRepositories 注解，并修改扫描包定义。

```
package com.yootk.ssm.context.config;
@Configuration                                        // 配置类
@ComponentScans({
        @ComponentScan("com.yootk.common.web.config"),// 拦截器组件装配扫描包
        @ComponentScan("com.yootk.ssm.config"),       // SSM子模块配置类扫描包
        @ComponentScan("com.yootk.ssm.service"),      // 业务层实现类扫描包
        @ComponentScan("com.yootk.ssm.dao")           // 数据层实现类扫描包
})
@EnableAspectJAutoProxy                               // 事务启用注解
public class SpringApplicationContextConfig { }       // Spring上下文配置类
```

（4）【vue-case 子模块】修改 SpringWEBContextConfig 类中的扫描包定义。

```
package com.yootk.ssm.context.config;
@Configuration                                 // 配置类
@EnableWebMvc                                  // 启用MVC配置
@ComponentScan("com.yootk.ssm.action")         // Spring Web扫描包
public class SpringWEBContextConfig implements WebMvcConfigurer {   // Spring Web配置
    // 其他配置不做任何修改，代码略
}
```

（5）【vue-case 子模块】由于此时项目中已经不再使用 Spring Data JPA，所以要修改
TransactionConfig 配置类的定义，更换当前项目中所使用的事务管理器。

```
@Bean("transactionManager")                            // Bean注册
public PlatformTransactionManager transactionManager(DataSource dataSource) {
    DataSourceTransactionManager transactionManager =
            new DataSourceTransactionManager();        // 事务管理对象实例化
    transactionManager.setDataSource(dataSource);      // 配置数据源
    return transactionManager;
}
```

（6）【vue-case 子模块】修改 ErrorAction 错误处理类，采用 RESTful 风格进行错误响应。

```
package com.yootk.ssm.action;
@Controller                                    // 控制器标记
public class ErrorAction extends AbstractAction {
    @RequestMapping("/error")                  // 500处理
    @ResponseBody
    public Object error(HttpServletResponse response) {
        response.setStatus(HttpStatus.INTERNAL_SERVER_ERROR.value()); // 设置响应状态码
        Map<String, String> result = new HashMap<>();             // 响应数据
        result.put("message", "程序出现异常，无法正常执行！");          // 错误信息
        result.put("status", String.valueOf(HttpStatus.INTERNAL_SERVER_ERROR));  // 状态码
        return result;
    }
    @RequestMapping("/notfound")               // 404处理
    @ResponseBody
    public Object notfound(HttpServletResponse response) {
        response.setStatus(HttpStatus.NOT_FOUND.value());         // 设置响应状态码
        Map<String, String> result = new HashMap<>();             // 响应数据
        result.put("message", "程序出现异常，无法正常执行！");          // 错误信息
        result.put("status", String.valueOf(HttpStatus.NOT_FOUND)); // 状态码
        return result;
    }
}
```

（7）【vue-case 子模块】修改 ErrorAdvice 全局异常处理类。

```
package com.yootk.ssm.action.advice;
@ControllerAdvice                      // 控制层切面处理
```

```
public class ErrorAdvice {                                    // 全局异常
    @ExceptionHandler(Exception.class)                        // 捕获全部异常
    @ResponseBody
    public Object handle(Exception e, HttpServletRequest request,
                    HttpServletResponse response) {
        Map<String, String> result = new HashMap<>();         // 错误集合
        result.put("message", e.getMessage());                // 保存错误信息
        result.put("type", e.getClass().getName());           // 保存错误类型
        result.put("path", request.getRequestURI());          // 保存错误路径
        result.put("referer", request.getHeader("Referer"));  // 获取referer头信息
        response.setStatus(HttpStatus.INTERNAL_SERVER_ERROR.value()); // 响应状态码
        return result;
    }
}
```

（8）【vue-case 子模块】此时的程序采用 RESTful 风格进行错误展示，所以需要修改 SpringWEBContextConfig 配置类，将当前数据验证拦截器的显示风格设置为 RESTful 风格。

```
@Override
public void addInterceptors(InterceptorRegistry registry) {       // 拦截器注册
    RequestDataValidateInterceptor interceptor = new RequestDataValidateInterceptor();
    interceptor.setRestSwitch(true);                              // 修改拦截器的显示风格
    registry.addInterceptor(interceptor).addPathPatterns("/pages/**"); // 拦截路径
}
```

（9）【vue-case 子模块】配置完成之后，将 vue-case 子模块发布到 Tomcat 中并启动应用。

（10）【Node.js】要想部署前端项目，则需要在本地安装 Node.js 开发环境。在浏览器中访问 Node.js 官方网站，进入工具下载页，本案例使用的 Node.js 版本为 "16.15.1 LTS"，如图 8-8 所示。

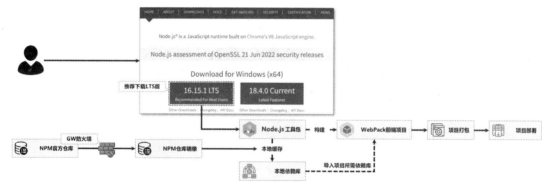

图 8-8 获取 Node.js 工具

（11）【本地系统】打开安装包，在本地系统中进行 Node.js 开发环境的配置。配置完成后，读者可以执行 "npm version" 命令以获取当前安装的 NPM 工具版本。

（12）【本地系统】默认情况下 Node.js 的依赖库会保存在用户目录之中，如果开发者需要变更依赖库的缓存目录，则可以使用 config 命令进行配置。假设需要将仓库代码保存在 H:\repository\npm 目录之中，那么需要手动创建该目录，并在该目录中创建 npm_global 与 npm_cache 两个子目录，最后执行以下命令即可实现本地依赖库的缓存配置。

全局依赖路径：

```
npm config set prefix "H:\repository\npm\npm_global"
```

依赖缓存路径：

```
npm config set cache "H:\repository\npm\npm_cache"
```

（13）【本地系统】配置完成后，如果要想查看当前配置结果，可以执行 "npm config ls" 命令。

（14）【本地系统】在进行前端项目构建时，需要通过 Node.js 官方仓库下载大量的依赖库，但

是由于网络连接上的限制，下载速度异常缓慢。常见的做法是进行国内仓库镜像的配置。下面给出国内 3 个常用 NPM 仓库镜像的配置方式。

阿里云镜像：

```
npm config set registry https://registry.npmmirror.com
```

腾讯云镜像：

```
npm config set registry http://mirrors.cloud.tencent.com/npm/
```

华为云镜像：

```
npm config set registry https://mirrors.huaweicloud.com/repository/npm/
```

（15）【本地系统】镜像配置完成后，可以使用"npm config get registry"命令查看当前所配置的镜像源。

（16）【本地系统】修改 hosts 主机映射文件，追加前端服务主机地址与后端服务主机地址。

hosts 文件路径：

```
C:\Windows\System32\drivers\etc\hosts
```

hosts 文件配置：

```
127.0.0.1   book-endpoint     # 后端服务主机名称
127.0.0.1   book-web          # 前端服务主机名称（程序已经配置好与此名称的绑定）
```

（17）【book-web 项目】将与本章对应的 book-web 前端项目代码解压缩，如果要对代码进行修改，则可以通过 VSCode 或者 HBuilder 这样的前端开发工具打开项目。

（18）【book-web 项目】打开 config/index.js 配置文件，在该配置文件中定义 Axios 跨域访问路径。

```
proxyTable: {                                  // 服务代理配置
    '/book-endpoint': {                        // 匹配地址开头
        target:'http://book-endpoint:8080/',   // 后端应用地址
        changeOrigin:true,                     // 修改hosts地址
        pathRewrite:{                          // 路径重写
            '^/book-endpoint':'/'              // 路径匹配
        }
    }
},
```

（19）【book-web 项目】通过命令行进入项目所在路径，随后进行组件安装。

```
npm install
```

（20）【book-web 项目】启动 Web 前端项目。

```
npm run dev
```

（21）【浏览器】此时的前端项目启动后会自动给出访问地址，用户输入"http://book-web:8080"路径即可访问前端程序。

 提示：本书不涉及 Vue.js 的基础知识。

本书的核心目的是解决技术的应用问题，当前给出的 book-web 前端项目是一个已经开发完整的前端应用，其内部所涉及的 Vue.js 语法、ElementUI 使用以及 Axios 配置等，将会在《Vue.js 开发实战（视频讲解版）》一书中介绍。有需要的读者请自行参阅相关图书。

## 8.1.2 后端业务改造

后端业务改造

视频名称 0803_【掌握】后端业务改造

视频简介 本节的开发基于 SSM 核心处理架构，所以需要通过 MyBatis 修改数据层的实现，也需要同步修改业务层中的方法调用。本视频通过具体的开发实例，为读者讲解后端业务逻辑的修改过程，并进一步总结 JPA 与 MyBatis 的实现区别。

MyBatis 在没有使用 MyBatis-Plus 插件之前需要开发者自定义大量的数据层方法，这一点与原生的 JPA 非常相似，但是后来 JPA 有了 Spring Data JPA 技术的加持，使得数据层定义简化。在本项目中，开发者需要自定义数据层的方法，同时修改业务层中的方法调用。

MyBatis 是基于映射文件的方式实现的，所以需要在当前的应用中定义 MyBatisConfig 配置类，在该类中要明确地定义 DAO 包、VO 包以及映射文件的路径。下面将根据图 8-9 所示的结构进行程序的改造。

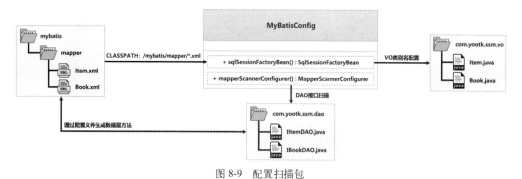

图 8-9  配置扫描包

（1）【vue-case 子模块】在项目中创建 MyBatis 配置类，配置相关扫描包。

```java
package com.yootk.ssm.config;
@Configuration                                         // 配置类
public class MyBatisConfig {                           // MyBatis配置类
    @Bean                                              // Bean注册
    public SqlSessionFactoryBean sqlSessionFactoryBean(
            DataSource dataSource) throws IOException {
        SqlSessionFactoryBean factoryBean = new SqlSessionFactoryBean();
        factoryBean.setDataSource(dataSource);         // 设置数据源
        factoryBean.setTypeAliasesPackage("com.yootk.ssm.vo");  // 类型扫描包
        PathMatchingResourcePatternResolver resolver =
            new PathMatchingResourcePatternResolver();
        String mapperPath = PathMatchingResourcePatternResolver.CLASSPATH_ALL_URL_PREFIX +
            "/mybatis/mapper/*.xml";                    // 映射文件匹配路径
        factoryBean.setMapperLocations(resolver.getResources(mapperPath)); // 映射文件扫描
        return factoryBean;
    }
    @Bean                                              // Bean注册
    public MapperScannerConfigurer mapperScannerConfigurer() {  // 映射配置
        MapperScannerConfigurer scannerConfigurer = new MapperScannerConfigurer();
        scannerConfigurer.setBasePackage("com.yootk.ssm.dao");  // DAO程序包
        scannerConfigurer.setAnnotationClass(Mapper.class);     // 匹配注解
        return scannerConfigurer;
    }
}
```

（2）【vue-case 子模块】创建与 item 数据表结构映射的 Item 类。

```java
package com.yootk.ssm.vo;
import java.io.Serializable;
public class Item implements Serializable {   // 与item表结构映射
    private Long iid;                          // 映射iid字段
    private String name;                       // 映射name字段
    private String note;                       // 映射note字段
    // Setter方法、Getter方法、无参构造方法、多参构造方法、toString()方法等相关代码略
}
```

（3）【vue-case 子模块】创建与 book 数据表结构映射的 Book 类。

```java
package com.yootk.ssm.vo;
```

```
public class Book {                          // 与book表结构映射
    private Long bid;                        // 数据表字段映射
    private String name;                     // 数据表字段映射
    private String author;                   // 数据表字段映射
    private Integer price;                   // 数据表字段映射
    private String cover;                    // 数据表字段映射
    private String note;                     // 数据表字段映射
    private Long iid;                        // 数据表字段映射
    // Setter方法、Getter方法、无参构造方法、多参构造方法、toString()方法略
}
```

（4）【vue-case 子模块】创建 IItemDAO 数据层接口。

```
package com.yootk.ssm.dao;
@Mapper
public interface IItemDAO {
    public List<Item> findAll();             // 查询全部分类数据
    public boolean doCreate(Item item);      // 增加新的分类数据
    public Item findById(long iid);          // 查询指定图书分类
}
```

（5）【vue-case 子模块】创建 IBookDAO 数据层接口。

```
package com.yootk.ssm.dao;
@Mapper
public interface IBookDAO{                                      // 数据层接口
    public boolean doCreate(Book book);      // 增加图书数据
    public List<Book> findAll(Map<String, Object> params);      // 数据分页查询
    public Long getAllCount(Map<String, Object> params);        // 数据统计查询
    public Book findById(Long bid);          // 根据编号查询数据
    public boolean doEdit(Book book);        // 数据更新
    public boolean doRemove(Long bid);       // 根据编号删除数据
}
```

（6）【vue-case 子模块】在 src/main/resources 源代码目录中创建 mybatis/mapper/Item.xml 配置文件。

```
<?xml version="1.0" encoding="UTF-8"?>
<!DOCTYPE mapper PUBLIC "-//mybatis.org//DTD Mapper 3.0//EN"
    "http://mybatis.org/dtd/mybatis-3-mapper.dtd">
<mapper namespace="com.yootk.ssm.dao.IItemDAO">   <!--图书分类表操作映射 -->
    <insert id="doCreate" parameterType="Item">   <!-- 增加分类数据 -->
        INSERT INTO item(name, note) VALUES (#{name}, #{note})
    </insert>
    <select id="findAll" resultType="Item">     <!-- 查询全部分类数据-->
        SELECT iid, name, note FROM item
    </select>
    <select id="findById" resultType="Item"
            parameterType="java.lang.Long">           <!-- 查询全部分类数据-->
        SELECT iid, name, note FROM item WHERE iid=#{iid}
    </select>
</mapper>
```

（7）【vue-case 子模块】在 src/main/resources 源代码目录中创建 mybatis/mapper/Book.xml 配置文件。

```
<?xml version="1.0" encoding="UTF-8"?>
<!DOCTYPE mapper PUBLIC "-//mybatis.org//DTD Mapper 3.0//EN"
    "http://mybatis.org/dtd/mybatis-3-mapper.dtd">
<mapper namespace="com.yootk.ssm.dao.IBookDAO">   <!-- 图书数据表操作映射 -->
    <insert id="doCreate" parameterType="Book" keyProperty="bid"
        keyColumn="bid" useGeneratedKeys="true">   <!-- 增加图书数据 -->
        INSERT INTO book (name, author, price, cover, note)
        VALUES (#{name}, #{author}, #{price}, #{cover}, #{note})
```

```
    </insert>
    <select id="findAll" resultType="Book"
            parameterType="java.util.Map">        <!-- 查询全部图书 -->
        SELECT bid, name, author, price, cover, note FROM book
        <where>                      <!-- WHERE语句 -->
            <if test="keyword != null and column != null">      <!-- 查询判断 -->
                ${column} LIKE #{keyword}
            </if>
        </where>
        LIMIT #{start}, #{lineSize}
    </select>
    <select id="getAllCount" resultType="java.lang.Long"
            parameterType="java.util.Map">          <!-- 数据统计 -->
        SELECT COUNT(*) FROM book
        <where>                      <!-- WHERE语句 -->
            <if test="keyword != null and column != null"> <!-- 查询判断 -->
                ${column} LIKE #{keyword}
            </if>
        </where>
    </select>
    <select id="findById" resultType="Book"
            parameterType="java.lang.Long">          <!-- 根据编号查询 -->
        SELECT bid, name, author, price, cover, note FROM book WHERE bid=#{bid}
    </select>
    <update id="doEdit" parameterType="Book">       <!-- 数据更新 -->
        UPDATE book SET name=#{name}, author=#{author}, price=#{price},
            cover=#{cover}, note=#{note} WHERE bid=#{bid}
    </update>
    <delete id="doRemove" parameterType="java.lang.Long"> <!-- 根据编号删除 -->
        DELETE FROM book WHERE bid=#{bid}
    </delete>
</mapper>
```

（8）【vue-case 子模块】修改 ItemServiceImpl 业务接口实现子类中的数据层方法调用。

```
package com.yootk.ssm.service.impl;
@Service
public class ItemServiceImpl extends AbstractService
        implements IItemService {                // 业务接口实现子类
    @Autowired                                    // 依赖注入
    private IItemDAO itemDAO;                      // 数据层接口实例
    @Override
    public List<Item> list() {                    // 数据列表
        return this.itemDAO.findAll();            // 查询全部
    }
    @Override
    public boolean add(Item item) {               // 数据增加
        return this.itemDAO.doCreate(item);       // 数据保存
    }
}
```

（9）【vue-case 子模块】修改 BookServiceImpl 业务接口实现子类中的数据层方法调用。

```
package com.yootk.ssm.service.impl;
@Service                                         // 业务实例
public class BookServiceImpl extends AbstractService implements IBookService {
    private static final Logger LOGGER = LoggerFactory.getLogger(BookServiceImpl.class);
    @Autowired
    private IBookDAO bookDAO;                      // 数据层接口
    @Autowired
    private IItemDAO itemDAO;                      // 数据层接口
    @Autowired
    private IItemService itemService;              // 业务接口
```

```java
@Override
public Map<String, Object> preAdd() {
    Map<String, Object> result = new HashMap<>();              // 保存查询结果
    result.put("allItems", this.itemService.list());           // 查询全部分类数据
    return result;
}
@Override
public boolean add(Book book) {
    return this.bookDAO.doCreate(book);                        // 数据增加
}
@Override
public Map<String, Object> list(int currentPage, int lineSize,
            String column, String keyword) {
    Map<String, Object> result = new HashMap<>();              // 保存查询结果
    Map<String, Object> params = new HashMap<>();              // 封装查询参数
    params.put("start", (currentPage - 1) * lineSize);         // 开始数据行
    params.put("lineSize", lineSize);                          // 每页显示行数
    if (super.checkEmpty(column, keyword)) {                   // 有查询数据
        params.put("column", column);                          // 模糊查询列
        params.put("keyword", "%" + keyword + "%");            // 模糊查询列
    }
    result.put("allData", this.bookDAO.findAll(params))        ;// 保存图书数据
    long count = this.bookDAO.getAllCount(params);             // 数据行数统计
    result.put("allRecorders", count);                         // 保存总记录数
    long pageSize = (count + lineSize - 1) / lineSize;         // 总页数
    result.put("allPages", pageSize);                          // 保存总页数
    result.put("allItems", this.itemService.list());          // 保存图书分类数据
    return result;
}
@Override
public Map<String, Object> preEdit(long bid) {                // 更新前查询
    Map<String, Object> result = new HashMap<>();              // 保存查询结果
    result.put("allItems", this.itemService.list());          // 查询全部分类数据
    result.put("book", this.bookDAO.findById(bid));            // 查询图书数据
    return result;
}
@Override
public boolean edit(Book book) {                              // 图书数据更新
    return this.bookDAO.doEdit(book);                         // 数据更新
}
@Override
public Map<String, Object> get(long bid) {
    Map<String, Object> result = new HashMap<>();              // 保存查询结果
    Book book = this.bookDAO.findById(bid);                    // 查询指定编号的图书数据
    result.put("item", this.itemDAO.findById(book.getIid())); // 查询指定分类数据
    result.put("book", book);                                 // 查询图书数据
    return result;
}
@Override
public String delete(long bid) {
    Book book = this.bookDAO.findById(bid);                    // 查询图书数据
    if (book != null) {                                        // 图书数据存在
        this.bookDAO.doRemove(bid);                            // 删除图书数据
        return book.getCover();                                // 返回图书封面文件名称
    }
    return null;                                               // 删除失败
}
}
```

此时后端业务层的代码修改完成，由于当前业务层接口的定义没有任何改变，因此不需要修改

控制层中的代码。同时也可以发现，原始的 Spring + MyBatis 开发只能够简化数据层的实现，而 MyBatis-Plus 才可以更好地实现数据层结构的简化。

**提问：数据层更改的影响很大，没有其他选择吗？**

当前的程序虽然已经成功地将 Spring Data JPA 实现切换到为 MyBatis 实现，但是整体代码的改动较大，尤其是数据层组件更换之后，业务实现类的代码几乎都要重写。如果现在要进行业务功能的扩充，也必然要改动数据层与控制层的代码，这样的开发实在是太低效了，是否有更好的处理方案？

**回答：可以搭建分布式业务中心。**

在项目开发中，MVC 设计模式是一种核心开发模式，在 Java 项目中应用广泛。MVC 设计模式的实现并不意味着所有的代码要运行在同一个服务器上，视图层、模型层以及控制层的代码可能各自运行在一个服务器之中，采用分布式集群的方式对外提供服务，设计架构如图 8-10 所示。

图 8-10　分布式业务中心设计架构

正规的开发中，考虑到高并发的业务处理问题，开发者往往会搭建专属的业务中心，而业务中心的搭建技术有传统的 RPC 架构与微服务架构，相关的知识在《Netty 开发实战（视频讲解版）》与《Spring Cloud 开发实战（视频讲解版）》中会深入讲解，有需要的读者可以继续学习。

## 8.1.3　HTTPie 工具

**视频名称**　0804_【掌握】HTTPie 工具

**视频简介**　在前后端分离架构中，经常需要进行接口的测试，除了传统的 curl 命令，本书也推荐使用 HTTPie 客户端工具。本视频为读者讲解该命令行工具的安装，并通过具体的实例分析其基本使用。

HTTPie 工具

对于 Web 接口的测试来讲，较为常用的就是 curl 命令，但是该命令在使用过程中语法限制较多，而且不同平台的 curl 命令还存在一些格式上的差异。在现代项目中如果要采用命令行的方式进行接口测试，可以使用 HTTPie 客户端工具，开发者可以登录 HTTPie 官方网站获取该工具的相关信息，如图 8-11 所示。

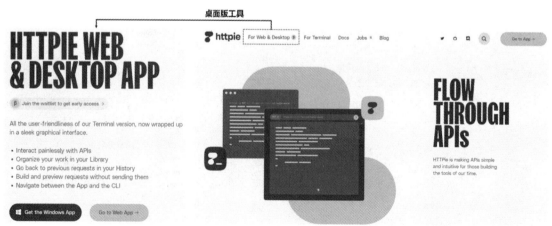

图 8-11　HTTPie 官方网站首页

HTTPie 是一个基于 Python 编写的简易工具,在 Windows 系统中可以使用 pip 命令获取该工具,而在 macOS 系统中可以采用 brew 命令获取该工具。

范例:安装 HTTPie 工具。

Windows 安装:

```
pip install --upgrade httpie
```

macOS 安装:

```
brew install httpie
```

Linux 安装:

```
yum -y install epel-release      # 安装EPEL(Extra Packages for Enterprise Linux)组件
yum -y install httpie            # 安装HTTPie工具
yum -y upgrade httpie            # 更新HTTPie工具
```

安装完成之后,开发者可以直接打开本地的命令行工具,随后执行 http(或 https)命令,如果此时可以看见图 8-12 所示的界面,则表示当前系统中的 HTTPie 工具已经配置完成。

图 8-12　http 命令测试

范例:使用 http 命令发送 GET 请求。

```
http GET https://www.yootk.com
```

程序执行结果:

```
HTTP/1.1 200 OK
Accept-Ranges: none
Connection: keep-alive
Content-Encoding: gzip
Content-Type: text/html; charset=utf-8
ETag: "8cb20-IAw76Tc/VMO8ep192FJs3uLN1fE"
Server: nginx/1.12.2
Transfer-Encoding: chunked
Vary: Accept-Encoding
<!doctype html>
<html data-n-head-ssr data-n-head="">
  <head data-n-head="">
    <title data-n-head="true">沐言优拓</title> … 页面主体代码
```

# 8.2　图书分类管理

视频名称　0805_【掌握】图书分类管理

视频简介　设置分类列表是图书数据发布的核心。本视频对已有的程序结构进行修改,基于 RESTful 风格实现数据的返回,并在前端项目中利用 Axios 实现服务调用,利用 MVVM 框架的特点自动实现 ElementUI 中元素的显示。

图书分类管理

　　图书分类是图书数据管理的核心，只需要进行 item 数据表的展示。在前后端分离架构之中，可以通过 Jackson 依赖库对 IItemService.list()业务方法返回的数据进行转换，将其以 JSON 结构数据的形式返回给前端，而前端只需要将该数据交给 MVVM 处理引擎，就可以实现数据的列表展示。操作流程如图 8-13 所示。

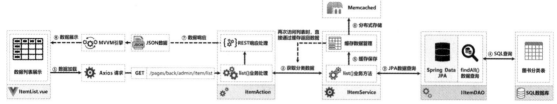

图 8-13　图书分类列表操作的流程

　　与传统单 Web 实例应用不同的是，在前后端分离设计中，控制层不再需要进行任何的页面跳转，在方法上直接使用@ResponseBody 注解定义即可（需要定义与 Jackson 有关的配置）。下面来看一下分类列表的具体实现步骤。

　　（1）【vue-case 子模块】修改 ItemAction.list()方法，将业务层返回的分类列表以 RESTful 风格直接响应。

```
@GetMapping("list")
@ResponseBody
public Object list() {                        // 分类数据列表
    return this.itemService.list();           // 业务查询
}
```

　　（2）【HTTPie 测试】分类列表接口开发完成后，需要进行接口调用测试。使用 HTTPie 发出 GET 请求以测试接口返回值，因为本节只观察 RESTful 返回数据，所以在请求时可以追加一个"-b"参数，表示只显示响应主体数据。

```
http GET http://book-endpoint:8080/pages/back/admin/item/list -b
```

　　程序执行结果：

```
[
    { "iid": 1, "name": "人文", "note": "哲学、经济学…" },
    { "iid": 2, "name": "科技", "note": "科学技术相关图书" },
    { "iid": 3, "name": "医药", "note": "医学、卫生、药品、生物等相关图书" }
]
```

　　（3）【book-web 项目】打开 src/axios/book.js 文件，定义要执行的 AJAX 调用函数。

```
var itemHandler = {                                              // 定义与图书分类有关的调用函数
  list: function (vue, currentPage) {                            // 加载全部分类
    return new Promise((resolve, reject) => {                    // 分页列表
      vue.$axios.get('/book-endpoint/pages/back/admin/item/list', {})    // GET请求
        .then(response => {
          resolve(response.data)                                 // 返回调用结果
        })
        .catch((error) => {                                      // 异常处理
          reject(error)
        })
    })
  }
}
var bookHandler = {}                                             // 定义与图书有关的调用函数
export default {                                                 // 函数导出配置
  item: itemHandler,                                             // 分类操作函数导出
  book: bookHandler                                              // 图书操作函数导出
}
```

（4）【book-web 项目】定义图书分类列表页面（路径：src/pages/back/center/item/ItemList.vue），可以在该页面挂载时通过后端接口进行全部分类数据的加载。

```
export default {
  data () {
    return {
      itemData: []                                          // 保存图书分类数据
    }
  },
  methods: {
    loadItemData () {                                       // 加载图书分类列表
      let loadingInstance = Loading.service({ lock: true, text: 'Loading', spinner: 'el-icon-
loading',
        background: 'rgba(0, 0, 0, 0.7)' })                 // 定义Loading组件
      this.$nextTick(() => {                                // 以服务的方式调用Loading组件
        setTimeout(() => {                                  // 调用超时
          this.$back.item.list(this).then(res => {          // 加载分类数据
            this.itemData = res                             // 保存读取结果
          })
          loadingInstance.close()                           // 关闭Loading组件
        }, 100)
      })
    }
  },
  mounted () {                                              // 页面挂载
    this.loadItemData()                                     // 加载图书分类数据
  }
}
```

为了便于图书分类数据的加载，程序在 ItemList.vue 页面中定义了一个 loadItemData()方法。考虑到页面显示效果，每当用户进行异步数据加载时，就会出现提示信息表示正在读取，后端数据加载完成后，会保存在 itemData 变量之中，这样 ElementUI 就可以根据该变量的内容自动生成列表进行显示。当前页面的显示结果如图 8-14 所示。

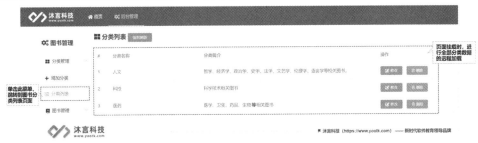

图 8-14　图书分类列表页面

## 8.2.1　增加图书分类

视频名称　0806_【掌握】增加图书分类

视频简介　增加图书分类需要通过前端页面实现，在进行图书分类增加时，需要以 JSON 的形式发送请求，所以后端应用要基于@RequestBody 注解实现数据的接收、转换。本视频通过实例实现这一功能的具体开发。

增加图书分类

图书分类的增加需要对应的表单页面，用户填写完表单之后，就可以利用 Axios 发出一个服务接口的调用请求，随后由控制层调用业务层进行数据存储。业务层在数据处理完成后会将当前的处理结果发送给前端应用，前端应用可以根据结果进行成功或失败的信息提示。处理流程如图 8-15 所示。

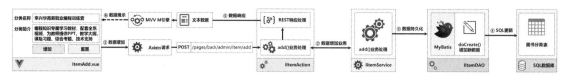

图 8-15　增加图书分类操作的流程

由于增加操作属于更新业务，因此本节在开发中将采用 POST 请求模式定义业务接口。同时考虑到前端应用的数据传输与后端接口的请求接收，本节将直接使用 Item 对象进行数据的接收，这样前端应用可以直接传递 JSON 数据信息。服务端接收到请求后就可以利用 Jackson 实现请求数据的转换，以实现最终的业务调用。具体的开发步骤如下。

（1）【vue-case 子模块】修改 ItemAction.add()控制层方法，使其接收 JSON 数据。

```
@ResponseBody                                          // 直接响应业务结果
@PostMapping("add")                                    // 数据保存
public Object add(@RequestBody Item item) {
    LOGGER.info("【PO】{}", item);                      // 日志输出
    return this.itemService.add(item);                 // 业务调用
}
```

（2）【HTTPie 测试】接口开发完成后使用 HTTPie 进行测试（默认情况下所传输的数据格式为 JSON）。

```
http POST http://book-endpoint:8080/pages/back/admin/item/add name=Java编程 note=李兴华Java开发系
列原创图书 -b
```

程序执行结果：

```
true
```

（3）【book-web 项目】修改 src/axios/back.js 文件，在 itemHandler 定义中追加新的处理函数。

```
add: function (vue, item) {                                     // 增加分类数据
    return new Promise((resolve, reject) => {
        vue.$axios.post('/book-endpoint/pages/back/admin/item/add', item)      // POST请求
            .then(response => {
                resolve(response.data)                          // 返回处理结果
            })
            .catch((error) => {                                 // 异常处理
                reject(error)
            })
    })
}
```

（4）【book-web 项目】定义分类数据增加表单（路径：src/pages/back/center/item/ItemAdd.vue），在表单提交时进行远程接口调用，核心代码如下。

```
this.$nextTick(() => {
    setTimeout(() => {
        // form是定义的变量，包含name和note子项，该变量与表单捆绑
        this.$back.item.add(this, this.form).then(res => {      // 增加数据
            const h = this.$createElement                       // 创建元素
            this.$notify({
                title: '图书分类创建成功',
                message: h('i', {style: 'color: teal'}, '新的图书分类已经成功创建')
            })                                                  // 提示信息
            loadingInstance.close()
            this.resetForm()                                    // 重置表单
        })
    }, 100)
})
```

此时使用的是 ElementUI 组件，所以在定义时需要将表单与 form 变量绑定。当提交表单时，

会自动触发 submit()处理操作，可以在此处调用 add()函数，以实现数据增加。程序的运行效果如图 8-16 所示。

图 8-16　增加图书分类

## 8.2.2　强制刷新分类数据缓存

强制刷新分类数据
缓存

**视频名称** 0807_【掌握】强制刷新分类数据缓存

**视频简介** 前后端分离设计中的数据全部由后端加载，而后端为了保证处理性能，会通过缓存保存数据，所以前端应该提供刷新支持。本视频对已有的缓存刷新操作进行更新处理，并实现前端数据刷新显示处理。

在当前项目应用中，所有的图书分类数据都保存在了缓存数据库之中，这样在数据更新后，就需要强制性地刷新缓存，才可以获取新的列表信息。由于 IItemService 接口提供了 clear()与 list()方法，因此可以在控制层先清空缓存，而后加载新的数据给前端页面显示。操作流程如图 8-17 所示。

图 8-17　强制刷新图书分类数据缓存操作的流程

由于前后端分离的处理之中，前端项目只会向一个 Web 接口发出请求，因此在 ItemAction.refresh()方法中调用两个业务层处理方法，并将新的查询结果返回给前端应用，这样前端应用就可以直接将最新的数据展现给用户。下面通过具体的操作步骤实现这一处理机制。

（1）【vue-case 子模块】修改 ItemAction.refresh()刷新方法。

```java
@PatchMapping("refresh")
@ResponseBody                                    // 直接响应业务结果
public Object refresh() {
    LOGGER.debug("强制性清空缓存");
    this.itemService.clear();                    // 清空缓存数据
    return this.itemService.list();              // 重新查询数据
}
```

（2）【HTTPie 测试】向 Web 应用接口发出 PATCH 处理请求。

```
http PATCH http://book-endpoint:8080/pages/back/admin/item/refresh -b
```

（3）【book-web 项目】修改 src/axios/back.js 文件，在 itemHandler 的定义中追加新的处理函数。

```javascript
refresh: function (vue) {                                    // 强制刷新
    return new Promise((resolve, reject) => {                // 重新加载分类数据
        vue.$axios.patch('/book-endpoint/pages/back/admin/item/refresh', {}) // PATCH请求
            .then(response => {
```

```
                resolve(response.data)                                    // 返回处理结果
            })
            .catch((error) => {                                           // 异常处理
                reject(error)
            })
    })
}
```

（4）【book-web 项目】修改图书分类列表页面（路径：src/pages/back/center/item/ItemList.vue），为强制刷新按钮绑定单击事件，并定义事件处理函数。

```
refreshItemData () {                                                      // 强制刷新分类列表
    let loadingInstance = Loading.service({ lock: true, text: 'Loading', spinner: 'el-icon-loading',
        background: 'rgba(0, 0, 0, 0.7)' })                               // 加载提示框
    this.$nextTick(() => {                                                // 服务调用
        setTimeout(() => {                                                // 超时处理
            this.$back.item.refresh(this).then(res => {                   // 加载分类数据
                this.itemData = res                                       // 更新数据
                loadingInstance.close()                                   // 关闭加载提示框
            })
        }, 100)
    })
}
```

代码修改完成后，重新进入图书分类列表页面，单击顶部的"强制刷新"按钮，就可调用 Web 接口，得到新的图书分类数据，如图 8-18 所示。

图 8-18　重新加载分类数据

 提问：为什么使用 PATCH 请求？

定义 ItemAction.add()方法时，本节使用了@PatchMapping 注解，为什么不使用@Post Mapping 注解，或者说为什么不使用@PutMapping 注解呢？

回答：POST、PUT、PATCH 三者都属于更新模式。

首先需要清楚的是，在 HTTP 请求处理中，后端接口使用 POST、PUT、PATCH 这 3 种请求模式最终结果都是相同的，但是这 3 种模式有一些使用上的区别。

POST 请求模式：非等幂业务处理，实现数据更新处理，每次调用的结果都是不同的，例如，在数据增加时，每一次增加的数据是不同的。

PUT 请求模式：等幂业务处理，实现数据更新处理，每次返回的结果都是相同的，例如，在数据修改（全部数据列更改）时，每次修改的数据是相同的。

PATCH 请求模式：进行数据的局部修改处理，例如，只修改某张表的某几个字段（非全部字段）。

按照 RESTful 设计的处理规范，用户使用的可能是同一个路径，但是不同的请求模式会让相同的路径产生不同的处理功能，如图 8-19 所示。

图 8-19　RESTful 接口设计

在进行后端接口设计时，开发者可以根据图 8-19 所示进行请求模式的定义，也可以使用不同的子路径。由于 RESTful 本身并没有具体的标准，因此本书编写时才会以不同子路径的方式进行定义。

# 8.3　图书数据管理

图书数据分页列表
显示

视频名称　0808_【掌握】图书数据分页列表显示
视频简介　应用设计中考虑到图书的内容较多，需要进行数据的分页展示处理。本视频修改后端的业务逻辑，使其更加适合前后端分离的设计架构，并在前端提供数据分页加载的处理。

在对图书数据进行分页处理时，前端应用需要向后端应用传递相应的数据分页参数，这样后端应用才可以根据这些参数进行业务调用，并将所需的数据返回给前端。由于当前的项目基于 ElementUI 前端框架进行了页面实现，因此只需要返回总页数即可实现分页组件的驱动处理。图书列表页面显示操作的流程如图 8-20 所示。

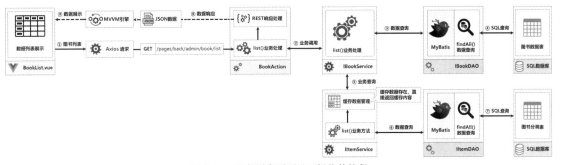

图 8-20　图书列表页面显示操作的流程

在图书数据列表显示的过程中，除了需要显示图书数据，还要显示出每一本图书对应的分类数据。由于分类数据已经被缓存所管理，此时可以直接返回已有的缓存数据，并由前端页面根据不同的分类编号实现图书列表的显示。下面来观察具体实现步骤。

（1）【vue-case 子模块】修改 BookServiceImpl 业务实现类，在列表时不再将 List<Item>集合转为 Map<String, String>集合，这样便于前端解析 JSON 数据。

```java
@Override
public Map<String, Object> list(int currentPage, int lineSize,
        String column, String keyword) {
  Map<String, Object> result = new HashMap<>();        // 保存查询结果
  Map<String, Object> params = new HashMap<>();        // 封装查询参数
  params.put("start", (currentPage - 1) * lineSize);    // 开始数据行
```

```
        params.put("lineSize", lineSize);                       // 每页显示行数
        if (super.checkEmpty(column, keyword)) {                // 有查询数据
            params.put("column", column);                       // 模糊查询列
            params.put("keyword", "%" + keyword + "%");         // 模糊查询列
        }
        result.put("allData", this.bookDAO.findAll(params));    // 保存图书数据
        long count = this.bookDAO.getAllCount(params);          // 数据行数统计
        result.put("allRecorders", count);                      // 保存总记录数
        long pageSize = (count + lineSize - 1) / lineSize;      // 总页数
        result.put("allPages", pageSize);                       // 保存总页数
        result.put("allItems", this.itemService.list());        // 保存图书分类数据
        return result;
}
```

（2）【vue-case 子模块】修改 BookAction.list()控制层方法，使之接收分页参数并以 RESTful 风格返回数据给前端。

```
@GetMapping("list")                                            // 子路径
@ResponseBody                                                  // 直接响应业务结果
public Object list(int currentPage, int lineSize, String column, String keyword) {
    return this.bookService.list(currentPage, lineSize, column, keyword);
}
```

（3）【HTTPie 测试】测试图书分页数据加载接口。

```
httpGEThttp://book-endpoint:8080/pages/back/admin/book/list  currentPage=1lineSize=5column=name
keyword= -b
```

程序执行结果：

```
{ "allData": [图书数据], "allItems": [分类数据], "allPages": 总页数, "allRecorders": 总记录数 }
```

（4）【book-web 项目】修改 src/axios/back.js 文件，在 bookHandler 定义中追加新的处理函数。

```
list: function (vue, currentPage) {
  return new Promise((resolve, reject) => {                    // 图书数据分页列表
    var params = new URLSearchParams()                         // 封装请求参数
    params.append('currentPage', currentPage)                  // 设置参数内容
    params.append('lineSize', 2)                               // 设置参数内容
    params.append('column', 'tab')                             // 设置参数内容
    params.append('keyword', '')                               // 设置参数内容
    vue.$axios.get('/book-endpoint/pages/back/admin/book/list', { params: params }) // GET请求
      .then(response => {
        resolve(response.data)                                 // 返回处理结果
      })
      .catch((error) => {                                      // 异常处理
        reject(error)
      })
  })
}
```

（5）【book-web 项目】创建图书列表页面（路径：src/pages/back/center/book/BookList.vue），通过列表显示图书数据，并使用内置分页组件进行分页控制。核心代码如下。

```
import { Loading } from 'element-ui'
export default {
  data () {
    return {
      currentPage: 1,                                          // 当前所在页
      totalPage: 1,                                            // 总页数，用于分页控制
      bookData: [],                                            // 保存图书数据
      itemData: []                                             // 保存图书分类数据
    }
  },
  methods: {
```

```
getItem (iid) {                                            // 根据分类编号查询分类名称
  for (var ind in this.itemData) {                         // JSON循环
    if (this.itemData[ind].iid == iid) {                   // 编号相同
      return this.itemData[ind].name                       // 返回分类名称
    }
  }
  return ''
},
loadBookData () {                                          // 加载图书数据
  letloadingInstance=Loading.service({lock: true, text: 'Loading', spinner: 'el-icon-loading',
    background: 'rgba(0, 0, 0, 0.7)' })                    // 数据加载组件
  this.$nextTick(() => {                                   // 调用数据加载组件
    setTimeout(() => {
      this.$back.book.list(this, this.currentPage).then(res => {       // 加载图书数据
        this.totalPage = res.allPages                      // 获取总页数
        this.bookData = res.allData                        // 图书数据
        this.itemData = res.allItems                       // 分类数据
        loadingInstance.close()                            // 关闭数据加载组件
      })
    }, 100)
  })
}
},
mounted () {                                               // 页面挂载时触发
  this.loadBookData()                                      // 加载图书数据
}
}
```

在 BookList.vue 程序代码中，页面挂载时调用 loadBookData()函数，而后该函数会使用 Axios 发送一个数据加载的请求。由于该请求的返回结果较多，因此数据在被接收时会根据 JSON 的结构拆分，结果保存在不同的变量中。变量数据填充后，Vue.js 就会自动将数据填充到对应的列表中。需要注意的是，此时的分类名称数据是通过响应的分类集合解析得来的。图书列表页面的显示效果如图 8-21 所示。

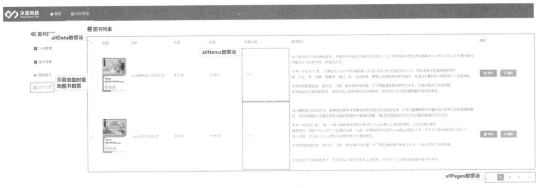

图 8-21 图书列表页面的显示效果

## 8.3.1 增加图书数据

视频名称 0809_【掌握】增加图书数据

视频简介 图书数据的增加处理需要项目提供完善的上传机制以及数据存储机制。本视频对后端控制层接口进行定义，并基于 ElementUI 提供的组件实现文件上传处理。

增加图书数据

在本节的应用设计中，每一本图书都存在一个对应的类别，所以在进行图书数据增加时，需要通过已经存在的接口获取全部分类数据，而后才可以进行表单页面的显示。该操作的流程如图 8-22 所示。

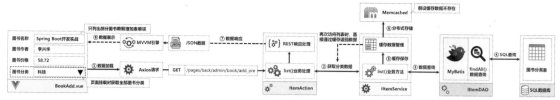

图 8-22　增加图书数据操作的流程

在进行图书数据增加时，还存在图书封面图片上传的设计需要。此时可以直接使用 ElementUI 框架中提供的上传组件，该组件除了提供上传处理，还提供上传文件的预览支持。

```
<el-upload drag list-type="picture" accept=".jpg,.jpen,.png,.bmp,.gif"
    action="/book-endpoint/pages/back/admin/book/upload" name="photo"
    :on-success="handleUploadPhotoSuccess" :on-remove="handlePhotoRemove">
    <i class="el-icon-upload"></i>
    <div class="el-upload__text">将文件拖到此处，或<em>单击上传</em></div>
    <div class="el-upload__tip" slot="tip">只能上传图片文件</div>
</el-upload>
```

使用<el-upload>元素可以进行上传组件的配置，该组件提供了拖曳上传支持，并且只允许上传图片类型的文件（accept 属性配置）。在默认情况下该组件选中的文件可以直接上传，上传文件的路径通过 action 属性进行配置，所以此时 BookAction 类应该提供对应的上传接口，该接口可以返回上传文件的文件名称（on-success 回调操作）。处理流程如图 8-23 所示。

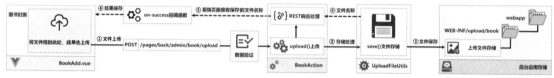

图 8-23　文件上传操作的流程

文件上传完成后，后端服务接口会返回当前所保存的图片名称，而该内容对应的就是 cover 请求参数，所以需要在上传成功回调函数（on-success 属性配置）中进行数据的保存。由于文件选中后就已经进行上传处理，因此需要提供一个图片数据删除的操作接口，该接口可以根据图片名称删除对应的图片文件。处理流程如图 8-24 所示。

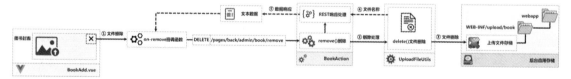

图 8-24　删除上传文件操作的流程

上传文件处理完成后，用户只需要按照表单要求填写完全部数据，就可以将完整的数据内容通过 POST 请求发送到服务端，从而实现图书数据的存储。图书数据发布的处理流程如图 8-25 所示。

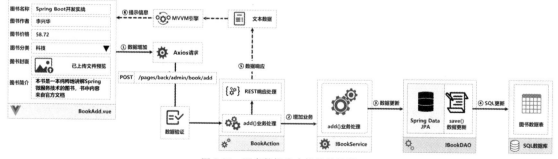

图 8-25　图书数据发布操作的流程

通过以上分析可以发现，要想成功地实现图书数据的发布，需要在后端应用层提供多个 Web 接口。这些接口的作用如表 8-1 所示。下面来观察其具体的开发实现。

表 8-1 图书数据增加接口

| 序号 | 函数 | 请求模式 | 描述 |
| --- | --- | --- | --- |
| 1 | /pages/back/admin/book/add_pre | GET | 图书数据增加前的数据查询，在本节中主要用于返回分类数据 |
| 2 | /pages/back/admin/book/upload | POST | 图片上传接口，上传完成后返回保存的图片名称 |
| 3 | /pages/back/admin/book/remove | DELETE | 图片删除接口，在删除图片时调用 |
| 4 | /pages/back/admin/book/add | POST | 图书数据增加接口 |

（1）【vue-case 子模块】在 BookAction 类中添加项目所需的业务接口。

```
@GetMapping("add_pre")
@ResponseBody                                          // 直接响应业务结果
public Object addPre() {                               // 数据增加
    return this.bookService.preAdd();                  // 获取增加前所需数据
}
@ErrorPage                                             // 错误页
// 定义验证规则时，上传文件的名称已经成功配置
@RequestDataValidate("name:string;note:string;tprice:double;iid:long;cover:string")
@PostMapping("add")
@ResponseBody                                          // 直接响应业务结果
public Object add(Book book, double tprice) {          // 数据增加
    book.setPrice((int) (tprice * 100));               // 数据转换
    return this.bookService.add(book);                 // 数据增加处理
}
@ErrorPage                                             // 错误页
@RequestDataValidate("photo:upload")                   // 验证规则
@PostMapping("upload")
@ResponseBody                                          // 直接响应业务结果
public Object upload(@UploadFileType MultipartFile photo) {  // 文件上传
    return UploadFileUtils.save(photo, SAVE_DIR);      // 保存文件并返回文件名称
}
@DeleteMapping("remove")
@ResponseBody                                          // 直接响应业务结果
public Object remove(String photo) {                   // 删除已上传文件
    return UploadFileUtils.delete(SAVE_DIR, photo);    // 文件删除
}
```

（2）【HTTPie 测试】测试/add_pre 接口功能。

```
http GET http://book-endpoint:8080/pages/back/admin/book/add_pre -b
```

程序执行结果：

```
{ "allItems": [ 图书分类, 图书分类, … ] }
```

（3）【HTTPie 测试】测试/upload 文件上传接口功能。

```
http -f POST http://book-endpoint:8080/pages/back/admin/book/upload photo@h:\muyan_yootk.png -b
```

程序执行结果：

```
68e5d290-25e6-4c25-ab20-0de6ca46a7dc.png
```

（4）【HTTPie 测试】测试/remove 上传文件删除接口功能。

```
http DELETE http://book-endpoint:8080/pages/back/admin/book/removephoto=68e5d290-25e6-4c25-ab20-
0de6ca46a7dc.png -b
```

程序执行结果：

```
true
```

（5）【HTTPie 测试】测试/add 图书数据增加操作。

```
http -f POST http://book-endpoint:8080/pages/back/admin/book/add iid=2 cover=muyan-yootk.png
name=Java程序设计开发实战 tprice=78.92 author=李兴华 note=李兴华高薪就业编程训练营指定用书 -b
```

程序执行结果:

```
true
```

(6)【book-web 项目】修改 src/axios/back.js 文件，在 bookHandler 定义中追加新的处理函数。

```
addPre: function (vue) {                                                    // 获取增加前的数据
  return new Promise((resolve, reject) => {                                 // 数据查询
    vue.$axios.get('/book-endpoint/pages/back/admin/book/add_pre', {})      // GET请求
      .then(response => {
        resolve(response.data)                                             // 返回处理结果
      })
      .catch((error) => {                                                   // 异常处理
        reject(error)
      })
  })
},
remove: function (vue, photo) {                                             // 删除上传图片
  return new Promise((resolve, reject) => {
    var params = new URLSearchParams()                                      // 封装请求参数
    params.append('photo', photo)                                          // 设置传递参数
    vue.$axios.delete('/book-endpoint/pages/back/admin/book/remove', { params: params }) // DELETE请求
      .then(response => {
        resolve(response.data)                                             // 返回处理结果
      })
      .catch((error) => {                                                   // 异常处理
        reject(error)
      })
  })
},
add: function (vue, book) {                                                 // 数据增加
  return new Promise((resolve, reject) => {
    var params = new URLSearchParams()                                      // 封装请求参数
    params.append('name', book.name)                                       // 设置传递参数
    params.append('author', book.author)                                   // 设置传递参数
    params.append('cover', book.cover)                                     // 设置传递参数
    params.append('iid', book.iid)                                         // 设置传递参数
    params.append('note', book.note)                                       // 设置传递参数
    params.append('tprice', book.tprice)                                   // 设置传递参数
    vue.$axios.post('/book-endpoint/pages/back/admin/book/add', params)     // POST请求
      .then(response => {
        resolve(response.data)                                             // 返回处理结果
      })
      .catch((error) => {                                                   // 异常处理
        reject(error)
      })
  })
},
```

(7)【book-web 项目】创建图书数据增加表单页面（路径: src/pages/back/center/book/BookAdd.
vue），页面显示时加载后端图书分类数据，随后给出图书数据增加表单。核心代码如下。

```
export default {
  data () {
return { itemData: [], form: { name: 'Java程序设计开发实战', author: '李兴华', tprice: '78.92', cover: '',
          iid: 2, note: '李兴华高薪就业编程训练营指定用书,课程详情请访问: edu.yootk.com' },
  }
},
  methods: {
    submitForm () {                                                        // 增加图书数据
      this.$refs['form'].validate((valid) => {                             // 表单验证通过
        if (valid) {
          this.$back.book.add(this, this.form).then(res => {               // 加载数据
```

```
      const h = this.$createElement                             // 创建元素
      this.$notify({ title: '图书增加成功', message: h('i', {style: 'color: teal'}, '图书信息
已成功添加.') }) // 提示框
      this.resetForm()                                          // 重置表单
    })
  } else {
    return false
  }
})
},
loadItemData () {                                              // 加载图书分类数据
  letloadingInstance=Loading.service({lock: true, text: 'Loading', spinner: 'el-icon-loading',
    background: 'rgba(0, 0, 0, 0.7)' })                        // 加载组件
  this.$nextTick(() => {                                       // 加载组件处理
    setTimeout(() => {                                         // 延迟处理
      this.$back.book.addPre(this).then(res => {              // 加载分类数据
        this.itemData = res.allItems                           // 数据保存
      })
      loadingInstance.close()                                  // 关闭加载提示框
    }, 100)
  })
},
handleUploadPhotoSuccess (res, file) {                        // 图片上传成功
  this.form.cover = res                                        // 保存上传后的图片名称
},
handlePhotoRemove (file, fileList) {                           // 文件删除时的钩子函数
  this.$back.book.remove(this, this.form.cover).then(res => { // 加载数据
    this.form.cover = ''                                       // 删除文件
  })
}
},
mounted () { // 页面挂载时触发
  this.loadItemData() // 加载图书分类数据
}
}
```

BookAdd.vue 页面提供了多个处理函数，这些函数分别会在表单显示、文件删除以及表单提交时调用。图 8-26 所示为图书数据增加时的页面内容。

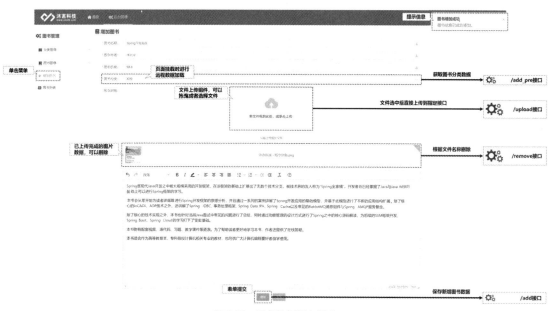

图 8-26　图书数据增加操作

## 8.3.2　编辑图书数据

视频名称　0810_【掌握】编辑图书数据

视频简介　图书数据的编辑属于基础功能，并且在进行图书数据编辑时，除了要将数据回显，还需要考虑上传封面的显示以及替换等处理。本视频通过实例分析前后端分离架构中数据的回显处理，以及图书内容的更新操作实现。

编辑图书数据

为便于图书数据的编辑处理，本项目在进行图书列表显示时提供了"修改"按钮，用户通过该按钮，就可以根据 Vue 参数路由的配置，跳转到图书数据编辑页面，如图 8-27 所示。

图 8-27　图书数据编辑页面

在进行图书数据编辑前，需要根据要修改图书的编号进行图书数据的查询，并且将查询数据回显到对应的表单元素中，随后用户可以根据需要进行数据的编辑处理。操作流程如图 8-28 所示。

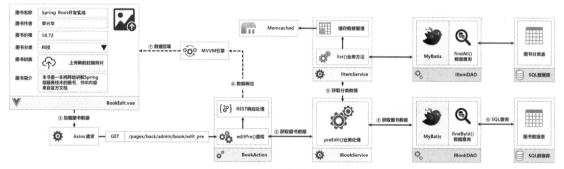

图 8-28　图书数据编辑操作的流程

由于图书数据编辑页面需要处理图书封面的更新问题，因此应该在 BookEdit.vue 页面之中保存已有图片名称（old 参数存储）。如果用户重新上传了新的图书封面，则将该上传文件的名称保存在 cover 参数之中，这样在用户进行数据更新时，程序就会同时发送两个图片文件名称。控制层可以根据自定义的逻辑判断，进行旧图片文件的删除处理，从而实现图书封面的修改操作，而其他的图书数据则通过 edit()业务方法进行数据更新处理。流程如图 8-29 所示，具体实现步骤如下。

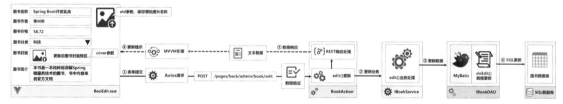

图 8-29　图书数据更新操作的流程

（1）【vue-case 子模块】在 BookAction 控制器类中定义数据查询以及数据更新方法。

```
@RequestMapping("edit_pre")
@ResponseBody                                    // 直接响应业务结果
public Object editPre(long bid) {                // 图书更新前进行数据查询
    return this.bookService.preEdit(bid);        // 查询数据
}
@ErrorPage                                       // 错误页
```

```
@RequestDataValidate("bid:long;name:string;note:string;" +
      "tprice:double;iid:long;cover:string")      // 验证规则
@PostMapping("edit")
@ResponseBody                            // 直接响应业务结果
public Object edit(Book book, double tprice, String old) {   // 图书更新处理
   book.setPrice((int) (tprice * 100));            // 数据转换
   if (!old.equals(book.getCover())) {             // 图片有更新
      UploadFileUtils.delete(SAVE_DIR, old);       // 文件覆盖
   }
   return this.bookService.edit(book);
}
```

（2）【HTTPie 测试】测试根据编号查询图书数据接口。

```
http -f GET http://book-endpoint:8080/pages/back/admin/book/edit_pre?bid=1 -b
```
程序执行结果：

```
{ "allItems": [ 图书分类, 图书分类, … ], "book": {} }
```

（3）【HTTPie 测试】测试图书数据修改接口。

```
http -f POST http://book-endpoint:8080/pages/back/admin/book/edit bid=5 iid=2 cover=nophoto.png
name=Java程序设计开发实战  tprice=78.92 author=李兴华 note=李兴华高薪就业编程训练营指定用书 old=nophoto.
png -b
```
程序执行结果：

```
true
```

（4）【book-web 项目】修改 src/axios/back.js 文件，在 bookHandler 定义中追加新的处理函数。

```
editPre: function (vue, bid) {                               // 更新前查询
 return new Promise((resolve, reject) => {
   var params = new URLSearchParams()                        // 封装请求参数
   params.append('bid', bid)                                 // 设置传递参数
   vue.$axios.get('/book-endpoint/pages/back/admin/book/edit_pre', { params: params }) // GET请求
     .then(response => {
       resolve(response.data)                                // 返回处理结果
     })
     .catch((error) => {                                     // 异常处理
       reject(error)
     })
 })
},
edit: function (vue, book, old) {                            // 数据更新
 return new Promise((resolve, reject) => {
   var params = new URLSearchParams()                        // 封装请求参数
   params.append('bid', book.bid)                            // 设置传递参数
   params.append('name', book.name)                          // 设置传递参数
   params.append('author', book.author)                      // 设置传递参数
   params.append('cover', book.cover)                        // 设置传递参数
   params.append('iid', book.iid)                            // 设置传递参数
   params.append('note', book.note)                          // 设置传递参数
   params.append('tprice', book.tprice)                      // 设置传递参数
   params.append('old', old)                                 // 设置传递参数
   vue.$axios.post('/book-endpoint/pages/back/admin/book/edit', params)    // POST请求
     .then(response => {
       resolve(response.data)                                // 返回处理结果
     })
     .catch((error) => {                                     // 异常处理
       reject(error)
     })
 })
}
```

（5）【book-web 项目】创建图书数据编辑页面（路径：src/pages/back/center/book/BookEdit.vue），在页面加载时根据图书编号查询出所需数据并进行表单回显，在表单提交时根据 back.js 定义的函数进行远程更新接口调用。核心代码如下。

```
export default {
  data () {
    return { itemData: [], form: { name: '', author: '', tprice: 0, cover: '', iid: 0, note: ' ',
bid: 0, old: '' } }
  },
  methods: {
    submitForm () {                                         // 更新表单提交
      this.$refs['form'].validate((valid) => {              // 表单验证
        if (valid) {
          this.$back.book.edit(this, this.form).then(res => {    // 数据更新处理
            const h = this.$createElement                   // 创建元素
            this.$notify({ title: '图书修改成功', message: h('i', {style: 'color: teal'}, '图书信息
已成功修改。') }) // 信息提示
            this.$router.push('/back/center/book/list').catch(err => err)   // 路由跳转
          })
        } else {
          return false
        }
      })
    },
    loadBookData () {                                        // 读取图书数据
      var bid = this.$route.params.bid                       // 获取图书编号
      let loadingInstance = Loading.service({ lock: true, text: 'Loading', spinner:
'el-icon-loading',
        background: 'rgba(0, 0, 0, 0.7)' })                 // 定义加载组件
      this.$nextTick(() => {                                // 服务调用处理
        setTimeout(() => {                                  // 超时时间
          this.$back.book.editPre(this, bid).then(res => {  // 加载图书数据
            this.form.name = res.book.name                  // 图书名称
            this.form.author = res.book.author              // 图书作者
            this.form.tprice = res.book.price / 100         // 图书价格
            this.form.iid = res.book.iid                    // 图书分类编号
            this.form.old = res.book.cover                  // 已有图片名称
            this.form.cover = res.book.cover                // 上传图片名称
            this.form.note = res.book.note                  // 图书简介
            this.form.bid = res.book.bid                    // 图书编号
            this.itemData = res.allItems                    // 分类数据
            loadingInstance.close()                         // 关闭加载页面
          })
        }, 100)
      })
    },
  },
  mounted () {
    this.loadBookData()                                     // 加载图书数据
  }
}
```

前端页面编写完成后，设置正确的路由，就可以通过图书列表页面打开图书数据编辑页面。用户可以根据自己的需要进行内容的编辑，随后利用"提交"按钮，将新的数据提交到后端服务接口。程序的运行效果如图 8-30 所示。

图 8-30　图书数据编辑页面

### 8.3.3 删除图书数据

删除图书数据

视频名称　0811_【掌握】删除图书数据

视频简介　数据删除是数据维护的核心逻辑，本节依然采用物理删除的方式进行图书数据的删除。本视频进行后端删除接口的定义，并通过编号实现图书数据以及对应封面图片的删除。

　　图书列表页面（BookList.vue）提供了图书数据的删除处理按钮，用户单击此按钮就可以通过 Axios 发出数据删除的请求。在数据删除成功后，图书列表页面显示提示信息，并通过 JSON 的处理函数删除指定的数据行。删除操作的流程如图 8-31 所示，具体的实现步骤如下。

图 8-31　图书数据删除操作的流程

（1）【vue-case 子模块】在 BookAction 控制器类中定义删除接口。

```
@ErrorPage                                      // 错误页
@RequestDataValidate("bid:long")                // 验证规则
@DeleteMapping("delete")
@ResponseBody                                   // 直接响应业务结果
public Object delete(long bid) {                // 根据编号删除
    String cover = this.bookService.delete(bid);  // 删除数据
    if (StringUtils.hasLength(cover)) {           // 存在文件名称
        return UploadFileUtils.delete(SAVE_DIR, cover);  // 删除图片
    }
    return true;
}
```

（2）【HTTPie 测试】删除接口定义完成后，通过接口测试工具测试接口是否正常工作。

```
http -f DELETE http://book-endpoint:8080/pages/back/admin/book/delete?bid=5 -b
```

程序执行结果：

```
true
```

（3）【book-web 项目】修改 src/axios/back.js 文件，在 bookHandler 定义中追加新的处理函数。

```
delete: function (vue, bid) {                                          // 删除图书数据
  return new Promise((resolve, reject) => {
    var params = new URLSearchParams()                                 // 封装请求参数
    params.append('bid', bid)                                          // 设置传递参数
    vue.$axios.delete('/book-endpoint/pages/back/admin/book/delete', { params: params }) // DELETE请求
      .then(response => {
        resolve(response.data)                                         // 返回处理结果
      })
      .catch((error) => {                                              // 异常处理
        reject(error)
      })
  })
},
```

（4）【book-web 项目】修改图书列表页面（路径：src/pages/back/center/book/BookList.vue），为"删除"按钮添加处理函数。

```
handleDelete (bid) {                                                   // 删除图书数据
  this.$confirm('确定要删除该图书信息吗？', '提示', { confirmButtonText: '确定', cancelButtonText: '取消',
    type: 'warning'})                                                  // 删除确认提示框
  .then(() => {
    let loadingInstance = Loading.service({ lock: true, text: 'Loading', spinner: 'el-icon-loading',
      background: 'rgba(0, 0, 0, 0.7)' })                              // 数据加载组件
    this.$nextTick(() => {                                             // 服务调用
      setTimeout(() => {
        this.$back.book.delete(this, bid).then(res => {                // 删除图书数据
          this.$message({ type: 'success', message: '图书数据已删除' }) // 提示信息
          for (var ind in this.bookData) {                            // 删除编号匹配
            this.bookData.splice(ind, 1)                              // 删除指定索引数组
          }
        }
          loadingInstance.close()                                      // 关闭加载页面
        })
      }, 100)
    })
  }).catch(() => {})
},
```

程序编写完成后，通过图书列表页面找到要删除图书的数据，单击"删除"按钮后会出现删除确认提示框，用户单击"确定"按钮会调用后端删除接口，并在删除完成后将提示信息返回到图书列表页面。程序的运行效果如图 8-32 所示。

图 8-32　删除图书数据页面

# 8.4　本章概览

1．前后端分离架构可以使前端开发人员与后端开发人员分工更加明确，但是需要定义好接口数据的传输格式，这样才可以正常进行数据解析。

2．前后端分离设计中，后端的核心功能依然为业务处理，即后端开发人员应该提供更高效的业务处理性能——要引入更多的技术实现高可用、高并发、高性能架构。

3．为了保证后端接口的功能正确性，在接口正式交付前端应用时需要对接口的功能进行测试。

4．除了可以使用 curl 命令测试，也可以使用 HTTPie 命令行工具进行接口测试，该工具更加灵活。

5．Spring MVC 虽然可以实现后端应用接口的定义，但是考虑到代码的复杂性以及有效维护，建议采用 Spring Boot 开发框架，而如果要对更多的后端服务接口进行有效的管理，则需要引入 Spring Cloud 服务管理框架。